U0161815

量子计算十讲

主　编　孙晓明

副主编　尚　云　李绿周

参　编　季铮锋　高　飞　姚鹏晖

席政军　魏朝晖　田国敬

Ten Lectures

量子计算是当前十分活跃的领域，代表了计算科学未来发展的重要方向。本书由国内量子计算领域的9位知名专家学者共同撰写，着眼前沿，以简明的文字和公式介绍了量子计算领域的基本理论以及重要方法和应用，包括 Shor 素因数分解算法、Grover 搜索算法、量子游走、量子通信等，帮助读者全面了解量子计算的主要思想和研究成果。

本书适合量子计算及相关领域的科研人员、研究生阅读，也适合从事相关工作的从业人员阅读。

图书在版编目（CIP）数据

量子计算十讲 / 孙晓明主编．—北京：机械工业出版社，2023.7
（计算机科学前沿丛书．十讲系列）
ISBN 978-7-111-73516-8

Ⅰ．①量…　Ⅱ．①孙…　Ⅲ．①量子计算机-研究　Ⅳ．①TP385

中国国家版本馆 CIP 数据核字（2023）第 129494 号

机械工业出版社（北京市百万庄大街 22 号　邮政编码 100037）
策划编辑：梁　伟　　　　责任编辑：梁　伟
责任校对：牟丽英　贾立萍　　责任印制：张　博
北京建宏印刷有限公司印刷
2024 年 2 月第 1 版第 1 次印刷
186mm×240mm · 22 印张 · 1 插页 · 365 千字
标准书号：ISBN 978-7-111-73516-8
定价：89.00 元

电话服务　　网络服务
客服电话：010-88361066　　机　工　官　网：www.cmpbook.com
010-88379833　　机　工　官　博：weibo.com/cmp1952
010-68326294　　金　书　网：www.golden-book.com
封底无防伪标均为盗版　　机工教育服务网：www.cmpedu.com

计算机科学前沿丛书编委会

丛书序

党的十八大以来，我国把科教兴国战略、人才强国战略和创新驱动发展战略放在国家发展的核心位置。当前，我国正处于建设创新型国家和世界科技强国的关键时期，亟需加快前沿科技发展，加速高层次创新型人才培养。党的二十大报告首次将科技、教育、人才专门作为一个专题，强调科技是第一生产力、人才是第一资源、创新是第一动力。只有“教育优先发展、科技自立自强、人才引领驱动”，才能做到高质量发展，全面建成社会主义现代化强国，实现第二个百年奋斗目标。

研究生教育作为最高层次的人才教育，在我国高质量发展过程中将起到越来越重要的作用，是国家发展、社会进步的重要基石。但是，相对于本科教育，研究生教育非常缺少优秀的教材和参考书；而且由于科学前沿发展变化很快，研究生教育类图书的撰写也极具挑战性。为此，2021 年，中国计算机学会（CCF）策划并成立了计算机科学前沿丛书编委会，汇集了十余位来自重点高校、科研院所的计算机领域不同研究方向的著名学者，致力于面向计算机科学前沿，把握学科发展趋势，以“计算机科学前沿丛书”为载体，以研究生和相关领域的科技工作者为主要对象，全面介绍计算机领域的前沿思想、前沿理论、前沿研究方向和前沿发展趋势，为培养具有创新精神和创新能力的高素质人才贡献力量。

计算机科学前沿丛书将站在国家战略高度，着眼于当下，放眼于未来，服务国家战略需求，笃行致远，力争满足国家对科技发展和人才培养提出的新要求，持续为培育时代需要的创新型人才、完善人才培养体系而努力。

郑纬民

中国工程院院士

清华大学教授

2022 年 10 月

“十讲”序

2021年，北京西西艾弗信息科技有限公司成立之初，编辑部的老师们提出想出教材。由于读者群体稳定，经济效益好，大学教材是各大出版社的必争之地。出版一套计算机本科专业教材，对于提升中国计算机学会（CCF）在教育领域的影响力，无疑是很有意义的一件事情。我作为时任CCF教育工作委员会主任，也很心动。因为CCF常务理事会给教育工作委员会的定位就是提升CCF在教育领域的影响力。为此，我们创立了未来计算机教育峰会（FCES），推动各专业委员会成立了教育工作组，编撰了《计算机科学与技术专业培养方案编制指南》并入校试点实施，等等。出版教材无疑也是提升影响力的最重要途径之一。

在进一步的调研中我们发现，面向本科生的教材“多如牛毛”，面向研究生的教材可谓“凤毛麟角”。随着全国研究生教育大会的召开，研究生教育必定会加速改革。其中，提高研究生的培养质量是核心内容。计算机学科的研究生大多是通过阅读顶会、顶刊论文的模式来了解学科前沿的，学生容易“只见树木不见森林”。即使发表了顶会、顶刊论文，也对整个领域知之甚少。因此，各个学科方向的导师都希望有一本领域前沿的高级科普书，能让研究生新生快速了解某个学科方向的核心基础和发展前沿，迅速开展科研工作。当我们将这一想法与专业委员会教育工作组组长们交流时，大家都表示想法很好，会积极支持。于是，我们决定依托CCF的众多专业委员会，编写面向研究生新生的专业入门读物。

受著名的斯普林格出版社的*Lecture Notes*系列图书的启发，我们取名“十讲”系列。这个名字有很大的想象空间。首先，定义了这套书的风格，是由一个个的讲义构成。每讲之间有一定的独立性，但是整体上又覆盖了某个学科领域的主要方向。这样方便专业委员会去组织多位专家一起撰写。其次，每本书都按照十讲去组织，书的厚度有一个大致的平衡。最后，还希望作者能配套提供对应的演讲PPT和视频（真正的讲座），这样便于书籍的推广。

“十讲”系列具有如下特点。第一，内容具有前沿性。作者都是各个专业委员会中活跃在科研一线的专家，能将本领域的前沿内容介绍给学生。第二，文字具有科普性。定位于初入门的研究生，虽然内容是前沿的，但是描述会考虑易理解性，不涉及太多的公式定理。第三，形式具有可扩展性。一方面可以很容易扩展到新的学科领域去，形成第2辑、第3辑；另一方面，每隔几年就可以进行一次更新和改版，形成第2版、第3版。这样，“十讲”系列就可以不断地出版下去。

祝愿“十讲”系列成为我国计算机研究生教育的一个品牌，成为出版社的一个品牌，也成为中国计算机学会的一个品牌。

中国人民大学教授

2022年6月

前言

量子计算是一个跨越计算机科学、物理学、数学、材料科学等多学科的新兴交叉研究领域，其利用物理学中量子叠加、量子纠缠、量子酉变换等量子力学特性来完成计算及信息处理任务，通过设计高效的量子算法来降低完成计算任务所需的时间、空间或其他资源消耗，构建新的计算体系范式，帮助提升计算效率和性能，有望从根本上解决计算中的一些困难问题。量子计算并非经典计算的单纯加速版，而是一种全新的计算模型，其核心是如何借助量子力学的基本规律巧妙地设计量子算法来求解计算问题，在信息科技飞速发展的今天，量子计算为解决日益凸显的算力瓶颈问题提供了新的可能方案。

本书从计算机专业角度出发，较为全面和系统地介绍了量子计算所需的数学基础、常用量子算法、量子复杂性理论和量子纠错原理。具体来说，第 1 讲详细介绍了量子计算的理论基础，包括量子计算中的基本数学概念、假设和符号，为读者阅读后续章节提供了便利；第 2 讲 Shor 素因数分解算法，介绍 Shor 提出的求解大整数素因数分解问题的量子算法，该算法比当前最好的经典算法具有指数量级加速效果，充分展示了量子计算理论上的优越性；第 3 讲 Grover 搜索算法，系统介绍 Grover 提出的量子搜索算法相关内容，包括算法步骤、正确性、复杂性分析、最优性证明，以及 Grover 算法的进一步扩展和典型应用；第 4 讲线性方程组的量子求解算法，介绍两类具有指数量级加速效果和一类具有多项式量级加速效果的求解线性方程组的量子算法；第 5 讲和第 6 讲量子游走基础与应用，集中讲解量子游走算法，包括量子游走的各种模型及其之间的转换关系、量子游走的通用性等，以及基于量子游走的算法和协议，如三角形搜索算法、多硬币量子游走的通信理论和协议等；第 7 讲量子计算复杂性，包括量子图灵机与量子电路模型、量子多项式时间复杂性类 BQP、量子交互式证明系统 QIP 等；第 8 讲量子查询复杂性模型，介绍在量子计算中普遍采用的量子查询模型、几个常见的量子查询算法，以及两种证明量子查询复杂度下界的重要方法——多项式方法与对手法；第 9 讲量子通信复杂性，介绍量子通信复杂性模型、高效通信协议、通信复杂度下界，并探讨信息不完备与计算困难性之间的关系；第 10 讲量子纠错，介绍量子纠错基本原理、纠错码构造、容错量子计算和量子纠错的研究现状。上述十讲的每一部分内容都保持相对独立，各自构成一个完整的章节体系，同时各讲之间又紧密联系，共同构成一个有机整体。由于涉及多个不同的专题，本书对各专题领域内的素材选取可能未能全面反映该专题的最新前沿进展。但每一章节末尾均附有详尽的参考文献资料，以供有兴趣的读者进一步深入钻研。我们深知，任何一本书都无法完全涵盖一个领域的全部知识或理论，仍有许多未知问题有待挖掘。因此，我们希望本书能成为激发读者对量子计算领域兴趣与好奇心的火花，引导读者勇敢探索和研究其中的未解难题。

本书由 9 位量子计算领域资深研究人员共同撰写完成，具体分工如下：第 1 讲由陕西师范大学席政军教授撰写，第 2 讲由中国科学院计算技术研究所田国敬副研究员撰写，第 3 讲由中山大学李绿周教授撰写，第 4 讲由北京邮电大学高飞教授撰写，第 5 讲和第 6 讲由中国科学院数学与系统科学研究院尚云研究员撰写，第 7 讲由清华大学季铮锋教授撰写，第 8 讲由中国科学院计算技术研究所孙晓明研究员撰写，第 9 讲由南京大学姚鹏晖副教授撰写，第 10 讲由清华大学魏朝晖助理教授撰写。孙晓明担任本书主编，负责规划本书的内容结构和召集、组织编写组撰写。他们均是量子计算领域的一线科研人员，拥有丰富的实践经验和深厚的科研背景，近年来承担了多个与量子计算紧密相关的国家重大科研项目，取得了一系列重要科研成果，而且还常年致力于高校量子计算课程的教学工作，积累了丰富的教学经验，培养了一批优秀的量子计算人才。

本书可作为高等院校计算机、数学、物理和信息安全等专业一年级研究生或高年级本科生学习量子计算的教材或参考书，总学时数建议为 48~64 学时；也可根据所在专业的培养目标和需求，选择其中的部分章节进行教学，每一章建议的学时数为 4~6 学时。本书也可作为量子计算领域从业人员的参考书。

在此我们要向参与本书撰写、审稿、校对等工作的专家学者致以诚挚的感谢！感谢你们的专业精神和辛勤付出，为本书的质量提供了坚实的保障。同时，也要感谢中国计算机学会（CCF）、CCF“计算机科学前沿丛书”编委会、理论计算机科学专委会和北京西西艾弗信息科技有限公司。感谢本书所有读者的包容与理解，尽管我们已经尽力确保内容文字的准确性，但书中难免仍存在小的纰漏，期待并欢迎您提出宝贵的意见和建议。最后，衷心希望这本书能够对您有所启发和帮助，感谢您的阅读！

全体作者

2023/12/31

目　录

第 4 讲 线性方程组的量子求解算法

第5讲 量子游走基础

第6讲 量子游走应用

第 7 讲 量子计算复杂性

第 8 讲 量子查询复杂性模型

第10讲 量子纠错

第 1 讲
量子计算理论基础

量子计算理论与经典计算理论的不同之处在于前者是基于量子力学而建立的计算理论体系，因此，为了使读者更顺畅地阅读本书的核心内容，本讲将对全书涉及的有关量子力学和量子计算的基本概念和符号进行介绍。1.1 节将介绍 Hilbert 空间和概率论的基本知识；1.2 节在线性空间的基础上介绍量子力学的四个基本假设，也简单介绍密度算子的一些量化，如迹距离、保真度和相对熵等。最后将简单介绍量子线路的基本知识。

1.1 量子计算的数学基础

1.1.1 Hilbert 空间及线性算子

本小节内容无法涉及线性代数的所有知识，仅介绍用于阅读或者理解量子力学四大假设需要用到的基础知识。同时，本小节使用 Dirac（狄拉克）符号系统进行内容介绍（后文将简要介绍 Dirac 符号）。线性代数研究的基本对象是向量空间，向量空间的基本元素是向量，用矩阵表示，有如下两种形式。一列矩阵形式，即

$$\begin{pmatrix} x_1 \\ x_2 \\ \vdots \\ x_n \end{pmatrix} \tag{1-1}$$

这种形式的向量称为列向量。还可以表示为一行矩阵形式，即

$$(x_1, x_2, \cdots, x_n) \tag{1-2}$$

这种形式的向量称为行向量。

本小节涉及的向量均在复数域上，称为复向量。由有限个或者无限个列向量或行向量构成的一组向量称为向量组或者向量集合，记作 C^n。向量集合中的加法（+）和数乘（·）运算定义如下。

加法：

$$\begin{pmatrix} x_1 \\ x_2 \\ \vdots \\ x_n \end{pmatrix} + \begin{pmatrix} y_1 \\ y_2 \\ \vdots \\ y_n \end{pmatrix} = \begin{pmatrix} x_1+y_1 \\ x_2+y_2 \\ \vdots \\ x_n+y_n \end{pmatrix} \tag{1-3}$$

数乘：

$$z\cdot\begin{pmatrix}x_1\\x_2\\\vdots\\x_n\end{pmatrix}=\begin{pmatrix}zx_1\\zx_2\\\vdots\\zx_n\end{pmatrix}\tag{1-4}$$

容易验证出，如上定义的加法和数乘运算是封闭的，也满足线性空间的 8 条运算法则。因此，具有加法和数乘运算的封闭向量集合称为向量空间，记作$(C^n,+,\cdot)$。由于加法和数乘是向量的基本运算，向量空间仍然可采用向量集合的记号 C^n。复数域上的向量加法和数乘运算类似于实数域，对应的就是直线的几何表示，因此加法和数乘称为线性运算。物理学家 Paul Dirac 引入了一套新的符号，称为 Dirac 符号。Dirac 符号由右矢 $|\psi\rangle$（ket）和左矢 $\langle\psi|$（bra）组成，右矢表示列向量，左矢表示行向量，左矢是右矢的共轭转置。比如式（1-1）中的列向量可以记为

$$|\psi\rangle=\begin{pmatrix}x_1\\x_2\\\vdots\\x_n\end{pmatrix}\tag{1-5}$$

左矢是右矢的共轭转置，即

$$\langle\psi|=(|\psi\rangle)^\dagger=\begin{pmatrix}x_1\\x_2\\\vdots\\x_n\end{pmatrix}^\dagger=(x_1^*,x_2^*,\cdots,x_n^*)\tag{1-6}$$

式中，† 表示共轭转置运算，$*$ 表示共轭运算。

向量空间 C^n 包含的向量是无限的，由于满足线性运算关系，但总存在一有限的向量组 $|\psi_1\rangle,\cdots,|\psi_m\rangle$ 可以通过线性组合来表示任何一个向量，即

$$|\psi\rangle=\sum_{i=1}^{m}\alpha_i|\psi_i\rangle\tag{1-7}$$

式中，α_i 是复数，称向量空间 C^n 是由集合 $\{|\psi_1\rangle,\cdots,|\psi_m\rangle\}$ 生成的，该集合称作生成集，记作 $C^n=\text{span}\{|\psi_1\rangle,\cdots,|\psi_m\rangle\}$。向量的线性组合是量子力学的基础，对应了量子

力学中的态叠加原理。

由生成集的概念可知，可用较小的集合来表示整个空间，那么这样最小的集合或者向量组应该具备什么样的条件。线性相关和线性无关正好可以给出这个条件。

定义 1.1　对于任意的非零向量组 $|\psi_1\rangle,\cdots,|\psi_m\rangle$，存在一组复数 $\alpha_i,\cdots,\alpha_m$，若至少有一个 i 满足 $\alpha_i\neq0$ 时，使得 $\sum_{i=1}^{m}\alpha_i|\psi_i\rangle=0$ 成立，则称非零向量组是线性相关的，否则是线性无关的。

定义 1.2　若向量空间 C^n 中的任一向量组 $|\psi_1\rangle,\cdots,|\psi_m\rangle$ 是线性无关的且满足 $C^n=\text{span}\{|\psi_1\rangle,\cdots,|\psi_m\rangle\}$，则称向量组 $|\psi_1\rangle,\cdots,|\psi_m\rangle$ 是向量空间 C^n 的一组基，基中向量的个数称为向量空间的维数。

向量空间的维数和向量的维数不是一个概念，比如

$$|\psi_1\rangle=\begin{pmatrix}1\\0\\0\end{pmatrix},\quad |\psi_2\rangle=\begin{pmatrix}0\\1\\0\end{pmatrix}$$

是两个三维的向量，但是它们生成的向量空间是二维的，也就是平面。为了方便理解，仅考虑 n 维向量空间 C^n，同时它的向量都是 n 维的。

事实上，向量的加法和数乘就是矩阵的加法和数乘，而矩阵的乘法本质上是向量的乘法。基于这个事实，引入向量空间上的一个映射关系：内积。

定义 1.3　对于向量空间 C^n，存在一种映射关系 $\langle\bullet|\bullet\rangle$：$C^n\times C^n\to C$，对于所有的向量 $|\psi\rangle,|\phi\rangle,|\varphi\rangle\in C^n$ 以及复数 $\alpha,\beta\in C$，若满足以下条件：

1. $(\alpha\langle\psi|+\beta\langle\phi|)|\varphi\rangle=\alpha\langle\psi|\varphi\rangle+\beta\langle\phi|\varphi\rangle$
2. $\langle\psi|\phi\rangle=\langle\phi|\psi\rangle^*$
3. $\langle\psi|\psi\rangle\geqslant0$

则称 $\langle\bullet|\bullet\rangle$ 是向量空间 C^n 的内积。符号 $\langle\bullet|\bullet\rangle$ 是 $\langle\bullet|\cdot|\bullet\rangle$ 的简化形式。

具有内积的向量空间 C^n 称为内积空间，或者欧几里得空间。内积诱导范数，利用内积定义向量 $|\psi\rangle$ 的范数，即

$$\||\psi\rangle\|:=\sqrt{\langle\psi|\psi\rangle}\tag{1-8}$$

对于任意两个非零向量 $|\psi\rangle,|\phi\rangle\in C^n$，若 $\langle\psi|\phi\rangle=0$，则称它们是正交的。若

$\| |\psi\rangle \| = 1$，则称向量 $|\psi\rangle$ 是单位向量，有时也称作归一化。如果向量空间 C^n 的一组基是正交的且满足归一化条件，则称这组基为标准正交基。

具有内积的向量空间被称作内积空间。由于内积可以诱导一个距离，因此任意一个内积空间就是一个度量空间。对于度量空间 C^n 上的一个向量序列 $\{|\psi_n\rangle\}$，若对任意的 $\varepsilon>0$，都存在一个整数 $N>0$ 使得所有的 $n,m>N$，且都满足 $\| |\psi_n\rangle - |\psi_m\rangle \| < \varepsilon$，则称该序列是一个柯西序列。若内积空间 C^n 上的每一个柯西序列都是收敛的，则称该内积空间是完备的内积空间。完备的内积空间也称作 Hilbert 空间，通常用 H 表示，如果涉及若干个空间，则在下角标依次用 A、B、C 等标注区别。不做特殊说明的话，本书后面用到的都是 Hilbert 空间。

在线性代数中，线性映射是从一个向量空间到另一个向量空间的映射且保持加法运算和数量乘法运算，而线性变换是线性空间到其自身的线性映射，也称作线性算子。线性算子又分为有界和无界两类。本书只考虑有限维空间上的有界线性算子。

定义 1.4　设 $L: H_A \to H_B$ 是一个映射，如果满足

$$L\left(\sum_i \alpha_i |\psi_i\rangle\right) = \sum_i \alpha_i L |\psi_i\rangle \tag{1-9}$$

则称其为线性映射。

若空间 H_A 和 H_B 是相同的，则略去下角标简记为 H，称线性变换 $L: H \to H$ 为 H 上的线性算子。特别地，对于所有的向量 $|\psi\rangle$，都有 $L|\psi\rangle = |\psi\rangle$，则该算子称为恒等算子。通常，恒等算子记作 I。用 $L(H)$ 表示 H 上所有线性算子之集。

在任意有限维向量空间上，线性算子和矩阵是完全等价的，一般用线性算子的矩阵表示形式。下面给出线性算子的矩阵表示定理。

定理 1.1　若 $E=\{|\psi_1\rangle, \cdots, |\psi_n\rangle\}$ 是 Hilbert 空间的一组有序基，则对于该空间上的任一线性算子 L，都存在一个 $n\times n$ 的矩阵 $\boldsymbol{M}$，使得对任一向量 $|\psi\rangle \in H$，都有

$$L|\psi\rangle = \boldsymbol{M}|\psi\rangle \tag{1-10}$$

那么 $\boldsymbol{M}$ 称为线性算子 L 对应于有序基 E 的表示矩阵。

有了线性算子的矩阵表示，线性算子的运算完全依赖于矩阵的运算来定义。例如，线性算子的复合就可以通过矩阵的乘积来定义，线性算子的伴随可以通过矩阵的伴随来定义等。该定理也显示在不同的基下，同一个线性算子有不同的矩阵表示。在刻画相同

线性算子的不同表示矩阵之间的关系之前，要先给出基之间的转化关系。同一个线性算子在不同基下的矩阵表示是相似的，相似矩阵具有许多相同的性质。该定理也说明，在选取线性算子的矩阵表示时，合适的基可以使矩阵表示尽可能简单，比如对角阵。一般情况下，并不是所有的线性算子都能找到合适的基使它的矩阵表示为对角阵。

前面介绍了向量的内积，当然也存在向量的外积。向量是特殊的矩阵，向量的外积就是矩阵的乘积。使用外积更能很好地理解矩阵和线性算子之间的关系。

设 $|\psi\rangle$ 和 $|\phi\rangle$ 是 Hilbert 空间中的向量，形式 $|\psi\rangle\langle\phi|$ 称为向量的外积。向量的外积可以定义 Hilbert 空间中的线性算子，即

$$(|\psi\rangle\langle\phi|)|\varphi\rangle=\langle\phi|\varphi\rangle|\psi\rangle \tag{1-11}$$

显然，外积的线性组合仍然是一个线性算子，即

$$\left(\sum_i \alpha_i|\psi_i\rangle\langle\phi_i|\right)|\varphi\rangle=\sum_i \alpha_i\langle\phi_i|\varphi\rangle|\psi_i\rangle$$

设 $\{|\psi_1\rangle,\cdots,|\psi_n\rangle\}$ 是 Hilbert 空间上的一组基，易证外积 $|\psi_i\rangle\langle\psi_j|$ 是 Hilbert 空间上所有线性算子组成的算子空间的一组基。从而，Hilbert 空间上的任一个线性算子都可以写成外积的形式，即

$$L=\sum_{i,j} a_{ij}|\psi_i\rangle\langle\psi_j|. \tag{1-12}$$

如果选取的 $\{|\psi_1\rangle,\cdots,|\psi_n\rangle\}$ 是标准正交基，则系数 a_{ij} 就是线性算子的矩阵元。

向量的内积和外积之间的一个重要的纽带就是算子的迹函数。设 $|\psi\rangle,|\phi\rangle\in H$，该向量组的外积 $|\psi\rangle\langle\phi|$ 是一个线性算子，它的迹函数定义为

$$\mathrm{Tr}(|\psi\rangle\langle\phi|)=\langle\phi|\psi\rangle \tag{1-13}$$

考虑使用正交基下的算子外积表示，并使用线性算子迹函数的线性性质，可将任意线性算子的迹定义为相应基下矩阵的主对角线元素的和，即

$$\mathrm{Tr}(L)=\mathrm{Tr}\left(\sum_{i,j} a_{ij}|\psi_i\rangle\langle\psi_j|\right)=\sum_i a_{ii} \tag{1-14}$$

在量子计算中常用到的线性算子有酉算子、Hermite 算子、投影算子以及半正定算子等，下面以“伴随”的定义开始，简单介绍几类重要的线性算子。

定义 1.5 如果 L 是 Hilbert 空间上的一个线性算子，它的伴随 $L^\dagger$ 也是 Hilbert 空间上一个线性算子，对所有的向量 $|\psi\rangle,|\phi\rangle\in H$ 有

$$\langle\phi|L|\psi\rangle)=(\langle\phi|L^\dagger)|\psi\rangle \tag{1-15}$$

线性算子 L 的伴随也称作 Hermite 共轭。在线性算子的矩阵表示中，Hermite 共轭是先把矩阵 $\boldsymbol{M}$ 的每个矩阵元素取复共轭后再转置，即：$\boldsymbol{M}^{\dagger}=(\boldsymbol{M}^{*})^{\mathrm{T}}$，其中 $*$ 表示复共轭，T 表示转置运算。若 $L=L^{\dagger}$，则称 L 是 Hermite 算子。若 $LL^{\dagger}=L$，则称 L 是酉算子。相应的矩阵称为酉矩阵。通常用符号 $\boldsymbol{U}$ 表示酉算子或者酉矩阵。在有限维向量空间或者内积空间上，对于任意一组标准正交基，都可以定义一个酉算子或者酉矩阵。在实数向量空间上，对应的是正交矩阵。若 $L^2=L$ 且 $L=L^{\dagger}$，则称 L 是投影算子。通常用记号 $\boldsymbol{P}$ 表示投影矩阵。对所有非零向量 $|\psi\rangle\in H$，若 $\langle\psi|L|\psi\rangle>0$，则称 L 是正定算子；对所有的非零向量 $|\psi\rangle\in H$，若 $\langle\psi|L|\psi\rangle\geqslant 0$，则称 L 是半正定算子。相应的矩阵称为正定矩阵和半正定矩阵。对所有的半正定算子 L，都存在一个线性算子 M 使得 $L=M^{\dagger}M$。若 $LL^{\dagger}=L^{\dagger}L$，则称 L 是正规算子。显然，Hermite 算子、酉算子、投影算子以及半正定算子都是正规算子。正规算子有一个非常有用的性质就是谱分解。一个算子是正规的当且仅当它可对角化，即

$$L=\sum_i \lambda_i|\psi_i\rangle\langle\psi_i| \tag{1-16}$$

其中，λ_i 是算子 L 的特征值，$|\psi_i\rangle$ 是特征值 λ_i 对应的特征向量，向量组 $\{|\psi_i\rangle\}$ 是正交向量组。当且仅当有 n 个线性无关的特征向量时，n 阶矩阵能对角化。零特征值可有非零的特征向量。n 个线性无关的特征向量就可以看作向量空间的一组基，通过 Gram-Schmidt 正交化过程就可以构成空间的一组标准正交基。实际上，向量空间的任何一个非零向量都可以通过正交条件扩充为空间的一组标准正交基。与对角化有关且在量子力学中非常重要的一个概念就是对易。两个算子之间的对易式定义为

$$[\boldsymbol{A},\boldsymbol{B}]=\boldsymbol{AB}-\boldsymbol{BA} \tag{1-17}$$

若$[\boldsymbol{A},\boldsymbol{B}]=0$，则 $\boldsymbol{AB}=\boldsymbol{BA}$，表示矩阵 $\boldsymbol{A}$ 和 $\boldsymbol{B}$ 可交换。对易可以看作区别量子力学和经典力学的一个重要特征，由此导致的量子力学中的 Heisenberg 测不准原理。

两个算子之间的反对易式定义为

$$\{\boldsymbol{A},\boldsymbol{B}\}=\boldsymbol{AB}+\boldsymbol{BA} \tag{1-18}$$

若$\{\boldsymbol{A},\boldsymbol{B}\}=0$，则 $\boldsymbol{AB}=-\boldsymbol{BA}$。算子的对易与对角化之间有一个很重要的定理。

定理 1.2　设 $\boldsymbol{A}$ 和 $\boldsymbol{B}$ 是 Hermite 算子，当且仅当存在一组标准正交基，使得 $\boldsymbol{A}$ 和 $\boldsymbol{B}$ 同时对角，则 $[\boldsymbol{A},\boldsymbol{B}]=0$。

线性代数中的张量积是理解量子力学中灵魂概念纠缠（Entanglement）的基本工具。设 H_A 和 H_B 分别是维数为 m 和 n 的 Hilbert 空间，通过张量可构成一个更大的空间，记作 $H_A \otimes H_B$。不妨设 $\{|i\rangle\}$ 和 $\{|j\rangle\}$ 分别是 H_A 和 H_B 的标准正交基，容易验证 $\{|i\rangle \otimes |j\rangle\}$ 是 $H_A \otimes H_B$ 的一个标准正交基。这里，$|i\rangle \otimes |j\rangle$ 可以缩写为 $|i\rangle|j\rangle$ 或者 $|ij\rangle$。设 $|v\rangle$ 和 $|w\rangle$ 分别是 H_A 和 H_B 上的向量，L_A 和 L_B 分别是 H_A 和 H_B 上的线性算子，定义

$$(L_A \otimes L_B)(|v\rangle \otimes |w\rangle) = L_A|v\rangle \otimes L_B|w\rangle \tag{1-19}$$

则 $L_A \otimes L_B$ 是 $H_A \otimes H_B$ 上的一个线性算子。容易验证该定义可以扩展到 $H_A \otimes H_B$ 的所有元素。张量空间上的内积可以定义为各分空间上内积的乘积，即

$$\langle v_A | \otimes \langle w_B \| x_A \rangle \otimes |y_B\rangle = \langle v_A | x_A \rangle \langle w_B | y_B \rangle \tag{1-20}$$

可以证明这个定义是一个良好的内积定义，也继承了伴随性、酉性、正规性和 Hermite 性。任何两个矩阵都可以定义张量积，但并不是任意一个矩阵都可以拆分成由两个较小矩阵定义的张量积，甚至是线性组合。

量子计算中常见的线性算子（或矩阵），就是 Pauli 算子（或 Pauli 矩阵），即

$$\boldsymbol{I} = \begin{pmatrix} 1 & 0 \\ 0 & 1 \end{pmatrix}, \boldsymbol{X} = \begin{pmatrix} 0 & 1 \\ 1 & 0 \end{pmatrix}, \boldsymbol{Y} = \begin{pmatrix} 0 & -i \\ -i & 0 \end{pmatrix}, \boldsymbol{Z} = \begin{pmatrix} 1 & 0 \\ 0 & -1 \end{pmatrix} \tag{1-21}$$

Pauli 算子有许多有意思的性质，在量子计算和量子信息中起着很重要的作用。比如 Pauli 算子是二维 Hilbert 空间上所有线性算子空间的一组基。也就是说，任意的二维 Hilbert 空间上的线性算子都能用 Pauli 算子表示。一个直接应用就是单量子比特态的 Bloch 球表示。

1.1.2 随机变量及其函数

概率和随机变量在物理与信息论中是两个非常重要的概念。简单地说，随机变量可以看作描述一个经典系统的一些物理自由度的值。因此，在经典信息论中，数据自然就用随机变量来描述。为了方便介绍后面的内容，给出概率空间和随机变量的公理化解释，通过规定概率应具备的基本性质来定义概率，也就是 Kolmogorov 公理化。公理化需要介绍的三要素：样本空间 Ω、事件 E 以及概率测度 P。现代概率论的方法就是先假定一些更简单、更显而易见的关于概率的公理，然后去证明事件发生的频率在某种意义下

趋于一个常数极限。在(Ω,ε)上的概率测度$P:E\to\mathbf{R}^+$是一个实值函数，记$P(E)$是事件E的概率，它满足 Kolmogorov 概率公理化要求：

①$0\leqslant P(\boldsymbol{E})\leqslant 1$。

②$P(\Omega)=1$。

③$P[\bigcup_{i\in N}E_i]=\sum_{i\in N}P(E_i)$，其中$E_i$两两不相交。

因此，称(Ω,ε,P)是一个概率空间，而(Ω,ε)是一个可测空间。这一定义是现代概率论的数学基础，与对概率的直觉概念很契合。可以进一步证明，随着试验的不断重复，事件的发生以概率 1 趋近$P(E)$。这就是强大数定律。一般情况下，任意两事件的并的概率满足以下关系：

$$P(E\cup F)=P(E)+P(F)-P(E\cap F) \tag{1-22}$$

在进行试验时，相对于试验的实际结果，大家感兴趣的点往往集中于试验结果的某些函数。比如在掷两枚骰子的游戏中，经常更加关心的是两枚骰子的点数之和，而不是各枚骰子的具体点数。即感兴趣的量是试验结果，这就是下面要介绍的随机变量。

在概率理论中，随机变量是一个某个集合上的函数。假设有概率空间(Ω,ε,P)且(X,F)是一个可测空间，则一个随机变量$X:\omega\to X(\omega)$是从Ω到X的一个函数，它是关于σ-代数ε和 F 可测的。因此，事件可以用随机变量来定义。若X的值域是实数，那么

$$E=\{\omega\in\Omega:X(\omega)>x_0\} \tag{1-23}$$

是一个事件。习惯上，去掉ω，简记作$X>x_0$。如果事件就是一个函数的自变量，记$P[X>x_0]$为事件$\{X>x_0\}$的概率。

在量子计算中，用到的主要是随机变量，并非事件。因为对一个随机变量X，有一些有限的值，样本空间就取X，事件的σ-代数是它的幂集，因为

$$X:\Omega\to \mathrm{X} \tag{1-24a}$$

$$X:\omega\to X(\omega) \tag{1-24b}$$

若一个随机变量最多有可数多个可能取值，则称这个随机变量为离散型的。记$\mathcal{X}$是随机变量X的字母表，概率密度函数$P_X(x)$表示事件$X=x$的概率，且满足完备性条件

$$\sum_{x \in \mathcal{X}} P_X(x) = 1 \tag{1-25}$$

为了方便，记 $p(x)=P_X(x)$。类似地可以定义双随机变量等，这里不再累赘。

下面将介绍本书可能用到的随机变量的一些函数，比如期望值、方差以及协方差等。

定义 1.6　设 X 是离散随机变量，其概率分布函数为 $p(x)$，则随机变量 X 的期望函数或期望值 $E(X)$ 定义为

$$E(X) = \sum_{x:p(x)>0} xp(x) \tag{1-26}$$

期望函数反映的是随机变量所有可能取值的一个加权平均，并不一定包含于变量的输出值集。因此希望 X 在均值 $E(X)$ 内围取值，这就产生了如何合理地度量 X 的可能变差的问题，即如何刻画随机变量 X 与均值偏离程度。下面引入方差的概念来解决此问题。

定义 1.7　若随机变量 X 的期望值 $E(X)=\mu$，那么随机变量 X 的方差 $V(X)$ 定义为

$$V(X) = E((X-\mu)^2) \tag{1-27}$$

通过简单的代数运算就得到一个紧凑的表达式，即

$$V(X) = E(X^2) - E(X)^2 \tag{1-28}$$

有时需要标准方差，它是方差 $V(X)$ 的平方根，记为 $SD(X)$，即 $SD(X)=\sqrt{V(X)}$。

本小节最后介绍概率分布之间的距离刻画工具。设 P 和 Q 是字母表 X 上的两个概率分布，它们之间的迹距离定义为

$$D(P,Q) = \frac{1}{2} \sum_{x \in \mathcal{X}} |p(x) - q(x)| \tag{1-29}$$

迹距离也叫作统计距离或 Kolmogorov 距离。易证 $D(P,Q)$ 是一个数学上的距离，也就是满足非负性、对称性和三角不等式关系。根据 $D(P,Q)$ 的定义，通过基本的代数运算，可得

$$D(P,Q) = 1 - \sum_{x \in \mathcal{X}} \min[p(x), q(x)] \tag{1-30}$$

迹距离的一个很好的应用就是给出了分辨两个概率分布一个直接的界的方法，即

$$D(P,Q) = \max_{E \subseteq \mathcal{X}} |P_X(E) - Q_X(E)| \tag{1-31}$$

其中，最大取遍所有可能的事件。

1.2 量子力学的基础

量子计算理论是在量子力学基础上建立起来的计算理论。量子力学内容非常丰富，本节仅介绍与量子计算有关的量子力学的四大假设相关内容。在 1.2.1 小节中，以线性代数的语言介绍量子力学四大假设，1.2.2 小节介绍密度算子以及量子计算中用到的量子线路知识，同时简要介绍 von Neumann 熵。

1.2.1 量子力学基本假设

假设 1.1 任意封闭的量子系统都由一个 Hilbert 空间来描述，系统中的状态由空间的单位向量来描述。

在该假设下，不再区分量子系统和 Hilbert 空间，有时统称为态空间。一个最简单、最常用的量子系统是单量子比特系统（qubit，即 quantum 和 bit 的合成词），单量子比特对应一个二维的 Hilbert 空间。设 $|0\rangle$ 和 $|1\rangle$ 是态空间的一组标准正交基，则任意的单量子比特态都可写为

$$|\psi\rangle=a|0\rangle+b|1\rangle \tag{1-32}$$

其中，a 和 b 是复数，且 $|a|^2+|b|^2=1$。这就是单量子比特系统上的量子状态，也就是叠加态，也称为量子态。在量子计算中，$|0\rangle$ 和 $|1\rangle$ 也称为基矢态。当然也可以选取其他的标准正交基，比如

$$|+\rangle=\frac{1}{\sqrt{2}}(|0\rangle+|1\rangle),\ |-\rangle=\frac{1}{\sqrt{2}}(|0\rangle-|1\rangle)$$

在该基下，前面的单量子比特态表示为

$$|\psi\rangle=\frac{a+b}{\sqrt{2}}|+\rangle+\frac{a-b}{\sqrt{2}}|-\rangle$$

假设 1.2 一个封闭的量子系统的演化由一个酉变换来刻画。

该假设描述封闭量子系统上量子态在不同时刻的关系。在量子力学中一般用微分方程形式给出，这就是著名的薛定谔方程。该方程涉及哈密顿量，但量子计算理论研究中几乎不涉及哈密顿量，因此不再赘述连续时间上的量子系统的演化。设系统在时刻 t_1

的状态为 $|\psi(t_1)\rangle$，到时刻 t_2 的状态为 $|\psi(t_2)\rangle$，可以通过一个仅依赖于时间 t_1 和 t_2 的酉算子建立它们的关系，即

$$|\psi(t_2)\rangle = U_{t_1t_2}|\psi(t_1)\rangle$$

抛开向量的物理意义是线性代数的基本知识。如果考虑薛定谔方程，酉算子 $U_{t_1t_2}$ 是关于哈密顿量的一个指数函数。

考虑单量子比特系统，通过 Hadamard 变换（在量子线路中也叫作 Hadamard 门，记作 H），有

$$|+\rangle = H|0\rangle,\ |-\rangle = H|1\rangle$$

其中，Hadamard 变换的矩阵表示为

$$H=\frac{1}{\sqrt{2}}\begin{pmatrix}1 & 1\\ 1 & -1\end{pmatrix}$$

如果固定选取单量子比特系统的一组基 $|0\rangle$ 和 $|1\rangle$，则 $|+\rangle$ 和 $|-\rangle$ 就是 $|0\rangle$ 和 $|1\rangle$ 的叠加态，同时 Hadamard 变换产生了量子叠加，该性质在量子计算中非常重要。

假设 1.3　量子测量由一组算子 $\{M_m\}$ 来刻画，若当前量子系统的状态为 $|\psi\rangle$，则测量算子 M_m 作用后系统状态变为

$$|\psi_m\rangle = \frac{M_m|\psi\rangle}{\sqrt{\langle\psi|M_m^\dagger M_m|\psi\rangle}}$$

同时得到测量结果为 m 的概率 $p_m = \langle\psi|M_m^\dagger M_m|\psi\rangle$。测量算子满足完备性方程，即 $\sum_m M_m^\dagger M_m = I$。

假设 1.1 和假设 1.2 建立了量子态形式和封闭系统上量子态的演化形式。假设 1.3 的引入是考虑到在某个时刻实验者和实验设备要观察系统以了解内部情况，而这个观察的作用是使系统不再封闭。由于测量设备是量子力学系统，因此被测子系统和测量设备可以看作一个更大的封闭量子系统的一部分。由此，下面的假设 1.4 是自然而然的。

假设 1.4　复合物理系统的状态空间是其构成部分的状态空间的张量积。

假设 1.4 和假设 1.1 结合就能建立纠缠的概念。用字母 A、B、C 等表示量子系统，用 H_A 表示量子系统 A 对应的 Hilbert 空间，用 $H_{AB}=H_A\otimes H_B$ 表示复合量子系统 A、B 对应的 Hilbert 空间。考虑一个复合系统 AB 上的量子态 $|\varphi_{AB}\rangle\in H_{AB}$，不妨设 $|i_A\rangle$ 和 $|j_B\rangle$

分别为 H_A 和 H_B 的标准正交基，那么该量子态 $|\varphi_{AB}\rangle$ 总可表示为

$$|\varphi_{AB}\rangle=\sum_{i,j}a_{ij}|i_A\rangle|j_B\rangle$$

一般情况下，复合量子系统上的量子态不可能写成相应子系统上的量子态的张量积，即 $|\varphi_{AB}\rangle\neq|\varphi_A\rangle|\varphi_B\rangle$，其中 $|\varphi_A\rangle$ 和 $|\varphi_B\rangle$ 分别是 H_A 和 H_B 上的量子态。具体地考虑双量子比特系统，不失一般性地取一组基 $\{|00\rangle,|01\rangle,|10\rangle,|11\rangle\}$，双量子比特态

$$|\phi\rangle=\frac{1}{\sqrt{2}}(|00\rangle+|11\rangle)$$

不能写成任意两个单量子比特的直积。该量子态是 4 个 Bell 态之一或者称为 EPR 纠缠态。

由于噪声的存在，量子系统受环境影响，量子态可能会产生变化。向量状态并一定能直接描述这种情形。1927 年，von Neumann 和 Landau 独立引入了密度算子，能很好地刻画上述情形，至今在量子力学和量子信息中得到广泛的应用。这种形式在数学上是等价于状态向量的方法。存在不同的方式给出它的定义，这里采用更加数学的方式引入密度算子。也可以使用系综的概念定义密度算子，这两者是等价的。

定义 1.8　设 ρ 是 Hilbert 空间上的一个半正定算子，且迹为 1，则称该算子为密度算子（density operator）。

由定义可知，密度算子可以谱分解，即

$$\rho=\sum_i\lambda_i|\phi_i\rangle\langle\phi_i|$$

其中，λ_i 是特征值，$|\phi_i\rangle$ 是对应的特征向量，且所有特征值非负，且满足 $\sum_i\lambda_i=1$。

特别地，若存在某个 i 使得 $\lambda_i=1$，也就是 $\rho=|\phi_i\rangle\langle\phi_i|$，这时称密度算子是纯的，或者叫作纯态。否则，称作混合态。为了不同的需要，纯态可以记为向量形式 $|\psi\rangle$，也可以写作密度算子形式 $|\psi\rangle\langle\psi|$。有时候为了更加方便，也可以记为 $\psi:=|\psi\rangle\langle\psi|$。

系统处于纯态，意味着精确已知状态，不存在不确定性。而混合态意味着观测者并没有获得指标集，仅有一个概率猜测。系统的密度算子类似于一个平均的情形。

如果将复合系统上的密度算子看作联合概率密度分布，那么边际概率就对应子系统上的密度算子，也就是约化密度算子（reduced density operator）。约化密度算子是由偏

迹定义的，它在量子计算中有非常重要的作用。

定义 1.9 设ρ^{AB}为复合系统AB上的密度算子，相对子系统A约化密度算子定义为

$$\rho^{A}=\mathrm{Tr}_{B}(\rho^{AB})$$

其中，Tr_B是在系统 B 上的偏迹，即

$$\mathrm{Tr}_{B}(|a\rangle\langle a|\otimes|b\rangle\langle b|)=|a\rangle\langle a|\mathrm{Tr}(|b\rangle\langle b|)=|a\rangle\langle a|$$

因为在B上的任何操作不会影响A上的约化密度算子ρ^{A}，反之亦然。可以理解为在复合系统上，其中一方的测量不会影响另一方的统计结果。约化密度算子为子系统上的测量提供了正确的测量统计。约化密度算子是从复合系统得到子系统的密度算子。反过来，从密度算子可以构造更大系统上的密度算子。下面介绍一下纯化（purification）的概念。设ρ^{A}是量子系统A上的密度算子，其谱分解为$\rho^{A}=\sum_{i}\lambda_{i}|i\rangle^{A}\langle i|$，引入与$A$同构的系统$R$，不妨设$|i\rangle^{R}$是系统$R$的一组标准正交基，构造复合系统$AR$上的向量状态

$$|AR\rangle=\sum_{i}\sqrt{p_{i}}\,|i^{A}\rangle|i^{R}\rangle$$

若满足$\mathrm{Tr}_{\mathrm{R}}(|AR\rangle\langle AR|)=\rho^{A}$，则称$|AR\rangle$是$\rho^{A}$的一个纯化，量子系统$R$称作纯化系统。

对于量子系统A上的任意纯态系综$\{p_{i},|\psi_{i}\rangle\}$，引入纯化系统$R$使得

$$|AR\rangle=\sum_{i}\sqrt{p_{i}}\,|\psi_{i}^{A}\rangle|i^{R}\rangle$$

是一个纯态。但这里，$\{|\psi_{i}\rangle\}$ 并不是系统A的正交基。实际上，构成复合系统的子系统并不一定是同构的，但也有上述形式的状态向量。通过 Schmidt 分解，任意复合系统AB上的纯态，总可表示为

$$|\psi^{AB}\rangle=\sum_{i}\lambda_{i}|i^{A}\rangle|i^{B}\rangle$$

其中，$|i^{A}\rangle$ 是$|i^{B}\rangle$ 是子系统 A 和 B 上的一组标准正交基。复合系统的态若为 Schmidt 分解形式，那么相应的子系统上的态具有相同的特征值，但不一定具有相同的特征向量。

1.2.2 密度算子上的度量

在量子计算中可能需要考虑两个量子态间的距离，也可能会用到熵量化。因此本小节将介绍一些有用的度量，如迹距离、保真度、von Neumann 熵以及相关内容。迹距离可以看作经典概率分布上的量子版本推广。相比 Shannon 熵，von Neumann 熵在量子计算和量子信息中的发展较晚，但这并非说 von Neumann 熵是 Shannon 熵的量子版本，或者理解为跨概念推广。1932 年，von Neumann 给出了 von Neumann 熵的定义，并在统计物理学中得到很好的发展，只是近些年来才在量子计算和量子信息中得到较好应用，并给出了操作解释。由于 Shannon 熵的发展更成熟，人们便将量子信息论中一些有意思的性质或者应用试图推广到 von Neumann 熵，比如量子 Pinsker 不等式等。

定义 1.10 设 ρ 和 σ 是量子系统上的任意两个量子态，它们的迹距离定义为

$$D(\rho,\sigma)=\frac{1}{2}\mathrm{Tr}\,|\rho-\sigma|$$

其中，$|\rho-\sigma|=\sqrt{(\rho-\sigma)^{\dagger}(\rho-\sigma)}$。

通过定义直接计算可以得到一些有意义的性质，这里不再一一列举。量子迹距离和经典概率分布的距离有很好的对应关系，量子迹距离可表示为

$$D(\rho,\sigma)=\max D(P,Q)=\max_{M}\mathrm{Tr}(M(\rho-\sigma))$$

其中，最大取遍所有可能的半正定算子，且 P 和 Q 是依赖于半正定算子 M 的两个概率分布。这也给出了迹距离的一个很好的解释：任意两个量子态的迹距离等于在它们上测量得到的概率分布间的最大经典迹距离（经典迹距离也称作 Kolmogorov 距离）。

定义 1.11 设 ρ 和 σ 是量子系统上的任意两个量子态，它们的保真度定义为

$$F(\rho,\sigma)=\mathrm{Tr}\sqrt{\rho^{\frac{1}{2}}\sigma\rho^{\frac{1}{2}}}$$

保真度也有其他不同形式的刻画，本身有很多有意义的性质，在量子计算中是一个常用到的量化。保真度也存在一个与迹距离类似的显式关系，就是著名的 Uhlmann 定理。

定理 1.3（Uhlmann 定理） 设 ρ 和 σ 是量子系统上的任意两个量子态，则

$$F(\rho,\sigma)=\max_{|\psi\rangle,|\varphi\rangle}|\langle\psi|\varphi\rangle|$$

其中，最大取遍所有ρ和σ的纯化态。

保真度在量子计算中是一个非常关键的量化，在量子信息传输中也有非常重要的地位，比如刻画信源的纠缠保真度。同时在信息论中与误差概率有相同应用场景。保真度和迹距离之间有如下关系：

$$1-F(\rho,\sigma)\leqslant D(\rho,\sigma)\leqslant\sqrt{1-F(\rho,\sigma)^2}$$

该关系说明在刻画量子态的距离上，保真度和迹距离是等价的。

定义 1.12　设ρ是量子系统上的任意量子态，von Neumann 熵定义为

$$S(\rho)=-\mathrm{Tr}\rho\log_2\rho$$

由于密度算子ρ是半正定算子，那么它有谱分解形式$\rho=\sum_i\lambda_i|i\rangle\langle i|$，则 von Neumann 熵可表示为特征值$\{\lambda_i\}$的 Shannon 熵，即

$$S(\rho)=-\sum_i\lambda_i\log_i\lambda_i=H(\{\lambda_i\})$$

显然纯态系统的 von Neumann 熵为零。由量子力学的假设 1.4 可知，较大的量子系统是由一些小系统的复合组成的。若复合系统处于纯态，结合 Schmidt 分解，则子系统的 von Neumann 熵相同。von Neumann 熵在量子信息中有非常重要的地位，许多重要性质的证明或者应用都可以依赖于另一个有意思的信息度量给出。类似于经典情形的相对熵，下面给出量子版本的相对熵的定义，习惯上称作量子相对熵。

定义 1.13　设ρ和σ是量子系统上的任意两个量子态，量子相对熵定义为

$$S(\rho\|\sigma)=\begin{cases}\mathrm{Tr}(\rho\log_2\rho-\rho\log_2\sigma), & \mathrm{supp}(\rho)\subseteq\mathrm{supp}(\sigma)\\+\infty, & \text{其他}\end{cases}$$

量子相对熵可以看作经典 Kullback-Leibler 散度或者经典相对熵的量子推广版本，本身有很多有意义的性质，在量子计算和量子信息中有相当重要的作用。量子相对熵的一个非常重要的性质就是 Klein 不等式。量子相对熵是非负的，即

$$S(\rho\|\sigma)\geqslant 0$$

当且仅当$\rho=\sigma$时，等号成立。

利用量子相对熵的许多性质，可以直接得到量子信息中对应到经典信息中的很多有意义的结果。在量子计算的复杂性理论中可能会用到经典 Pinsker 不等式的量子版本。

定理 1.4　设ρ和σ是量子系统上的任意两个量子态，则

$$\frac{1}{\ln 2}D(\rho,\sigma)^2 \leqslant S(\rho\|\sigma)$$

如果考虑 Renyi 相对熵的量子推广版本，结合迹距离和保真度的关系直接得到量子 Pinsker 不等式。迹距离、保真度和相对熵都可以看作量子态之间距离的度量。如果考虑量子态的微小扰动，Fannes 不等式给了一个很好的刻画。Fannes 不等式表现了 von Neumann 熵的连续性。

定理 1.5　设 ρ 和 σ 是 d 维量子系统上的任意两个量子态，且满足 $D(\rho,\sigma)\leqslant\frac{1}{e}$，则

$$|S(\rho)-S(\sigma)| \leqslant D(\rho,\sigma)\log_2 d+\eta(D(\rho,\sigma))$$

其中，$\eta(x)=-x\log_2 x$。

1.2.3　量子线路

量子线路是对经典计算机的直接模拟，由连线和量子逻辑门构成。已经证明量子线路和量子图灵机在多项式时间内是互相模拟的。量子线路是量子算法的最直接的实现。本小节将介绍单比特量子逻辑门、受控门和通用量子门，为本书后面章节做准备。

量子线路要求从左到右时间推进，假定线路的输入状态是基态 $|0\rangle$，每一条线表示单量子比特，由方框表示酉矩阵，并通过连线连接，量子线路没有回路；经典数据由双线表示，具体如图 1-1 所示。

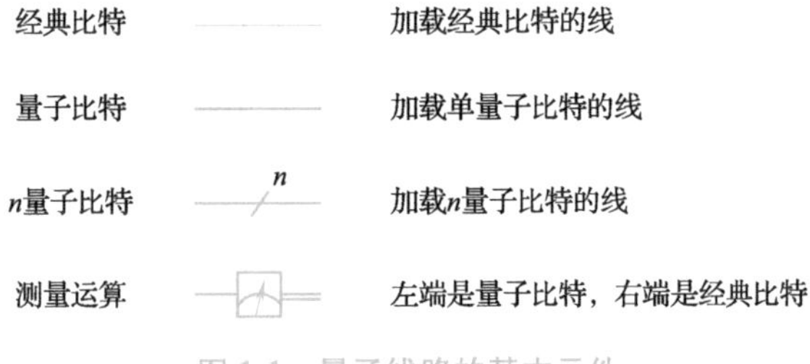

图 1-1　量子线路的基本元件

量子力学假设 1.2 要求封闭量子系统上的演化是酉的，可以通过酉矩阵来表示。单量子比特系统上的任意酉矩阵都可以由 4 个 Pauli 的线性组合来表示。下面显示了常见的单量子比特门，如图 1-2 所示。

T 门也称作 $\frac{\pi}{8}$ 门，S 门也称作相位门，它们满足 $S=T^2$。由于 Pauli X 门作用在单量子比特 $|0\rangle$ 后变为 $|1\rangle$，因此也称作非门。Hadamard 门作用在基态上能产生叠加态，在量子算法的线路实现上非常有用。

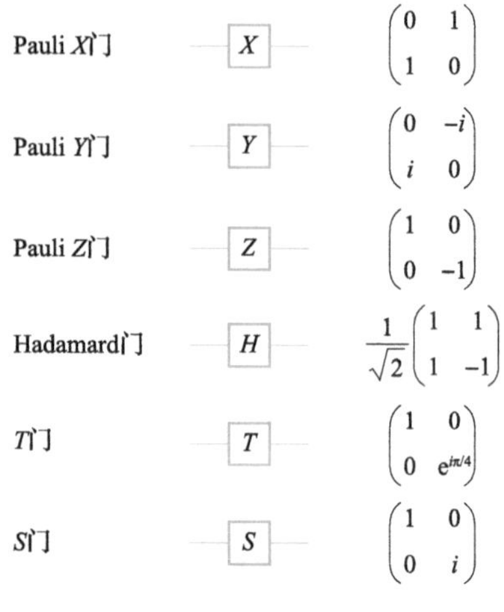

图 1-2　单量子比特门

受控运算是经典线路中非常有用的运算，量子受控运算是由控制比特和目标比特组成的双量子比特门。最简单的受控运算是受控非门，称为 CNOT 门，其线路如图 1-3 所示，上面的线是受控比特，下面的线是目标比特。

由 CNOT 门推广得到受控酉运算的量子线路，如图 1-4 所示。

图 1-3　CNOT 门线路图　　图 1-4　受控酉运算的量子线路

事实上，通过不同的酉运算，可以得到不同的受控酉门，比如在超密编码中用到的受控 Z 门，它的作用是在量子态 $|1\rangle$ 上加个相位，如图 1-5 所示。

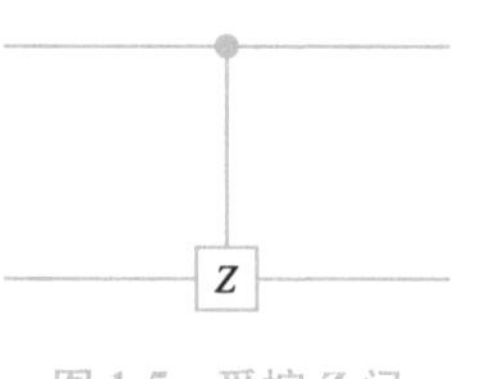

图 1-5　受控 Z 门

研究表明，受控酉门总可以等价于一些由单量子比特门和 CNOT 构成的量子线路。而单量子比特门总可以通过 Hadamard 门、相位门和 Pauli 门来构造。单量子比特门和 CNOT 门可以实现任意维上的两级酉运算，任意的酉运算又可以分解成一些两级酉运算的乘积，使得任意酉运算可以由一些单量子比特门和受控非门实现，即 CNOT 门和单量子比特门的结合具有通用性。比如 Hadamard 门、$\frac{\pi}{8}$ 门和 CNOT 门可以以任意精度近似任意酉运算。

1.3 本讲小结

量子计算是量子力学和计算理论交叉融合的一个新的研究领域，要清楚量子计算研究内容，有必要对它涉及的基本符号和概念做详细的了解。本章主要介绍了量子计算中的一些基本符号和基本概念。从向量空间出发逐步引出了 Hilbert 空间的基本定义，并介绍了该空间上一些基本的概念，比如：算子、对易等等。同时也介绍了概率论的最基本的一些概念，比如：Kolmogorov 概率公理化要求，随机变量、期望以及与之相关的迹距离等。这些概念是量子计算和量子信息中的基本概念，对它们的掌握有助于对经典计算和量子计算的深刻理解。线性代数和概率论的基本概念介绍后，本章节完全基于线性代数的初步知识介绍了量子力学的四个基本假设。在经典的量子力学中会涉及到五个假设，甚至最近的文献也证明了三个基本假设。这些都是不是本讲的讨论范围。这里介绍的概念是目前量子计算中最基本也是广大学者都接受的四大假设，状态空间、态的演化、量子测量以及空间的复合。基于量子力学中基本概念密度算子的术语，本章节也介绍了密度算子空间上的一些函数，如迹距离、保真度和相对熵等。同时也介绍了 von Neumman 熵的定义及其与之密不可分的量子相对熵的定义。本书的其他章节还会涉及到量子线路的相关讨论，为了保持阅读方便和本书的完整性，本章最后介绍量子线路的基本知识，如单量子比特门和双量子比特门。

参考文献

[1] NIELSEN M, CHUANG I. Quantum computation and quantum information [M]. Cambridge: Cambridge University Press, 2000.

[2] YING M S. Foundations of quantum programming [M]. San Francisco: Morgan Kaufmann, 2016.

[3] MARK M. Wilde, Quantum information theory [M]. Cambridge: Cambridge University Press, 2013.

[4] WATROUS J. The theory of quantum information [M]. Cambridge: Cambridge University Press, 2018.

第 2 讲
Shor 素因数分解算法

众所周知，RSA 公钥密码体制[1] 的安全性依赖于大整数素因数分解的计算困难性：当前分解大整数 N（大于 10^{100}）的最高效的经典算法是通用数域筛（GNFS）算法[2]，其时间复杂性是次指数的，即 $O\left(e^{1.9(\log N)^{\frac{1}{3}}(\log\log N)^{\frac{2}{3}}}\right)$.

1994 年，由 Peter Shor 提出的 Shor 算法[3-5] 求解大整数的素因数分解问题的时间复杂性仅为 $\log N$ 的多项式，即 $O((\log N)^3)$，这就表明大整数的素因数分解问题可以被量子计算机高效求解，即属于 BQP 复杂性类。也就是说，相较于目前经典计算中最好的算法，Shor 素因数分解算法达到了指数级加速的效果。那么在 Shor 算法中最关键也是最本质的加速体现其实是求阶量子算法，即量子计算在求阶时比经典计算表现得更为高效。

为了更清楚、详细、系统地介绍和讲解 Shor 算法，本讲将从量子傅里叶变换开始，再将量子傅里叶变换应用到量子相位估计中，接着在设定合适的酉算子和特征向量后执行量子相位估计，从估计出来的相位中得到阶的信息以完成量子求阶。然后逐步讲解 Shor 素因数分解算法，从中可以了解到 Shor 算法归约到量子求阶算法的过程。再通过讲解一个分解整数 15 的实例来加深对 Shor 算法的理解，最后介绍几个现有的 Shor 素因数分解算法的实验进展和经典模拟。

2.1 量子傅里叶变换

经典计算中的傅里叶变换（如无特别说明，此处及下文均指离散傅里叶变换）是指将一个复数向量变换成另一个同维度的复数向量，其元素是原向量元素的线性组合[6]。具体来讲，对于复数向量 $\boldsymbol{x}=(x_0,x_1,\cdots,x_{N-1})^\dagger$，其中 N 是给定正整数，经典傅里叶变换之后输出的向量为 $\boldsymbol{y}=(y_0,y_1,\cdots,y_{N-1})^\dagger$，其中

$$y_k \equiv \frac{1}{\sqrt{N}}\sum_{j=0}^{N-1} e^{\frac{2\pi ijk}{N}} x_j \tag{2-1}$$

量子傅里叶变换（Quantum Fourier Transform，简称 QFT）是指将一个量子态变换成另一个量子态，使得新的量子态的振幅对应原量子态振幅的傅里叶变换。具体来讲，对于量子态 $|j\rangle$，量子傅里叶变换之后输出的量子态为

$$\frac{1}{\sqrt{N}}\sum_{k=0}^{N-1} e^{\frac{2\pi ijk}{N}} |k\rangle \tag{2-2}$$

于是，如果量子傅里叶变换作用在任意量子态，即 $\sum_{j=0}^{N-1} x_j |j\rangle$ 上，那么输出量子态可以自然地写成 $\sum_{k=0}^{N-1} y_k |k\rangle$，其中振幅 y_k 见式 2-1。

以上是量子傅里叶变换的数学形式，下面将给出量子傅里叶变换的量子电路实现。

对于 n 量子比特系统来说，令 $N=2^n$ 且$\{|0\rangle, |1\rangle, \cdots, |2^n-1\rangle\}$是该系统的一组计算基态，那么量子态 $|j\rangle$ 在二进制下可以表达成 $|j\rangle = |j_1 j_2 \cdots j_n\rangle$，即 $j=j_1 2^{n-1}+j_2 2^{n-2}+\cdots+j_n 2^0$，同时由小数二进制表达可知二进制小数 $0.j_l j_{l+1}\cdots j_m$ 表示的十进制小数为 $j_l/2+j_{l+1}/2^2+\cdots+j_m/2^{m-l+1}$。量子傅里叶变换可以按照如下方式拆解：

$$\begin{aligned}
|j\rangle &\rightarrow \frac{1}{2^{\frac{n}{2}}}\sum_{k=0}^{2^n-1} e^{\frac{2\pi ijk}{2^n}} |k\rangle \\
&= \frac{1}{2^{\frac{n}{2}}}\sum_{k_1=0}^{1}\cdots\sum_{k_n=0}^{1} e^{2\pi ij\left(\sum_{l=1}^{n} k_l 2^{-l}\right)} |k_1\cdots k_n\rangle \\
&= \frac{1}{2^{\frac{n}{2}}}\sum_{k_1=0}^{1}\cdots\sum_{k_n=0}^{1} \bigotimes_{l=1}^{n} e^{2\pi ijk_l 2^{-l}} |k_l\rangle \\
&= \frac{1}{2^{\frac{n}{2}}}\bigotimes_{l=1}^{n}\left[\sum_{k_l=0}^{1} e^{2\pi ijk_l 2^{-l}} |k_l\rangle\right] \\
&= \frac{1}{2^{\frac{n}{2}}}\bigotimes_{l=1}^{n}\left[|0\rangle + e^{2\pi ij2^{-l}} |1\rangle\right] \\
&= \frac{1}{2^{\frac{n}{2}}}\left[\left(|0\rangle + e^{2\pi i0.j_n} |1\rangle\right)\cdots\left(|0\rangle + e^{2\pi i0.j_1 j_2\cdots j_n} |1\rangle\right)\right]
\end{aligned} \tag{2-3}$$

最后一步成立是因为当 j 是任意整数时 $e^{2\pi ij}=1$，所以整数部分不会影响 $|1\rangle$ 的局部相位。这里需要说明的是，如果 N 不是严格的 2 的幂次，就可以取 $n=\lceil \log N \rceil$，再按照上述量子电路来执行量子傅里叶变换的过程，只是最后再去掉多余的子项即可。

式 2-3 可以用单比特量子门、控制量子门和交换量子门来生成，如图 2-1 所示。

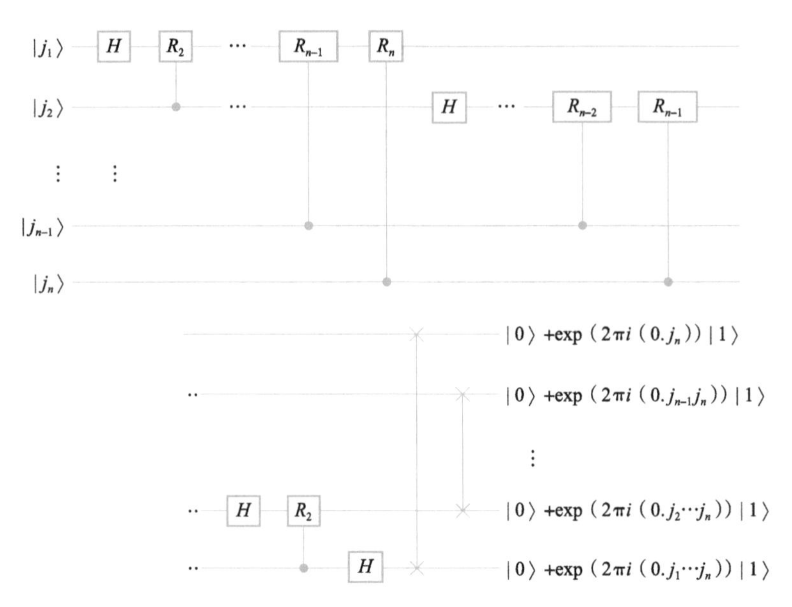

图 2-1　量子傅里叶变换的量子电路图（先执行上子图再执行下子图）

其中，$R_k\equiv\begin{bmatrix}1 & 0\\0 & \mathrm{e}^{2\pi i/2^k}\end{bmatrix}$表示保持基态 $|0\rangle$ 不变，旋转基态 $|1\rangle$ 的局部相位。从图 2-1 中不难看出，量子傅里叶变换的电路规模（量子电路的规模为量子电路中量子门的个数）复杂性是 $O(n^2)$，而经典傅里叶变换的时间复杂性（经典算法的时间复杂性是指经典基本操作的执行次数）是 $O(N^2)$。不难看出，量子傅里叶变换相较于经典傅里叶变换达到了指数级加速的效果。事实上，这也是 Shor 算法取得指数量级加速效果的根基所在。

为了对量子傅里叶变换有一个更直观的理解，下面以 3-量子比特的量子傅里叶变换为例进行介绍，其对应的量子电路如图 2-2 所示。

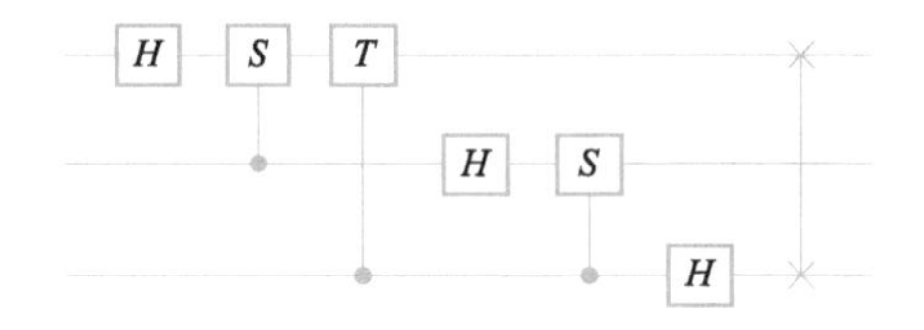

图 2-2　3-量子比特对应量子傅里叶变换的量子电路图

下面是 3-量子比特的量子傅里叶变换的矩阵形式，该矩阵形式可以由量子门对应

矩阵相乘得到，注意矩阵相乘顺序与量子门顺序相反。同时该矩阵也可以由基态上的变换得到，即只需要写出每个基态 $|000\rangle,\cdots,|111\rangle$ 在执行完上述量子电路后变成哪些态，便可以得到式 2-4 对应的矩阵形式。事实上，3-量子比特的量子傅里叶变换对应的量子电路和矩阵是可以相互转化的。

$$\frac{1}{\sqrt{8}}\begin{bmatrix} 1 & 1 & 1 & 1 & 1 & 1 & 1 & 1 \\ 1 & \omega & \omega^2 & \omega^3 & \omega^4 & \omega^5 & \omega^6 & \omega^7 \\ 1 & \omega^2 & \omega^4 & \omega^6 & 1 & \omega^2 & \omega^4 & \omega^6 \\ 1 & \omega^3 & \omega^6 & \omega & \omega^4 & \omega^7 & \omega^2 & \omega^5 \\ 1 & \omega^4 & 1 & \omega^4 & 1 & \omega^4 & 1 & \omega^4 \\ 1 & \omega^5 & \omega^2 & \omega^7 & \omega^4 & \omega & \omega^6 & \omega^3 \\ 1 & \omega^6 & \omega^4 & \omega^2 & 1 & \omega^6 & \omega^4 & \omega^2 \\ 1 & \omega^7 & \omega^6 & \omega^5 & \omega^4 & \omega^3 & \omega^2 & \omega \end{bmatrix} \tag{2-4}$$

2.2 相位估计

在介绍量子傅里叶变换之后，本节将介绍量子傅里叶变换的一个直接应用——量子相位估计算法，以及其精度分析。事实上，相位估计算法中用到的是逆傅里叶变换，即对于量子态 $|j\rangle$，量子逆傅里叶变换之后输出的量子态为

$$\frac{1}{\sqrt{N}}\sum_{k=0}^{N-1} \mathrm{e}^{\frac{-2\pi ijk}{N}}\,|k\rangle \tag{2-5}$$

相位估计问题，具体来讲是指：假设酉算子 U 对应特征值 $\mathrm{e}^{2\pi i\varphi}$ 的一个特征向量为 $|u\rangle$，其中 φ 未知，那么在给定能有效制备量子态 $|u\rangle$ 以及能执行控制 U^{2^j}（j 是非负整数）操作的量子黑盒的情况下，相位估计的目标是给出相位 φ 的估计值。在 Shor 算法中，在选取特定酉算子和特征向量的情况下，相位估计算法给出的对应相位就会包含阶的信息，进而求出阶来实现大整数的素因数分解。

2.2.1 小节将先给出相位估计的量子电路图，也就是输入量子态通过该量子电路图作用之后，输出量子态便带有要估计的相位信息，再利用量子测量算法提取相位信息

即可。2.2.2 小节将对相位估计的精度进行分析，这关系到量子电路中需要用到的量子比特个数，最后在 2.2.3 小节，将给出相位估计算法的完整描述。

2.2.1 相位估计电路图

相位估计的过程可以直接用量子电路图表示出来，逐步计算出初态经过每层量子电路之后变换成的量子态即可得到要估计的相位。相位估计的具体过程分为三个阶段。

第一阶段，$|0\rangle^{\otimes t}|u\rangle \to (|0\rangle + e^{2\pi i(2^{t-1}\varphi)}|1\rangle)\cdots(|0\rangle + e^{2\pi i(2^{1}\varphi)}|1\rangle)(|0\rangle + e^{2\pi i(2^{0}\varphi)}|1\rangle)|u\rangle$，实现该阶段的量子电路图如图 2-3 所示。

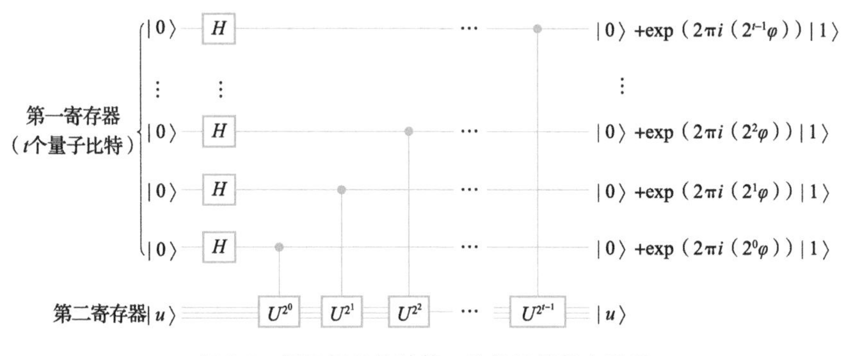

图 2-3 量子相位估计第一阶段的量子电路图

该阶段包含两个量子寄存器：第一个寄存器中有 t 个量子比特（t 的取值跟相位估计的精度和成功概率有关，之后在 2.2.2 小节中会有详细讨论）；第二个寄存器中存放特征向量 $|u\rangle$，也就是说包含能存储 $|u\rangle$ 的量子比特数即可。下面将电路图中的每层作用效果详细列出来，以便更好地理解该阶段。

$$|0^{\otimes t}\rangle|u\rangle \xrightarrow{H^{\otimes t}} \frac{1}{\sqrt{2^t}}(|0\rangle+|1\rangle)\cdots(|0\rangle+|1\rangle)(|0\rangle+|1\rangle)|u\rangle$$

$$\xrightarrow{C_t\text{-}U^{2^0}} \frac{1}{\sqrt{2^t}}(|0\rangle|u\rangle+|1\rangle|u\rangle)\cdots(|0\rangle|u\rangle+|1\rangle|u\rangle)(|0\rangle|u\rangle+|1\rangle U^{2^0}|u\rangle)$$

$$\xrightarrow{C_{t-1}\text{-}U^{2^1}} \frac{1}{\sqrt{2^t}}(|0\rangle|u\rangle+|1\rangle|u\rangle)\cdots(|0\rangle|u\rangle+|1\rangle U^{2^1}|u\rangle)(|0\rangle|u\rangle+|1\rangle U^{2^0}|u\rangle)$$

$$\cdots \quad \cdots$$

$$
\begin{aligned}
&\xrightarrow{C_1\text{-}U^{2^{t-1}}} \quad \frac{1}{\sqrt{2^t}}(|0\rangle|u\rangle+|1\rangle U^{2^{t-1}}|u\rangle)\cdots(|0\rangle|u\rangle+|1\rangle U^{2^1}|u\rangle)(|0\rangle|u\rangle+|1\rangle U^{2^0}|u\rangle)\\
&\overset{U|u\rangle=e^{2\pi i\varphi}|u\rangle}{=} \quad \frac{1}{\sqrt{2^t}}(|0\rangle+e^{2\pi i(2^{t-1})\varphi}|1\rangle)\cdots(|0\rangle+e^{2\pi i(2^1)\varphi}|1\rangle)(|0\rangle+e^{2\pi i(2^0)\varphi}|1\rangle)|u\rangle \qquad (2\text{-}6)\\
&= \quad \frac{1}{\sqrt{2^t}}\sum_{k=0}^{2^t-1}e^{2\pi i\varphi k}|k\rangle|u\rangle
\end{aligned}
$$

从式 2-6 中不难看出，初态 $|0^{\otimes t}\rangle|u\rangle$ 经过第 1 层后在第一个寄存器上生成均匀叠加态，再通过第 2 层后只在第 t 个量子比特为 $|1\rangle$ 时将 U^{2^0} 作用到 $|u\rangle$ 上，之后的第 $k(3\leqslant k\leqslant t+1)$ 层分别在第 $t-k+2$ 个量子比特为 $|1\rangle$ 时将 $U^{2^{k-2}}$ 作用到 $|u\rangle$ 上。因为 $|u\rangle$ 是 U 的特征向量，即 $U|u\rangle=e^{2\pi i\varphi}|u\rangle$，所以可以把 $|u\rangle$ 提取到最外面，这样在第一个寄存器上的量子态即为（$1/\sqrt{2^t}$）$\sum_{k=0}^{2^t-1}e^{2\pi i\varphi k}|k\rangle$。接下来的目标是从这个量子态中提取相位 φ，事实上这个量子态并不陌生，正是对 $|\varphi\rangle$ 做 2.1 节中量子傅里叶变换之后的量子态，于是在第二阶段做量子逆傅里叶变换即可。

第二阶段，在第一个寄存器上做逆傅里叶变换，即

$$
\begin{aligned}
&\frac{1}{\sqrt{2^t}}(|0\rangle+e^{2\pi i(2^{t-1})\varphi}|1\rangle)\cdots(|0\rangle+e^{2\pi i(2^1)\varphi}|1\rangle)(|0\rangle+e^{2\pi i(2^0)\varphi}|1\rangle)|u\rangle\\
\overset{\varphi=0.\varphi_1\cdots\varphi_t}{=}\quad &\frac{1}{\sqrt{2^t}}(|0\rangle+e^{2\pi i0.\varphi_t}|1\rangle)\cdots(|0\rangle+e^{2\pi i0.\varphi_2\cdots\varphi_t}|1\rangle)(|0\rangle+e^{2\pi i0.\varphi_1\cdots\varphi_t}|1\rangle)|u\rangle \qquad (2\text{-}7)\\
\xrightarrow{\text{逆-QFT}}\quad &|\varphi\rangle|u\rangle
\end{aligned}
$$

也就是说在第一寄存器上执行完逆傅里叶变换之后，第一寄存器上的量子态为 $|\varphi\rangle$，即相位本身。当然这是针对 φ 可以精确写成 t 位二进制小数的情况，后面再分析 φ 不能精确写成 t 位二进制小数的其他情况。

第三阶段，在计算基下测量第一个寄存器，即可得到 φ 的一个 t-位估计值，到此即完成相位估计过程。

总之，相位估计的整个过程如图 2-4 所示。

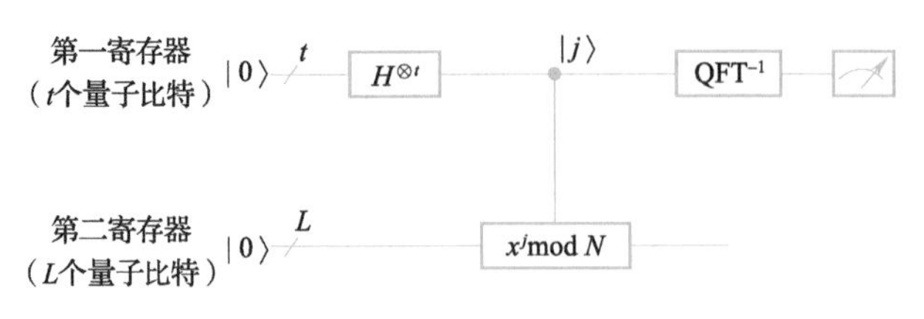

图 2-4　量子相位估计过程

其中，第一寄存器的初态 $|0\rangle$ 是 $|0^{\otimes t}\rangle$ 的简写，第二寄存器的初态 $|0\rangle$ 是 $|0^{\otimes L}\rangle$ 的简写，控制门是指在第一寄存器为状态 $|j\rangle$ 时执行 $x^j \bmod N$ 操作。另外，图 2-4 中的 QFT^{-1} 是指量子逆傅里叶变换。

2.2.2　相位估计精度分析

如前所述，当 φ 可以精确写成 t 位二进制小数时，可以利用相位估计得到 φ 的精确值；但如果 φ 不能写成 t 位二进制小数，而能写成更多位二进制小数（比如 $\varphi=0.\varphi_1\cdots\varphi_t\varphi_{t+1}\cdots\varphi_m$）呢？

令 $b=b_1\cdots b_t\in[0,2^t-1]$，且 $b/2^t=0.b_1\cdots b_t$ 是小于 φ 的最好 t-位近似（比如 $b_i=\varphi_i$，$i\in[t]$），那么差值 $\delta=\varphi-b/2^t$ 且 $0\leqslant\delta<2^{-t}$，于是现在的目标就是尽可能得到 b 的一个最好近似，然后再以高概率估计 φ。

在相位估计的第一阶段结束后生成的量子态是 $(1/\sqrt{2^t})\sum\limits_{k=0}^{2^t-1}\mathrm{e}^{2\pi i\varphi k}|k\rangle$，然后在第二阶段作用逆傅里叶变换，便会得到

$$\frac{1}{2^t}\sum_{k,l=0}^{2^t-1}\mathrm{e}^{\frac{-2\pi ikl}{2^t}}\mathrm{e}^{2\pi i\varphi k}|l\rangle \tag{2-8}$$

令 α_l 是 $|(b+l)(\bmod 2^t)\rangle$ 的振幅，则有

$$\alpha_l\equiv\frac{1}{2^t}\sum_{k=0}^{2^t-1}\left(\mathrm{e}^{2\pi i\left(\varphi-\frac{l+b}{2^t}\right)}\right)^k \tag{2-9}$$

其中，α_l 的下标 l 的取值范围是 $-b\leqslant l\leqslant 2^t-1-b$，显然这是一个几何级数求和，所以

$$\alpha_l=\frac{1}{2^t}\left(\frac{1-\mathrm{e}^{2\pi i(2^t\varphi-(b+l))}}{1-\mathrm{e}^{2\pi i\left(\varphi-\frac{(b+l)}{2^t}\right)}}\right)=\frac{1}{2^t}\left(\frac{1-\mathrm{e}^{2\pi i(2^t\delta-l)}}{1-\mathrm{e}^{2\pi i\left(\delta-\frac{l}{2^t}\right)}}\right) \tag{2-10}$$

假设最后的测量结果是 m，那么目标是限制得到满足 $|m-b|>e$ 这样的 m 的概率比较小，其中 e 是期望容忍错误，对应一个正整数。那么得到这样一个 m 的概率为

$$p(|m-b|>e)=\sum_{-2^{t-1}<l\leqslant-(e+1)}|\alpha_l|^2+\sum_{e+1\leqslant l\leqslant 2^{t-1}}|\alpha_l|^2 \tag{2-11}$$

这里要求 l 的取值跨度是 2^t 并且保证能连续一个周期内都取到。再考虑到对称取值，因此取值范围是 $-2^{t-1}<l\leqslant 2^{t-1}$，一定要注意前面是小于号而不是小于等于号。

我们知道，对于任意实数 θ，有 $|1-\exp(i\theta)|\leqslant 2$，所以 $|\alpha_l|\leqslant 2/(2^t|1-e^{2\pi i(\delta-l/2^t)}|)$. 另外，当 $|\theta|\leqslant\pi$ 时，有 $|1-\exp(i\theta)|\geqslant 2|\theta|/\pi$；并且当 $-2^{t-1}<l\leqslant 2^{t-1}$ 时，有 $2\pi(\delta-l/2^t)\geqslant 2\pi(0-2^{t-1}/2^t)=-\pi$ 且 $2\pi(\delta-l/2^t)\leqslant 2\pi(2^{-t}-(-2^{t-1}+1)/2^t)=\pi$（这里一定要注意 l 是取不到 -2^{t-1} 的），所以

$$|\alpha_l|\leqslant\frac{2}{\dfrac{2^t 2\left|2\pi\left(\delta-\dfrac{l}{2^t}\right)\right|}{\pi}}=\frac{1}{2^{t+1}\left|\delta-\dfrac{l}{2^t}\right|} \tag{2-12}$$

由式(2-11) 和式(2-12) 可知：

$$\begin{aligned}
p(|m-b|>e) &\leqslant \frac{1}{4}\left[\sum_{l=-2^{t-1}+1}^{-(e+1)}\frac{1}{(l-2^t\delta)^2}+\sum_{l=e+1}^{2^{t-1}}\frac{1}{(l-2^t\delta)^2}\right]\\
&\overset{0\leqslant 2^t\delta\leqslant 1}{\leqslant} \frac{1}{4}\left[\sum_{l=-2^{t-1}+1}^{-(e+1)}\frac{1}{l^2}+\sum_{l=e+1}^{2^{t-1}}\frac{1}{(l-1)^2}\right]\\
&\leqslant \frac{1}{2}\sum_{l=e}^{2^{t-1}-1}\frac{1}{l^2}\\
&\leqslant \frac{1}{2}\int_{e-1}^{2^{t-1}-1}dl\,\frac{1}{l^2}\\
&< \frac{1}{2(e-1)}
\end{aligned} \tag{2-13}$$

假设想要以 2^{-n}-精度近似 φ，即 $\left|\dfrac{m}{2^t}-\dfrac{b}{2^t}\right|=\dfrac{|m-b|}{2^t}<\dfrac{1}{2^n}$，可令 $e=2^{t-n}-1$. 如果想要成功概率至少为 $1-\varepsilon$，则有 $1-\dfrac{1}{2(e-1)}\geqslant 1-\varepsilon$，从而

$$t \geqslant n + \left\lceil \log\left(2+\frac{1}{2\varepsilon}\right) \right\rceil \tag{2-14}$$

于是，在要求 2^{-n}-精度近似 φ 且成功概率至少为 $1-\varepsilon$ 时，需要将 φ 表达成至少 $n+\left\lceil \log\left(2+\frac{1}{2\varepsilon}\right) \right\rceil$位小数，即需要第二个寄存器包含 $n+\left\lceil \log\left(2+\frac{1}{2\varepsilon}\right) \right\rceil$个量子比特。

2.2.3 相位估计算法过程

综上，可以给出相位估计算法的具体过程。这里将严格按照算法形式描述，包括输入、输出、运行时间、算法过程四个方面，如算法 2-1 所示。

算法 2-1 量子相位估计

输入：①能执行控制-U^{2^j} 的量子操作，其中 j 是整数；

②U 对应特征值 $e^{2\pi i\varphi_u}$ 的一个特征向量 $|u\rangle$；

③$t=n+\lfloor \log(2+1/(2\varepsilon)) \rfloor$个初始化为 $|0\rangle$ 的量子比特。

输出：一个 n-比特近似于 φ_u 的 $\widetilde{\varphi}$。成功概率至少为 $1-\varepsilon$。

运行时间：$O(t^2)$ 个量子操作（量子傅里叶变换），控制-U^{2^j} 黑盒。

算法过程：

① $\|0^{\otimes t}\rangle\|u\rangle$	初态
②$\rightarrow \frac{1}{\sqrt{2^t}}\sum_{j=0}^{2^t-1}\|j\rangle\|u\rangle$	产生叠加
③$\rightarrow \frac{1}{\sqrt{2^t}}\sum_{j=0}^{2^t-1}\|j\rangle U^j\|u\rangle$	作用黑盒
$=\frac{1}{\sqrt{2^t}}\sum_{j=0}^{2^t-1}e^{2\pi ij\varphi_u}\|j\rangle\|u\rangle$	作用结果
④$\rightarrow \|\widetilde{\varphi_u}\rangle\|u\rangle$	逆傅里叶变换
⑤$\rightarrow \widetilde{\varphi_u}$	测量第一寄存器

不难看出，针对一般的相位 φ_u，要以概率 $1-\varepsilon$ 成功估计出其 n-比特近似值，需要的量子比特数为 t+能表示 $|u\rangle$ 的量子比特数，其中 $t=n+\lfloor\log(2+1/(2\varepsilon))\rfloor$，同时还需要能执行控制-$U^{2^j}$ 的量子操作以及能制备出 U 对应特征值 $e^{2\pi i\varphi_u}$ 的一个特征向量 $|u\rangle$，如此才能在 $O(t^2)$ 个量子操作后完成对 φ_u 的估计。事实上，这些量子操作来自于第二阶段的量子逆傅里叶变换。

2.3　量子求阶算法

在针对大整数做质因数分解的经典算法中，复杂性的主导项是求阶运算，而 Shor 算法恰恰有效解决了这个难点，使得求阶问题的复杂性大大降低。在本节中，将介绍 Shor 算法中的关键步骤：量子求阶算法。在此之前，先回顾其中用到的一些数论知识。

2.3.1　求阶中用到的数论知识

在本小节中，将回顾数论的一些基本性质。但因篇幅限制，会省略具体证明，感兴趣的读者可以很容易地在文献［7-11,16,17］中找到。

首先是素因数分解问题。假设 n 是一个整数。如果存在一个整数 k，使得 $n=dk$，就称整数 d 整除 n（写作 $d\mid n$），即 d 是 n 的因数；若 d 不整除 n（不是 n 的因数），记作 $d\nmid n$。素数（也称质数）是一类大于 1 并且只有自身和 1 作为因数的整数，如 2,3,5,7,11,13,17,…。可能对于正整数而言最重要的一个性质是可以被唯一地表示为素数因数的乘积，即算术基本定理。

定理 2.1（算术基本定理[13]）　令 a 为任意大于 1 的整数，那么 a 的质因数分解形式为

$$a=p_1^{a_1}p_2^{a_2}\cdots p_n^{a_n} \tag{2-15}$$

其中，$p_1,\cdots,p_n$ 是不同的素数，$a_1,\cdots,a_n$ 是正整数。此外，在不考虑因数的排列情况下，这个分解是唯一的。

对于较小的整数，很容易通过反复试验找到素因数分解，例如 $20=2^2\times5^1$。对于大整数，目前还没有有效的经典计算机上的算法可以找到素因子，尽管有很多算法正在尝试

解决该问题。

其次是欧几里得算法[14]。我们知道，整数 a 和 b 的最大公约数是指可以同时整除 a 和 b 的最大的整数，记为 $\gcd(a,b)$，例如 18 和 12 的最大公约数是 6。那么如何计算最大公约数呢？一个有效的方法是欧几里得算法。首先，不妨假设 $a>b$，将 a 除以 b，得到商 k_1，余数 r_1：$a=k_1b+r_1$。接下来进行第二次执行除法过程，将 b 除以 r_1，那么就有 $b=k_2r_1+r_2$，并且 $\gcd(a,b)=\gcd(b,r_1)$。接下来进行第三次除法，可得 $\gcd(a,b)=\gcd(b,r_1)=\gcd(r_1,r_2)$。如此继续下去，每次用上次的除数除以最近的余数，得到一个余数。当余数为 0 时，则算法停止，即 $r_m=k_{m+1}r_{m+1}$。对某个 m，有 $\gcd(a,b)=\gcd(r_m,r_{m+1})=\gcd(r_{m+1},0)=r_{m+1}$，所以算法返回 r_{m+1}。

欧几里得算法也可用于高效地寻找模运算中的乘法逆。假设 a 与 n 互素，我们希望找到 a 关于模 n 的乘法逆元 a^{-1}。为此，由欧几里得算法以及 a 和 n 的互素性可得到满足 $ax+ny=1$ 的整数 x 和 y。注意到，$ax=(1-ny)=1(\bmod n)$，即 x 是模 n 后的 a 的乘法逆。

定理 2.2（中国剩余定理[15]） 假定 $m_1,\cdots,m_n$ 为正整数，且满足任意一对 m_i 和 $m_j(i\neq j)$ 为互素数，则方程组

$$\begin{cases}x=a_1(\bmod m_1)\\x=a_2(\bmod m_2)\\\quad\vdots\\x=a_n(\bmod m_n)\end{cases}$$

有解。此外，该方程组的任意两个解在模 $M\equiv m_1m_2\cdots m_n$ 下相等。

最后是费马小定理，这是经典数论的著名结果。

定理 2.3（费马小定理[16]） 假设 p 是一个素数，a 是任意整数。如果 a 不能被 p 整除，那么 $a^{p-1}=1(\bmod p)$。

在介绍完这些数论中的常用定理之后，2.3.2 小节中将描述求阶问题并给出求解求阶问题的量子算法，2.3.3 小节和 2.3.4 小节针对其中的模幂运算和连分式分解展开必要的详细讨论。

2.3.2 求阶问题与量子算法

求阶问题：假设 N 是一个正整数，并且 x 与 N 互质，其中 $1\leqslant x<N$，那么 x 模 N 的

阶被定义为满足 $x^r=1(\bmod N)$ 的最小正整数 r。求阶问题的目标是在给定 x 和 N 的前提下，确定 r。

在 2.2 节中已经介绍了相位估计算法，而求阶问题的量子算法是对相位估计的直接应用，只是需要构造合适的酉算子，使其某个特征向量对应的相位包含阶的信息。下面将给出的酉算子和对应特征向量是一种有效的方式但不是唯一的，读者可以试着找出其他能求阶的相位估计过程。

假设构造酉算子如下，即

$$U|y\rangle \equiv |xy(\bmod N)\rangle \tag{2-16}$$

其中，$y\in\{0,1\}^L$。注意到，当 $N\leqslant y\leqslant 2^L-1$ 时，$(xy)\bmod N=x(y\bmod N)$，即不会产生新的值，所以只需要考虑 $0\leqslant y\leqslant N-1$ 就可以了。通过计算可知，上述酉算子 U 的特征向量为

$$|u_s\rangle \equiv \frac{1}{\sqrt{r}}\sum_{k=0}^{r-1}\mathrm{e}^{\frac{-2\pi isk}{r}}|x^k\rangle\bmod N\rangle \tag{2-17}$$

其中，$0\leqslant s\leqslant r-1$，对应特征值为 $\mathrm{e}^{\frac{2\pi is}{r}}$，这可以通过简单的变量代换法得到，即

$$\begin{aligned}
U|u_s\rangle &= \frac{1}{\sqrt{r}}\sum_{k=0}^{r-1}\mathrm{e}^{\frac{-2\pi isk}{r}}|x^{k+1}\rangle\bmod N\rangle \\
&\overset{k'=k+1}{=} \frac{1}{\sqrt{r}}\sum_{k'=1}^{r}\mathrm{e}^{\frac{-2\pi is(k'-1)}{r}}|x^{k'}\rangle\bmod N\rangle \\
&= \mathrm{e}^{\frac{2\pi is}{r}}\frac{1}{\sqrt{r}}\sum_{k'=1}^{r}\mathrm{e}^{\frac{-2\pi isk'}{r}}|x^{k'}\rangle\bmod N\rangle \\
&\overset{\mathrm{e}^{\frac{-2\pi isr}{r}}|x^r\rangle=|x^0\rangle}{=} \mathrm{e}^{\frac{2\pi is}{r}}\frac{1}{\sqrt{r}}\sum_{k'=0}^{r-1}\mathrm{e}^{\frac{-2\pi isk'}{r}}|x^{k'}\bmod N\rangle \\
&= \mathrm{e}^{\frac{2\pi is}{r}}|u_s\rangle
\end{aligned} \tag{2-18}$$

接下来，利用相位估计过程，就可以高精度地得到该特征值的相位 $\mathrm{e}^{\frac{2\pi is}{r}}$，再进行一些计算便可以得到要求的阶 r。这个过程可以简单地用图 2-5 来描述。

其中，第一个寄存器的初态是指 t 个 $|0\rangle$ 的张量积，即 $|0^{\otimes t}\rangle$，图 2-5 中为简便起见直接写成了 $|0\rangle$；经过 t 个 H 门的作用之后变为 $|0\rangle,\cdots,|2^t-1\rangle$ 上的均匀叠加态，

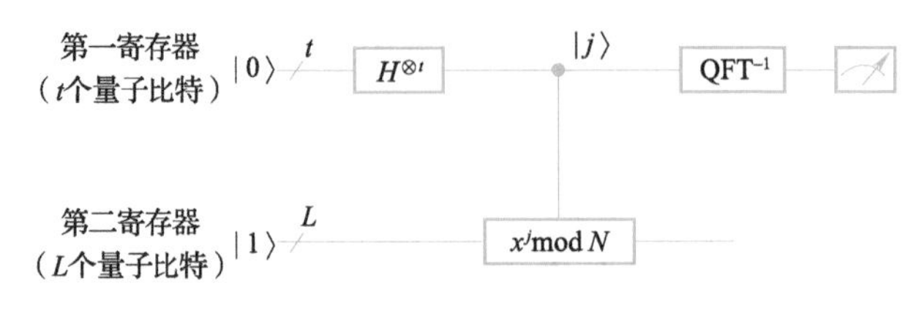

图 2-5 量子求阶过程

然后当状态为 $|j\rangle$ 时，在第二个寄存器上作用 $x^j \bmod N$，接着在第一个寄存器上执行量子逆傅里叶变换，再经过测量即可得到相位 s/r 的估计值，最后根据 s 的取值再计算出阶 r，就完成了量子求阶过程。另外值得注意的是，当第二个寄存器是 $|0\rangle$（当然也是 L 个 $|0\rangle$ 的张量积）时，其中的 x^j 可以替换为 $V|j\rangle|k\rangle=|j\rangle|k+x^j \bmod N\rangle$，这也是后面讲到 Shor 素因数分解算法时用到的量子电路。

2.3.3 模幂运算

2.3.2 小节从理论上给出了能求阶的量子算法，但是在这个量子算法中有两个重要的前提要求：首先是要高效构造控制-U^j 操作（j 是任意整数），其次是要高效制备对应非平凡特征值的特征量子态 $|u_s\rangle$ 或者至少是特征量子态的叠加态。

对于第二个要求（因为比较容易被满足，所以先讨论这个要求），很幸运地发现

$$\frac{1}{\sqrt{r}}\sum_{s=0}^{r-1}|u_s\rangle=|1\rangle \tag{2-19}$$

于是在相位估计中，选取 $t=2L+1+\lceil\log(2+1/2\varepsilon)\rceil$，其中 L 是能表示 y 的二进制比特数，也是第二个寄存器的量子比特数。并且第二个寄存器的初态为 $|1\rangle$，那么对每个 $s\in[r]$都能以$(2L+1)$-比特精度且不低于$(1-\varepsilon)/r$ 的成功概率得到估计值 $\varphi\approx s/r$。

对于第一个要求：构造控制-U^j 操作（j 是任意整数），对应模幂运算，即要实现

$$\begin{aligned}|z\rangle|y\rangle \quad\rightarrow\quad & |z\rangle U^{z_t 2^{t-1}}\cdots U^{z_1 2^0}|y\rangle \\ = \quad & |z\rangle|x^{z_t 2^{t-1}}\times\cdots\times x^{z_1 2^0}y(\bmod N)\rangle \\ = \quad & |z\rangle|x^z y(\bmod N)\rangle,\end{aligned} \tag{2-20}$$

先介绍实现这个过程的经典算法，其中最重要的一步其实是实现 $x^z(\bmod N)$这个模

幂运算。最基本的想法是在第三个寄存器中计算出 $x^z \pmod N$，然后乘以第二个寄存器中的 y，最后恢复第三个寄存器。因为这里选取的 $t=O(L)$，即需要进行 $t-1=O(L)$ 个带模平方操作（先计算出 $x^2 \pmod N$，再计算 $x^4 \pmod N$，以此类推，一直到 $x^{t-1} \pmod N$），每个带模平方操作需要 $O(L^2)$ 个门，所以总共花费 $O(L^3)$ 个门，这是第一个阶段。在第二个阶段，注意到 $x^z \pmod N = \left(x^{z_t 2^{t-1}} \pmod N)\right)\cdots\left(x^{z_1 2^0} \pmod N\right)$，即执行 $t-1=O(L)$ 个带模乘法，每个花费 $O(L^2)$ 个门，所以这一阶段总共花费 $O(L^3)$ 个门。这是一般算法的复杂性，现在对于带模平方和带模乘法一定存在更高效的算法。

因为对于任何经典算法，理论上都存在对应的量子算法，所以可以自然地推出对于上述经典算法，也必然存在对应的量子算法，可以利用 $O(L^3)$ 个量子门将初始量子态 $|z\rangle|y\rangle$ 变换到 $|z\rangle|x^z y \pmod N\rangle$。那么怎么真正实现量子计算中的模幂运算呢？将在 Shor 算法的经典模拟中给出详细介绍。

2.3.4 连分式分解

在 2.3.3 小节介绍的求阶量子算法中，还留有一个问题，即如何从相位估计出的近似结果 $\varphi \approx s/r$ 中得到所求的阶 r。幸运的是，已经有一个被称为“连分式分解”的算法可以有效解决这个问题，理论由如下定理保证。

定理 2.4　假设 s/r 是一个有理数且满足

$$\left|\frac{s}{r}-\varphi\right| \leqslant \frac{1}{2r^2}$$

那么 s/r 是 φ 的连分式的一个收敛值，并且利用连分式分解算法可以在 $O(L^3)$ 时间内计算出来。

之所以能应用这个定理，是因为 φ 是 s/r 的一个 $(2L+1)$-比特近似，即 $|s/r-\varphi| \leqslant 2^{-2L-1} \leqslant 1/2r^2$（因为 $r \leqslant N \leqslant 2^L$）也就是满足定理条件。总之，给定 φ，连分式分解算法可以有效输出互素整数 s'，r'，使得 $s'/r'=s/r$，其中的 r' 就是阶的候选值，然后再通过计算 $x^{r'} \bmod N$ 来检验 r' 是否是阶即可。

连分式分解算法是指将实数表达为只有整数的形式，即

$$[a_0,\cdots,a_M]\equiv a_0+\cfrac{1}{a_1+\cfrac{1}{a_2+\cfrac{1}{\cdots+\cfrac{1}{a_M}}}} \tag{2-21}$$

其中，$a_0,\cdots,a_M$ 是正整数。如果 $\varphi=s/r$ 是一个有理数，并且 s,r 都是 L 比特整数，那么 φ 的连分式分解可以利用 $O(L^3)$ 个操作完成，一共包括 $O(L)$ 个分解求逆过程，每个过程需要 $O(L^2)$ 个门完成。

2.3.5 求阶量子算法及性能分析

求阶量子算法在以下两种情况下会失败：

①相位估计产生了 s/r 的一个不好的估计，概率至多为 ε，并且可以通过增加量子比特数 t 来降低这个概率；

②s 和 r 有公因数，此时的 r' 只是 r 的一个因数。

针对情况②，下面介绍三个解决办法。

首先，注意到 s 是从 $0,\cdots,r-1$ 中随机选取的，其实比较容易使得 s 与 r 互素，从而使连分式分解返回 r 本身。事实上，小于 r 的素数至少有 $r/2\log r$ 个，也就是说 s 本身就是素数的概率至少是 $1/2\log r$，因此重复执行求阶算法 $2\log N$ 次就会高概率得到互素的 s，r，从而使连分式分解返回阶 r 本身。

其次，如果 $r'\neq r$，那么 r' 一定是 r 的一个因数（$s=0$ 的情况除外），这种情况发生的概率是 $1/r\leqslant 1/2$。假设用 $a'\equiv a^{r'}(\bmod N)$ 来代替 a，那么 a' 的阶是 r/r'；执行算法计算 a' 的阶，如果成功，那么就可以得到 a 的阶，即 $r=r'\times r/r'$。如果失败，那么就得到 r''，这是 r/r' 的一个因数，于是再执行算法计算 $a''\equiv(a')^{r''}$ 的阶；如此重复这个过程。因为每次都会将阶减少至少一半，所以这个过程至多重复 $\log r=O(L)$ 次。

最后，介绍一个比前两个方法都更快的方法，该方法只需要进行常数次尝试。主要想法是重复执行相位估计-连分式分解两次，主要的想法是重复执行相位估计-连分式分解两次。假设两次分别得到 s_1/r 和 s_2/r，但连分式分解只能给出这两个分数的最简形式，记为 s_1'/r_1' 和 s_2'/r_2'。当得到 s_1',r_1',s_2',r_2' 之后，我们直接取 r' 为 r_1',r_2' 的最小公倍数。当 s_1,s_2 互素时，我们一定有 $r'=r$。接下来我们将会证明 s_1，s_2 有较高的概率互素，从而这个算法的有较高的概率成功。

考虑相位估计的过程，s_1,s_2 其实都是从 $0,1,\cdots,r-1$ 范围内独立地均匀随机选取的整数。则 s_1,s_2 不互素的概率为

$$p[(2\mid s_1 \text{ and } 2\mid s_2) \text{ or } (3\mid s_1 \text{ and } 3\mid s_2) \text{ or } (4\mid s_1 \text{ and } 4\mid s_2) \text{ or}\cdots]$$

$$\leqslant p(2\mid s_1 \text{ and } 2\mid s_2)+(3\mid s_1 \text{ and } 3\mid s_2)+(4\mid s_1 \text{ and } 4\mid s_2)+\cdots$$

$$=\sum_{q\geqslant 2} p(q\mid s_1)p(q\mid s_2)\leqslant \sum_{q\geqslant 2}\frac{1}{q^2}$$

因此，s_1,s_2 互素的概率的下界为

$$1-\sum_{q\geqslant 2}\frac{1}{q^2}$$

对于上式右边的多项式，可以用很多方法给出上界，其中一个简单的方法是利用积分 $\int_x^{x+1} 1/y^2\mathrm{d}y\geqslant 2/3x^2$，易证 $\sum_q \frac{1}{q^2}\leqslant\frac{3}{2}\int_2^{\infty}\frac{1}{y^2}\mathrm{d}y=\frac{3}{4}$，所以得到正确 r 的概率至少为 1/4。

从 2.3.1~2.3.4 小节可以看出求阶量子算法的资源消耗主要分为三个步骤：第一，Hadamard 变换需要 $O(L)$ 个量子基础门；第二，逆傅里叶变换需要 $O(L^2)$ 个量子基础门；第三，也是最主要的消耗，即量子模幂运算需要 $O(L^3)$ 个量子基础门。此外，连分式分解算法也需要 $O(L^3)$ 个量子基础门来得到 r'，然后用上面提到的第三个步骤从 r' 得到 r 仅需要重复常数次。所以整个求阶量子算法需要的量子基础门个数为 $O(L^3)$。该算法过程概括如算法 2-2 所示。

算法 2-2 求阶量子算法

输入：①一个量子黑盒 $U_{x,N}$，可以实现 $|j\rangle|k\rangle\rightarrow|j\rangle|x^j k \bmod N\rangle$ 的变换，其中 x 与 N 互素（N 是一个 L-比特数）；

②$t=2L+1+\left\lceil \log\left(2+\frac{1}{2\varepsilon}\right)\right\rceil$ 个量子比特均初始化为 $|0\rangle$；

③L 个量子比特均初始化为 $|0\rangle$。

输出：使得 $x^r=1(\bmod N)$ 的最小整数 r，并且 $r>0$。

运行时间：$O(L^3)$ 个量子操作，成功概率为 $O(1)$。

算法过程：

① $\vert 0\rangle\vert 1\rangle$	初始量子态
② $\rightarrow\frac{1}{\sqrt{2^t}}\sum_{j=0}^{2^t-1}\vert j\rangle\vert 1\rangle$	产生叠加
③ $\rightarrow\frac{1}{\sqrt{2^t}}\sum_{j=0}^{2^t-1}\vert j\rangle\vert x^j \bmod N\rangle$	作用 $U_{x,N}$
$\approx\frac{1}{\sqrt{r2^t}}\sum_{s=0}^{r-1}\sum_{j=0}^{2^t-1}e^{2\pi isj}\vert j\rangle\vert u_s\rangle$	
④ $\rightarrow\frac{1}{\sqrt{r}}\sum_{s=0}^{r-1}\vert\widetilde{s/r}\rangle\vert u_s\rangle$	在第一个寄存器上作用逆傅里叶变换
⑤ $\rightarrow\widetilde{s/r}$	测量第一个寄存器
⑥ $\rightarrow r$	作用连分式分解算法

2.4 Shor 素因数分解算法详解

在本节中，将重点讲解 Peter Shor 在 1995 年提出的针对大整数的素因数分解算法（Shor 算法）。具体来讲，针对一个正合数 N，如何将其分解成素数的乘积或者如何找出其对应的一个素数因数？这个问题称为大整数分解问题。下面将说明这个问题和上面讲到的求阶问题等价，也就是说如果对于求阶问题有一个快速算法，那么这个快速算法就可以变成大整数分解的一个快速算法。接着，在给出大整数的素因数分解算法之后，将再通过一个实例对该算法的具体过程加以解释和说明，最后将讨论近年来针对 Shor 算法的一系列实验实现。

2.4.1 算法过程

从大整数分解问题到求阶问题的规约分为两步。

第一步要说明：如果能找到方程 $x^2=1(\bmod N)$ 的一个非平凡解，即 $x\neq\pm1(\bmod N)$，那么就能计算出 N 的一个因数。这可以由定理 2.5 保证。

定理 2.5 假设 N 是一个 L-比特的合数并且 x 是方程 $x^2=1(\bmod N)$ 的一个非平凡

解，其中 $1\leqslant x\leqslant N$，也就是说 $x\neq 1(\bmod N)$ 且 $x\neq N-1(\bmod N)$，那么 $\gcd(x-1,N)$，$\gcd(x+1,N)$ 至少有一个是 N 的非平凡因数，并且可以用 $O(L^3)$ 个操作得到。

证明：因为 $x^2=1(\bmod N)\rightarrow N\mid(x^2-1)\rightarrow N$ 和 $(x+1)$，$(x-1)$ 中至少一个有公因数。又因为 $1<x<N-1\rightarrow x-1<x+1<N$，所以公因数不会是 N。那么计算 $\gcd(x-1,N)$ 和 $\gcd(x+1,N)$ 就可以得到 N 的一个非平凡因数，并且可以用 $O(L^3)$ 个操作得到。

第二步要说明：随机选取与 N 互素的 y，对应的阶 r 是偶数且 $y^{r/2}\neq\pm 1(\bmod N)$，那么 $x\equiv y^{r/2}(\bmod N)$ 则是 $x^2=1(\bmod N)$ 的一个非平凡解。这可以由定理 2.6 保证。

定理 2.6　假设 $N=p_1^{\alpha_1}\cdots p_m^{\alpha_m}$ 是一个正奇合数的分解，令 x 是从 Z_N^* 中均匀随机选取的与 N 互素且满足 $1\leqslant x\leqslant N-1$ 的正整数，r 是 x 模 N 的阶，那么

$$p(r\text{ 是偶数且 }x^{\frac{r}{2}}\neq -1(\bmod N))\geqslant 1-\frac{1}{2^m}$$

证明：在给出这个定理的证明之前，需要先说明引理 2.1。

引理 2.1　令 p 是一个奇素数，2^d 是能整除 $\varphi(p^\alpha)$ 的 2 的最大次幂，那么从 $Z_{p^\alpha}^*$ 中随机选取的任意元素的阶都可以整除 2^d 的一半。

证明：注意到在 p 是奇数的时候，$\varphi(p^\alpha)=p^{\alpha-1}(p-1)$ 是偶数，因此 $d\geqslant 1$. 又因为在 $Z_{p^\alpha}^*$ 中存在一个生成子 g，所以 $Z_{p^\alpha}^*$ 中的任意元素都可以写成 $g^k(\bmod p^\alpha)$，其中 $1\leqslant k\leqslant\varphi(p^\alpha)$。令 r 是 g^k 的阶，考虑两种情况：①当 k 是奇数时，由 $g^{kr}=1(\bmod p^\alpha)$ 可得 $\varphi(p^\alpha)\mid kr$，因此 $2^d\mid r$；②当 k 是偶数时，有 $g^{k\varphi(p^\alpha)/2}=(g^{\varphi(p^\alpha)})^{k/2}=1^{k/2}=1(\bmod p^\alpha)$。因此 $r\mid\varphi(p^\alpha)/2$。

定理 2.6 的证明（续）：下面只需要证明

$$p(r\text{ 是偶数且 }x^{\frac{r}{2}}=-1(\bmod N))\leqslant\frac{1}{2^m}$$

即可。由中国剩余定理可知，从 Z_N^* 均匀随机选取正整数 x 等价于从 $Z_{p_j^{\alpha_j}}^*$ 中均匀随机地选取 x_j，其中 $x=x_j(\bmod p_j^{\alpha_j}),\forall j$。令 r_j 是 $x_j(\bmod p_j^{\alpha_j})$ 的阶，2^{d_j} 是能整除 r_j 的 2 的最大次幂，2^d 是能整除 r 的 2 的最大次幂。那么为了使 r 是奇数或 $x^{\frac{r}{2}}=-1(\bmod N)$ 成立，需要 d_j 对任意的 j 都取相同的值。于是由引理 2.1 可知这发生的概率至多是 $1/2^m$。同样还是先考虑 r 为奇数的情况，不难看出对任意 j，由 $r_j\mid r$ 可知 r_j 是奇数，所以 $d_j=0$。当 r 为偶数且 $x^{r/2}=-1(\bmod N)$ 时，$x^{r/2}=-1(\bmod p_j^{\alpha_j})$，所以 r_j 不能整除 $r/2$；又因为 $r_j\mid r$，所以 $d_j=d,\forall j$。

结合定理2.5和定理2.6，将给出如下算法，该算法以高概率返回任意合数N的一个非平凡因数。除去求阶的其他所有步骤都可以在经典计算机上高效运行出来，所以该算法给出的就是量子计算求阶的过程。最后重复执行该算法，可以找到N的一个完全素因数分解。该算法过程概括如算法2-3所示。

算法2-3　Shor算法到求阶量子算法的规约

输入：一个合数N。

输出：N的一个非平凡因数。

运行时间：$O((\log N)^3)$ 个基础操作，成功概率为$O(1)$。

算法过程：

①如果N是偶数，返回因数2；

②利用经典算法判断$N=a^b$是否成立，其中$a\geqslant1$，$b\geqslant2$；如果成立，返回因数a；

③从$1\sim N-1$中随机选取x，如果$\gcd(x,N)>1$，返回因数$\gcd(x,N)$；

④利用求阶量子算法找出$x(\bmod N)$ 的阶r；

⑤如果r是偶数且$x^{r/2}\neq-1(\bmod N)$，那么计算$\gcd(x-1,N)$，$\gcd(x+1,N)$，并判断其中是否有一个是N的非平凡因数。如果都不是，那么算法失败。

算法2-3的过程①和②，或者返回一个因数，或者保证N是一个具有不止一个素数因数的奇数。过程③，或者返回一个因数，或者产生一个随机选取的x，其中$x\in\{0,1,\cdots,N-1\}$。过程④，调用求阶量子过程，计算$x(\bmod N)$ 的阶r。过程⑤，完成该算法。上述定理2.5保证了至少有一半的阶r会是偶数且$x^{r/2}\neq-1(\bmod N)$；同时，上述定理2.4保证了或者$\gcd(x^{r/2}-1,N)$或者$\gcd(x^{r/2}+1,N)$是N的一个非平凡因数。

2.4.2　一个分解实例

在本小节中，将以分解$N=15$为例，逐步说明2.4.1小节中介绍的Shor素因数分解算法，步骤如下。

①通过观察$N=15$的二进制表示最低位，即可判定其不是偶数。

②利用经典算法可以判定$N=15$不是幂次形式。

③随机选取一个与 N 互素的整数，比如 $x=7$。

④下面利用求阶量子算法来计算 $x(\bmod N)$ 的阶 r：

a）初始量子态为 $|0_t\rangle|0_L\rangle$，其中第一寄存器的量子比特数 t 与精度有关，第二寄存器的量子比特数 L 就是能存放整数 N 的二进制比特数，即 $L=4$。

b）在第一个寄存器上作用 t 个 H 门，这里 $t=2L+1+\lceil\log(2+1/2\varepsilon)\rceil$ 且 $\varepsilon\leqslant 1/4$，于是 $t=11$，作用之后的量子态为 $\frac{1}{\sqrt{2^t}}\sum_{k=0}^{2^t-1}|k\rangle|0_4\rangle=\frac{1}{\sqrt{2^t}}[|0\rangle+|1\rangle+|2\rangle+|3\rangle+\cdots+|2^t-1\rangle]|0_4\rangle$。

c）计算 $f(k)=x^k\bmod N$，即

$$\frac{1}{\sqrt{2^t}}\sum_{k=0}^{2^t-1}|k\rangle|x^k\bmod N\rangle=\frac{1}{\sqrt{2^t}}\begin{bmatrix}|0\rangle|1\rangle+|1\rangle|7\rangle+|2\rangle|4\rangle+|3\rangle|13\rangle+\\ |4\rangle|1\rangle+|5\rangle|7\rangle+|6\rangle|4\rangle+|7\rangle|13\rangle+\cdots\end{bmatrix}。$$

d）在原始求阶量子算法中，接下来需要先执行量子逆傅里叶变换之后再测量第二寄存器；在这里，先测量第二寄存器将会得到 1,7,4,13 这四个值中的一个可能值。

e）假设测量第二寄存器得到的值为 4，即此时第一寄存器量子态为

$$\sqrt{\frac{4}{2^t}}[|2\rangle+|6\rangle+|10\rangle+|14\rangle+\cdots]。$$

f）再对上述量子态执行量子逆傅里叶变换，那么量子态将变为

$$\sqrt{\frac{4}{2^t}}\frac{1}{\sqrt{2^t}}\begin{bmatrix}\sum_{a=0}^{2^t-1}e^{-\frac{2\pi i2a}{2^t}}|a\rangle+\\ \sum_{a=0}^{2^t-1}e^{-\frac{2\pi i6a}{2^t}}|a\rangle+\\ \sum_{a=0}^{2^t-1}e^{-\frac{2\pi i10a}{2^t}}|a\rangle+\\ \sum_{a=0}^{2^t-1}e^{-\frac{2\pi i14a}{2^t}}|a\rangle+\\ \cdots\end{bmatrix}=\frac{\sqrt{4}}{2^t}\begin{bmatrix}|0\rangle+e^{-\left(\frac{2\pi i2}{2^t}\right)}|1\rangle+\cdots+e^{-\left(\frac{2\pi i2(2^t-1)}{2^t}\right)}|2^t-1\rangle\\ |0\rangle+e^{-\left(\frac{2\pi i6}{2^t}\right)}|1\rangle+\cdots+e^{-\left(\frac{2\pi i6(2^t-1)}{2^t}\right)}|2^t-1\rangle\\ |0\rangle+e^{-\left(\frac{2\pi i10}{2^t}\right)}|1\rangle+\cdots+e^{-\left(\frac{2\pi i10(2^t-1)}{2^t}\right)}|2^t-1\rangle\\ |0\rangle+e^{-\left(\frac{2\pi i14}{2^t}\right)}|1\rangle+\cdots+e^{-\left(\frac{2\pi i14(2^t-1)}{2^t}\right)}|2^t-1\rangle\\ \vdots\qquad\cdots\qquad\vdots\end{bmatrix}$$

$$=\frac{\sqrt{4}}{2^t}\left[\frac{2^t}{4}|0\rangle+\frac{2^t}{4}|512\rangle+\frac{2^t}{4}|1024\rangle+\frac{2^t}{4}|1536\rangle\right]$$

$$=\frac{1}{\sqrt{4}}[\,|0\rangle+|512\rangle+|1024\rangle+|1536\rangle\,]$$

在上式中，系数是 $e^{-\left(\frac{2\pi i \text{偶数} * a}{2^t}\right)}$，所以只要 $4a$ 是 2^t 的倍数，$e^{-\left(\frac{2\pi i \text{偶数} * a}{2^t}\right)}=\pm1$，就会保留下来对应的 $|a\rangle$。这里 $t=11$，所以被保留下来的项为 0,512,1024,1536，并且每项对应的概率为 1/4。

g）假设得到的项是 1536，那么计算连分式有 $\frac{1536}{2048}=\cfrac{1}{1+\cfrac{1}{3}}$，所以其收敛到 $\frac{3}{4}$，从而 $x=7$ 的阶为 $r=4$。

⑤r 是偶数且 $x^{\frac{r}{2}}(\bmod N=15)=4\neq\pm1$，再简单计算 $\gcd(x^2-1,15)=3$ 和 $\gcd(x^2+1,15)=5$，可知都是 $N=15$ 的非平方因数。

从上述分解整数 15 的例子中可以更清楚地看出 Shor 算法的执行过程，这也有助于进一步理解 Shor 算法。

2.5 Shor 素因数分解算法的实验进展

目前已经有很多实验组针对 Shor 算法在量子硬件上做了不同的实验实现[19]，在本节中，将根据量子硬件系统的不同来介绍几个实验方案。

首先是 IBM 公司 Almaden 研究中心的 Vandersypen 等人[19] 在 2001 年发表在 *Nature*（《自然》）上的实验方案，该方案利用核磁共振系统来实现 Shor 算法。他们利用分子中的七个自旋-1/2 核充当量子比特，因为自旋-1/2 核可以在室温下被操控，并且这种方法是可以扩展的。该方案利用的量子电路图如图 2-6 所示。

其中图 2-6a）是电路概览，步骤（0）表示初始化第一寄存器的 $n=2\lceil \log N\rceil$ 个量子比特为状态 $|0\rangle\otimes\cdots\otimes|0\rangle$（图中简写为 $|0\rangle$），同时第二寄存器的 $n=\lceil \log N\rceil$ 个量子比特被初始化为 $|0\rangle\otimes\cdots\otimes|0\rangle\otimes|1\rangle$。步骤（1）表示作用哈德玛变换到前 n 个量子比特上，所以第一个寄存器的 n 个量子比特状态变为 $\sum_{x=0}^{2^n-1}|x\rangle/\sqrt{2^n}$。步骤（2）表示在第

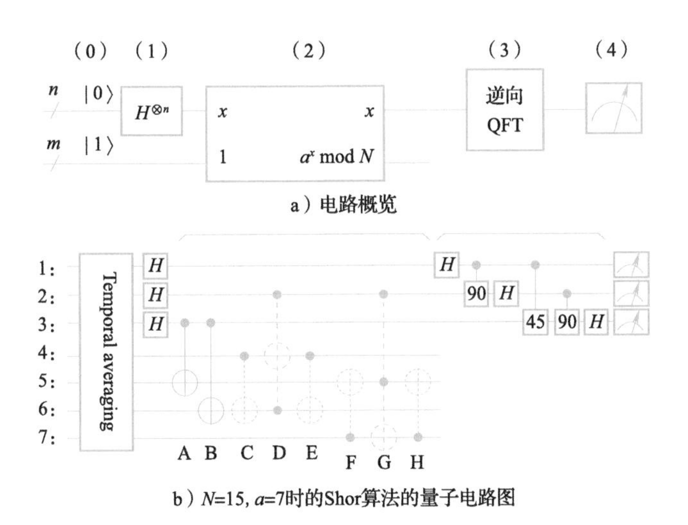

图 2-6　Shor 算法的量子电路图[19]

二个寄存器上作用$f(x)=a^x \bmod N$，从而得到$|\psi_2\rangle=\sum_{x=0}^{2^n-1}|x\rangle|1\times a^x \bmod N\rangle/\sqrt{2^n}$，并且因为第一个寄存器中所有分量$|x\rangle$都是等概率叠加出现的，所以这里的模幂运算是并行执行的。步骤（3）是执行逆傅里叶变换到第一个寄存器上，进而得到$|\psi_3\rangle=\sum_{y=0}^{2^n-1}\sum_{x=0}^{2^n-1}e^{2\pi ixy/2^n}|y\rangle|a^x \bmod N\rangle/2^n$，于是得到$|y\rangle$的概率为$y=c2^n/r$，其中$r$是函数$f(x)$的周期。步骤（4）是测量第一寄存器，理想情况下可以高概率得到测量结果为$c2^n/r$，那么利用经典计算进行连分式分解就可以得到周期r。图 2-6b）是$N=15$，$a=7$时对应的 Shor 算法的量子电路图，其中的 90 和 45 表示绕z轴的旋转角度，短虚线表示量子门可以利用优化方法删除，长虚线表示量子门可以被其他更简单的门代替。

作者利用该实验方案得到的实验结果如图 2-7 所示。

从图 2-7 中不难看出，第一个量子比特处于$|0\rangle$，同时第二、第三个量子比特处于$|0\rangle$和$|1\rangle$的叠加态，所以量子系统处于的状态是$|000\rangle$，$|010\rangle$，$|100\rangle$，$|110\rangle$（注意这里是倒序写法），即$|0\rangle$，$|2\rangle$，$|4\rangle$，$|6\rangle$；通过计算可知周期$r=4$，所以$\gcd(7^{\frac{4}{2}}\pm 1,15)=3,5$，到此即完成 Shor 算法分解整数 15 的过程。虽然文献［19］中并没有提到扩展情况，但这是第一个实验实现 Shor 算法的实验方案，为后续 Shor 算法甚至量子算法的实验实现都提供了非常重要的参考价值。

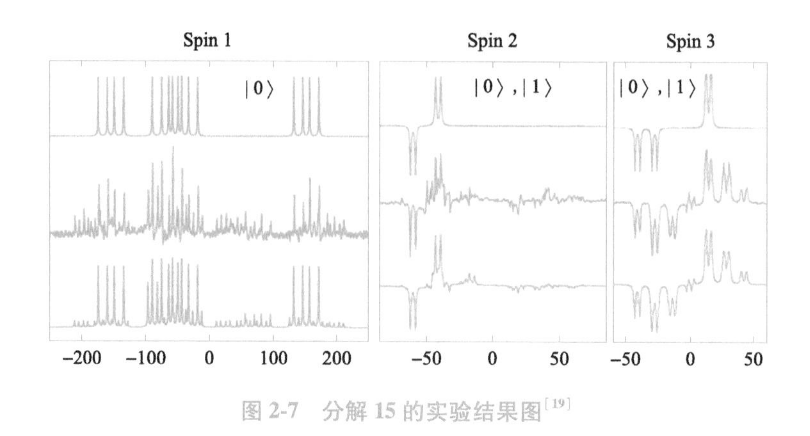

图 2-7 分解 15 的实验结果图[19]

要介绍的第二个实验方案是由中国科学技术大学的陆朝阳教授等[20] 在 2007 年发表在 *Physical Review Letters*（《物理评论快报》）上的科研成果。在该方案中，作者利用四个光量子比特实验实现了压缩版本的 Shor 算法。所谓压缩版本是指在周期 $r=2$ 的情况下分解 $N=15$，并且利用简化的线性光学网络实现 Shor 算法中的模幂操作和半经典的量子傅里叶变换。在实验过程中，作者还观察到真正的多体量子纠缠。该方案针对量子求阶过程的量子电路图如图 2-8 所示。

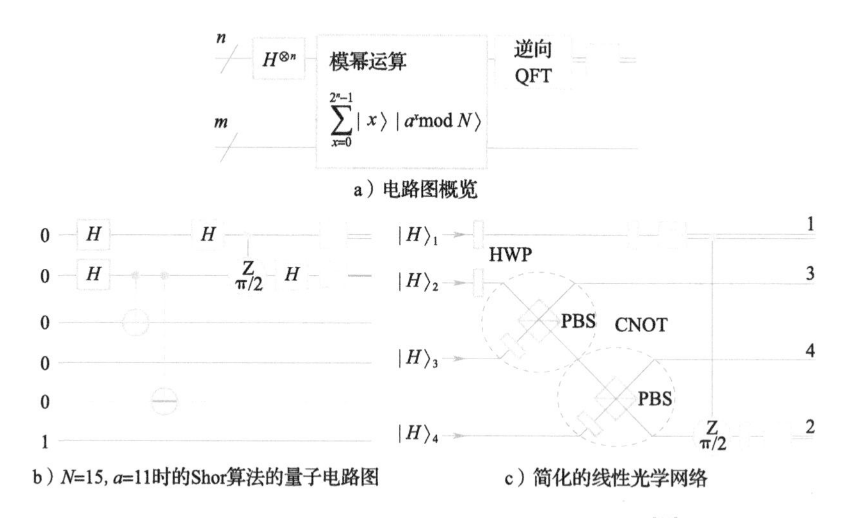

图 2-8 Shor 算法中量子求阶过程的量子电路图[20]

图 2-8a）是 Shor 算法的量子电路图概览（详细描述与前一方案中类似，此处不再做赘述）；图 2-8b）是针对 $N=15$，$a=11$ 的量子电路图，其中模幂运算由两个 CNOT 门

实现，量子傅里叶变换由 Hadamard 门和控制旋转门实现；图 2-8c）是简化的线性光学网络，并利用 HWP 和 PBS 实现模幂运算以及半经典量子傅里叶变换。图中的双线表示经典通信。该实验方案对应的实验装置图如图 2-9 所示。

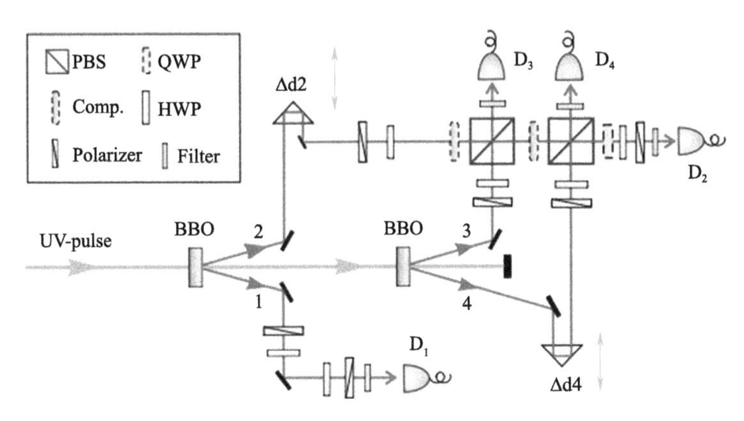

图 2-9　Shor 算法的实验装置图[20]

其中，激光脉冲先通过两个 BBO 晶体产生两个纠缠光子对，在光路 2、3、4 上分别进行调控。最后通过单光子探测器读出测量结果。该实验得到的测量结果如图 2-10 所示。

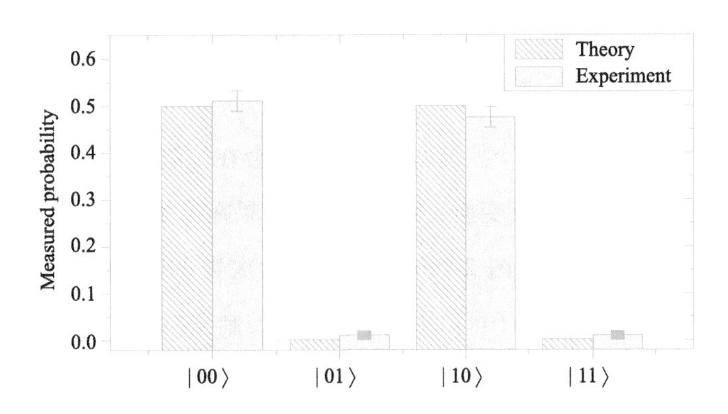

图 2-10　对第一寄存器做傅里叶变换后的输出态概率[20]

从图 2-10 中不难看出，得到正确结果 $|10\rangle$ 的概率大约为 50%，这可以确定出周期 $r=2^2/2=2$，因此 $\gcd(11^{\frac{2}{2}}\pm1,15)=3,5$，到此即完成 Shor 算法来分解整数 15 的实验。

要介绍的第三个实验方案是由布里斯托大学的 Martin-Lopez 等人[21] 于 2012 年发表在 *Nature Photonics*（《自然·光子学》）上的科研工作。在该工作中，作者利用光学系统实现了可扩展版本的量子 Shor 算法，其中的 n-量子比特控制门是由单比特量子门重复 n 次来实现的。该方案中用到的量子比特数是标准 Shor 算法所需量子比特数的三分之一。在使用高维量子态的前提下，作者利用两光子编码的算法成功分解了整数 $N=21$，并且算法输出可以和噪声完全区分开，这是其他实验方案不具备的特性。该方案采用的分解整数 21 的迭代求阶的量子电路图如图 2-11 所示。

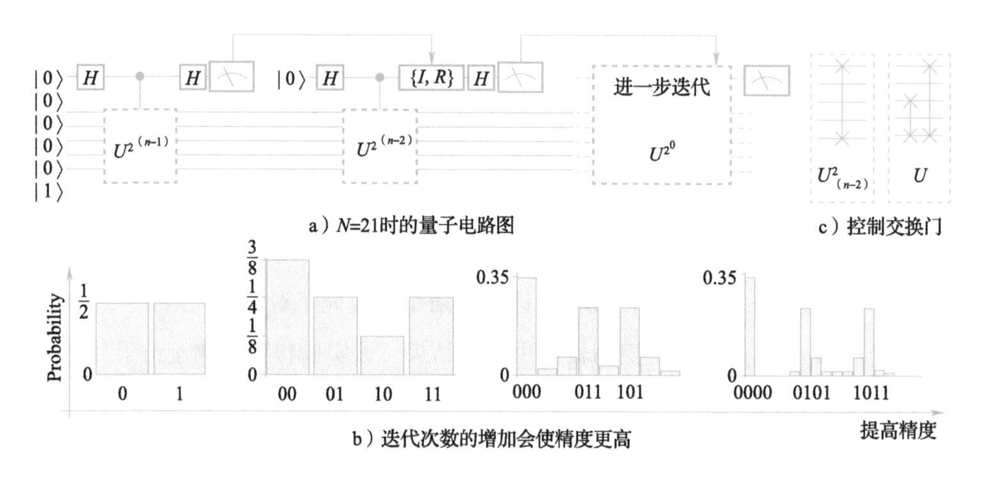

图 2-11　分解整数 21 的迭代求阶的量子电路图[21]

图 2-11a）中，在作用完每个控制酉算子之后都会在控制比特上做测量，测量结果将直接影响半经典的量子傅里叶变换，即根据测量结果在哈德玛门之前，或作用单位算子 I 或作用合适的相位门 R。图 2-11b）表示迭代次数的增加会使得精度更精确。图 2-11c）表示两比特控制酉算子可以由图中排列的控制交换门来实现。

要介绍的第四个实验方案是由奥地利学者 Monz 等人[22] 在 2016 年发表在 *Science*（《科学》）上的科研结果。该实验方案采用的是离子阱量子系统，分解整数 $N=15$，更加值得一提的是实验实现了模幂运算。这里选取 $a=7$，量子傅里叶变换利用的是 Kitaev 提出的 KQFT$^{(M)}$[23]，其将作用在 M 个量子比特上的量子傅里叶变换转换为循环作用在一个量子比特上的量子傅里叶变换。标准模幂运算与 KQFT 对应的模幂运算的对比如图 2-12 所示。

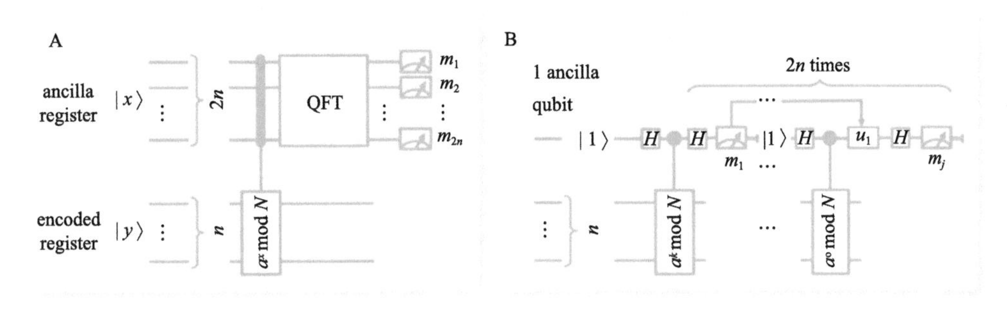

图 2-12 标准模幂运算与 KQFT 对应模幂运算的对比[22][23]

需要特别指出的是，当分解的整数为 $N=15$ 时，模幂运算的量子电路如图 2-13 所示。

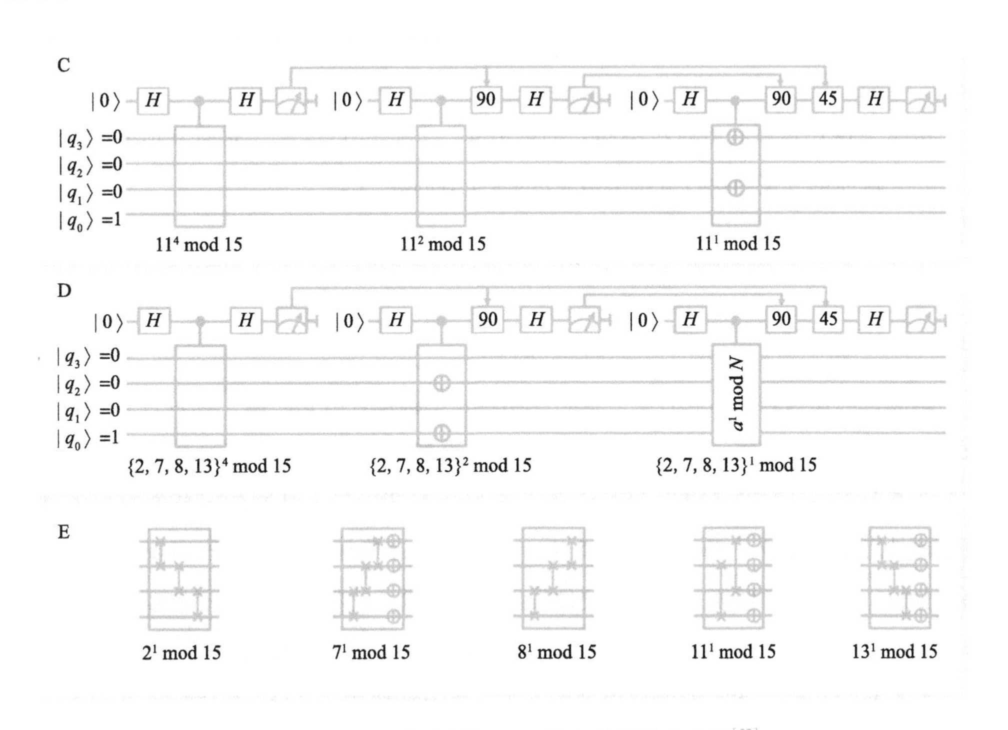

图 2-13 $N=15$ 时对应的 Shor 算法的量子电路图[22]

接着，作者将上述量子电路利用离子阱量子系统来进行实验实现，量子比特编码到基态 $S_{1/2}(m=-1/2)=|1\rangle$ 和准稳态 $S_{5/2}(m=-1/2)=|0\rangle$ 上。实验结果如图 2-14 所示。

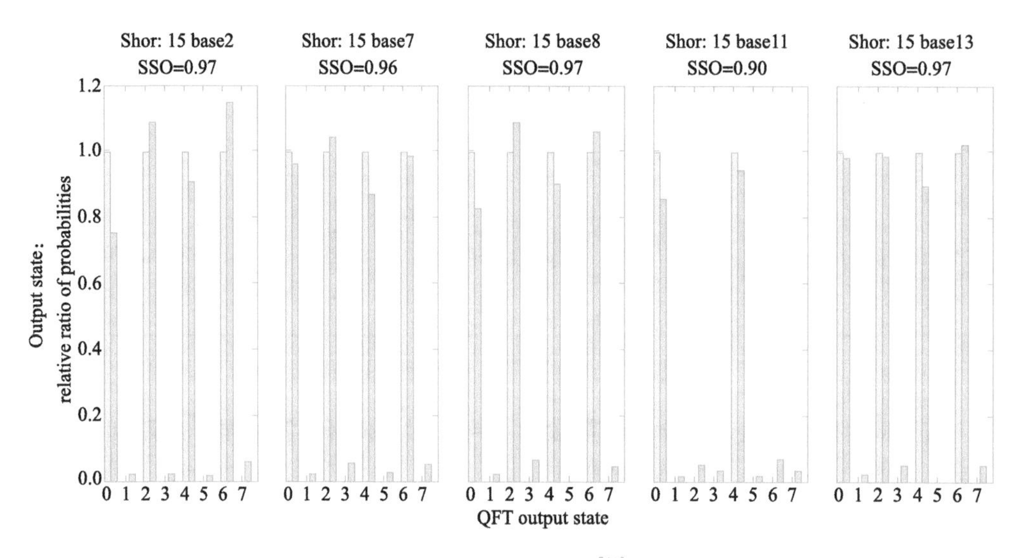

图 2-14 实验结果图[22]

从图 2-14 中可以看出对应不同 a 的取值 $a=\{2,7,8,11,13\}$，周期分别为 $r=\{4,4,4,2,4\}$，从而可以正确执行分解整数 15 的量子 Shor 算法。

2.6 Shor 素因数分解算法的经典模拟

虽然目前在实验上已经有了一些初步结果，但都是针对较少量子比特且实现的都是较小整数的素因数求解，所以量子实验实现大整数分解并不是一件容易的事情。鉴于此，在本节中将介绍经典模拟的方式来实现 Shor 算法[29-35]，也就是说在尚没有大规模量子硬件可供实现量子 Shor 算法的今天，人们利用经典计算机来编程实现大整数的素因数分解。事实上，即便是在量子硬件发展到更多量子比特的未来，经典模拟依然是不可或缺的，因为量子硬件的实验结果必然需要经典计算来进行验证。

首先介绍文献［29］的经典模拟的方法，该方法使用了 $2n+3$ 个比特来实现阶寻找算法。其中利用了测量的一些性质，将原本 $2n$ 个控制位测量 1 次权衡到 1 个控制位测量 $2n$ 次上，具体实现过程如下。

①定义 $Rth=1, M=0, i=0$。

②创建 $2n+3$ 个量子比特的量子电路，其中第一个比特为控制位，后 $n+2$ 个为辅助

位，中间的 n 个为原算法的第二寄存器。我们首先在第二寄存器的量子比特上作用 X 门，使得第二寄存器的初态为 $|1\rangle$。

③在控制位上作用 H 门，使得其处于最大叠加态，作用由控制位控制，作用位为第二寄存器的乘幂器 U_a，其作用是将 $|1\rangle$ 态转变为 $|a^{2^i} \bmod N\rangle$，这一部分的实现需要后面的辅助比特进行辅助，详见后面的章节会具体介绍。

④在控制位上作用对应的 $R_z(Rth)$ 门。

⑤在控制位上作用 H 门。

⑥对控制位进行测量。

⑦若测量结果为 1，则令 $Rth=Rth+1$，$M=M+\frac{1}{2^{2n-i}}$，并且在控制位上再作用 X 门。

⑧$Rth=Rth/2$。

⑨令 i 从 0 循环到 $2n-1$，重复步骤③~⑧。

⑩得到的 M 即所需要的近似估计，利用连分数分解算法，求出对应的周期 r 并验证，如果不是所需要的周期，则重复步骤①~⑨，直到得到的周期是所需要的周期。

该方法是所需辅助比特最少的实现方式，因为经典计算机在模拟量子计算机时，所花费的资源关于量子比特数呈现指数关系，因此节省量子比特能够在最大程度上提高模拟的范围。

基于上述结果，为实现 Shor 算法的门级实现，即模幂运算由量子基本门来逐步搭建，需要用到量子带模乘法器 CMULT_a。有了量子乘法器后搭建量子带模乘幂器的过程如下。

①以控制位为控制位，第二寄存器为 $|x\rangle$ 后 $n+2$ 个比特作为辅助比特，作用 CMULT_a 门。经过这样的变换之后，可以得到状态 $|c\rangle|x\rangle|ax \bmod N\rangle$。

②接下来将需要的 $ax \bmod N$ 交换到第二寄存器上，只需要使用受控的交换门（可以用 Fredkin 门实现，也可以利用 CNOT 门来实现）。经过这一步交换后，第二寄存器和辅助比特存储的信息发生了交换，得到了一个新的状态 $|c\rangle|ax \bmod N\rangle|x\rangle$。接下来的问题就是如何还原辅助比特上带有的信息。

③再以第一个比特为控制位，$|ax \bmod N\rangle$ 为第二寄存器，后 $n+2$ 个比特为辅助比特，作用$\mathrm{CMULT}_{a^{-1}}$ 门。经过这样的变换，能够成功将辅助比特还原为 $|0\rangle$，得到最终

状态 $|c\rangle|ax \bmod N\rangle|0\rangle$。其中这里用到的 a^{-1} 表示为 a 在模 N 意义下的乘法逆元。

上述过程说明了只要能够实现一个乘法器 CMULT_a：$\mathrm{CMULT}_a|x\rangle|c\rangle=|x\rangle|c+ax \bmod N\rangle$，就可以利用不大的资源消耗将其改造成带模乘幂器，并可以将其用到阶寻找算法之中，整个算法的电路图如图 2-15 所示。

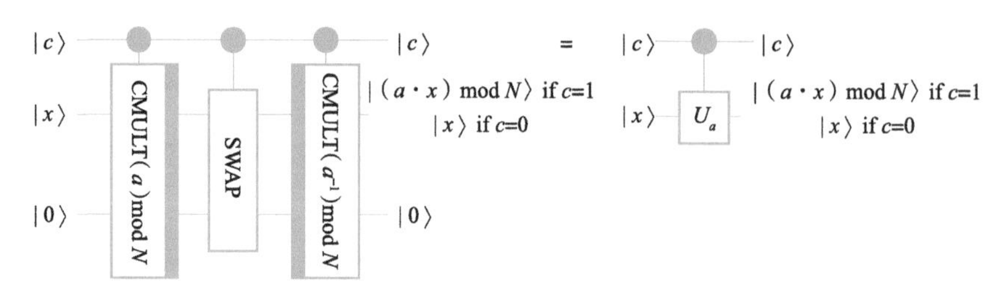

图 2-15　带模乘幂器的构造[29]

2.6.1　乘法器的构造

在本小节中，将介绍如何利用带模加法器来构造一个乘法器，即 CMULT_a 门。假设以 $|c\rangle$ 所在位为控制位，第二寄存器 n 位比特用 $|x\rangle$ 来表示，其中，称 n 位比特为第三寄存器，用来暂时存结果，用 $|b\rangle$ 来表示，剩下的辅助比特用 $anc1$，$anc2$ 来表示，作用 CMULT_a。

不妨设 $\boldsymbol{x}=(x_{n-1},x_{n-2},\cdots,x_0)$，$\boldsymbol{a}=(a_{n-1},a_{n-2},\cdots,a_0)$，那么可以知道 $\boldsymbol{ax}=\sum\sum 2^i a_i x_{n-i}=\sum 2^i \boldsymbol{ax}_i$。由于 $b+\boldsymbol{ax}$ 可能会产生进位，需要为第三寄存器预留一个进位比特。对 CMULT_a 进行如下拆解，乘加器需要一个带模加法器，用 ADDMOD_a 来表示。

①首先对状态 $|\boldsymbol{b},anc1\rangle$ 进行量子傅里叶变换，这里用到的量子傅里叶变换和之前几节提到的量子傅里叶变换是同一种变换，量子傅里叶变换和量子傅里叶逆变换的电路极其相近。这一步得到状态 $|c\rangle|x\rangle|\phi(b,anc1)\rangle$。

②将 i 从 0 循环到 $n-1$，以控制位和第二寄存器的第 i 位作为控制位，$|b,anc1\rangle$ 为目标位，作用 $\mathrm{ADDMOD}_{2^i a}$，完成求和 $\sum 2^i \boldsymbol{ax}_i$。最终得到状态 $|c\rangle|x\rangle|\phi(b+\boldsymbol{ax} \bmod N, anc1)\rangle$。

③对第三个寄存器进行量子傅里叶逆变换，将状态从傅里叶态转到对应的计算基态，经过这一步的变换，可以得到状态 $|c\rangle|x\rangle|b+\boldsymbol{ax} \bmod N\rangle$，即实现了目标的乘加器。

对应的量子电路图如图 2-16 所示。

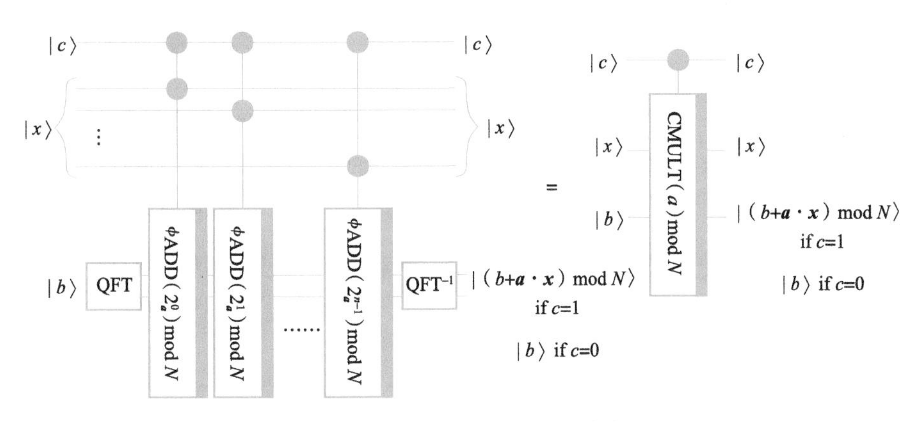

图 2-16 带模乘法器的构造[29]

2.6.2 带模加法器的构造

乘法器的构造过程中需要实现带模加法器，那么在本小节中，将详细介绍如何实现带模加法器。只要有了带模加法器，就能够利用带模加法器和一些额外资源搭建出需要的带模乘法器，进而实现 Shor 算法。

首先介绍一下傅里叶基。一个二进制整数 $a=\sum 2^i a_i$，通常可以由 $\log a$ 个比特的状态来表示，一般称这为计算基下的表示。计算基态下的加法、乘法器本身的实现一般需要额外的辅助比特，为了解决这一问题，可以考虑将输入进行傅里叶变换得到 $\phi(a)$，就可以用更简单的、不需要辅助比特的方式实现加法、乘法运算。用如图 2-17 所示的记号 ⓚ 表示 $C\text{-}R_z(\pi/2^k)$。

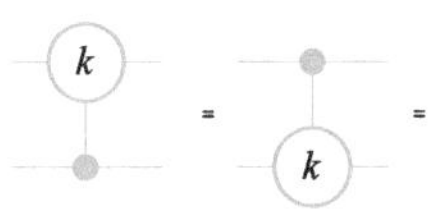

$$\begin{bmatrix} 1 & 0 & 0 & 0 \\ 0 & 1 & 0 & 0 \\ 0 & 0 & 1 & 0 \\ 0 & 0 & 0 & e^{\frac{2\pi i}{2^k}} \end{bmatrix}$$

图 2-17 $C\text{-}R_z$[29]

那么，针对 $|a\rangle|\phi(b)\rangle \rightarrow |a\rangle|\phi(a+b)\rangle$ 的加法器，只用如图 2-18 所示的方式就能够实现。

更一般地，如果想要加的变量 a 是一个常数的话，就可以把输入 a 硬线化到线路中去，将上面实现的加法器优化成如图 2-19 所示的情况，并且简记为ADD_a。

这样的话，只需要在 $|\phi(a+b)\rangle$ 之后再运用一次量子傅里叶逆变换，就可以得到最终想要得到的 $a+b$。

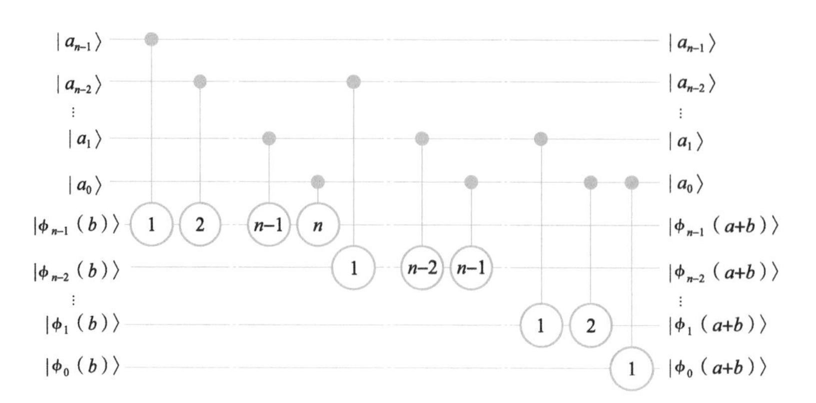

图 2-18　$C\text{-}R_z$[29] 实现

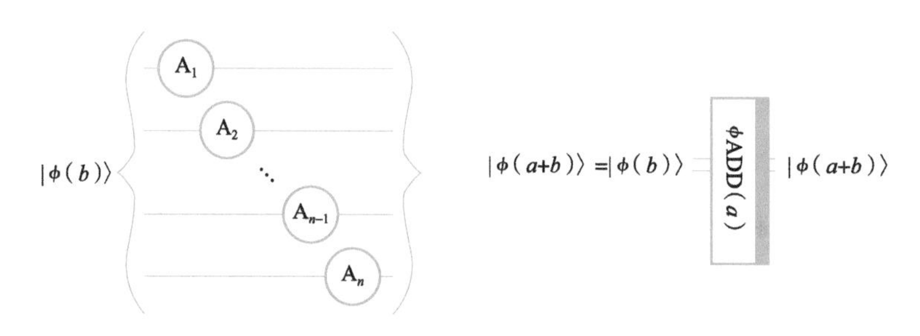

图 2-19　加常数的加法器[29]

接下来构造带模加法器的过程与在计算基下构造带模加法器的过程类似。

①在作用位寄存器上加 a。

②在作用位寄存器上减 N，当 $a+b$ 大于 N 时，$a+b-N$ 是大于 0 的，此时作用位最高位为 0，否则作用位的最高位为 1。利用一个新的辅助比特存下最高位的信息。

③做一个受最高位信息控制的 $+N$ 加法器，这样的话，如果 $a+b-N$ 大于 0，那么便不动，否则 $+N$，最终作用位寄存器存储的结果均为（$a+b$）mod N。

④先减 a，此时若原先 $a+b$ 大于 N，那么此时最高位应该为 0，否则为 1，与前面的结果类似。利用新得到的最高位信息来还原原先存储了最高位信息的辅助比特。

⑤作用 $+a$ 加法器，重新得到（$a+b$）mod N。

最终成功搭出了在傅里叶基下的量子带模加法器，电路图如图 2-20 所示，进一步可以利用这个电路去生成量子乘法器、量子乘幂器，最终实现阶寻找算法。

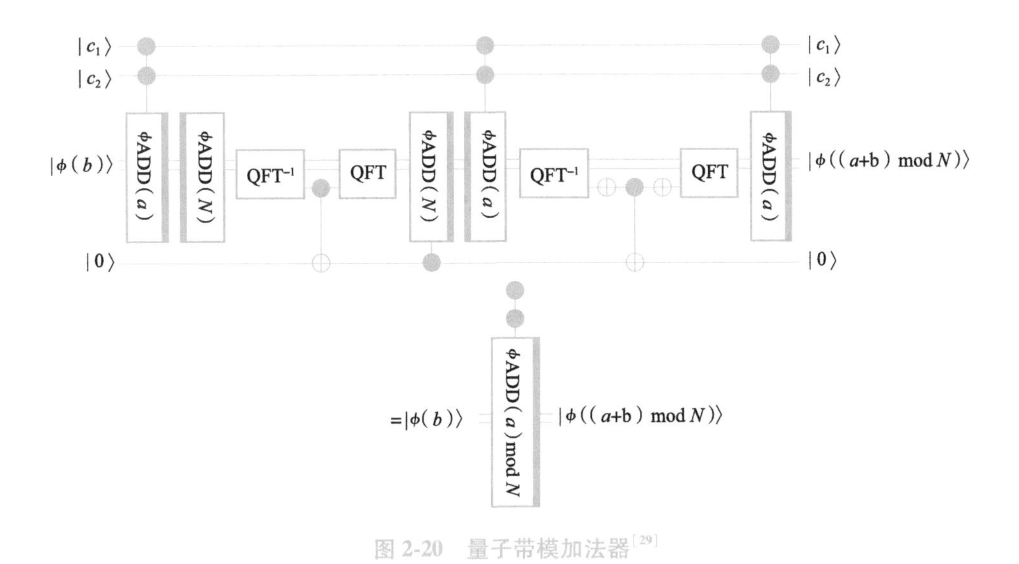

图 2-20　量子带模加法器[29]

2.7 本讲小结

在本讲中，已经从理论证明和实验实现两个方面讲述了 Shor 素因数分解算法的详细过程。在理论方面，从量子傅里叶变换开始，接着将量子傅里叶变换应用到量子相位估计中，并且在设定合适的酉算子和特征向量时执行量子相位估计，从估计出来的相位中得到阶的信息来完成量子求阶。再从理论上证明 Shor 算法到量子求阶算法的规约。在实验实现方面，介绍了几个不同量子硬件系统上实现 Shor 算法的量子实验，包括实验方案和实验结果；接着又介绍了利用经典模拟来实现 Shor 算法的详细步骤，包括构造带模加法器、带模乘法器，进而构造出带模乘幂器，最终利用经典计算机来模拟实现 Shor 算法。

虽然到目前为止，不管是利用量子硬件来实验实现 Shor 算法还是利用经典计算机来模拟实现 Shor 算法，都尚不能分解很大的整数（比如 1024 比特数），距离真正能破解实用 RSA 密码还有很长的路要走，但至少已经在路上！目前理论和实验两方面的结果，都将有助于早日实现大规模的量子 Shor 素因数分解算法。

参考文献

[1] RIVEST R L, SHAMIR A, ADLEMAN L. A method for obtaining digital signatures and public-key cryptosystems [J]. Communications of the ACM, 1978, 21(2): 120-126.

[2] LENSTRA A K, LENSTRA H W, MANASSE M S, et al. The number field sieve [M]. The development of the number field sieve. Berlin: Springer, 1993: 11-42.

[3] SHOR P W. Algorithms for quantum computation: discrete logarithms and factoring [C]//Proceedings of the 35th annual symposium on foundations of computer science. IEEE, 1994.

[4] NIELSEN M, CHUANG I. Quantum computation and quantum information[M]. Cambridge: Cambridge University Press, 2000.

[5] NIELSEN M A, CHUANG I. 量子计算与量子信息(10周年版)[M]. 孙晓明，尚云，李绿周，尹璋琦，魏朝晖，田国敬，译. 北京：电子工业出版社，2022.

[6] COOLEY J W, LEWIS P, WELCH P. The finite Fourier transform [J]. IEEE Transactions on audio and electroacoustics, 1969, 17(2): 77-85.

[7] BOREVICH Z I, SHAFAREVICH I R. Number theory [M]. Academic press, 1986.

[8] HUA L K. Introduction to number theory [M]. Berlin: Springer Science & Business Media, 2012.

[9] WEIL A. Basic number theory [M]. Berlin: Springer Science & Business Media, 2013.

[10] ROSEN K H. Elementary number theory [M]. London: Pearson Education, 2011.

[11] NEUKIRCH J. Algebraic number theory [M]. Berlin: Springer Science & Business Media, 2013.

[12] FERMAT P. Oeuvres de Fermat: Oeuvres mathématiques diverses, Observations sur Diophante [M]. Paris: Gaulthier-Villars, 1891.

[13] GAUSS F. Fundamental theorem of arithmetic [J]. Encyclopedia Britannica, 2012(1):6.

[14] THOMAS-STANFORD C. Early editions of euclid's elements 1482-1600 [J]. The Library, 1924, 4(1): 39-42.

[15] 刘古胜，徐东星，余畅. 推广的孙子定理 [J]. 高师理科学刊，2010(3).

[16] HARDY G H, WRIGHT E M. An introduction to the theory of numbers [M]. Oxford: Oxford University Press, 1979.

[17] 裴定一，祝跃飞. 算法数论[M]. 北京：科学出版社，2015.

[18] KUNIHIRO N. Quantum Factoring Algorithm: Resource Estimation and Survey of Experiments [C]//International symposium on Mathematics, Quantum Theory, and Cryptography. Singapore: Springer, 2021: 39-55.

[19] VANDERSYPEN L M K, STEFFEN M, BREYTA G, et al. Experimental realization of Shor's quantum factoring algorithm using nuclear magnetic resonance [J]. Nature, 2001, 414 (6866): 883-887.

[20] LU C Y, BROWNE D E, YANG T, et al. Demonstration of a compiled version of Shor's quantum factoring algorithm using photonic qubits [J]. Physical Review Letters, 2007, 99(25): 250-504.

[21] MARTIN-LOPEZ E, LAING A, LAWSON T, et al. Experimental realization of Shor's quantum fac-

toring algorithm using qubit recycling [J]. Nature Photonics, 2012, 6(11): 773-776.

[22] MONZ T, NIGG D, MARTINEZ E A, et al. Realization of a scalable Shor algorithm [J]. Science, 2016, 351(6277): 1068-1070.

[23] KITAEV A Y. Quantum measurements and the Abelian stabilizer problem [J]. arXiv preprint quant-ph/9511026, 1995.

[24] AMICO M, SALEEM Z H, KUMPH M. Experimental study of Shor's factoring algorithm using the IBM Q Experience [J]. Physical Review A, 2019, 100(1).

[25] POLITI A, MATTHEWS J C F, O'BRIEN J L. Shor's quantum factoring algorithm on a photonic chip [J]. Science, 2009, 325(5945): 1221.

[26] LUCERO E, BARENDS R, CHEN Y, et al. Computing prime factors with a Josephson phase qubit quantum processor [J]. Nature Physics, 2012, 8(10): 719-723.

[27] LANYON B P, WEINHOLD T J, LANGFORD N K, et al. Experimental demonstration of a compiled version of Shor's algorithm with quantum entanglement [J]. Physical Review Letters, 2007, 99(25): 250-505.

[28] SMOLIN J A, SMITH G, VARGO A. Oversimplifying quantum factoring [J]. Nature, 2013, 499 (7457): 163-165.

[29] BEAUREGARD S. Circuit for Shor's algorithm using 2n+ 3 qubits [J]. arXiv preprint quant-ph/0205095, 2002.

[30] DRAPER T G. Addition on a quantum computer [J]. arXiv preprint quant-ph/0008033, 2000.

[31] WANG D S, HILL C D, HOLLENBERG L C L. Simulations of Shor's algorithm using matrix product states [J]. Quantum Information Processing, 2017, 16(7): 1-13.

[32] DANG A, HILL C D, HOLLENBERG L C L. Optimising matrix product state simulations of Shor's algorithm [J]. Quantum, 2019, 3: 116.

[33] NAGAICH S, GOSWAMI Y C. Shor's Algorithm for Quantum Numbers Using MATLAB Simulator [C]//Proceedings of the 5th International Conference on Advanced Computing & Communication Technologies. IEEE, 2015: 165-168.

[34] YIMSIRIWATTANA A, LOMONACO JR S J. Distributed quantum computing: A distributed Shor algorithm[C]//Quantum Information and Computation II. SPIE, 2004, 5436: 360-372.

[35] YORAN N, SHORT A J. Classical simulability and the significance of modular exponentiation in Shor's algorithm [J]. Physical Review A, 2007, 76(6): 060302.

第 3 讲
Grover 搜索算法

考虑这样一个问题：有一个存放 N 个条目的无序数据库（可以假设没有针对数据库中的条目维护任何索引结构），需要在这个无序数据库中检索到符合特定条件的条目。在经典计算机上，能想到的算法只能是逐一查找数据库中的条目，使用这种方法，在最坏情况下需要 N 次检索操作才能准确不遗漏地找到目标条目。出乎意料的是，在量子计算机上可以实质性地加速这个搜索过程，只需要 $O(\sqrt{N})$ 次检索操作便能找到目标条目，实现这种加速的量子算法称为 Grover 搜索算法（简称 Grover 算法）。除了无序数据库检索问题之外，Grover 搜索算法还可以用于加速许多经典的启发式搜索过程。

本讲将比较系统地介绍 Grover 算法相关内容。首先详细介绍 Grover 算法的步骤过程、正确性和复杂性分析、最优性证明等；然后介绍 Grover 算法的进一步扩展，包括精确量子搜索、鲁棒量子搜索、量子计数，以及量子振幅放大等；最后给出 Grover 算法的一些典型应用，例如用于 NP 完全问题的加速求解、求最小值等。

3.1 原始 Grover 算法

3.1.1 预备知识

假设需要在 N 个元素的搜索空间中搜索符合特定要求的元素，搜索空间中有 M 个元素是符合要求的（$1 \leqslant M \leqslant N$），这 M 个元素称为目标元素，希望找到这 M 个元素中的任何一个元素。不妨假设每一个元素都有一个独一无二的编号，编号是 0 到 $N-1$ 中的数字。这样每一个元素都与一个编号对应，可以通过检索编号来等价地检索对应的元素。为了方便，假设 $N=2^n$，这样元素的编号可以存储在 n 个比特中。于是可以通过一个函数 f 来描述上面的搜索问题：f 的定义域是 0 到 $N-1$ 之间的整数构成的集合。若编号为 x 的元素是目标元素，那么 $f(x)=1$；否则 $f(x)=0$。

首先假设拥有一个可以识别搜索问题目标元素的黑盒，可以把黑盒视为实现函数 f 的一个电路模块，不过在搜索过程中不必关心其内部结构。要判断编号为 x 的元素是否为目标元素，只需要将编号 x 输入黑盒，它将输出 $f(x)$ 的值。这样，可以将搜索算法调用黑盒的次数作为该算法性能的度量，称其为算法的查询复杂性。基于查询复杂性的概念，可以比较两个算法的优劣：解决同一个问题时，具有较小查询复杂性的算法是更优的算法。显然，经典计算机期望需要 N/M 次检索才能解决上述搜索问题，即需要大约 N/M 次黑盒调用，因此可以说解决上述搜索问题的经典算法的查询复杂性为 $O(N/M)$。与其进行对比，解决上述问题的 Grover 算法的查询复杂性为 $O(\sqrt{N/M})$，下面将具体介绍 Grover 算法。

量子计算中，每一个操作都必须满足可逆性，需要将黑盒的作用效果写成可逆的形式。用数学表达式来说，实现函数 $f(x)$ 的黑盒的作用效果是一个酉操作 O_f，在计算基态上的作用效果为

$$|x\rangle|q\rangle \xrightarrow{O_f} |x\rangle|q \oplus f(x)\rangle$$

其中，$|x\rangle$ 是存储元素编号的量子寄存器，O_f 对编号为 x 的元素的识别结果将标记在第二个量子寄存器中（该寄存器仅存储一个量子比特）。$\oplus$运算的含义是异或（在这里也等同于单个比特上对 2 取余的加法），采用异或可以保证该操作的可逆性（O_f 的逆操作是它本身）。具体而言，若 $f(x)=1$，则 O_f 会将 $|q\rangle$ 进行翻转，否则不改变 $|q\rangle$。可以制备初始状态 $|x\rangle|0\rangle$，对其作用黑盒 O_f，通过检查第二个量子寄存器是否翻转为 $|1\rangle$ 来判断编号为 x 的元素是否为搜索问题的目标元素。

在量子搜索算法中，通常将黑盒 O_f 作用的第二个量子寄存器 $|q\rangle$ 的初始态设置为$(|0\rangle-|1\rangle)/\sqrt{2}$以便于后续处理。一方面，若 x 不是搜索问题的一个目标元素，黑盒 O_f 对输入状态 $|x\rangle(|0\rangle-|1\rangle)/\sqrt{2}$作用后不会改变这个状态。另一方面，若 x 是搜索问题的目标元素，那么 $|0\rangle$ 和 $|1\rangle$ 在黑盒 O_f 的作用下会互换，使得最终的输出态为$-|x\rangle(|0\rangle-|1\rangle)/\sqrt{2}$。于是黑盒的作用效果可以写为

$$|x\rangle\left(\frac{|0\rangle-|1\rangle}{\sqrt{2}}\right) \xrightarrow{O_f} (-1)^{f(x)}|x\rangle\left(\frac{|0\rangle-|1\rangle}{\sqrt{2}}\right)$$

注意到第二个量子寄存器的状态在黑盒作用前后没有发生改变，始终保持为$(|0\rangle-|1\rangle)/\sqrt{2}$。因此，为了简化描述，在下面的算法讨论中将忽略第二个寄存器，将黑盒的行为改写为

$$|x\rangle \xrightarrow{O_f} (-1)^{f(x)}|x\rangle$$

3.1.2 算法描述与分析

下面介绍 Grover 算法的具体过程。Grover 搜索算法的电路如图 3-1 所示，算法用一个 n 量子比特的寄存器来存储元素的编号。黑盒 O_f 的内部组成结构以及所需的辅助量子比特对描述 Grover 算法本身并不重要。算法的目标是以最少的黑盒调用次数去找到搜索问题的一个目标元素。

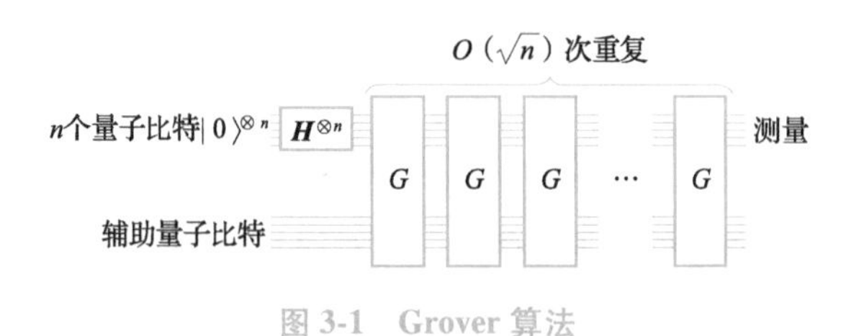

图 3-1 Grover 算法

Grover 算法起始于初始状态 $|0\rangle^{\otimes n}$，接着用 Hadamard 变换将其变为均匀叠加态：

$$|\psi\rangle=\frac{1}{N^{1/2}}\sum_{x=0}^{N-1}|x\rangle$$

Grover 搜索算法的后续部分是一个重复运行多次的称为 Grover 迭代或 Grover 算子的量子子过程（记作 G）。Grover 迭代的量子电路如图 3-2 所示。

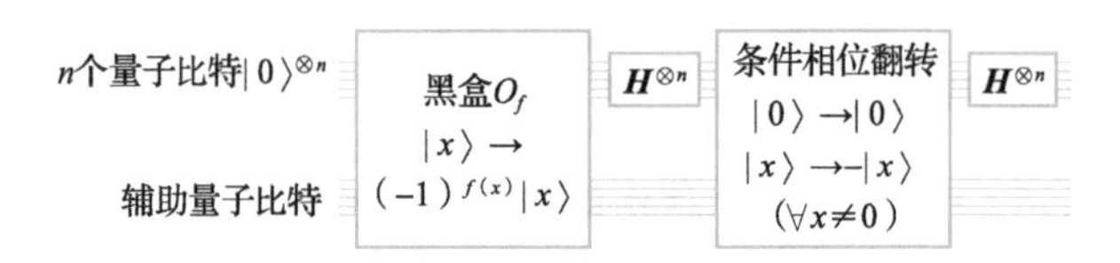

图 3-2 Grover 迭代的量子电路

Grover 迭代过程包含以下 4 下步骤。

①作用黑盒 O_f。

②作用 Hadamard 变换 $H^{\otimes n}$。

③执行条件相位翻转操作，使得除了 $|0\rangle$ 之外的每个计算基态的相位乘以 -1，则有

$$|x\rangle\rightarrow\begin{cases}|x\rangle, & x=0;\\ -|x\rangle, & x\neq 0.\end{cases}$$

④作用 Hadamard 变换 $\boldsymbol{H}^{\otimes n}$。

Grover 迭代中的每一步在量子计算机上都可以有效实现。步骤②和步骤④的 Hadamard 变换各需要 $n=\log(N)$ 个基本量子门操作。步骤③的条件相位翻转等效于酉算子 $2|0\rangle\langle 0|-\boldsymbol{I}$，可以通过 $O(n)$ 个基本量子门实现。黑盒调用的代价与具体的应用有关。目前只需要注意到每次 Grover 迭代只涉及一次黑盒调用。注意到步骤②、③和④组合在一起的效果为

$$\boldsymbol{H}^{\otimes n}(2|0\rangle\langle 0|-\boldsymbol{I})\boldsymbol{H}^{\otimes n}=2|\psi\rangle\langle\psi|-\boldsymbol{I}$$

其中，$|\psi\rangle$ 为计算基态的均匀叠加态$\frac{1}{N^{1/2}}\sum_{x=0}^{N-1}|x\rangle$。因此 Grover 迭代 G 可以写成 $G=(2|\psi\rangle\langle\psi|-\boldsymbol{I})O_f$。

Grover 迭代的作用效果是什么呢？除了上面提到的 $G=(2|\psi\rangle\langle\psi|-\boldsymbol{I})O_f$，事实上，Grover 迭代可以视为一个二维空间的旋转。为了弄清楚这一点，用 $\Sigma'_x|x\rangle$ 表示搜索问题中所有目标元素的叠加态，$\Sigma''_x|x\rangle$ 表示在搜索问题中所有非目标元素的叠加态。可以定义归一化状态：

$$|A\rangle\equiv\frac{1}{\sqrt{N-M}}\Sigma''_x|x\rangle$$

$$|B\rangle\equiv\frac{1}{\sqrt{M}}\Sigma'_x|x\rangle$$

通过简单的代数运算，初始态 $|\psi\rangle$ 可以重新表示为

$$|\psi\rangle=\sqrt{\frac{N-M}{N}}|A\rangle+\sqrt{\frac{M}{N}}|B\rangle$$

因此 Grover 搜索算法的初始态属于由 $|A\rangle$ 和 $|B\rangle$ 张成的空间。

可以通过几何方式直观理解 G 的作用效果。黑盒算子 O_f 的效果是在 $|A\rangle$ 和 $|B\rangle$ 为坐标轴的平面直角坐标系上以 $|A\rangle$ 为法线进行反射，即 $O_f(a|A\rangle+b|B\rangle)=a|A\rangle-b|B\rangle$。类似地，$2|\psi\rangle\langle\psi|-\boldsymbol{I}$ 的作用效果是在以 $|A\rangle$ 和 $|B\rangle$ 为坐标轴的平面直角坐标系上以 $|\psi\rangle$ 为法线进行反射。进一步将这两个反射叠加，效果为一个旋转操作。因此，对于任意的 k，状态 $G^k|\psi\rangle$ 将留在 $|A\rangle$ 和 $|B\rangle$ 张成的空间里。也可以进一步将旋转角表示出来，令 $\cos(\theta)=\sqrt{(N-M)/N}$，使得 $|\psi\rangle=\cos(\theta)|A\rangle+\sin(\theta)|B\rangle$。如图 3-3

所示，构成 G 的两个反射操作将 $|\psi\rangle$ 变为

$$G|\psi\rangle=\cos(3\theta)|A\rangle+\sin(3\theta)|B\rangle$$

因此这里的旋转角实际上是 2θ。由此，连续作用 G 将使状态变成

$$G^k|\psi\rangle=\cos((2k+1)\theta)|A\rangle+\sin((2k+1)\theta)|B\rangle$$

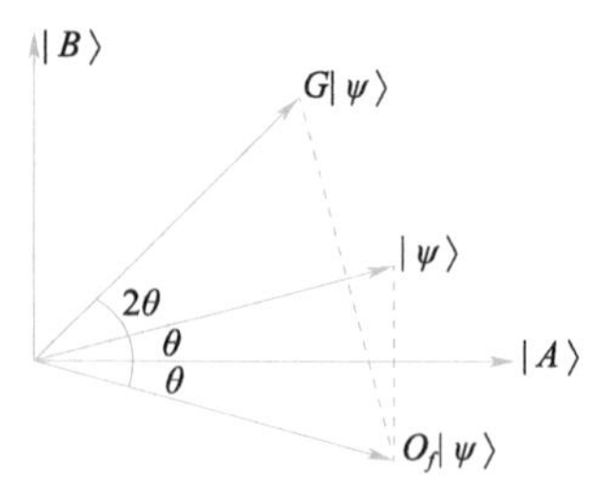

图 3-3 单次 Grover 迭代 G 的作用效果

单次 Grover 迭代 G 的作用是使状态向量朝目标元素的叠加态 $|B\rangle$ 旋转 2θ 角度。$|A\rangle$ 是一个与 $|B\rangle$ 正交的状态，开始时状态向量与 $|A\rangle$ 偏离了 θ 角度。黑盒算子 O_f 先以 $|A\rangle$ 为法线将状态向量进行反射，然后算子 $2|\psi\rangle\langle\psi|-\boldsymbol{I}$ 以 $|\psi\rangle$ 为法线将状态向量进行反射。为了清晰，图 3-3 中对 $|A\rangle$ 和 $|B\rangle$ 稍微进行了延长，$|A\rangle$ 和 $|B\rangle$ 实际上应该为单位向量。经过多次 Grover 迭代，状态向量接近于 $|B\rangle$，此时在计算基上测量，将以很高的概率输出搜索问题的一个目标元素。

总之，G 是一个在 $|A\rangle$ 和 $|B\rangle$ 张成的二维空间上的旋转算子，每次 G 的作用效果为将状态向量旋转 2θ 角度。重复多次的 Grover 迭代将状态向量旋转到接近于 $|B\rangle$ 的位置。这时，在计算基态上进行测量，将以很高的概率得到目标元素叠加态 $|B\rangle$ 中的一个计算基态，即得到一个搜索问题的目标元素。

为了旋转 $|\psi\rangle$ 使得它接近 $|B\rangle$，Grover 迭代需要重复多少次呢？下面对所需重复调用 G 的次数进行分析。由于系统的初始态是 $|\psi\rangle=\sqrt{(N-M)/N}\,|A\rangle+\sqrt{M/N}\,|B\rangle$，所以结合图 3-3 单次 Grover 迭代作用效果，需要旋转 $\arccos(\sqrt{M/N})$ 的弧度才能把系统旋转到 $|B\rangle$。记 $\text{Round}(x)$ 为将 x 四舍五入的结果，重复 Grover 迭代

$$R=\text{Round}\left(\frac{\arccos\sqrt{M/N}}{2\theta}\right)$$

次可以把状态 $|\psi\rangle$ 旋转到 $|B\rangle$ 附近。

公式 $R=\text{Round}\left(\frac{\arccos\sqrt{M/N}}{2\theta}\right)$ 给出了量子搜索算法所调用的黑盒次数的精确表达式，下面给出 R 的一个上界。首先，由 $\arccos(\sqrt{M/N})\leqslant\pi/2$ 可知 $R\leqslant\lceil\pi/4\theta\rceil$。不妨假设 $M\leqslant N/2$（后面会讨论不满足要求时的处理方法），因而有

$$\theta \geqslant \sin\theta = \sqrt{\frac{M}{N}}$$

由此可导出迭代次数的一个上界

$$R \leqslant \left\lceil \frac{\pi}{4}\sqrt{\frac{N}{M}} \right\rceil$$

也就是说，执行 $R = O(\sqrt{N/M})$ 次 Grover 迭代（因此黑盒调用也需要同样的次数）就能以高概率得到搜索问题的一个目标元素。

值得说明的是，以上过程只是把算法的主要思想介绍了。如果是对一个完整的算法正确性进行分析，还缺少一些关键细节，例如应该严格给出当运行 R 次之后算法成功概率的下界。这里只是笼统说会以高概率得到搜索目标，直观上看这是可以接受的。

对 $M=1$ 的量子搜索算法，可以总结出如下的算法 3-1。

算法 3-1　原始 Grover 搜索算法

输入：①执行变换 $O_f|x\rangle|q\rangle = |x\rangle|q \oplus f(x)\rangle$ 的黑盒 O_f，其中对除 x_0 之外的所有满足 $0 \leqslant x < 2^n$ 的 x，有 $f(x)=0$，而 $f(x_0)=1$；

②处于 $|0\rangle$ 状态的 $n+1$ 个量子比特。

输出：x_0。

运行时间：$O(\sqrt{2^n})$ 次操作，以 $O(1)$ 概率成功。

算法过程：

① $|0\rangle^{\otimes n}|0\rangle$　//初始态

② $\rightarrow \frac{1}{\sqrt{2^n}}\sum_{x=0}^{2^n-1}|x\rangle\left[\frac{|0\rangle-|1\rangle}{\sqrt{2}}\right]$　//对前 n 个量子比特作用算子 $\boldsymbol{H}^{\otimes n}$，对最后一个量子比特执行算子 $\boldsymbol{HX}$

③ $\rightarrow [(2|\psi\rangle\langle\psi| - \boldsymbol{I})O_f]^R \frac{1}{\sqrt{2^n}}\sum_{x=0}^{2^n-1}|x\rangle\left[\frac{|0\rangle-|1\rangle}{\sqrt{2}}\right]$　//运行 Grover 迭代 $R \approx \lceil \pi\sqrt{2^n}/4 \rceil$ 次

$\approx |x_0\rangle\left[\frac{|0\rangle-|1\rangle}{\sqrt{2}}\right]$

④ $\rightarrow x_0$　//对前 n 个量子比特进行测量

以上分析过程中假设了 $M \leqslant N/2$。当 $M \geqslant N/2$ 时，即超过一半的元素是搜索问题的目标元素时，会发生什么呢？由表达式 $2\theta = \arcsin(2\sqrt{M(N-M)}/N)$，可以看到当 M 从 $N/2$ 变为 N 时，2θ 会减小。因而当 $M \geqslant N/2$ 时，搜索算法所需要的迭代次数会随 M 的增大而增加。直观上可以感觉到，一个搜索算法有这样的性质是不合理的：正常来说，当目标元素的数目增加时，算法求解搜索问题应该会变得更容易。一种解决办法是，若事先知道 M 大于 $N/2$，可以随机从搜索空间取一个元素，并用黑盒验证它是否为一个目标元素。这种方法的成功概率至少为 1/2，并且只需要调用黑盒一次。若事先无法确定 M 是否大于 $N/2$，可以往搜索空间中增加 N 个非目标元素，这样在新的搜索空间中目标元素的个数一定少于总元素的一半。

量子搜索算法用途广泛，有着较大的通用性，这是因为没有利用搜索问题的任何特殊结构。在上述算法的设计过程中，只考虑了调用黑盒求解问题的次数，而不涉及对问题具体结构的讨论。当然，在实际应用中，必须懂得如何实现黑盒。

3.1.3 目标点个数未知的处理方法

从上面分析过程可以看到，要确定 Grover 迭代的运行次数 R，需要事先知道目标元素的数量 M。那么在 M 未知的情况下，如何确保算法能找到目标元素呢？通常有以下几种处理方式：第一种是采用将在 3.2.3 小节介绍的量子计数方法先估计出 M 的值，然后再运行 Grover 搜索算法；第二种是利用 3.2.2 小节介绍的鲁棒量子算法，只需知道 M 的一个下界即可；本小节详细介绍一种被称为“指数式猜测量子搜索算法”的方法。

由于目标元素的数量未知，执行 Grover 迭代 G 的次数无法直接通过计算得到。针对此问题，指数式猜测量子搜索算法的思路是从小到大猜测并尝试需要使用的迭代次数，而猜测的次数依次呈指数式增长。注意，算法名字里的“指数式”是指搜索空间的增长速度，而不是算法的复杂性。利用指数式猜测量子搜索算法依然能保证量子算法的平方加速。算法执行过程描述如下。

①设 $l=0$，令 c 为任意满足 $1<c<2$ 的常量。

②$l=l+1$，设 $m=\min(\lceil c^l \rceil, \sqrt{N})$。

③作用 H 到初态 $|0\rangle$ 上并测量，如果输出态 $|z\rangle$ 是好的，即 $f(z)=1$，则直接返回 z。

④把寄存器初始化为均匀叠加态 $H|0\rangle$。

⑤在 0 到 $m-1$ 之间随机选取整数 k。

⑥在寄存器上作用 G^k。

⑦测量寄存器，如果输出 $|z\rangle$ 是好的，则返回 z，否则跳转到步骤②。

算法背后的直观思想是，在一个二维空间里，如果随机选择一个单位向量，则其中某个分量的平方的期望值为 1/2。因此，在 $G^k|\psi\rangle=\cos((2k+1)\theta)|A\rangle+\sin((2k+1)\theta)|B\rangle$ 中$\left(\text{回想 }\theta=\arcsin\sqrt{\frac{M}{N}}\right)$，在保证 $m\theta$ 大到一定程度的情况下，如果 k 在 0 到 $m-1$ 之间随机选，则可以获得随机单位向量的一个好的近似，继而可以有接近 1/2 的概率成功。而由于 θ 未知，m 的合适取值无法直接获得，因此令 m 依次取指数增长值。当初始成功率 $\frac{M}{N}>\frac{3}{4}$时，步骤③确保了很快就能测得所需结果。当 $0<\frac{M}{N}<\frac{3}{4}$时，步骤⑦测得所需结果的概率的期望为

$$\sum_{k=0}^{m-1}\frac{1}{m}\sin^2((2k+1)\theta)=\frac{1}{2m}\sum_{k=0}^{m-1}1-\cos((2k+1)2\theta)=\frac{1}{2}-\frac{\sin 4m\theta}{4m\sin 2\theta}$$

$$\geqslant\frac{1}{2}-\frac{1}{4m\sin 2\theta}>\frac{1}{2}\left(1-\frac{\sqrt{N}}{2m\sqrt{M}}\right)$$

当 $m=O\left(\sqrt{\frac{N}{M}}\right)$ 时，成功率达到 $O(1)$。特别是当 $m\geqslant\frac{1}{\sin 2\theta}$时，成功率至少为 1/4，在计算得到找到结果时所用的 Grover 迭代次数的期望值时，以此为分界点，分别计算之前和之后的迭代次数，再求和即可。令

$$m_0=\frac{1}{\sin 2\theta}=\frac{N}{2\sqrt{(N-M)M}}<\sqrt{\frac{N}{M}}$$

在分界点前，在算法主循环第 s 轮时 $m=\lceil c^S\rceil$，且因为 k 是在 0 到 $m-1$ 之间选的，该轮 Grover 迭代次数的期望值小于 $m/2$，总的期望迭代次数为

$$\frac{1}{2}\sum_{s=1}^{\lceil\log_c m_0\rceil}c^{s-1}<\frac{c}{2(c-1)}m_0=O(m_0)=O\left(\sqrt{\frac{N}{M}}\right)$$

当超过分界点时,每一轮的成功率都至少为 1/4，总的期望迭代次数为

$$\frac{1}{2}\sum_{u=0}^{\infty}\frac{3^{u}}{4^{u+1}}c^{u+\lceil\log_c m_0\rceil}<\frac{c}{8-6c}m_0=O(m_0)=O\left(\sqrt{\frac{N}{M}}\right)$$

因此,指数式猜测量子搜索算法所需的 Grover 迭代总次数的期望为 $O\left(\sqrt{\frac{N}{M}}\right)$。

3.1.4 最优性证明

3.1.3 小节中证明了量子计算机只需调用黑盒 $O(\sqrt{N})$ 次，就可以完成对 N 个元素的无序数据库的搜索。一个很自然的问题是，是否存在更好的量子算法用更少的黑盒调用次数就可以完成以上搜索任务？本小节将证明没有量子算法可以用少于 $\Omega(\sqrt{N})$ 的查询次数完成此任务，因此 3.1.3 小节中的量子搜索算法是最优的。

1. 证明方法一

假设算法的初始状态为 $|\psi\rangle$。为了简便起见，下面只推导搜索问题仅有一个解 x 时的查询复杂性下界。此时黑盒的作用效果为 $\boldsymbol{I}-2|x\rangle\langle x|$，可以将其记为 $\boldsymbol{O}_x$。它会将相位-1 添加到解 $|x\rangle$ 前面，同时保持其他状态不变。假设算法从状态 $|\psi\rangle$ 开始，作用 k 次黑盒 $\boldsymbol{O}_x$，并在查询操作之间穿插酉变换 $U_1,U_2,\cdots,U_k$。定义：

$$|\psi_k^x\rangle\equiv U_k\boldsymbol{O}_xU_{k-1}\boldsymbol{O}_x\cdots U_1\boldsymbol{O}_x|\psi\rangle$$

$$|\psi_k\rangle\equiv U_kU_{k-1}\cdots U_1|\psi\rangle$$

即 $|\psi_k\rangle\equiv U_kU_{k-1}\cdots U_1|\psi\rangle$ 是仅执行酉操作 $U_1,U_2,\cdots,U_k$ 而没有用到黑盒的结果状态。不难看到，任意调用了 k 次黑盒 $\boldsymbol{O}_x$ 的量子算法的终态都可以表示为 $|\psi_k^x\rangle$ 的形式。为了简化公式，可以用符号 ψ 代表 $|\psi\rangle$，令 $|\psi_0\rangle=|\psi\rangle$，我们的目标是给以下量定界：

$$D_k\equiv\sum_x\|\psi_k^x-\psi_k\|^2$$

直观地看，D_k 是经由黑盒作用 k 步引起的偏差的度量，如果这个量很小，则所有的状态 $|\psi_k^x\rangle$ 大致上是相同的，那么就不可能以很高的概率正确地识别出 x。证明的策略是说明两件事：①D_k 的上界不会超过 $O(k^2)$；②为区分 N 个不同项，D_k 必须是 $\Omega(N)$ 的。结合这两个结果可以给出所期望的下界。

可以采用数学归纳法证明 $D_k\leqslant 4k^2$。$k=0$ 时，$D_k=0$ 显然成立。注意到

$$D_{k+1}=\sum_x \|\boldsymbol{O}_x\psi_k^x-\psi_k\|^2=\sum_x \|\boldsymbol{O}_x(\psi_k^x-\psi_k)+(\boldsymbol{O}_x-\boldsymbol{I})\psi_k\|^2.$$

利用不等式 $\|b+c\|^2\leqslant\|b\|^2+2\|b\|\|c\|+\|c\|^2$，代入 $b\equiv\boldsymbol{O}_x(\boldsymbol{\psi}_k^x-\boldsymbol{\psi}_k)$ 和 $c\equiv(\boldsymbol{O}_x-\boldsymbol{I})\psi_k=(-2|x\rangle\langle x|)\ \psi_k=-2\ \langle x|\psi_k\rangle|x\rangle$，得到

$$D_{k+1}\leqslant\sum_x \|\psi_k^x-\psi_k\|^2+4\|\psi_k^x-\psi_k\||\langle x|\psi_k\rangle|+4|\langle\psi_k|x\rangle|^2)$$

对不等号右边第二项应用 Cauchy-Schwarz 不等式，并注意 $\sum_x|\langle x|\psi_k\rangle|^2=1$，得到

$$D_{k+1}\leqslant D_k+4\Big(\sum_x\|\psi_k^x-\psi_k\|^2\Big)^{\frac{1}{2}}\Big(\sum_{x'}|\langle\psi_k|x'\rangle|^2\Big)^{\frac{1}{2}}+4\leqslant D_k+4\sqrt{D_k}+4$$

由归纳假设 $D_k\leqslant4k^2$，得到

$$D_{k+1}\leqslant4k^2+8k+4=4(k+1)^2$$

归纳完成。

为了完成证明，需要说明：仅当 D_k 是 $\Omega(N)$ 的，才能以高概率成功。假设 $|\langle x|\psi_k^x\rangle|^2\geqslant1/2$ 对于所有 x 成立，则成功得到解的概率至少是 1/2。将 $|x\rangle$ 替换成 $e^{i\theta}|x\rangle$ 不会改变成功概率，因此不失一般性地假设 $\langle x|\psi_k^x\rangle=|\langle x|\psi_k^x\rangle|$，则有

$$\|\psi_k^x-x\|^2=2-2|\langle x|\psi_k^x\rangle|\leqslant2-\sqrt{2}$$

定义 $E_k\equiv\sum_x\|\psi_k^x-x\|^2$，可知 $E_k\leqslant(2-\sqrt{2})N$。现在证明 D_k 是 $\Omega(N)$ 的。定义 $F_k\equiv\sum_x\|x-\psi_k\|^2$，则有

$$\begin{aligned}D_k&=\sum_x\|(\psi_k^x-x)+(x-\psi_k)\|^2\\&\geqslant\sum_x\|\psi_k^x-x\|^2-2\sum_x\|\psi_k^x-x\|\ \|x-\psi_k\|+\sum_x\|x-\psi_k\|^2\\&=E_k+F_k-2\sum_x\|\psi_k^x-x\|\ \|x-\psi_k\|\end{aligned}$$

应用 Cauchy-Schwarz 不等式可以得到 $\sum_x\|\psi_k^x-x\|\cdot\|x-\psi_k\|\leqslant\sqrt{E_kF_k}$，因此有

$$D_k\geqslant E_k+F_k-2\sqrt{E_kF_k}=(\sqrt{F_k}-\sqrt{E_k})^2$$

不难证明 $F_k\geqslant2N-2\sqrt{N}$。再结合 $E_k\leqslant(2-\sqrt{2})N$ 可以得到 $D_k\geqslant cN$ 对于足够大的 N 成立，c 是不超过 $(\sqrt{2}-\sqrt{2-\sqrt{2}})^2\approx0.42$ 的常量。因为 $D_k\leqslant4k^2$，这表明

$$k\geqslant\sqrt{cN/4}$$

总而言之，若想以至少 1/2 的概率找到搜索问题的解，则必须进行 $\Omega(\sqrt{N})$ 次黑盒查询。

2. 证明方法二

还可以利用多项式方法[4] 证明上述下界 $\Omega(\sqrt{N})$。为此，首先把搜索问题函数 $f:\{0,\cdots,N-1\}\rightarrow\{0,1\}$ 视为长为 N 的比特串 $x=x_0x_1\cdots x_{N-1}$，以便于后面的讨论。则黑盒在计算基态上的效果为

$$\boldsymbol{O}_x|i\rangle=(-1)^{x_i}|i\rangle$$

假设一个量子搜索算法在调用 T 次黑盒 $\boldsymbol{O}_x$ 后，以至少 $1-\varepsilon$ 的概率（出错概率 $\varepsilon<1/2$）输出解的编号 i，如果无解，则输出不合法的编号，比如 N。那么对该算法稍加修改，就能调用 $T+1$ 次黑盒，仍以至少 $1-\varepsilon$ 的概率计算函数 $OR_N(x)=x_0\vee\cdots\vee x_{N-1}$。下面将用多项式方法证明：任意以至少 $1-\varepsilon$ 的概率计算 $OR_N(x)$ 的量子算法都要调用 $\Omega(\sqrt{N})$ 次黑盒。因此，$T=\Omega(\sqrt{N})$，从而任意搜索 N 个元素无序数据库的量子算法，都至少要调用 $\Omega(\sqrt{N})$ 次黑盒。

对于一个以至少 $1-\varepsilon$ 的概率计算 $OR_N(x)$ 的量子算法，假设它调用了 T 次黑盒，并在最后对输出结果的比特进行二分投影测量 $\{P_0=|0\rangle\langle 0|,P_1=|1\rangle\langle 1|\}$：测得 P_0 则输出 false，测得 P_1 则输出 true。首先把黑盒写成如下形式：

$$\boldsymbol{O}_x|i\rangle=(1-2x_i)|i\rangle$$

可以看出，如果把基态前的振幅表示成关于变量 $x_0,\cdots,x_{N-1}$ 的复系数多元多项式，那么每调用一次黑盒，任意基态前的振幅多项式的次数至多增加 1。又注意到任意两次黑盒调用之间的酉变换作为线性变换，不会增加多项式的次数，因此最终测得 P_1 的概率（某些计算基振幅的模平方和）可以表示成次数不大于 2T 的实系数多元多项式 $p(x_0,\cdots,x_{N-1})$。由于算法以至少 $1-\varepsilon$ 的概率计算 $OR_N(x)$，因此

$$\begin{cases}p(x)\in[0,\varepsilon], & 若\ OR_N(x)=\text{false}\\ p(x)\in[1-\varepsilon,1], & 若\ OR_N(x)=\text{true}\end{cases}$$

考虑对 $p(x)$ 的 N 个变量 $x_0,\cdots,x_{N-1}$ 的所有排列进行平均所得的对称多项式为

$$q(x)=\frac{1}{N!}\sum_{\pi\in S_N}p(\pi(x))$$

可以证明，存在次数不超过 $\deg(p)$ 的单变量实系数多项式 $r(z)$，使得 $r(|x|)=q(x)$，$\forall x=(x_0,\cdots,x_{N-1})\in\{0,1\}^N$。而且不难看出

$$r(0)\in[0,\varepsilon]\text{，且对任意 }z\in\{1,\cdots,N\}\text{ 都有 }r(z)\in[1-\varepsilon,1]$$

这说明多项式函数 $r(z)$ 的值从 $z=0$ 到 $z=1$ 有较大的变化，因此存在 $z_0\in[0,1]$ 使得 $r(z)$ 在 z_0 处的导数 $r'(z_0)\geqslant 1-2\varepsilon$。接下来，希望利用导数 $r'(z)$ 的下界，得到 $\deg(r)$ 的下界，从而给出算法查询次数 T 的下界。巧妙的是，逼近理论里关于实系数多项式 $p(x)$ 的马尔可夫不等式（一种比较简单的证明参见文献［17］）正好提供了我们所需的关系：

$$\max_{-1\leqslant x\leqslant 1}|p'(x)|\leqslant\deg(p)^2\max_{-1\leqslant x\leqslant 1}|p(x)|$$

通过自变量 x 的平移和伸缩，并结合上述马尔可夫不等式，可以得到关于实系数多项式 $r(z)$ 的导数 $r'(z)$ 和次数 $\deg(r)$ 的关系式为

$$N/2\cdot\max_{0\leqslant x\leqslant N}|r'(z)|\leqslant\deg(r)^2\max_{0\leqslant x\leqslant N}|r(z)|$$

已经知道 $\max_{0\leqslant x\leqslant N}|r'(z)|\geqslant r'(z_0)\geqslant 1-2\varepsilon$，因此只需要给出 $h:=\max_{0\leqslant x\leqslant N}|r(z)|$ 的上界，就能得到 $\deg(r)$ 的下界。虽然已有的条件只能保证 $|r(z)|$ 在整数点 $\{0,1,\cdots,N\}$ 不大于1，但是结合导数 $r'(z)$ 的绝对值小于或等于 $c:=\max_{0\leqslant x\leqslant N}|r'(z)|$，不难看出 $h\leqslant 1+c$，那么代入上述关系式并移项可得

$$\deg(r)^2\geqslant\frac{N\cdot c}{2(1+c)}\geqslant\frac{N\cdot(1-2\varepsilon)}{2(2-2\varepsilon)}$$

即 $\deg(r)^2=\Omega(N)$。又由于 $2T\geqslant\deg(r)$，因此 $T=\Omega(\sqrt{N})$。

Grover 算法是最优的这一事实既让人兴奋又让人失望。令人兴奋的是它告诉我们：在这个问题上，我们已经发挥了量子力学的极限，没有进一步优化算法的可能性。令人失望之处在于，我们或许希望用量子搜索算法会取得比平方级别更大的加速，比如可能希望只用 $O(\log N)$ 次黑盒查询完成对含 N 个元素的空间的搜索。如果这样的算法存在，那么 NP 完全问题将能被量子计算机有效解决。不幸的是，这样的算法是不存在的，因此简单地应用量子搜索算法不能有效地解决 NP 完全问题。

3.2 Grover 算法的扩展

3.2.1 精确量子搜索

回顾 3.1.1 小节的相关内容可知，原始 Grover 算法有着很直观的几何理解方式：在由 $|A\rangle$（非解元素的均匀叠加态）和 $|B\rangle$（解的均匀叠加态）张成的二维子空间中，算法从与 $|A\rangle$ 偏离了 θ 角度($\sin(\theta)=\sqrt{M/N}$)的初始状态向量 $|\psi\rangle=\boldsymbol{H}^{\otimes n}|0\rangle$ 出发，通过作用 k 次 Grover 算子 $G=\boldsymbol{H}^{\otimes n}(2|0\rangle\langle 0|-I)\boldsymbol{H}^{\otimes n}O_f$，把它朝着 $|B\rangle$ 旋转了 $k\cdot 2\theta$ 角度，最终得到状态向量

$$G^k|\psi\rangle=\cos((2k+1)\theta)|A\rangle+\sin((2k+1)\theta)|B\rangle$$

如果迭代次数 k 选得恰当，使得最终态尽可能地接近 $|B\rangle$，即使得$(2k+1)\theta$尽可能接近 $\pi/2$，那么在计算基上测量将以高概率$\sin^2((2k+1)\theta)$得到问题的一个解。特别是当 $M/N=1/4$，即解的占比为 1/4 时，θ 为 $\pi/6$，那么取 k 为 1，$(2k+1)\theta$ 等于 $\pi/2$，最终态就是 $|B\rangle$，进行计算基测量将以 100%的概率得到问题的一个解。但是通常情况下，解的占比 M/N 不会使得

$$k_{\text{opt}}:=\frac{\pi/2-\theta}{2\theta}=\frac{\pi}{4\arcsin(\sqrt{M/N})}-\frac{1}{2}$$

恰为整数，而迭代次数 k 必须是整数，因此原始 Grover 算法无法做到以 100%的概率精确地得到问题的一个解。

为了解决这个问题，我们希望在不牺牲平方加速的同时，得到的最终状态向量就是 $|B\rangle$（可以相差一个整体相位，因为这不影响测量结果）。那么如何做到这点呢？2000 年左右，有三种方法[1-3] 被提出，它们的思路虽然并不一样，但都基于原始 Grover 算子进行扩展：

$$G(\phi,\varphi)=-\mathcal{A}S_0(\phi)\mathcal{A}^{\dagger}S_f(\varphi)$$

再通过设置适当的角度 ϕ、φ 和迭代次数 k，使得多次迭代扩展 Grover 算子 $G(\phi,\varphi)$ 后得到的最终态就是解的均匀叠加态 $|B\rangle$。把三种方法的思路总结为大步小步、共轭旋转和三维旋转，由于推导过程较为烦琐，下面在分别阐述三种方法时，对于某些步骤

有所省略，感兴趣的读者可以参考原始文献。

在 $G(\phi,\varphi)$ 的定义式中，算子 $\mathcal{A}$ 满足 $\mathcal{A}|0\rangle=1/\sqrt{N}\sum_{i=0}^{N-1}|x\rangle$，用于得到均匀叠加态，例如在原始 Grover 算法中，$\mathcal{A}$ 就是 Hadamard 变换 $\boldsymbol{H}^{\otimes n}$；当且仅当 $|i\rangle=|0\rangle$ 时，$S_0(\phi)|i\rangle=\mathrm{e}^{i\phi}|i\rangle$用于旋转状态 $|0\rangle$ 的相位；当且仅当$f(x)=1$ 时，$S_f(\varphi)|x\rangle=\mathrm{e}^{i\varphi}|x\rangle$用于旋转解的相位。特别是当 $\varphi=\phi=\pi$ 时，$G(\phi,\varphi)$恢复到原始 Grover 算子 $G=G(\pi,\pi)$。

1. 大步小步[1]

这一方法的思路比较直接。由于原始 Grover 算法中的误差来自需要旋转的角度（$\pi/2-\theta$）不是单次旋转角度（2θ）的整数倍，那么不妨在前$\lfloor k_{\text{opt}}\rfloor$步仍作用原始 Grover 算子每次旋转 2θ 角度，最后一步减缓速度作用 $G(\phi,\varphi)$，以旋转剩余的角度。因此总流程可以形象地描述为从 $|\psi\rangle$ 出发先走$\lfloor k_{\text{opt}}\rfloor$大步，再走一小步到达 $|B\rangle$。

具体来说，首先作用$\lfloor k_{\text{opt}}\rfloor$次原始 Grover 算子于初始状态向量 $|\psi\rangle=\mathcal{A}|0\rangle$，得到状态向量

$$|\widetilde{\psi}\rangle:=\cos((2\lfloor k_{\text{opt}}\rfloor+1)\beta)|A\rangle+\sin((2\lfloor k_{\text{opt}}\rfloor+1)\beta)|B\rangle$$

其次考虑 $G(\phi,\varphi)$在正交基 $|A\rangle$ 和 $|B\rangle$ 下的矩阵，可以得到

$$G(\phi,\varphi)=\begin{bmatrix}-(1-\mathrm{e}^{i\phi})\sin^2(\theta)-\mathrm{e}^{i\phi} & \mathrm{e}^{i\varphi}(1-\mathrm{e}^{i\phi})\sin(\theta)\cos(\theta)\\(1-\mathrm{e}^{i\phi})\sin(\theta)\cos(\theta) & \mathrm{e}^{i\varphi}((1-\mathrm{e}^{i\phi})\sin^2(\theta)-1)\end{bmatrix}$$

再令 $G(\phi,\varphi)|\widetilde{\psi}\rangle$的 $|A\rangle$ 分量为0，便能解出参数 ϕ 和 φ，使得最终态为解的均匀叠加态 $|B\rangle$。

2. 共轭旋转[2]

这一方法主要基于如下观察：通过选取适当的角度 ϕ 和 φ，可以使得 $G(\phi,\varphi)$在共轭一个条件相位旋转的意义下，实现任意角度β 的二维旋转。具体来说，当参数 ϕ 和 φ 满足

$$\sin(\phi/2)\sin(2\theta)=\sin(\beta)$$

$$\tan(\varphi/2)=\tan(\phi/2)\cos(2\theta)$$

时，$G(\phi,\varphi)$的对角元相等，且可以分解为

$$G(\phi,\varphi)=\mathrm{e}^{iv}\begin{bmatrix}1 & 0\\0 & \mathrm{e}^{iu}\end{bmatrix}\begin{bmatrix}\cos(\beta) & -\sin(\beta)\\\sin(\beta) & \cos(\beta)\end{bmatrix}\begin{bmatrix}1 & 0\\0 & \mathrm{e}^{-iu}\end{bmatrix}$$

其中，参数 $u=(\pi-\varphi)/2$，v 作为整体相位，无须考虑。因此，如果在上式两边同时进行 $k=\lceil k_{\text{opt}} \rceil$ 次幂运算，并令角度 β 满足 $k\beta=\pi/2-\theta$，那么移项可以得到

$$\begin{bmatrix} \cos(\pi/2-\theta) & -\sin(\pi/2-\theta) \\ \sin(\pi/2-\theta) & \cos(\pi/2-\theta) \end{bmatrix} = e^{-ikv} \begin{bmatrix} 1 & 0 \\ 0 & e^{-iu} \end{bmatrix} G^k(\phi,\varphi) \begin{bmatrix} 1 & 0 \\ 0 & e^{iu} \end{bmatrix}$$

把它作用到初态 $|\psi\rangle=\cos(\theta)|A\rangle+\sin(\theta)|B\rangle$ 上，就能得到解的均匀叠加态 $|B\rangle$。注意到 $S_f(\varphi)$ 在正交基 $|A\rangle$ 和 $|B\rangle$ 下的矩阵表示就是 $\text{diag}(1,e^{i\varphi})$，因此总的算法流程可以表示为 $G^k(\phi,\phi)S_f(u)|\psi\rangle=|B\rangle$。也就是说，从初始状态 $|\psi\rangle$ 出发，先作用条件相位旋转 $S_f(u)$ 把解元素的相位旋转角度 u，再作用 k 次扩展 Grover 算子 $G(\phi,\varphi)$，便得到 $|B\rangle$。

3. 三维旋转[3]

这一方法的思路为：把 $G(\phi,\phi)$ 在正交基 $|A\rangle$ 和 $|B\rangle$ 下的二维酉矩阵对应到相应 Bloch 球中的三维旋转，再通过选取适当的角度 ϕ 和旋转次数 k，使得 $G^k(\phi,\phi)|\psi\rangle$ 在该 Bloch 球面上与 $|B\rangle$ 重合。

具体来说，由于任意二维酉矩阵都可以写成下式右边的形式，因此令

$$-G(\phi,\phi)=e^{i\phi}\left[\cos\left(\frac{\alpha}{2}\right)\boldsymbol{I}+i\sin\left(\frac{\alpha}{2}\right)(n_x\boldsymbol{X}+n_y\boldsymbol{Y}+n_z\boldsymbol{Z})\right]$$

再通过把 $-G(\phi,\phi)$ 展开成单位矩阵和 Pauli 矩阵 $\boldsymbol{I},\boldsymbol{X},\boldsymbol{Y},\boldsymbol{Z}$ 的线性组合，对比 $\boldsymbol{I}$ 前的系数，得到旋转角度

$$\alpha=4\beta$$

其中，β 满足 $\sin(\beta)=\sin(\phi/2)\sin(\theta)$。

对比 $\boldsymbol{X},\boldsymbol{Y},\boldsymbol{Z}$ 前的系数，得到转轴

$$\vec{\boldsymbol{n}}=\frac{\cos(\theta)}{\cos(\beta)}[\cos(\phi/2),\sin(\phi/2),\cos(\phi/2)\tan(\theta)]$$

即在 $\{|A\rangle,|B\rangle\}$ 的 Bloch 球中，$G(\phi,\phi)$ 相当于以 $\vec{\boldsymbol{n}}$ 为转轴、角度为 α 的三维旋转。

由于初态 $|\psi\rangle$ 在 Bloch 球中对应的向量为 $\vec{\boldsymbol{s}}:=[\sin(2\theta),0,-\cos(2\theta)]$，而我们希望算法最终得到的 $|B\rangle$ 对应的向量为 $\vec{\boldsymbol{t}}:=[0,0,1]$，故 $\langle\vec{\boldsymbol{n}}|\vec{\boldsymbol{s}}\rangle=\langle\vec{\boldsymbol{n}}|\vec{\boldsymbol{t}}\rangle$。这说明 $\vec{\boldsymbol{s}}$ 和 $\vec{\boldsymbol{t}}$ 在 Bloch 球面以 $\vec{\boldsymbol{n}}$ 为轴的同一个的圆上，所以确实可以通过绕固定轴 $\vec{\boldsymbol{n}}$ 进行多次旋转，

把 $\vec{s}$ 转到 $\vec{t}$。为了确定参数 ϕ 和旋转次数 k，记 $\vec{r}$ 为 $\vec{s}$ 和 $\vec{t}$ 在 $\vec{n}$ 上的投影，如图 3-4 所示，利用解析几何计算表明 $\vec{s}-\vec{r}$ 和 $\vec{t}-\vec{r}$ 之间的角度为 $\omega=\pi-2\beta$。根据之前的推导，每作用一次 $G(\phi,\phi)$，相当于绕转轴 $\vec{n}$ 旋转 $\alpha=4\beta$ 角度，而 ω 是所希望的总旋转角度，因此令 $\omega=k\alpha$ 可以求出 ϕ 与 k 应该满足关系式

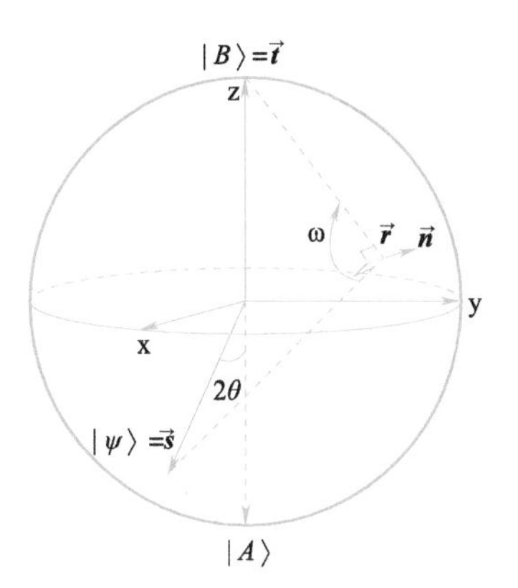

图 3-4　在{|A⟩, |B⟩}的 Bloch 球中，$G(\phi,\phi)$ 的多次作用相当于将初态 $\vec{s}$ 绕转轴 $\vec{n}$ 旋转到解的均匀叠加态 $\vec{t}$

$$\sin\left(\frac{\pi}{4k+2}\right)=\sin\left(\frac{\phi}{2}\right)\sin(\theta)$$

容易看出当 $k>k_{\mathrm{opt}}$ 时，ϕ 有实数解，从而最小可以取 $k=\lceil k_{\mathrm{opt}}\rceil$，并得到相应的 ϕ 值。

最后，把上述三种精确量子搜索算法总结如表 3-1 所示。值得注意的是，三种算法中的参数设置都依赖于解的占比 M/N。另外，（扩展）Grover 算子的迭代次数都是 $\lceil k_{\mathrm{opt}}\rceil=O(\sqrt{N/M})$，保持了原始 Grover 算法的平方加速。

表 3-1　三种精确量子搜索算法

方法		大步小步	共轭旋转	三维旋转
流程		$G(\phi,\varphi)G(\pi,\pi)^k\mathcal{A}\vert 0\rangle$	$G^k(\phi,\varphi)S_f(u)\mathcal{A}\vert 0\rangle$	$G^k(\phi,\phi)\mathcal{A}\vert 0\rangle$
参数	k	$\lfloor k_{\mathrm{opt}}\rfloor$	$\lceil k_{\mathrm{opt}}\rceil$	
	ϕ	$2\operatorname{arccot}\left(\sqrt{\frac{\sin^2(2\theta)}{\cot^2((2k+1)\theta)}-\cos^2(2\theta)}\right)$	$2\arcsin\left(\frac{\sin\left(\frac{\pi/2-\theta}{k}\right)}{\sin(2\theta)}\right)$	$2\arcsin\left(\frac{\sin\left(\frac{\pi}{4k+2}\right)}{\sin(\theta)}\right)$
	φ	$\arccos\left(\frac{-\cos(2\theta)}{\sqrt{\cos^2(2\theta)+\cot^2(\phi/2)}}\right)$	$2\arctan\left(\tan\frac{\phi}{2}\cos(2\theta)\right)$	
	u		$(\pi-\varphi)/2$	

注：$k_{\mathrm{opt}}:=\frac{\pi}{4\arcsin(\sqrt{M/N})}-\frac{1}{2}$

还需考虑扩展 Grover 算子 $G(\phi,\varphi)$ 的量子电路实现。由于

$$\begin{aligned}G(\phi,\varphi)&=-(\mathcal{A}S_0(\phi)\mathcal{A}^\dagger)\cdot S_f(\varphi)\\&=-(\boldsymbol{I}-(1-\mathrm{e}^{i\phi})\vert\psi\rangle\langle\psi\vert)\cdot S_f(\varphi)\\&:=-S_\psi(\phi)\cdot S_f(\varphi)\end{aligned}$$

容易验证，图 3-5 展示了 $G(\phi,\varphi)$ 的电路实现（忽略整体相位-1）。注意到 $S_f(\varphi)$ 需要调用两次黑盒 O_f，因此共轭旋转和三维旋转两种方法的黑盒调用次数是原始 Grover 算法的两倍，不过这并不影响平方加速的数量级。

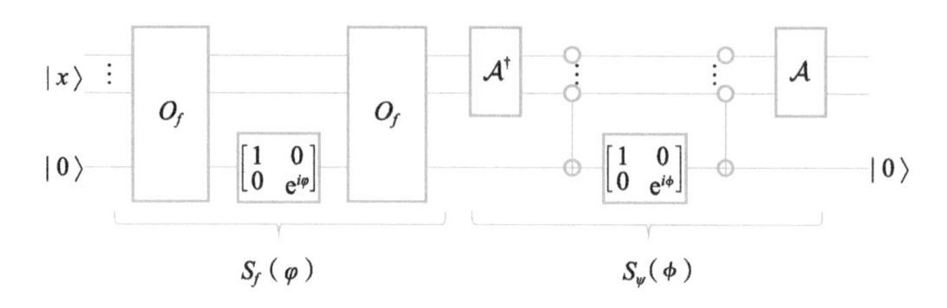

图 3-5　$G(\phi,\varphi)$ 的电路实现（其中 $O_f|x\rangle|b\rangle=|x\rangle|b\oplus f(x)\rangle$）

上面 3 种方法告诉我们：在解的占比已知的情况下，可以设计量子搜索算法在保持平方加速的同时，精确地找到解。由此自然引出的一个问题是，如果解的占比未知，还能设计量子搜索算法做到精确且保持平方加速吗？答案是否定的。事实上，假设存在黑盒调用次数为 T 的精确量子搜索算法，那么如同 3.1.4 小节最优性证明的第二种方法，对该算法稍加修改就能精确计算 $OR_N(x)=x_0\vee\cdots\vee x_{N-1}$，且黑盒调用次数仍为 T。由于精确即出错概率 $\varepsilon=0$，因此可以重复 3.1.4 小节中利用多项式方法证明 $OR_N(x)$ 的量子查询复杂性下界的过程，得到实系数多项式 $r(z)$，满足 $\deg(r)\leqslant 2T$，以及

$$r(0)=0,\text{且对任意 } z\in\{1,\cdots,N\}\text{ 都有 } r(z)=1$$

注意 $r(z)-1$ 是有 N 个零点的多项式，且在 $z=0$ 处不为零，因此可以利用 N 次非零多项式至多 N 个零点的结论，得到 $\deg(r)\geqslant N$。由于 $2T\geqslant\deg(r)$，故 $T\geqslant N/2$，因此在解的占比未知的情况下，任意精确量子搜索算法都必定丢失平方加速。

3.2.2　鲁棒量子搜索

正如 Brassard[6] 所指出的，Grover 量子搜索技术存在舒芙蕾问题。因此，如果事先不知道目标点的数目，则不知道何时停止搜索迭代。即使知道目标点的数目，当搜索步数大于正确的步数时，算法的成功概率也会急剧下降。2005 年，Grover[7] 提出了一种定点量子搜索算法，该算法会单调收敛到目标状态，即通过始终放大目标点的概率来避免“过度烹饪”。然而，为这种单调性付出的代价是失去了原始量子搜索的二次加速。2014 年，Yoder 等人[8] 提出了一种新的量子搜索算法，它实现了两个目标——搜索不

会过度，并且是经典算法的二次加速。该算法不要求成功概率单调提高，但确保失败率受到一个可调参数 δ 的控制。这个算法与原始 Grover 算法相比，有两点优势：①不需要知道目标点的确切数目；②当搜索次数过多时不会大幅降低成功概率，仍然保持在可控范围内。由此可见，这类算法具有更强的鲁棒性，因此本书中称其为鲁棒量子搜索算法。本小节简要介绍这个算法。

舒芙蕾问题

Grover 量子搜索技术就像烤舒芙蕾。把量子并行获得的状态放在“量子烤箱”中，让想要的答案慢慢上升。如果你在正确的时间打开烤箱，几乎可以保证成功。但是如果太早打开烤箱，舒芙蕾很可能会塌掉——正确答案的幅度降为零。如果烤过头，舒芙蕾可能会烧焦：奇怪的是，所需状态的幅度在达到最大值后开始缩小。

鲁棒量子搜索算法能到达以下效果：对于给定的参数 $\delta\in(0,1]$，当算法的查询次数 h 满足 $h\geqslant\frac{\log_2(2/\delta)}{\sqrt{\lambda}}-1$ 时，找到一个解的成功概率至少是 $1-\delta^2$。其中 $\lambda\leqslant M/N$ 是解占比的一个已知下界。当确信解存在但不知道解的数目的时候，可以取 $\lambda=1/N$，算法依然成立。该算法既达到了成功概率可控的目标，又保持了原始 Grover 量子搜索二次加速的优势。

鲁棒量子搜索算法具体执行过程如下。

①制备初始态 $|\psi\rangle=\frac{1}{N^{1/2}}\sum_{x=0}^{N-1}|x\rangle$。

②作用扩展 Grover 算子序列到初始态：$G(\phi_l,\varphi_l)\cdots G(\phi_1,\varphi_1)|\psi\rangle$。

③测量最终量子态。

扩展 Grover 算子序列的一次迭代操作的形式是

$$G(\phi,\varphi)=-S_\psi(\phi)\cdot S_f(\varphi)$$

其中，$S_\psi(\phi)=\boldsymbol{I}-(1-\mathrm{e}^{-i\phi})|\psi\rangle\langle\psi|$，$S_f(\varphi)=\boldsymbol{I}-(1-\mathrm{e}^{i\varphi})|B\rangle\langle B|$。注意这里的 $S_\psi(\phi)$ 和精确量子搜索中的 $\boldsymbol{I}-(1-\mathrm{e}^{i\phi})|\psi\rangle\langle\psi|$ 相比多了一个负号，但是 $G(\phi,\varphi)$ 的量子电路实现是类似的。$S_f(\varphi)$ 需要调用两次查询黑盒，因此算法的查询次数是 $h=2l$。

具体参数设置为，对于$j=1,2,\cdots,l$，有

$$\phi_j=-\varphi_{l-j+1}=2\cot^{-1}(\tan(2j/(h+1))\sqrt{1-\gamma^2})$$

其中，$\gamma^{-1}=\cos\left(\frac{1}{(h+1)}\cos^{-1}\left(\frac{1}{\delta}\right)\right)$。

总结来说，给出参数$\delta\in(0,1]$，就可以确定一个查询次数h，进而确定l和参数ϕ、φ，然后运行上述三个步骤，最后就能保证以$1-\delta^2$的概率找到目标点。

Grover算法可以看作带一个环的完全图上的量子游走搜索算法。因此，一个很自然的问题是，对于一般的图结构，是否存在鲁棒量子游走搜索算法？文献［9］初步研究了这个问题，设计了完全二部图上的鲁棒量子游走搜索算法。探索更多的图结构或马尔科夫链模型下的鲁棒量子游走搜索是一个有趣的研究方向。

3.2.3 量子计数

如果N个元素中有M个目标对象，确定这个未知的M需要多少时间？显然，在经典计算机上，需要查询黑盒$\Theta(N)$次。在量子计算机上，结合Grover迭代和量子相位估计，可以更快地估计M，这称为量子计数。量子计数有一些重要应用。例如，3.1.3小节讨论的目标点个数未知情形的处理方法，首先，用量子计数估算目标点的数目，然后再运行Grover算法去找到目标点。其次，量子计数可以用来判定问题的解是否存在，这可以通过判定解的个数是否非0来完成。这可以用在某些NP完全问题上，它们可以表述为某个搜索问题的解的存在性。

量子计数是应用相位估计过程来估计Grover迭代算子G的特征值，进而确定搜索问题中解的个数M的。假设$|a\rangle$和$|b\rangle$是在$|A\rangle$和$|B\rangle$张成的空间中G的两个特征向量（回顾3.2.1小节的内容，$|A\rangle$是由搜索问题所有解组成的均匀叠加态，$|B\rangle$是所有非解元素组成的均匀叠加态）。设θ为G作用下旋转的角度。由$G=\begin{bmatrix}\cos\theta & -\sin\theta\\ \sin\theta & \cos\theta\end{bmatrix}$，可以看到对应的特征值为$e^{i\theta}$和$e^{i(2\pi-\theta)}$。为了方便分析，假设黑盒已经被扩展，将搜索空间扩展到$2N$，并确保$\sin^2(\theta/2)=M/2N$。

用于量子计数的电路如图3-6所示。电路的功能是精确至m位估计θ，成功概率至少为$1-\varepsilon$。第一个寄存器包含$t\equiv m+\lceil\log(2+1/2\varepsilon)\rceil$个量子比特，而第二个寄存器包含

$n+1$ 个量子比特，足以在扩展后的搜索空间中实现 Grover 迭代。使用 Hadamard 变换将第二个寄存器的状态初始化为所有可能输入的均匀叠加态 $\sum_x |x\rangle$。这个态是特征态 $|a\rangle$ 和 $|b\rangle$ 的叠加，因此图中的电路以至少 $1-\varepsilon$ 的概率给出 θ 或 $2\pi-\theta$ 的估计，精度在 $|\Delta\theta| \leqslant 2^{-m}$ 之内。进一步，对 $2\pi-\theta$ 与 θ 在同一精度水平上的估计显然是等价的，因此相位估计算法以至少 $1-\varepsilon$ 的概率确定 θ，精度在 2^{-m} 以内。

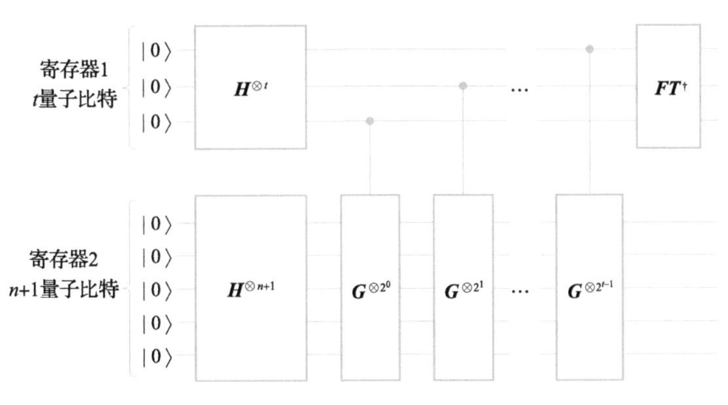

图 3-6　量子计数电路图

利用 $\sin^2\left(\frac{\theta}{2}\right)=\frac{M}{2N}$ 和对 θ 的估计，可以估计解的数目 M。这样估计的误差 ΔM 分析为

$$\frac{|\Delta M|}{2N}=\left|\sin^2\left(\frac{\theta+\Delta\theta}{2}\right)-\sin^2\left(\frac{\theta}{2}\right)\right|=\left(\sin\left(\frac{\theta+\Delta\theta}{2}\right)+\sin\left(\frac{\theta}{2}\right)\right)\left|\sin\left(\frac{\theta+\Delta\theta}{2}\right)-\sin\left(\frac{\theta}{2}\right)\right|$$

计算结果表明 $|\sin((\theta+\Delta\theta)/2)-\sin(\theta/2)| \leqslant |\Delta\theta|/2$，且由基本的三角不等式可以得到 $|\sin((\theta+\Delta\theta)/2)| \leqslant \sin(\theta/2)+|\Delta\theta|/2$，因此

$$\frac{|\Delta M|}{2N}<\left(2\sin\left(\frac{\theta}{2}\right)+\frac{|\Delta\theta|}{2}\right)\frac{|\Delta\theta|}{2}$$

代入 $\sin^2\left(\frac{\theta}{2}\right)=\frac{M}{2N}$ 和 $|\Delta\theta| \leqslant 2^{-m}$，可以得到最终的误差估计

$$|\Delta M|<\left(\sqrt{2MN}+\frac{N}{2^{m+1}}\right)2^{-m}$$

举一个例子，取 $m=\lceil n/2\rceil+1$，$\varepsilon=1/6$，则有 $t=\lceil n/2\rceil+3$，因此算法需要进行 $\Theta(\sqrt{N})$ 次 Grover 迭代，进而黑盒的调用次数为 $\Theta(\sqrt{N})$，精确度为 $|\Delta M|<\sqrt{M/2}+1/4=O(\sqrt{M})$。

刚才提到的例子还有另一个作用：确定搜索问题是否有解，即 $M=0$ 或 $M\neq 0$。若 $M=0$，则有 $|\Delta M|<1/4$，从而算法必须以至少 5/6 的概率估计出 M 为 0。反之，若 $M\neq 0$，则容易验证算法至少以 5/6 的概率估计出 M 不为 0。

量子计数的另一个应用是在解的个数 M 未知情况下找到搜索问题的解。应用量子搜索算法的难点在于合理选取重复 Grover 迭代的次数，这依赖于知道解的个数 M。这个问题可以在一定程度上被解决，先用量子计数算法，以高精度估计 θ 和 M，然后再应用量子搜索算法，重复 Grover 迭代的次数为 $R=\left\lfloor\frac{\arccos\sqrt{M/N}}{\theta}\right\rfloor$，其中的 θ 和 M 替换成通过相位估计得来的值。这种情况下角度误差最多为 $\pi/4(1+|\Delta\theta|/\theta)$，因此像之前一样取 $m=\lceil n/2\rceil+1$，则角误差最多为 $\pi/4\times 3/2=3\pi/8$，相应的搜索算法成功概率至少为 $\cos^2(3\pi/8)=1/2-1/2\sqrt{2}\approx 0.15$。若以此精度获得 θ 的概率为 5/6，那么获得搜索问题一个解的概率就是 $5/6\times\cos^2(3\pi/8)\approx 0.12$，这个概率通过多次重复计数-搜索组合过程很快可以逼近 1。

3.2.4 量子振幅放大

假设有一个成功率为 p 的经典随机算法，在解可验证的前提下，可以通过重复这个算法 $O(1/p)$ 次来保证至少成功一次的概率为 $\Omega(1)$。这个过程对应的量子版本是放大 Hilbert 空间内特定子空间的振幅，因此被称为量子振幅放大。量子振幅放大算法由 Brassard 和 Høyer[10] 于 1997 年提出，最初是作为 Grover 量子搜索算法的一个推广。后来于 2000 年，量子振幅放大算法与振幅估计算法（量子计数的推广）一起有了更为详细的叙述和研究[1]。考虑一个布尔函数 $\chi:X\rightarrow\{0,1\}$，其中集合 X 被分为“好”“坏”两部分，当且仅当 $\chi(x)=1$ 时，称其中的元素 x 为“好”，否则为“坏”。同时考虑一个量子算法 $\mathcal{A}$，$\mathcal{A}|0\rangle=\sum_{x\in X}\alpha_x|x\rangle$ 是 X 中元素的叠加态，令 p 表示测量 $\mathcal{A}|0\rangle$ 后输出一个“好”元素的概率。正如本小节开头所述，如果重复如下过程：执行 $\mathcal{A}$-用计算基测量-用 χ 验证解，可以期待平均重复 $1/p$ 次能找到一个解，但这个过程并没有利用好量子计算机强大的计算能力。假设算法 $\mathcal{A}$ 里不含测量操作，使用量子振幅放大算法则可以在 $1/\sqrt{p}$ 次重复后找到一个“好”的元素。

以下对量子振幅放大算法进行详细介绍。令 H 为量子系统状态空间的 Hilbert 空间表示，布尔函数 $\chi:\mathbf{Z}\to\{0,1\}$ 把 H 分为了两个子空间的直和，一个为“好”子空间，另一个是“坏”子空间，其中“好”子空间是由所有 $\chi(x)=1$ 的量子态 $|x\rangle(|x\rangle\in H)$ 构成的基所张成的空间，而“坏”子空间则是“好”子空间在 H 里的正交补空间。H 里的每个纯态 $|\phi\rangle$ 都可以唯一地分解为 $|\phi\rangle=|\phi_1\rangle+|\phi_0\rangle$，其中 $|\phi_1\rangle$ 表示 $|\phi\rangle$ 在“好”子空间里的投影，而 $|\phi_0\rangle$ 表示 $|\phi\rangle$ 在“坏”子空间里的投影。令 $p_\phi=\langle\phi_1|\phi_1\rangle$ 表示测量 $|\phi\rangle$ 后得到“好”态的概率，与之类似是，$q_\phi=\langle\phi_0|\phi_0\rangle$ 表示测量 $|\phi\rangle$ 后得到“坏”态的概率。由于 $|\phi_1\rangle$ 与 $|\phi_0\rangle$ 是正交的，因此有 $p_\phi+q_\phi=1$。

令 $\mathcal{A}$ 为任意作用在 H 上的量子算法，并且 $\mathcal{A}$ 不含测量操作。令 $|\psi\rangle=\mathcal{A}|0\rangle$ 表示 $\mathcal{A}$ 作用在初始零态后得到的态。振幅放大的过程就是对 $|\psi\rangle$ 重复进行以下酉操作：

$$Q=Q(\mathcal{A},\chi)=\mathcal{A}S_0\mathcal{A}^{-1}S_\chi$$

其中，$S_0=I-2|0\rangle\langle 0|$ 的作用是使状态的振幅取反（当且仅当这个状态是零态 $|0\rangle$），$S_\chi=\dfrac{2}{1-p_\psi}|\psi_0\rangle\langle\psi_0|-\boldsymbol{I}$ 的作用是使“好”态的振幅取反：

$$S_\chi|x\rangle=\begin{cases}-|x\rangle, & \chi(x)=1\\ |x\rangle, & \chi(x)=0\end{cases}$$

通过观察酉操作 Q，可以发现

$$Q|\psi_1\rangle=(1-2p_\psi)|\psi_1\rangle-2p_\psi|\psi_0\rangle$$

$$Q|\psi_0\rangle=2(1-p_\psi)|\psi_1\rangle+(1-2p_\psi)|\psi_0\rangle$$

这说明了由 $|\psi_1\rangle$ 和 $|\psi_0\rangle$ 组成的子空间 H_ψ 在 Q 的作用下是稳定的。这两个式子的证明留作练习（提示：注意整体观察 $\mathcal{A}S_0\mathcal{A}^{-1}$ 对 $|\psi_1\rangle$ 和 $|\psi_0\rangle$ 的作用）。

因为算子 Q 是酉的，子空间 H_ψ 存在由 Q 的两个特征向量组成的标准正交基

$$|\psi_\pm\rangle=\frac{1}{\sqrt{2}}\left(\frac{1}{\sqrt{p_\psi}}|\psi_1\rangle\pm\frac{i}{\sqrt{1-p_\psi}}|\psi_0\rangle\right)$$

其中，$i=\sqrt{-1}$表示-1 的平方根。相应的特征向量为

$$\lambda_\pm=\mathrm{e}^{\pm i2\theta_{p_\psi}}$$

其中，$\theta_{p_\psi}:=\arcsin\sqrt{p_\psi}$且 $0\leqslant\theta_{p_\psi}\leqslant\pi/2$. 接下来用特征向量作为基表示 $|\psi\rangle=\mathcal{A}|0\rangle$，即

$$|\psi\rangle=\mathcal{A}|0\rangle=\frac{-i}{\sqrt{2}}(\mathrm{e}^{i\theta_{p_\psi}}|\psi_+\rangle-\mathrm{e}^{-i\theta_{p_\psi}}|\psi_-\rangle)$$

则进行 j 次 Q 演化后，状态为

$$Q^j|\psi\rangle=\frac{-i}{\sqrt{2}}\left(\mathrm{e}^{(2j+1)i\theta_{p_\psi}}|\psi_+\rangle-\mathrm{e}^{-(2j+1)i\theta_{p_\psi}}|\psi_-\rangle\right)$$

$$=\frac{1}{\sqrt{p_\psi}}\sin((2j+1)\theta_{p_\psi})|\psi_1\rangle+\frac{1}{\sqrt{1-p_\psi}}\cos((2j+1)\theta_{p_\psi})|\psi_0\rangle$$

这说明对于非负整数 m，如果执行 $Q^m|\psi\rangle$ 后进行测量，则会以 $\sin^2((2m+1)\theta_{p_\psi})$ 的概率获得一个“好”态。如果 p_ψ 已知，那么令 $m=\lfloor\pi/4\theta_{p_\psi}\rfloor$，有 $\sin^2((2m+1)\theta_{p_\psi})\geqslant 1-p_\psi$[11]。因此量子振幅放大算法调用算法 $\mathcal{A}$ 的期望重复次数为 $(2m+1)/\max(1-p_\psi,p_\psi)=O(1/\sqrt{p_\psi})$，相对于经典算法有二次方加速。

Grover 算法是量子振幅放大的一个特殊情况，事实上，把上述过程中的 $\mathcal{A}$ 设置为 Hadamard 变换就得到了 Grover 算法。

3.3 Grover 算法的应用

3.3.1 NP 完全问题加速求解

量子搜索可以被用于加速求解 NP 复杂性类中的问题。本小节将说明如何利用量子搜索算法求解图的可 k 染色判定问题（$k>2$）。给定一个有 n 个顶点的无向连通图 G 以及 k 种不同的颜色，要求将图 G 中的每一个顶点染色为 k 种颜色中的一种颜色，并使图 G 中每一条边连接的两个顶点被染为不同的颜色。如果这样的染色方案存在，则称图 G 可以被 k 染色。图的可 k 染色判定问题即判定任意给的图是否可以被 k 染色，这个问题是一个 NP 完全问题（$k>2$）。

求解图的可 k 染色判定问题的一个简单算法是遍历每一种染色方案然后检查是否为合法的染色方案，过程如下。

①生成所有的染色方案$(v_1,\cdots,v_n)$，其中 $v_i\in\{1,2,3,\cdots,k\}$。

②对生成的每个染色方案，检测它是否为一种合法的染色方案。若不是，检测下一个染色方案。

一共有 $k^n=2^{n\log k}$ 种可能的染色方案需要被搜索，最坏情况下，这个算法需要进行 $2^{n\log k}$ 次染色方案的合法性判定。的确，任何NP复杂性类中的问题都可以以类似的方法来求解：如果规模为 n 的问题通过 $\omega(n)$ 个比特来索引搜索空间中的一种方案（$\omega(n)$ 是关于 n 的多项式）并且存在至少一个目标方案的话，则搜索所有 $2^{\omega(n)}$ 个可能的方案就会找到一个目标方案。

量子搜索算法可以用于加快搜索速度，从而加速这个穷举算法。注意到，可以用3.2.3小节描述的量子计数算法来确定搜索问题中是否存在目标元素。当存在目标元素时，令 $m\equiv\lceil\log k\rceil$，算法的搜索空间可以被表示成一个 mn 位量子比特的串，每 m 个量子比特一组用于存放单个顶点被染为哪一种颜色。因此，可以写出计算基 $|v_1,\cdots,v_n\rangle$，其中每个 $|v_i\rangle$ 用对应的 m 个量子比特来表示，一共有 mn 个量子比特。搜索算法的黑盒为实现了如下变换的黑盒。

$$|v_1,\cdots,v_n\rangle\xrightarrow{O_f}\begin{cases}|v_1,\cdots,v_n\rangle, & \text{若 } v_1,\cdots,v_n \text{ 是一种不合法的染色方案}\\ -|v_1,\cdots,v_n\rangle, & \text{若 } v_1,\cdots,v_n \text{ 是一种合法的染色方案}\end{cases}$$

当图 G 给定的时候，这样的黑盒是很容易设计和实现的。首先用一个多项式规模的经典电路识别染色方案是否合法，进而可以采用可逆计算的技术将其以不超过2倍的规模增长转换成一个可逆经典电路：计算变换 $(v_1,\cdots,v_n,q)\rightarrow(v_1,\cdots,v_n,q\oplus f(v_1,\cdots,v_n))$，其中若 $v_1,\cdots,v_n$ 是一种合法的染色方案，则 $f(v_1,\cdots,v_n)=1$；否则 $f(v_1,\cdots,v_n)=0$。用量子计算机可以实现相应的黑盒电路，并使最后一个输入量子比特初始处于状态 $(|0\rangle-|1\rangle)/\sqrt{2}$ 就可以得到需要的变换 O_f。注意到，可以通过关于 n 的多项式规模的经典电路判定染色方案是否合法，因此黑盒需要的门的个数也是关于 n 的多项式级别的。可以使用量子计数算法，通过 $O(2^{mn/2})=O(2^{n\lceil\log k\rceil/2})$ 次黑盒调用来求出合法染色方案的数目，之后再结合量子搜索算法（也需要调用黑盒 $O(2^{mn/2})$ 次）就可以找到一种合法的染色方案。

可以总结如下：经典算法需要 $O(p(n)2^{n\lceil\log k\rceil})$ 次量子基本门操作来确定图是否可以被 k 染色，其中多项式因子 $p(n)$ 主要是实现黑盒 O_f 的开销，即判定一个候选染色方案是否为合法染色方案的基本门数目。决定算法所需资源的核心要素是 $2^{n\lceil\log k\rceil}$ 中的幂指数。上述经典算法是确定性的，即经典算法成功概率为1。

量子算法需要 $O(p(n)2^{n\lceil \log k\rceil/2})$ 次操作确定图是否可以被 k 染色。同样的，多项式$p(n)$主要是实现黑盒的开销。决定算法所需资源的核心要素是 $2^{n\lceil \log k\rceil/2}$ 中的幂指数。量子算法存在一定的错误概率（如 1/4），但这不会对算法性能造成决定性影响，因为重复 r 次算法就可以将错误率降低至 $1/4^r$。量子算法需要的操作数目是经典算法的平方根级别，因此在图的可 k 染色判定问题上，量子搜索算法相比经典搜索算法可以实现平方级别的加速。

3.3.2 量子算法搜索最小值

很多问题中涉及从 N 个条目中找到最小值。经典算法需要进行 $N-1$ 次比较。文献［12］给出了一个 $O(\sqrt{N})$ 次比较的量子算法。这个寻找最小值的量子算法作为子程序被应用到许多其他算法中。本小节讨论这个算法。其思路为，给定一个索引阈值 y，然后应用 3.1.3 小节介绍的指数猜测式量子搜索算法搜索比 $T[y]$小的项，输出结果记为 y'，如果 $T[y']<T[y]$，则重新设置新的索引阈值 $y=y'$，重复这个步骤。具体算法如算法 3-2 所示。

算法 3-2　量子算法搜索最小值问题

输入：带有 N 个条目的一个无序结构的列表 T［$0\cdots N-1$］，每项的取值选自一个有序集合。为了方便，假定每个取值都不相同。

输出：最小值。

算法过程：

①随机均匀选择一个数 y，$0\leqslant y\leqslant N-1$；

②重复以下步骤超过 $22.5\sqrt{N}+1.4\log_2^2 N$ 次；

a. 制备初始态 $\sum_j \frac{1}{\sqrt{N}}|j\rangle|y\rangle$，对满足 $T[j]<T[y]$的 j 进行标记。

b. 对第二个寄存器应用指数式猜测量子搜索算法。

c. 测量第一个寄存器，结果记为 y'，如果 $T[y']<T[y]$，则 $y=y'$作为新的指标。

③返回 $T[y]$。

算法中主要有两个步骤花费时间较多：步骤 a 需要 $\log_2 N$ 时间制备均匀叠加态；当 N 个项中有 t 个目标项时，步骤 b 至多需要$\frac{9}{2}\sqrt{\frac{N}{t}}$的时间。下面分析这个算法的期望运行时间。

引理 3.1　当选择第 $t+1$ 小的元素的值作为阈值，即比阈值小的元素有 t 个时，记第 r 小的元素的值在之后的算法运行过程中被选为阈值的概率为 $p(t,r)$。那么当 $r\leqslant t$ 时，$p(t,r)=1/r$；否则 $p(t,r)=0$。

证明：情况 $r>t$ 是明显成立的。由于算法的输出是均匀的，所以 $p(r,r)=1/r$。下面用归纳法证明 $r<t$ 的情况。假设对于所有的 $k\in[r,t]$，等式 $p(k,r)=1/r$ 成立。则当 $t+1$ 个元素被标记时，均匀选出来的一个元素有三种情况：和排第 r 个的元素相等，大于或小于排第 r 个的元素。只有前两种情况起作用，有

$$
\begin{aligned}
p(t+1,r) &= \frac{1}{t+1}+\sum_{k=r+1}^{t+1}\frac{1}{t+1}p(k-1,r) \\
&= \frac{1}{t+1}+\frac{t+1-r}{t+1}\cdot\frac{1}{r} \\
&= \frac{1}{r}
\end{aligned}
$$

引理 3.2　算法找到最小值的期望运行时间至多是 $m_0=\frac{45}{4}\sqrt{N}+\frac{7}{10}\log_2^2 N$。

证明：找到最小值之前，步骤 a 的期望时间至多是

$$
\begin{aligned}
\sum_{r=2}^{N}p(N,r)\log_2 N &= \sum_{r=2}^{N}\frac{1}{r}\log_2 N \\
&= (H_N-1)\log_2 N\leqslant \ln N\log_2 N \\
&= \ln 2\log_2 N\log_2 N\leqslant\frac{7}{10}(\log_2 N)^2
\end{aligned}
$$

其中，H_N 是调和级数满足 $H_N\leqslant\ln N+1$。

找到最小值之前，步骤 b 的期望总时间至多是

$$
\sum_{r=2}^{N}p(N,r)\frac{9}{2}\sqrt{\frac{N}{r-1}}=\frac{9}{2}\sqrt{N}\sum_{r=1}^{N-1}\frac{1}{r+1}\frac{1}{\sqrt{r}}
$$

$$
\begin{aligned}
&\leqslant \frac{9}{2}\sqrt{N}\left(\frac{1}{2}+\sum_{r=2}^{N-1} r^{-3/2}\right) \\
&\leqslant \frac{9}{2}\sqrt{N}\left(\frac{1}{2}+\int_{1}^{N-1} r^{-3/2}\mathrm{d}r\right) \\
&=\frac{9}{2}\sqrt{N}\left(\frac{1}{2}+[-2r^{-1/2}]_{r=1}^{N-1}\right) \\
&\leqslant \frac{45}{4}\sqrt{N}
\end{aligned}
$$

因此，整体期望总时间是 $m_0=\frac{45}{4}\sqrt{N}+\frac{7}{10}\log_2^2 N$。

由马尔可夫不等式可知，如果一个算法在期望时间 T 内产生正确答案，那么可以构造一个最坏时间为 aT，出错概率小于等于于 $1/a$ 的算法。因此，对上述算法而言，当运行时间是 $2m_0=22.5\sqrt{N}+1.4\log_2^2 N$ 时，量子算法找到最小值的概率至少是 1/2。那么运行 c 次，成功概率至少是 $1-\left(\frac{1}{2}\right)^c$。

一个更一般的问题是寻找第 k 小的元素的值，文献［13］同样得到了二次加速的量子算法。

3.3.3 其他问题

本小节简要描述量子搜索算法解决的三个问题。解决这三个问题时，并不是简单直接地应用量子搜索算法，而是需要借助问题本身具有的性质。具体细节读者可参考原始文献［14-16］。

（1）串匹配

串匹配问题是给定长度为 n 的文本 t 和长度为 m 的模式 p，p 是否在 t 中？经典算法解决这个问题所需要的时间是 $\Theta(n+m)$，比如 Knuth-Morris-Pratt 算法或 Boyer-Moore 算法。结合 Grover 量子搜索和一个叫确定采样的经典算法，文献［14］给出了一个运行时间为 $\widetilde{O}(\sqrt{n}+\sqrt{m})$ 的量子算法，符号 $\widetilde{O}$ 表示隐藏了对数多项式因子。

（2）量子动态规划

文献［15］引入了一个所谓的超立方路径问题：若给定一个超立方的子图，则是否存在从全零顶点到全一顶点的路径？作者结合 Grover 量子搜索和动态规划提出了一个时间为 $O^*(1.817^n)$ 的量子算法。已知最快的经典算法的运行时间是 $O^*(2^n)$，符号 O^* 表示隐藏了多项式因子。

(3) 计算几何问题

三线共点问题是给定一个平面上的 n 条直线集合，是否存在至少三条直线相交于一点？这个问题的经典时间复杂性下界是 $\Omega(n^{2-O(1)})$。文献［16］结合 Grover 量子搜索和精妙的几何思路给出了运行时间是 $O(n^{1+O(1)})$ 的量子算法。

3.4 本讲小结

Grover 算法是量子计算领域最具思想和代表性的量子算法之一，自 1996 年提出自今，关于其应用以及扩展性的探讨仍然在进行。本讲比较系统地介绍了 Grover 算法相关内容。首先，详细介绍了 Grover 算法的步骤过程、正确性和复杂性分析、最优性证明等。然后，进一步介绍 Grover 算法的一些扩展，包括精确量子搜索、鲁棒量子搜索、量子计数以及量子振幅放大等，其中量子振幅放大是量子算法设计领域的“基础设施”，是很多其他量子算法的重要子过程。最后，也给出了 Grover 算法的几个典型应用。

参考文献

[1] BRASSARD G, HOYER P, MOSCA M, et al. Quantum amplitude amplification and estimation [J]. Contemporary Mathematics, 2002, 305: 53-74.
[2] HØYER P. Arbitrary phases in quantum amplitude amplification [J]. Physical Review A, 2000, 62 (5): 052304.
[3] LONG G L. Grover algorithm with zero theoretical failure rate [J]. Physical Review A, 2001, 64 (2): 022307.
[4] BEALS R, BUHRMAN H, CLEVE R, et al. Quantum lower bounds by polynomials [C]//Proceedings of the 39th annual symposium on Foundations of Computer Science. 1998: 352.
[5] HØYER P. Arbitrary phases in quantum amplitude amplification [J]. Physical Review A, 2000, 62 (5).
[6] BRASSARD G. Searching a quantum phone book [J]. Science, 1997, 275(5300): 627-628.
[7] GROVER L K. Fixed-point quantum search [J]. Physical Review Letters 1995, 2005, 95(15).
[8] YODER T J, LOW G H, Chuang I L. Fixed-point quantum search with an optimal number of queries

[J]. Physical Review Letters 113, 2014.
[9] LI L, XU Y, ZHANG D. Robust quantum walk search [J]. Physical Review A, 2022, 106: 052207.
[10] BRASSARD G, PETER H. An exact quantum polynomialtime algorithm for Simon's problem [J]. Proceedings of Fifth Israeli symposium on Theory of Computing and Systems. IEEE Computer Society Press, 1997: 12-23.
[11] MICHEL B, GILLES B, PETER H, et al. Tight bounds on quantum searching [J]. Fortschritte Der Physik, special issue on quantum computing and quantum cryptography, 1998, 46: 493-505.
[12] CHRISTOPH D, PETER H. A quantum algorithm for finding the minimum [J]. arXiv quant-ph/9607014, 1996.
[13] ASHWIN N, FELIX W. The Quantum query complexity of approximating the median and related statistics [J]. ACM symposium on Theory of Computing, 1999: 384-393.
[14] RAMESH H, VINAY V. String matching in Õ(sqrt(n)+sqrt(m)) quantum time [J]. Discrete Algorithms, 2003, 1 (1): 103-110.
[15] ANDRIS A, KASPARS B, JANIS I, et al. Quantum speedups for exponential-time dynamic programming algorithms [J]. ACM-SIAM symposium on Discrete Algorithms, 2019: 1783-1793.
[16] ANDRIS A, NIKITA L. Quantum algorithms for computational geometry problems [J]. arXiv preprint, 2020: arXiv: 2004. 08949.
[17] BOAS JR R P. Inequalities for the derivatives of polynomials [J]. Mathematics Magazine, 1969, 42 (4): 165-174.
[18] NIELSEN M, CHUANG I. Quantum computation and quantum information [M]. Cambridge: Cambridge University Press, 2000.
[19] NIELSEN M A, CHUANG I. 量子计算与量子信息（10周年版）[M]. 孙晓明，尚云，李绿周，等译. 北京：电子工业出版社，2022.

第 4 讲

线性方程组的量子求解算法

求解线性方程组，即给定矩阵 $\boldsymbol{A}$ 和向量 $\vec{\boldsymbol{b}}$ 找到一个满足 $\boldsymbol{A}\vec{\boldsymbol{x}}=\vec{\boldsymbol{b}}$ 的向量 $\vec{\boldsymbol{x}}$，是数值计算领域里最基本的任务，在科学和工程的各个领域都广泛涉及。比如在微分方程的数值求解中，常常采用有限差分或有限元的方法将微分方程离散化，再通过求解离散化得到的线性方程组来近似原微分方程的解；在和生活密切相关的气象预报中，需要通过建立并求解线性方程组来实现对大气中各种物理参数的模拟和预测；在机器学习领域，常常也会涉及与数据集相关的线性方程组求解。

在经典计算环境下，两类最具代表性的求解线性方程组的方法是高斯消元法和共轭梯度法。高斯消元法通过有限步算术运算可以直接得到线性方程组的解，但算法的复杂性较高，仅适合用来求解一些规模较小的线性方程组。共轭梯度法是一种迭代算法，其基本想法是使用固定的迭代公式去逐步逼近线性方程组的精确解。该方法计算过程中的系数矩阵的结构可以保持不变，是求解稀疏线性方程组最为常用的方法。

随着科技和社会的发展，人们面临的问题越来越复杂，对计算结果的要求也越来越高，导致相应线性方程组包含的未知变量也就越来越多。例如，追求微分方程高精度的解，就需要通过离散化得到更高维度的线性方程组；追求高准确度的气象预报，就需要求解具有兆亿级变量的方程组；在大数据时代，各种机器学习任务需要对爆炸式增长的数据进行处理。这些计算场景对计算性能的需求没有上限，而求解线性方程组的经典算法的复杂性与系数矩阵的维度至少呈线性增长关系，在求解大型线性方程组时，它们可能无法满足人们对计算时间的要求。研究更快速的经典算法或者在新的计算范式下开发更加高效的线性方程组求解算法值得不断地探索。

第 2~3 讲所介绍的 Shor 算法和 Grover 算法表明量子计算凭借其强大的并行计算能力，在求解某些特定问题时表现出了远超经典计算的能力。那么是否可以设计量子算法来高效地求解线性方程组呢？在量子计算环境下，假定量子计算机能以某种方式访问系数矩阵 $\boldsymbol{A}$，右端向量以量子态 $|b\rangle$ 的形式给出，求解线性方程组的目标是找到一个量子态 $|x\rangle$ 使其满足 $\boldsymbol{A}|x\rangle \propto |b\rangle$。Harrow 等人[1] 于 2009 年首次给出了求解线性方程组的量子算法（即 HHL 算法，以作者的姓的首字母命名，其他算法的命名方式与之类似），对于稀疏的系数矩阵，量子算法相较于经典算法具有指数加速效果。Childs 等人[2] 随后提出了一种改进算法（CKS 算法），该算法在求解稀疏线性方程组时同样具有指数加速效果，同时算法复杂性对于精度参数的依赖程度相较于 HHL 算法具有指数

级改进。Wossnig 等人[3] 首次针对稠密的系数矩阵提出了求解相应线性方程组的量子算法（WZP 算法），该算法相较经典算法具有多项式级加速。限于篇幅，本讲主要介绍这三类量子线性方程组求解算法。实际上，针对量子线性方程组求解算法的研究在当前仍是一个很活跃的领域，各种新的、改进的算法仍在陆续被提出，本讲的结尾部分将对相关结果做一个简要的综述，并给出参考文献供感兴趣的读者做进一步了解。

4.1 HHL 算法

HHL 算法由 Harrow、Hassidim 和 Lloyd 三位研究人员在 2009 年提出，它是求解线性方程组的第一个量子算法。该算法的基本思路是执行系数矩阵的一个谱变换，然后将其作用于线性方程组的右端向量，其主要过程是利用相位估计技术计算出系数矩阵的特征值，然后据此调整右端向量在系数矩阵各个特征基上的幅度。算法的复杂性对精度参数的倒数以及系数矩阵的条件数和稀疏度具有多项式级的依赖，而对系数矩阵的维度仅有对数级依赖。因此对于稀疏的良态线性方程组，量子算法相较于经典算法具有指数级加速效果。

不同于 Shor 算法和 Grover 算法输出的是经典信息，HHL 算法的输出为线性方程组 $\boldsymbol{A}\vec{\boldsymbol{x}}=\vec{\boldsymbol{b}}$ 的解向量所对应的量子态 $|x\rangle=\frac{1}{\|\vec{\boldsymbol{x}}\|}\sum_i x_i|i\rangle$，其中 x_i 为向量 $\vec{\boldsymbol{x}}$ 的第 i 个元素。在某些情况下，关注的是某个算子关于 $\vec{\boldsymbol{x}}$ 的期望值而是 $\vec{\boldsymbol{x}}$ 本身，量子态形式的解是更加方便的。另外，通过量子线性方程组求解算法得到的量子态也可以直接作为其他量子算法的输入。

4.1.1 量子模拟

HHL 算法中涉及系数矩阵 $\boldsymbol{A}$ 的量子模拟，下面给出量子模拟的概念。

给定一个封闭系统的哈密顿量 $\boldsymbol{H}(t)$，该系统的演化遵循薛定谔方程[4]

$$i\hbar\frac{d|\psi\rangle}{dt}=\boldsymbol{H}(t)|\psi\rangle$$

其中，$\hbar$ 是普朗克常数，可以包含到 $\boldsymbol{H}(t)$ 中，t 是演化时间。当 $\boldsymbol{H}(t)$ 与时间无关，即

$\boldsymbol{H}(t)=\boldsymbol{H}$ 时，该系统任意时刻 t 的量子态为

$$|\psi(t)\rangle=\mathrm{e}^{-i\boldsymbol{H}t}|\psi(0)\rangle$$

1982 年，Feynman[5] 首次提出利用量子计算机模拟量子系统的构想，即哈密顿量模拟（也称作量子模拟）。哈密顿量模拟假设系统哈密顿量 $\boldsymbol{H}$（系统的哈密顿量 $\boldsymbol{H}$ 是厄米矩阵）恒定，给定误差 ε 以及任意时间 t，其目标是设计量子电路 U 使其以精度 ε 近似酉操作 $\mathrm{e}^{-i\boldsymbol{H}t}$，即

$$\|\boldsymbol{U}-\mathrm{e}^{-i\boldsymbol{H}t}\|\leqslant\varepsilon$$

其中，范数 $\|\cdot\|$ 可以根据具体问题选取。因此，给定初始量子态 $|\psi(0)\rangle$，该电路能够以精度 ε 获得任意时刻 t 的量子态 $|\psi(t)\rangle$。

模拟量子系统的关键挑战在于，求解的微分方程个数随量子比特数的增加呈指数增长。例如，对于按照薛定谔方程演化的一个量子比特，必须求解两个微分方程；对于两个量子比特，必须求解四个微分方程；以此类推，对于 n 个量子比特，需要求解 2^n 个微分方程。

经典计算机模拟量子系统是可能的，但是由于使用经典计算机模拟量子系统时内存的增长是随量子比特数的增加呈指数增长的，因此经典模拟一般而言不是很有效。而量子计算机本身是一个量子多体系统，使用量子计算机模拟量子系统对其内存的需求呈线性增加，所以量子计算机可以有效模拟量子系统。例如要模拟一个由 n 个自旋 1/2 的粒子所组成的链，其 Hilbert 空间的维数为 2^n，使用经典计算机进行模拟时涉及 2^n 个参数，使用量子计算机只需要 n 个量子比特。

4.1.2 算法假设

为了便于使用量子计算机求解线性方程组，HHL 算法对系数矩阵 $\boldsymbol{A}$ 和向量 $\vec{\boldsymbol{b}}$ 作如下假设。

首先，假设量子态 $|b\rangle=\sum_{j=1}^{N}b_j|j\rangle$（$b_j$ 为向量 $\vec{\boldsymbol{b}}$ 归一化后的第 j 个元素）能被有效制备（若制备 N 维向量对应的量子态的复杂度为 $O(\mathrm{polylog}N)$，就称这个量子态可被有效制备）。其次，令 $\boldsymbol{A}$ 的特征值为 λ_j，$j\in[N]:=\{1,\cdots,N\}$，假设 $\lambda_j^2\in\left[\frac{1}{\kappa^2},1\right]$，其中 κ 是

$\boldsymbol{A}$ 的条件数，即 κ = 最大奇异值/最小奇异值。然后，不失一般性，假设 $\boldsymbol{A}$ 是稀疏的厄米矩阵，此时可以有效实现 $\boldsymbol{A}$ 的量子模拟[6]，即可有效实现酉算子 e^{iAt}。最后，假设存在访问矩阵元素的 Oracle P_A 和矩阵非零元素位置的 Oracle P_B[7,8] 如下。

$$P_A: |i,j,k\rangle \rightarrow |i,j,k \oplus A_{ij}\rangle$$

$$P_B: |l,z\rangle \rightarrow |l,v(l,z)\rangle$$

其中，$i,j \in [N]$，A_{ij} 表示矩阵 $\boldsymbol{A}$ 的第 i 行第 j 列元素，$l \in [N]$ 以及 $z \in [s]$，s 是矩阵 $\boldsymbol{A}$ 的稀疏度（即所有行中非零元个数最多的行的非零元个数），$v(l,z)$ 表示矩阵第 l 行中第 z 个非零元的位置。

4.1.3 算法思想

下面介绍如何设计一个量子算法来求解线性方程组。首先，将厄米矩阵 $\boldsymbol{A}$ 的谱分解记为 $\sum_{j=1}^{N} \lambda_j |u_j\rangle\langle u_j|$，其中 λ_j 和 $|u_j\rangle$ 分别表示矩阵 $\boldsymbol{A}$ 的特征值和特征向量。随后，将 $|b\rangle$ 在 $\boldsymbol{A}$ 的特征基下展开，即 $|b\rangle = \sum_{j=1}^{N} \beta_j |u_j\rangle$，那么线性方程组问题的解为 $\boldsymbol{A}^{-1}|b\rangle = \sum_{j=1}^{N} \frac{\beta_j}{\lambda_j} |u_j\rangle$。问题的关键在于如何利用 $\boldsymbol{A}$ 和 $|b\rangle$ 得到 $\boldsymbol{A}^{-1}|b\rangle = \sum_{j=1}^{N} \frac{\beta_j}{\lambda_j} |u_j\rangle$。在量子计算中，处理（厄米）矩阵数据的一种常见方法是量子模拟，在这里，即实现酉操作 e^{iAt}。注意到 $\mathrm{e}^{iAt} = \sum_{j=1}^{N} \mathrm{e}^{i\lambda_j t} |u_j\rangle\langle u_j|$，$\lambda_j$ 刚好是酉算子 e^{iAt} 特征值的相位。因此通过在 $|b\rangle$ 上做 e^{iAt} 的相位估计，即可把 λ_j 的值并行地以二进制的形式存储到量子态中，即得到量子态 $\sum_j \beta_j |u_j\rangle |\tilde{\lambda}_j t/2\pi\rangle$，其中 $\tilde{\lambda}_j$ 为 λ_j 的估计值。接下来，就可以以 $\tilde{\lambda}_j$ 的二进制形式为控制位，调整特征向量的幅度分布，进而得到 $\sum_{j=1}^{N} \beta_j/\lambda_j |u_j\rangle$。

4.1.4 算法步骤

HHL 算法可以分为 3 个子过程：相位估计、受控旋转、逆相位估计。逆相位估计就是相位估计的逆运算（如果把相位估计过程用矩阵表示为 $\boldsymbol{U}_{PE}$，那么逆相位估计就是 $\boldsymbol{U}_{PE}^{-1}$）。

首先，从初态 $|0\rangle|0\rangle$ 出发，制备量子态$\frac{1}{2^{m/2}}\sum_{k=0}^{2^m-1}|k\rangle|b\rangle=\frac{1}{2^{m/2}}\sum_{k=0}^{2^m-1}|k\rangle\otimes\sum_j\beta_j|u_j\rangle$。该过程可通过对第一寄存器执行 $\boldsymbol{H}^{\otimes m}$ 和将第二寄存器制备为量子态 $|b\rangle$ 来实现。

其次，执行相位估计。相位估计中的酉算子 $\boldsymbol{U}$ 在这里为 $\mathrm{e}^{iAt_0}=\sum_{j=1}\mathrm{e}^{i\lambda_jt_0}|u_j\rangle\langle u_j|$，该算子直接作用在 $|b\rangle=\sum_j\beta_j|u_j\rangle$上可得量子态 $\sum_j\mathrm{e}^{i\lambda_jt_0}\beta_j|u_j\rangle$。因此，相位估计后的量子态为 $\sum_j\beta_j|\frac{\tilde{\lambda}_jt_0}{2\pi}\rangle|u_j\rangle$。

然后，在量子态后面附加单比特量子态 $|0\rangle$，并执行受控旋转操作，得

$$\sum_j\beta_j|\frac{\tilde{\lambda}_jt_0}{2\pi}\rangle|u_j\rangle\left(\sqrt{1-\left|\frac{C}{\tilde{\lambda}_j}\right|^2}|0\rangle+\frac{C}{\tilde{\lambda}_j}|1\rangle\right)$$

其中，C 是满足 $\left|\frac{C}{\tilde{\lambda}_j}\right|\leqslant1$ 的最大正数。

接下来，执行以上相位估计的逆操作以及对第一寄存器执行 $\boldsymbol{H}^{\otimes m}$，可得

$$\sum_j\beta_j|0\rangle|u_j\rangle\left(\sqrt{1-\left|\frac{C}{\tilde{\lambda}_j}\right|^2}|0\rangle+\frac{C}{\tilde{\lambda}_j}|1\rangle\right)$$

最后，执行幅度放大可使测量最后一个量子比特得到 $|1\rangle$ 的概率接近于 1。此时，量子态塌缩为

$$|x\rangle=c\sum\frac{\beta_j}{\tilde{\lambda}_j}|u_j\rangle=c\boldsymbol{A}^{-1}|b\rangle$$

这里 C 为归一化系数，对算法无影响。

令 R_1、R_2 和 R_3 分别表示第一寄存器、第二寄存器和第三寄存器，算法的量子线路如图 4-1 所示。

4.1.5 复杂性分析

HHL 算法的复杂性主要与相位估计相关。首先分析相位估计中量子模拟的复杂性，即实现 e^{iAt} 的复杂性。根据文献［6］，对稀疏的厄米矩阵 $\boldsymbol{A}$，实现 e^{iAt} 的复杂度为 $O(s^2t\log N)$，其中 s 为矩阵 $\boldsymbol{A}$ 的稀疏度（实际上这里忽略了其中增速比较慢的项，如 $\log\log N$ 的项）。在前文描述的相位估计中，$\boldsymbol{U}|u\rangle=\mathrm{e}^{2\pi i\varphi_u}|u\rangle$，$\varphi_u\in[0,1)$，也就是取了

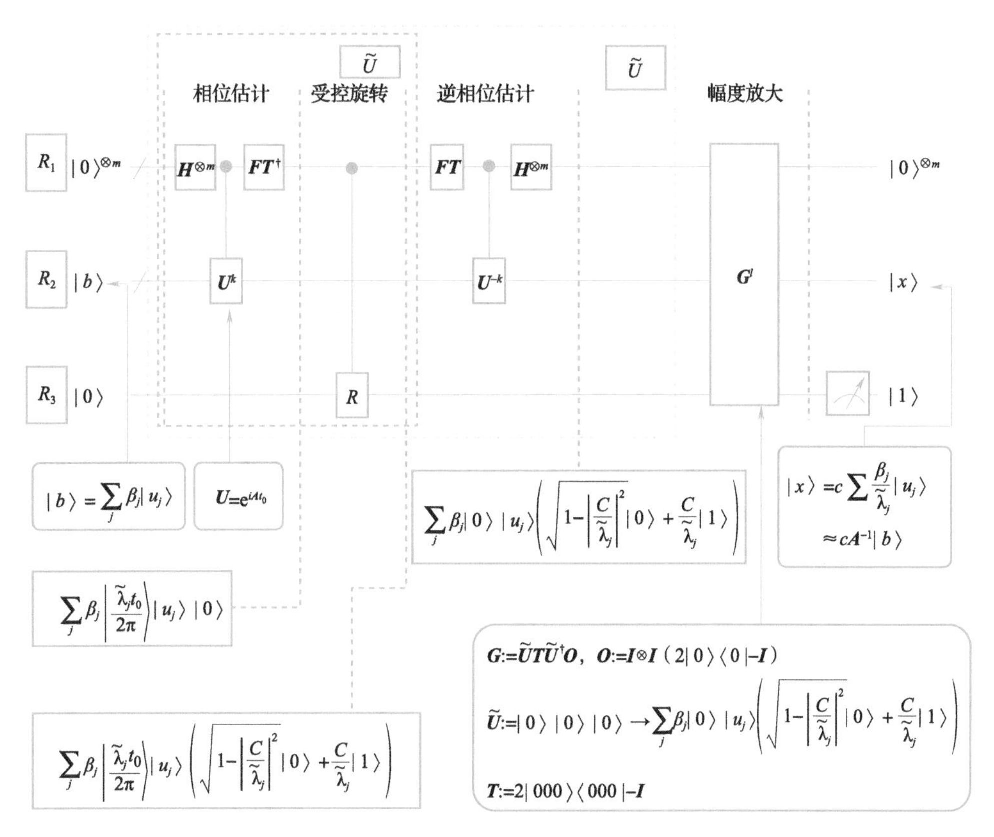

图 4-1　HHL 算法线路图

一个周期，在这个范围以外的值会被投影到这个范围内。相应地，HHL 算法中的相位估计中，$\boldsymbol{U}$ 是 e^{iAt_0}，其特征值是 $e^{i\lambda_j t_0}$。因为 λ_j 可以取负数且 $t_0>0$，可以把$\frac{\lambda_j t_0}{2\pi}$的取值范围限制为$\left[-\frac{1}{2},\frac{1}{2}\right)$。因为 $|\lambda_j|$ 的取值范围为$\left[\frac{1}{\kappa},1\right]$，当 $t_0 \leqslant \pi$ 时，可使得$\frac{\lambda_j t_0}{2\pi}\in\left[-\frac{1}{2},\frac{1}{2}\right)$。所以，一般取 $t_0=\pi$，此时$\frac{\lambda_j t_0}{2\pi}$分布最广，相位估计的结果更为精确。

令相位估计误差为 $\varepsilon'=\frac{1}{2^m}\left(即\frac{\lambda_j t_0}{2\pi}的误差，故 \lambda_j 的误差为\frac{2\pi}{2^m t_0}\right)$。前文介绍的相位估计复杂性为 $O\left(\frac{1}{\varepsilon'}T_U\right)$，$T_U$ 为实现酉算子 $\boldsymbol{U}$ 的复杂性，对应到 HHL 算法的第二步，

其中$\frac{1}{\varepsilon'}=2^m$，实现$e^{iAt_0}$的复杂性为$O(s^2t_0\log N)$。故HHL算法中的相位估计的复杂性为$O(s^2 2^m t_0\log N)=O\left(s^2\frac{\kappa}{\varepsilon}\log N\right)$。

相位估计之后，以R_1作控制位，执行受控旋转操作得到

$$\sum_j \beta_j \left|\frac{\widetilde{\lambda}_j t_0}{2\pi}\right\rangle |u_j\rangle\left(\sqrt{1-\left|\frac{C}{\widetilde{\lambda}_j}\right|^2}\,|0\rangle+\frac{C}{\widetilde{\lambda}_j}|1\rangle\right)$$

其中，$C\leqslant\frac{1}{\kappa}$。这一步的复杂性为$O(m)$。

执行相位估计操作的逆的复杂性为$O\left(s^2\frac{\kappa}{\varepsilon}\log N\right)$。最后如果执行对$R_3$（附加寄存器）的测量，则测得$|1\rangle$的概率为

$$\sum_j \frac{\beta_j^2 C^2}{\widetilde{\lambda}_j^2}=\sum_j \frac{\beta_j^2|\lambda|_{\min}^2}{\widetilde{\lambda}_j^2}\geqslant\sum_j \frac{\beta_j^2|\lambda|_{\min}^2}{|\widetilde{\lambda}_j|_{\max}^2}\approx\frac{1}{\kappa^2}$$

其中，$C=\frac{1}{\kappa}$，只需要重复执行算法$O(\kappa^2)$次即可以接近1的概率测得$|1\rangle$。利用幅度放大，可使重复次数降为$O(\kappa)$。

综上所述，HHL算法的复杂性为$O\left(s^2\times\frac{\kappa}{\varepsilon}\times\kappa\times\log N\right)=O\left(\frac{s^2\kappa^2\log N}{\varepsilon}\right)$。

4.1.6 讨论

1. 制备|b⟩

HHL算法中需要有效制备$\vec{b}$对应的量子态$|b\rangle$。对于不同形式的$\vec{b}$，制备$|b\rangle$的方法和复杂性也不同[9-11]。下面介绍一种通过访问向量元素的Oracle P制备$|b\rangle$的方式，其中

$$P:|i,a\rangle\rightarrow|i,a\oplus b_i\rangle$$

如果$\vec{b}$中的元素b_i分布均匀，即对任意i,j，有$|b_j|=\Theta(\max|b_i|)$，那么$|b\rangle$可有效制备。

制备量子态$|b\rangle$时，首先通过P读取向量元素b_i，然后使用受控旋转的方式将b_i

放到幅度上，执行测量操作后再次调用 P 得到 $|b\rangle$。具体步骤如算法 4-1 所示。

算法 4-1　制备量子态

要求：可通过 Oracle 访问向量 $\vec{b}$ 中元素，制备量子态 $|b\rangle \propto \vec{b}$

1. 使用 $\boldsymbol{H}^{\otimes \log N}$ 作用到 $|0\rangle|0\rangle|0\rangle$ 的第一寄存器得到如下态 $\frac{1}{\sqrt{N}}\sum_{i=0}^{N-1}|i\rangle|0\rangle|0\rangle$。

2. 调用 P 读取向量元素，得到 $\frac{1}{\sqrt{N}}\sum_{i=0}^{N-1}|i\rangle|b_i\rangle|0\rangle$。

3. 执行受控旋转，取 $c=\frac{1}{\max|b_i|}$，得到

$$\frac{1}{\sqrt{N}}\sum_{i=0}^{N-1}|i\rangle|b_i\rangle\left(\sqrt{1-c^2b_i^2}\,|0\rangle+cb_i\,|1\rangle\right)。$$

4. 测量第三寄存器，测得结果为 1，得到 $\frac{1}{\sqrt{B}}\sum_{i=0}^{N-1}b_i|i\rangle|b_i\rangle$，其中 $\frac{1}{\sqrt{B}}$ 为归一化系数。

5. 再次调用 P 退计算第二寄存器，得到 $\frac{1}{\sqrt{B}}\sum_{i=0}^{N-1}b_i|i\rangle$。

在步骤 4 中测量结果为 1 的概率为 $p(1)=\sum_i \frac{c^2|b_i|^2}{N}=\frac{c^2B}{N}\leqslant\frac{B}{N(\max|b_i|)^2}$。由于 $|b_j|=\Theta(\max|b_i|)$，有 $\frac{B}{N(\max|b_i|)^2}\leqslant\frac{C'N(\max|b_i|)^2}{N(\max|b_i|)^2}=C'$，$C'$ 为常数，因此只需测 $O(1)$ 次，算法整体查询复杂性为 $O(\log N)$。

2. 系数矩阵的量子模拟

HHL 算法中要求 $\boldsymbol{A}$ 是稀疏的厄米矩阵。事实上，这个假设并非必要。如果 $\boldsymbol{A}$ 不是厄米矩阵，可以把原问题转化为求解线性方程组

$$\begin{bmatrix}0 & \boldsymbol{A}\\ \boldsymbol{A}^\dagger & 0\end{bmatrix}\begin{bmatrix}0\\ \vec{x}\end{bmatrix}=\begin{bmatrix}\vec{b}\\ 0\end{bmatrix}$$

此时系数矩阵是厄米矩阵，方程组的解包含原始解 $\vec{x}$。$\boldsymbol{A}$ 是稀疏矩阵的假设是便于做量子模拟，也就是说，只要可进行有效模拟，就能用该算法高效求解线性方程组。实际上，某些类型的非稀疏矩阵也可以进行有效模拟。截至目前，人们已经提出了多种量

子模拟算法。下面给出一些常用的量子模拟算法。

（1）基于块编码的量子模拟[12]

假设$\boldsymbol{A}$是一个s量子比特的算子，$\alpha,\varepsilon \in R_+, a \in N$，如果（$s+a$）比特酉算子$\boldsymbol{U}$满足

$$\|\boldsymbol{A}-\alpha(\langle 0|^{\otimes a}\otimes \boldsymbol{I})\boldsymbol{U}(|0\rangle^{\otimes a}\otimes \boldsymbol{I})\|_2 \leqslant \varepsilon$$

那么称$\boldsymbol{U}$是$\boldsymbol{A}$的一个（α,a,ε）块编码。其中，$\|\cdot\|_2$为矩阵谱范数。当$\boldsymbol{U}$是$\boldsymbol{A}$的一个（α,a,ε）块编码时，可以利用a个辅助比特实现$\boldsymbol{A}$操作。例如$\boldsymbol{U}$可以实现如下过程：

$$\boldsymbol{U}: |0\rangle^{\otimes a}|\varphi\rangle^{\otimes s} \rightarrow |0\rangle^{\otimes a}\frac{\boldsymbol{A}}{\alpha}|\varphi\rangle^{\otimes s}+|1\rangle^{\otimes a}|\psi\rangle^{\otimes s}$$

其中，$|\psi\rangle^{\otimes s}$表示垃圾态，经过后处理可以得到$\boldsymbol{A}|\varphi\rangle^{\otimes s}$归一化后的量子态。

当$\boldsymbol{A}$为哈密顿量时，只要存在$\boldsymbol{U}$是$\boldsymbol{A}$的一个$\left(\alpha,a,\frac{\varepsilon}{|2t|}\right)$块编码，就可以执行一个$\varepsilon$-精度的酉算子$\boldsymbol{V}$，满足$\boldsymbol{V}$是$\mathrm{e}^{iAt}$的一个$(1,a+2,\varepsilon)$块编码，共使用$O\left(|\alpha t|+\frac{\log(1/\varepsilon)}{\log\log(1/\varepsilon)}\right)$个控制U门或者它的逆和$O\left(a|\alpha t|+a\frac{\log(1/\varepsilon)}{\log\log(1/\varepsilon)}\right)$个双比特门。

根据哈密顿量$\boldsymbol{H}$的不同，基于块编码的量子模拟可以分为如下几种。

①s稀疏矩阵模拟：假设存在访问$\boldsymbol{H}$中任意元素和非零元素位置的两个Oracle，通过调用Oracle实现e^{iHt}，其查询复杂性为$O\left(\tau+\frac{\log(1/\varepsilon)}{\log\log(1/\varepsilon)}\right)$。

②LCU模拟：假设$\boldsymbol{H}=\sum_{l=1}^{L}\alpha_l\boldsymbol{H}_l$，$\boldsymbol{H}_l$是易实现的酉矩阵，存在可以制备的关于$\alpha_l$和$\boldsymbol{H}_l$的酉算子，模拟$\mathrm{e}^{iHt}$的查询复杂性为$O(\alpha t+\log(1/\varepsilon))$。

③密度算子模拟：假设密度算子$\boldsymbol{\rho}$可以通过酉操作$\boldsymbol{G}$制备，通过调用两次$\boldsymbol{G}$和一次SWAP操作得到ρ的块编码U，进而模拟$\mathrm{e}^{i\rho t}$。查询复杂性为$O(t+\log(1/\varepsilon))$。

（2）K-local模拟[13]

该方法要求哈密顿量$\boldsymbol{H}$由L个局部哈密顿量之和构成，即$\boldsymbol{H}=\sum_{j=1}^{L}\boldsymbol{H}_j$，$\boldsymbol{H}_j$是只作用于不大于$K$个量子比特的局域哈密顿量，使用Suzuki公式分段模拟近似e^{-iHt}。K-local模拟要求$\max_j\|\boldsymbol{H}_j\|=O(1)$，且每个$\boldsymbol{H}_j$都易模拟，即$\mathrm{e}^{-i\boldsymbol{H}_j t}$可有效实现。整体模拟的查询

复杂性为 $O(L^{5/2}t^{3/2}\varepsilon^{-1/2})$。

上述算法中，N 表示维度，t 表示时间，ε 表示误差，s 表示稀疏度，τ 表示 $s\|\boldsymbol{H}\|_{\max}t$。

4.2 CKS 算法

在 4.1 节中，介绍了如何设计高效的量子算法来求解线性方程组（即 HHL 算法）。在本节中，将介绍一个改进的量子线性方程组算法[2]，即 CKS 算法，该算法基于不同的设计思想，具有更低的算法复杂性。

根据前面的描述，HHL 算法的复杂性为 $O\left(\frac{s^2\kappa^2\log N}{\varepsilon}\right)$。需要指出的是，这个复杂性对应的模拟方法并不是最优的，但即使用复杂性最优的量子模拟方法来替换 HHL 算法的模拟方法，算法的复杂性也是反比于精度参数 ε 的，即复杂性为 $\Omega(1/\varepsilon)$。原因在于 HHL 算法使用了相位估计。在相位估计中，为了使估计特征值的精度为 ε，需要调用 $\Omega(1/\varepsilon)$ 个受控的酉操作。即将介绍的 CKS 算法运用了一种新的算法设计思想，这种思想绕开了相位估计的限制。基于这种思想设计的量子算法的复杂性对数依赖于 $1/\varepsilon$，而在其他参数上和 HHL 算法有类似的复杂性。

在本节的改进算法中，对矩阵 $\boldsymbol{A}$ 和量子态 $|b\rangle$ 的假设是和 HHL 算法类似的。首先，假设量子态 $|b\rangle=\sum_{j=1}^{N}b_j|j\rangle$（$b_j$ 为向量 $\vec{\boldsymbol{b}}$ 的第 j 个元素）能被有效制备，令 P_b 为制备 $|b\rangle$ 的酉操作。其次，假设 $\lambda_j^2\in\left[\frac{1}{\kappa},1\right]$，其中 κ 是 $\boldsymbol{A}$ 的条件数。另外，假设 $\boldsymbol{A}$ 是稀疏的厄米矩阵，稀疏度为 s。最后，假设存在访问 $\boldsymbol{A}$ 矩阵元素和矩阵非零元素位置的 Oracle。在这里为简单起见，把 Oracle 记为 P_A，每调用一次 P_A 代表对矩阵元素的一次访问或者对矩阵非零元素位置的一次访问。

4.2.1 算法思想

首先介绍酉算子线性组合（linear combination of unitarities，LCU）引理。

引理 4.1（酉算子线性组合） 令 $\boldsymbol{M}=\sum_i \alpha_i \boldsymbol{U}_i$，即酉算子 $\boldsymbol{U}_i$ 的线性组合，其中 $\alpha_i>0$。令 $\boldsymbol{V}$ 为任意满足 $\boldsymbol{V}|0^m\rangle:=\frac{1}{\sqrt{\alpha}}\sum_i \sqrt{\alpha_i}\,|i\rangle$ 的操作算子，其中 $\alpha:=\sum_i \alpha_i$。那么对于 $\boldsymbol{W}:=\boldsymbol{V}^\dagger \boldsymbol{U}\boldsymbol{V}$，有

$$\boldsymbol{W}|0^m\rangle|\psi\rangle=\frac{1}{\alpha}|0^m\rangle\boldsymbol{M}|\psi\rangle+|\psi^\perp\rangle$$

其中，$|\psi\rangle$ 是任意量子态，$\boldsymbol{U}:=\sum_i |i\rangle\langle i|\otimes\boldsymbol{U}_i$ 以及$(|0^m\rangle\langle 0^m|\otimes\boldsymbol{I})|\psi^\perp\rangle=0$。

证明：$\boldsymbol{W}|0^m\rangle|\psi\rangle=\boldsymbol{V}^\dagger\boldsymbol{U}\boldsymbol{V}|0^m\rangle|\psi\rangle=\boldsymbol{V}^\dagger\frac{1}{\sqrt{\alpha}}\sum_i\sqrt{\alpha_i}\,|i\rangle\boldsymbol{U}_i|\psi\rangle$。用计算基测量子态的前 m 个比特，如果测量结果为 $|0^m\rangle$，那么量子态塌缩为（这里忽略了归一化系数）

$$\langle 0^m|\boldsymbol{V}^\dagger\frac{1}{\sqrt{\alpha}}\sum_i\sqrt{\alpha_i}\,|i\rangle\boldsymbol{U}_i|\psi\rangle=\frac{1}{\alpha}\sum_i\alpha_i\boldsymbol{U}_i|\psi\rangle=\frac{1}{\alpha}\boldsymbol{M}|\psi\rangle$$

因此 $\boldsymbol{W}|0^m\rangle|\psi\rangle=\frac{1}{\alpha}|0^m\rangle\boldsymbol{M}|\psi\rangle+|\psi^\perp\rangle$，其中$(|0^m\rangle\langle 0^m|\otimes\boldsymbol{I})|\psi^\perp\rangle=0$。证毕。

要想得到量子态$\frac{\boldsymbol{M}|\psi\rangle}{\|\boldsymbol{M}|\psi\rangle\|}$，只需要对输出量子态的前 m 个量子比特进行测量，当测量结果为 $|0^m\rangle$ 时，量子态塌缩为$\frac{\boldsymbol{M}|\psi\rangle}{\|\boldsymbol{M}|\psi\rangle\|}$。单次测量测到 $|0^m\rangle$ 的概率为$\frac{\|\boldsymbol{M}|\psi\rangle\|^2}{\alpha^2}$，因此只需要重复调用 $O\left(\frac{\alpha^2}{\|\boldsymbol{M}|\psi\rangle\|^2}\right)$ 次 $\boldsymbol{W}$，即可以接近 1 的概率得到$\frac{\boldsymbol{M}|\psi\rangle}{\|\boldsymbol{M}|\psi\rangle\|}$。另外，在测量这一步可以引入幅度放大（要求可以有效制备量子态 $|\psi\rangle$），进一步把重复调用 $\boldsymbol{W}$（或者 $\boldsymbol{W}^{-1}$）的次数降低为 $O\left(\frac{\alpha}{\|\boldsymbol{M}|\psi\rangle\|}\right)$。

根据引理 4.1，如果知道 $\boldsymbol{A}^{-1}$ 的一个分解，即找到合适的 α_i 和 $\boldsymbol{U}_i$，使得 $\boldsymbol{A}^{-1}=\sum_i\alpha_i\boldsymbol{U}_i$，对于给定的任意量子态 $|b\rangle$，就可以得到量子态 $|x\rangle=\frac{\boldsymbol{A}^{-1}|b\rangle}{\|\boldsymbol{A}^{-1}|b\rangle\|}$。要确保制备 $|x\rangle$ 的复杂性不会太高，应确保分解后酉算子 $\boldsymbol{U}:=\sum_i|i\rangle\langle i|\otimes\boldsymbol{U}_i$ 和算子 $\boldsymbol{V}|0^m\rangle:=\frac{1}{\sqrt{\alpha}}\sum_i\sqrt{\alpha_i}\,|i\rangle$是容易实现的。一种满足条件的分解形式是把 $\boldsymbol{A}^{-1}$ 分解为 e^{-iAt_i}

的线性组合，即 $A^{-1}=\sum_j \alpha_j e^{-iAt_j}$，这种分解方法被称为傅里叶方法。

4.2.2 傅里叶方法

本小节将给出具体的分解形式。首先，引入引理 4.2，当一个操作 $C(\|C^{-1}\|\leqslant 1)$ 足够接近一个操作 D 时，那么 $\frac{C|\psi\rangle}{\|C|\psi\rangle\|}$ 就足够接近 $\frac{D|\psi\rangle}{\|D|\psi\rangle\|}$。

引理 4.2 令 C 为一个 Hermitian 操作，$\|C^{-1}\|\leqslant 1$，如果 D 为满足 $\|C-D\|\leqslant\varepsilon$ 的算子。那么状态 $|x\rangle:=C|\psi\rangle/\|C|\psi\rangle\|$ 以及状态 $|\widetilde{x}\rangle:=D|\psi\rangle/\|D|\psi\rangle\|$ 满足 $\||x\rangle-|\widetilde{x}\rangle\|\leqslant 2\varepsilon$。

证明：不失一般性地，令 $\||\psi\rangle\|=1$。那么根据三角不等式，有

$$\|C|\psi\rangle\|\leqslant\|D|\psi\rangle\|+\|(C-D)|\psi\rangle\|\leqslant\|D|\psi\rangle\|+\varepsilon,$$

因此有 $|\,\|D|\psi\rangle\|-\|C|\psi\rangle\|\,|\leqslant\varepsilon$。

$$\begin{aligned}\||x\rangle-|\widetilde{x}\rangle\| &= \left\|\frac{C|\psi\rangle}{\|C|\psi\rangle\|}-\frac{D|\psi\rangle}{\|D|\psi\rangle\|}\right\| \\ &\leqslant \left\|\frac{C|\psi\rangle}{\|C|\psi\rangle\|}-\frac{D|\psi\rangle}{\|C|\psi\rangle\|}\right\|+\left\|\frac{D|\psi\rangle}{\|C|\psi\rangle\|}-\frac{D|\psi\rangle}{\|D|\psi\rangle\|}\right\| \\ &= \left\|\frac{(C-D)|\psi\rangle}{\|C|\psi\rangle\|}\right\|+\left\|\frac{|\,\|D|\psi\rangle\|-\|C|\psi\rangle\|\,|}{\|C|\psi\rangle\|\,\|D|\psi\rangle\|}D|\psi\rangle\right\|\leqslant\frac{2\varepsilon}{\|C|\psi\rangle\|}\end{aligned}$$

因为 $\|C^{-1}\|\leqslant 1$，所以 $\|C|\psi\rangle\|\geqslant 1$，$\||x\rangle-|\widetilde{x}\rangle\|\leqslant 2\varepsilon$。证毕。

引理 4.2 确保只需找到 A^{-1} 的一个近似分解形式即可，但直接找一个矩阵函数的分解形式通常是困难的，因此想办法把问题转化为对一个标量函数的分解。不妨令 $A=\sum_j \lambda_j|u_j\rangle\langle u_j|$，如果 $|f(x)-\sum_i \alpha_i T_i(x)|\leqslant\varepsilon$，那么

$$\begin{aligned}\left\|f(A)-\sum_i \alpha_i T_i(A)\right\| &= \left\|\sum_j f(\lambda_j)|u_j\rangle\langle u_j|-\sum_{ij}\alpha_i U_i(\lambda_j)|u_j\rangle\langle u_j|\right\| \\ &= \left\|\sum_j \left(f(\lambda_j)-\sum_i \alpha_i T_i(\lambda_j)\right)|u_j\rangle\langle u_j|\right\|\leqslant\varepsilon\end{aligned}$$

也就是说，要找 $f(A)$ 的近似分解形式，只需找到 $f(x)$ 的近似分解形式即可。结合引理 4.1 和引理 4.2，可得推论 4.1。

推论 4.1 令 A 为一个 Hermitian 算子，特征值范围为 $D\subseteq\mathbf{R}$。假设函数 $f: D\rightarrow\mathbf{R}$ 满

足对所有的 $x\in D$ 有 $|f(x)|\geqslant 1$，同时，函数 f 在定义域 D 上 ε 近似于 $\sum_i \alpha_i \boldsymbol{U}_i(x)$，系数 $\alpha_i>0$，函数 T_i：$D\to C$。令 $\{\boldsymbol{U}_i\}$ 是一个酉算子集合，使得

$$\boldsymbol{U}_i|0^t\rangle|\phi\rangle=|0^t\rangle T_i(A)|\phi\rangle+|\phi_i^{\perp}\rangle$$

对任意状态 $|\phi\rangle$，t 是一个非负整数，且有 $(|0^t\rangle\langle 0^t|\otimes\boldsymbol{I})|\phi_i^{\perp}\rangle=0$。给定一个算法 P_B 用来制备状态 $|b\rangle$，那么存在一个量子算法可以制备一个 4ε 近似于 $f(\boldsymbol{A})|b\rangle/\|f(\boldsymbol{A})|b\rangle\|$ 的量子态，成功概率为常数，算法需要调用 $O\left(\frac{a}{\|f(\boldsymbol{A})\ |b\rangle\ \|}\right)=O(\alpha)$ 次 $P_B,\boldsymbol{U},\boldsymbol{V}$，其中

$$\boldsymbol{U}:=\sum_i |i\rangle\langle i|\otimes\boldsymbol{U}_i, V|0^m\rangle:=\frac{1}{\sqrt{\alpha}}\sum_i\sqrt{\alpha_i}\ |i\rangle,\quad \alpha:=\sum_i\alpha_i$$

并输出一个指示算法是否成功的比特。

根据推论4.1，只需要找 x^{-1} 的一个分解即可，即找 $x^{-1}=\sum_j\alpha_j\exp(-ixt)$。因为 $\boldsymbol{A}$ 的特征值范围为 $D_\kappa:=[-1,1/\kappa]\cup[1/\kappa,1]$，因此有 $x\in D_\kappa$。

对于奇函数 f:$\mathbf{R}\to\mathbf{R}$，如果 $\int_0^\infty \mathrm{d}yf(y)=1$，那么有 $x^{-1}=\int_0^\infty \mathrm{d}yf(xy)$。令 $f(y)=y\mathrm{e}^{-y^2/2}$（这里也可以选择其他函数），$F$ 为函数的傅里叶变换，即 $F[f(y)]:=\frac{1}{\sqrt{2\pi}}\int_{-\infty}^{+\infty}f(z)\mathrm{e}^{-iyz}\mathrm{d}z$。那么

$$F[y\mathrm{e}^{-\frac{y^2}{2}}]=-iy\mathrm{e}^{-\frac{y^2}{2}}$$

即

$$f(y)=\frac{i}{\sqrt{2\pi}}\int_{-\infty}^{+\infty}\mathrm{d}z\ z\mathrm{e}^{-z^2/2}\mathrm{e}^{-iyz}$$

因此，有

$$\frac{1}{x}=\frac{i}{\sqrt{2\pi}}\int_0^\infty \mathrm{d}y\int_{-\infty}^{+\infty}\mathrm{d}z\ z\mathrm{e}^{-z^2/2}\mathrm{e}^{-ixyz}$$

用截断积分来近似 x^{-1}，再离散化，即可得引理4.3。

引理 4.3 函数 $h(x)$ 定义为

$$h(x):=\frac{i}{\sqrt{2\pi}}\sum_{j=0}^{J-1}\Delta_y\sum_{k=-K}^{K}\Delta_z z_k \mathrm{e}^{-(z_k^2)/2}\mathrm{e}^{-ixy_jz_k}$$

这里 $y_j:=j\Delta_y, z_k:=k\Delta_z$，对于给定的 $J=\Theta\left(\frac{\kappa}{\varepsilon}\log(\kappa/\varepsilon)\right), K=\Theta(\kappa\log(\kappa/\varepsilon)), \Delta_y=\Theta(\varepsilon/\sqrt{\log(\kappa/\varepsilon)}), \Delta_z=\Theta\left(\left(\kappa\sqrt{\log\left(\frac{\kappa}{\varepsilon}\right)}\right)^{-1}\right)$，$h(x)$ 在域 D_κ 是 ε 近似于 x^{-1} 的。

4.2.3 算法实现和复杂性分析

至此，我们成功得到了 x^{-1} 的一个分解形式，即 $x^{-1}=\sum_{jk}\alpha_{jk}\exp(-ixt_{jk})$，其中，

$$\alpha_{jk}=\frac{\Delta_y\Delta_z}{\sqrt{2\pi}}\sqrt{|z_k|}\,\mathrm{e}^{-\frac{z_k^2}{2}}$$

$$\exp(-ixt_{jk})=i\operatorname{sgn}(k)\mathrm{e}^{-ixy_jz_k}$$

$$\operatorname{sgn}(k)=\begin{cases}1, & k>0\\ 0, & k=0\\ -1, & k<0\end{cases}$$

注意到，这里为了确保 $\alpha_{jk}>0$，把系数的符号（正负号）转移到了指数项。

推论 4.1 中

$$\boldsymbol{U}:=\sum_i |i\rangle\langle i|\otimes\boldsymbol{U}_i, \boldsymbol{V}|0^m\rangle:=\frac{1}{\sqrt{\alpha}}\sum_i\sqrt{\alpha_i}\,|i\rangle,\quad \alpha:=\sum_i\alpha_i$$

对应到这里，有

$$\boldsymbol{V}|0^m\rangle=\frac{\sqrt{\Delta_y}\sqrt{\Delta_z}}{(2\pi)^{\frac{1}{4}}\sqrt{\alpha}}\left(\sum_{j=0}^{J-1}|j\rangle\right)\otimes\left(\sum_{k=-K}^{K}\sqrt{|z_k|}\,\mathrm{e}^{-\frac{z_k^2}{2}}|k\rangle\right)$$

$$\boldsymbol{U}=i\sum_{j=0}^{J-1}\sum_{k=-K}^{K}|j,k\rangle\langle j,k|\otimes\operatorname{sgn}(k)\mathrm{e}^{-iAy_jz_k}$$

$$\alpha=\frac{1}{\sqrt{2\pi}}\sum_{j=0}^{J-1}\Delta_y\sum_{k=-K}^{K}\Delta_z|z_k|\,\mathrm{e}^{-z_k^2/2}$$

对于 $\Delta_z\ll1$，有

$$\sum_{k=-K}^{K}\Delta_z|z_k|\,\mathrm{e}^{-\frac{z_k^2}{2}}\approx\int_{-z_K}^{z_K}\mathrm{d}z\,|z|\,\mathrm{e}^{-\frac{z^2}{2}}\leqslant2\int_0^{\infty}\mathrm{d}z\,z\mathrm{e}^{-\frac{z^2}{2}}=2$$

因此，$\alpha=\Theta(y_J)=O(\kappa\sqrt{\log(\kappa/\varepsilon)})$。

算法复杂性可分为两部分进行考虑，一部分是对 P_B 和 P_A 的调用次数的衡量，即查询复杂性；另一部分是对其他门分解到双比特门的个数的衡量，即额外的门复杂性。

1. 查询复杂性

算法的查询复杂性主要来源于 $\boldsymbol{U}$ 的查询复杂性，因为 $\boldsymbol{V}$ 中不包含对 Oracle 的访问。

$\boldsymbol{U}$ 算子中哈密尔顿量模拟的演化时间 $t=O(y_J z_K)=O(\kappa\log(\kappa/\varepsilon))$。因为要调用 $\boldsymbol{U}$ 算子 $\Theta(\alpha)$ 次，总复杂性不超过 ε，因此每一次模拟的复杂性应为 $\varepsilon'=O(\varepsilon/\alpha)=O(\varepsilon/\kappa\sqrt{\log(\kappa/\varepsilon)})$。为了保持一致性，采用文献［7］中的对稀疏哈密尔顿量模拟的方法来对 $\boldsymbol{A}$ 进行模拟，这个模拟方法可以直接替换成复杂性更低的模拟方法。根据文献［7］，以 ε' 的误差对 $\boldsymbol{A}$ 进行时长为 t 的模拟，因为 $\|\boldsymbol{A}\|\leqslant 1$，稀疏度为 s，所以查询复杂性为

$$O\left(\frac{s\|\boldsymbol{A}\|_{\max}t\log(\|\boldsymbol{A}\|t/\varepsilon')}{\log\log(\|\boldsymbol{A}\|t/\varepsilon')}\right)=O(st\log t/\varepsilon')$$

其中，$\|\boldsymbol{A}\|_{\max}$ 为 $\boldsymbol{A}$ 中元素的最大值。在这里，$\|\boldsymbol{A}\|_{\max}\leqslant\|\boldsymbol{A}\|\leqslant 1$。总查询复杂性为

$$O(\alpha st\log(t/\varepsilon'))=O(s\kappa^2\log^{2.5}(\kappa/\varepsilon))$$

此外，对 P_B 的调用次数为 $O(\alpha)=O(\kappa\sqrt{\log(\kappa/\varepsilon)})$。

2. 门复杂性

首先来看 $\boldsymbol{V}$ 算子的门复杂性。$\boldsymbol{V}$ 算子把量子态 $|0^m\rangle$ 映射为

$$\frac{\sqrt{\Delta_y}\sqrt{\Delta_z}}{(2\pi)^{\frac{1}{4}}\sqrt{\alpha}}\left(\sum_{j=0}^{J-1}|j\rangle\right)\otimes\left(\sum_{k=-K}^{K}\sqrt{|z_k|\,\mathrm{e}^{-\frac{z_k^2}{2}}}\,|k\rangle\right)$$

其中，前一个量子寄存器（前 $\log J$ 个比特）可以通过 $O(\log J)$ 个 $\boldsymbol{H}$ 门来实现，后一个量子寄存器因为包含 $2K$ 个态的叠加，因此可以通过 $O(K)$ 个量子门实现。因此调用一次 $\boldsymbol{V}$ 的门复杂性为 $O(\log J+2K)=O(\kappa\log\kappa/\varepsilon)$。

要实现算子 $\boldsymbol{U}$，只需要实现算子 $\sum_{j=0}^{J-1}\sum_{k=-K}^{K}|j,k\rangle\langle j,k|\otimes\boldsymbol{Y}^{jk}$，其中 $\boldsymbol{Y}=\mathrm{e}^{-i\boldsymbol{A}\Delta_y\Delta_z}$，再通过 $O(\log K)$ 个量子门把相对相位 $\mathrm{sgn}(k)$ 添加进去即可。实现算子 $\sum_{j=0}^{J-1}\sum_{k=-K}^{K}|j,k\rangle\langle j,k|\otimes\boldsymbol{Y}^{jk}$ 的门复杂性最多为实现 $\boldsymbol{Y}^{2^r}$（r 从 1 到 $\log JK=\log(\kappa/\varepsilon)$）的复杂性之和。文献［7］中的稀疏哈密尔顿量模拟的门复杂性为

$$O(s\|\boldsymbol{A}\|_{\max}t(\log N+\log^{2.5}(\|\boldsymbol{A}\|t/\bar{\varepsilon}))(\log(\|\boldsymbol{A}\|t/\bar{\varepsilon}))$$

其中，$\bar{\varepsilon}$ 为量子模拟的误差，复杂性中省略了 $\log\log(\|\boldsymbol{A}\|t/\bar{\varepsilon}))$ 项。在这里，量子模拟需要实现对 $\boldsymbol{Y}=\mathrm{e}^{-iA\Delta_y\Delta_z}$。当 t 很小时，$s\|\boldsymbol{A}\|_{\max}t$ 可能小于 1，此时上述模拟方法给出的复杂性可能会低于模拟算法的复杂性下界。为了避免这种情况，可以把复杂性中的第一项替换为 $O(st+1)$，这里 $\|\boldsymbol{A}\|_{\max}\leqslant 1$ 被忽略掉了。因为最长演化时间为 $\tau:=y_J z_K=O\left(\kappa\log\left(\frac{\kappa}{\varepsilon}\right)\right)$。因此每个 $\boldsymbol{Y}^{2^r}$ 的门复杂性不超过

$$O(\mathrm{d}\Delta_y\Delta_z 2^r+1)\left[\log N+\log^{2.5}\left(\frac{\tau}{\bar{\varepsilon}}\right)\right]\log\left(\frac{\tau}{\bar{\varepsilon}}\right)$$

对这个复杂性的第一项进行求和，得

$$\sum_{r=0}^{\log JK}(\mathrm{d}\Delta_y\Delta_z 2^r+1)=\boldsymbol{Y}^{2^r}O(\mathrm{d}y_J z_K+\log JK)=O\left(\mathrm{d}\kappa\log\frac{\kappa}{\varepsilon}\right)$$

取 $\bar{\varepsilon}=O(\varepsilon'/\log JK)=O(\varepsilon'/\log(\kappa/\varepsilon))$，此时 $\boldsymbol{U}$ 的误差为 ε'，门复杂性为

$$O(\mathrm{d}\kappa\log^2(\kappa/\varepsilon')(\log N+\log^{2.5}(\kappa/\varepsilon')))。$$

因为算子 $\boldsymbol{V}$ 的复杂性远低于算子 $\boldsymbol{U}$ 的复杂性，因此在计算总复杂性时可以忽略算子 $\boldsymbol{V}$ 的复杂性。需要调用 $O(\alpha)$ 次算子 $\boldsymbol{U}$，令 $\varepsilon'=O(\varepsilon/\alpha)=O(\varepsilon/\kappa\sqrt{\log(\kappa/\varepsilon)})$，此时总误差为 ε。算法总的门复杂性为

$$O\left(\mathrm{d}\kappa^2\log^{2.5}\frac{\kappa}{\varepsilon}\right)\left(\log N+\log^{2.5}\frac{\kappa}{\varepsilon}\right)$$

4.2.4 讨论

为了方便比较，采用本节用到的模拟方法替换 HHL 算法的稀疏哈密顿量模拟方法，此时 HHL 算法对 P_A 的查询次数为 $O\left(\frac{s\kappa^2}{\varepsilon}\mathrm{polylog}\left(\frac{s\kappa}{\varepsilon}\right)\right)$，对 P_B 的查询次数为 $O(s\kappa\mathrm{polylog}(s\kappa/\varepsilon))$。比较 P_A 的查询复杂性，可以看到，CKS 算法相比于 HHL 算法，查询复杂性在精度参数上有指数加速效果，而对其他参数的依赖保持不变。在傅里叶方法的原始文献中，还提到了改进对 κ 的依赖的方法，把查询复杂性进一步降低为 $O(s\kappa\mathrm{polylog}(s\kappa/\varepsilon))$。

需要指出的是，本小节提到的矩阵 $\boldsymbol{A}^{-1}$ 的分解形式并不唯一，实际上，不同的分解形式往往会导致不同的算法复杂性和应用范围。

4.3 量子奇异值估计算法和 WZP 算法

HHL 算法可以求解线性系统 $\boldsymbol{Ax}=\boldsymbol{b}$ 的解，但要求矩阵 $\boldsymbol{A}$ 是稀疏且条件良好的厄米矩阵。而对大规模机器学习的稠密线性系统，这样的算法并不适用。与 HHL 算法不同，本节提到的 WZP 算法对矩阵的输入假设更强。在 HHL 算法中假设有一个可以访问矩阵元素的 Oracle 以及一个访问非零元素位置的 Oracle，这个假设主要是针对稀疏矩阵的。在本节提到的算法中，假设矩阵 $\boldsymbol{A}$ 的元素被存储在量子随机存取存储器（quantum random access memory，QRAM）的一个适当的数据结构中。如果事先把向量 $\vec{\boldsymbol{b}}$ 的幅度信息（经典信息）存储在 QRAM 中，那么就可以并行地读取每个位置的幅度，即以 $O(\log N)$ 实现

$$\frac{1}{\sqrt{N}}\sum_{i=0}^{N-1}|i\rangle|0\rangle\rightarrow\frac{1}{\sqrt{N}}\sum_{i=0}^{N-1}|i\rangle|b_i\rangle$$

如果把经典信息按某个特定的数据结构存储在 QRAM 中，那么可以做一些很有意思的映射。基于 QRAM 的树状数据结构，Kerenidis 等人[14] 提出了一种量子奇异值估计算法。之后，结合这个量子奇异值估计算法，Wossnig 等人[3] 提出了稠密矩阵的量子线性方程组求解算法，即 WZP 算法。

本节分为两部分：量子奇异值估计算法和 WZP 算法。

4.3.1 量子奇异值估计算法

量子奇异值估计算法可以看作量子相位估计算法在非酉矩阵的拓展，是基于 QRAM 的一种树状存储数据结构提出的。它是 WZP 算法的主要子程序。本小节首先介绍这种可以存储矩阵元素的数据结构，然后给出量子奇异值估计算法。

1. 数据结构

引理 4.4（数据结构） 设矩阵 $\boldsymbol{A}=(A_{ij})_{m\times n}$ 是实数域上的矩阵，它的元素 A_{ij} 会以任意顺序被存储在一个特殊的树状数据结构中，这个数据结构满足以下性质。

1）存储一个新元素 A_{ij} 的时间复杂性为 $O(\log^2(mn))$。

2）若 w 为矩阵 $\boldsymbol{A}$ 中非零元素个数，则该数据结构的空间复杂性为 $O(w\log^2(mn))$。

3）存在两个酉操作 $\boldsymbol{U}_M$，$\boldsymbol{U}_N$ 如下，可以在时间复杂性为 $O(\text{polylog}(mn))$ 内完成。

$$\boldsymbol{U}_M:|i\rangle|0\rangle\rightarrow|i,\boldsymbol{A}_i\rangle=\frac{1}{\|\boldsymbol{A}_i\|}\sum_{j=1}^{n}\boldsymbol{A}_{ij}|i,j\rangle,\quad \|\boldsymbol{A}_i\|=\sqrt{\sum_{j=1}^{n}\boldsymbol{A}_{ij}^2}$$

$$\boldsymbol{U}_N:|0\rangle|j\rangle\rightarrow|\boldsymbol{A}_F,j\rangle=\frac{1}{\|\boldsymbol{A}\|_F}\sum_{i=1}^{m}\|\boldsymbol{A}_i\||i,j\rangle\quad \|\boldsymbol{A}_f\|=\sqrt{\sum_{i=1}^{m}\sum_{j=1}^{n}\boldsymbol{A}_{ij}^2}$$

其中，$i\in[m]$，$\boldsymbol{A}_i\in\mathbf{R}^n$ 对应矩阵 $\boldsymbol{A}$ 的第 i 行元素，$j\in[n]$，$\boldsymbol{A}_F\in\mathbf{R}^m$ 且 $(\boldsymbol{A}_F)_i=\|\boldsymbol{A}_i\|$。

证明：

1）该数据结构由 m 棵二叉树 $B_i,i\in[m]$ 组成。这个树 B_i 最初是空的。当收到一个新条目（$i,j,\boldsymbol{A}_{ij}$）时，若 B_i 中没有叶子结点 j 则创建一个新的，否则更新叶子结点中原有的 $\boldsymbol{A}_{ij}^2$ 的值以及 $\boldsymbol{A}_{ij}$ 的正负号（用 sgn 函数表示，如图 4-2 所示）。因为最底层至多有 n 个叶子节点，每棵树 B_i 的深度不超过 $\lceil \log n\rceil$。B_i 的内部结点 v 存储以 v 为根结点的子树中所有叶子节点值的和，即子树中 $\boldsymbol{A}_i$ 元素的平方和。因此，存储在根节点上的值是 $\|\boldsymbol{A}_i\|^2$。当一个新条目到达时，从该叶子节点到树根的路径上的所有节点也会被更新。树 B_i 的不同层被存储为有序列表，以便在 $O(\log mn)$ 时间内检索到正在更新的节点的地址。图 4-2 展示了矩阵 $\boldsymbol{A}$ 的第 i 行 $\boldsymbol{A}_i$ 对应的二叉树。插入一个元素对数据结构进行更新的次数最多为 $\lceil \log n\rceil$，每次检索到更新节点的地址的时间复杂性为 $O(\log mn)$。因此存储一个新元素 A_{ij} 的时间复杂性为 $O(\log^2(mn))$。

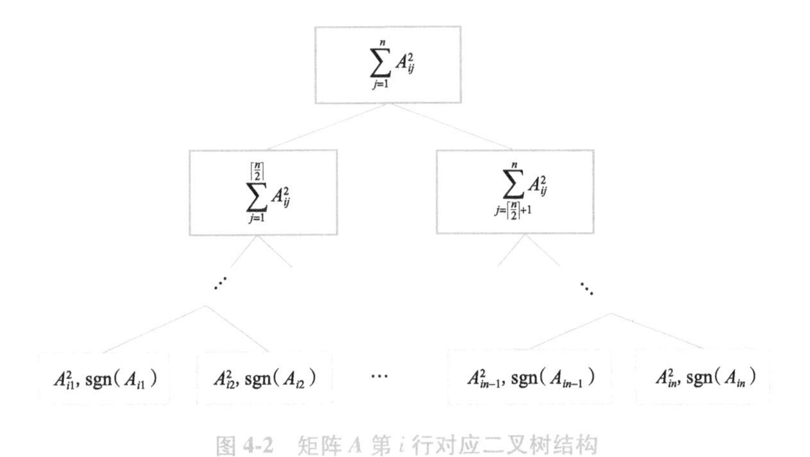

图 4-2　矩阵 A 第 i 行对应二叉树结构

2）由于存储每个 A_{ij} 最多增加 $\lceil \log n\rceil$ 节点，每个节点要求 $O(\log mn)$ 比特，因此数

据结构的空间复杂性为 $O(w\log^2(mn))$。

3）由于 $|i\rangle$ 是 $\lceil \log m \rceil$ 比特量子态，是 i 的二进制 $\lceil \log m \rceil$ 的二进制比特串，首先要确定 i 对应矩阵 $\boldsymbol{A}$ 的哪一行，从而找到对应的二叉树 B_i，这个过程的时间复杂性为 $O(\log m)$。然后制备第 i 行对应的量子态 $|\boldsymbol{A}_i\rangle$，制备过程如图 4-2 所示。为简单起见，以制备量子态 $|\phi\rangle = 0.3|00\rangle + 0.3|01\rangle + 0.1|10\rangle + 0.9|11\rangle$ 为例说明。如图 4-3 所示，设初态为 $|0\rangle|0\rangle$，对第一量子比特进行旋转

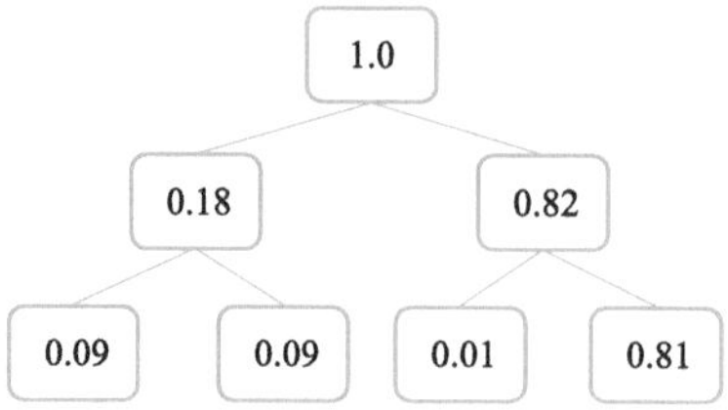

图 4-3　制备量子态 $|\phi\rangle$ 的数据结构

$$|0\rangle|0\rangle \rightarrow (\sqrt{0.18}|0\rangle + \sqrt{0.82}|1\rangle)|0\rangle$$

以第一量子比特为控制位，对第二量子比特进行受控旋转操作，得到

$$\sqrt{0.18}|0\rangle\frac{1}{\sqrt{0.18}}(\sqrt{0.09}|0\rangle+\sqrt{0.09}|1\rangle)+\sqrt{0.82}|1\rangle\frac{1}{\sqrt{0.82}}(\sqrt{0.01}|0\rangle+\sqrt{0.81}|1\rangle)$$

$$=0.3|00\rangle+0.3|01\rangle+0.1|10\rangle+0.9|11\rangle$$

这说明制备量子态 $|\boldsymbol{A}_i\rangle$ 的时间复杂性为 $O(\log n)$。因此，实现酉操作 $\boldsymbol{U}_M$ 的时间复杂性为 $O(\text{polylog}(mn))$。同理，实现酉操作 U_N 的时间复杂性也是 $O(\text{polylog}(mn))$。

2. 量子奇异值估计算法

在给出量子奇异值估计算法前，给出引理 4.5，即给出矩阵 $\boldsymbol{A}$ 的分解，构造与 $\boldsymbol{A}$ 相关的酉矩阵 $\boldsymbol{W}$，并得到 $\boldsymbol{A}$ 的奇异值与 $\boldsymbol{W}$ 的特征值之间的关系，具体如下。

引理 4.5　若 $\boldsymbol{A} \in \mathbf{R}^{m\times n}$ 存储在引理 1 的数据结构中，且奇异值分解为 $\boldsymbol{A} = \sum_i \sigma_i |u_i\rangle\langle v_i|$，则 $\exists \boldsymbol{M} \in \mathbf{R}^{mn\times m}$，$\boldsymbol{N} \in \mathbf{R}^{mn\times n}$ 使得

1）$\boldsymbol{A}/\|\boldsymbol{A}\|_F = \boldsymbol{M}^\dagger \boldsymbol{N}$，其中

$$\boldsymbol{M}: |\alpha\rangle = \sum_{i=1}^{m} \alpha_i |i\rangle \rightarrow \sum_{i=1}^{m} \alpha_i |i, A_i\rangle = |\boldsymbol{M}\alpha\rangle$$

$$\boldsymbol{N}: |\beta\rangle = \sum_{j=1}^{n} \beta_j |j\rangle \rightarrow \sum_{j=1}^{n} \beta_j |A_F, j\rangle = |\boldsymbol{N}\beta\rangle$$

而且执行 $\boldsymbol{M}$ 和 $\boldsymbol{N}$ 的时间复杂性都是 $O(\text{polylog}(mn))$。

2）实现酉算子 $\boldsymbol{W}=\boldsymbol{U}\cdot\boldsymbol{V}$ 的时间复杂性为 $O(\text{polylog}(mn))$，其中

$$\boldsymbol{U} = 2\boldsymbol{M}\boldsymbol{M}^\dagger - \boldsymbol{I}_{mn}, \boldsymbol{V} = 2\boldsymbol{N}\boldsymbol{N}^\dagger - \boldsymbol{I}_{mn}$$

3）$\text{Span}\{|\boldsymbol{M}u_i\rangle,|\boldsymbol{N}v_i\rangle\}$构成 $\boldsymbol{W}$ 的不变子空间。设 $|w_i^{\pm}\rangle$ 为 $\boldsymbol{W}$ 的特征值 $\exp(\pm i\theta_i)$ 对应的特征向量，有 $\cos\left(\frac{\theta_i}{2}\right)=\frac{\sigma_i}{\|\boldsymbol{A}\|_F}$。

证明：

1）$\boldsymbol{M}$ 和 $\boldsymbol{N}$ 可表示成 $\boldsymbol{M}=\sum_{i\in[m]}|i,\boldsymbol{A}_i\rangle\langle i|$，$\boldsymbol{N}=\sum_{j\in[n]}|\boldsymbol{A}_F,j\rangle\langle j|$，易得 $\boldsymbol{M}^{\dagger}\boldsymbol{M}=\boldsymbol{I}_m$，$\boldsymbol{N}^{\dagger}\boldsymbol{N}=\boldsymbol{I}_n$，又因为$\langle i,\boldsymbol{A}_i|\boldsymbol{A}_F,j\rangle=\frac{A_{ij}}{\|\boldsymbol{A}\|_F}$，有 $\boldsymbol{M}^{\dagger}\boldsymbol{N}=\sum_{i\in[m],j\in[n]}\frac{A_{ij}}{\|\boldsymbol{A}\|_F}|i\rangle\langle j|=\frac{\boldsymbol{A}}{\|\boldsymbol{A}\|_F}$。由引理 4.4 可知，实现 $\boldsymbol{U}_M$ 和 $\boldsymbol{U}_N$ 的时间复杂性为 $O(\text{polylog}(mn))$。$\boldsymbol{M}$ 和 $\boldsymbol{N}$ 可通过以下过程实现。

$$|\alpha\rangle\rightarrow|\alpha\rangle|0^{\lceil\log n\rceil}\rangle=\sum_{i=1}^{m}\alpha_i|i\rangle|0^{\lceil\log n\rceil}\rangle\xrightarrow{\boldsymbol{U}_M}\sum_{i=1}^{m}\alpha_i|i,\boldsymbol{A}_i\rangle=|\boldsymbol{M}\alpha\rangle$$

$$|\beta\rangle\rightarrow|0^{\lceil\log m\rceil}\rangle|\beta\rangle=\sum_{i=1}^{m}\beta_i|0^{\lceil\log m\rceil}\rangle|i\rangle\xrightarrow{\boldsymbol{U}_N}\sum_{i=1}^{m}\beta_i|A_F,j\rangle=|N\beta\rangle$$

因此执行 $\boldsymbol{M}$ 和 $\boldsymbol{N}$ 的时间复杂性都是 $O(\text{polylog}(mn))$。

2）$\boldsymbol{U}$ 和 $\boldsymbol{V}$ 可进行如下分解

$$\boldsymbol{U}=2\boldsymbol{N}\boldsymbol{N}^{\dagger}-\boldsymbol{I}_{mn}=2\sum_{j\in[n]}|\boldsymbol{A}_F,j\rangle\langle\boldsymbol{A}_F,j|-\boldsymbol{I}_{mn}=\boldsymbol{U}_N[2\sum_{j\in[n]}|0,j\rangle\langle 0,j|-\boldsymbol{I}_{mn}]\boldsymbol{U}_N^{\dagger}$$

$$\boldsymbol{V}=2\boldsymbol{M}\boldsymbol{M}^{\dagger}-\boldsymbol{I}_{mn}=2\sum_{i\in[m]}|i,\boldsymbol{A}_i\rangle\langle i,\boldsymbol{A}_i|-\boldsymbol{I}_{mn}=\boldsymbol{U}_M[2\sum_{i\in[m]}|i,0\rangle\langle i,0|-\boldsymbol{I}_{mn}]\boldsymbol{U}_M^{\dagger}$$

根据引理 4.4 可知实现 $\boldsymbol{U}_N$ 和 $\boldsymbol{U}_M$ 的时间复杂性都是 $O(\text{polylog}(mn))$，实现 $2\sum_{j\in[n]}|0,j\rangle\langle 0,j|-\boldsymbol{I}_{mn}$ 和 $2\sum_{i\in[m]}|i,0\rangle\langle i,0|-\boldsymbol{I}_{mn}$ 的时间复杂性为 $O(1)$，所以实现 $\boldsymbol{U}$ 和 $\boldsymbol{V}$ 的时间复杂性为 $O(\text{polylog}(mn))$。进而可知实现酉算子 $\boldsymbol{W}=\boldsymbol{U}\cdot\boldsymbol{V}$ 的时间复杂性为$O(\text{polylog}(mn))$。

3）由 $\boldsymbol{A}^{\dagger}=\sum_i\sigma_i|v_i\rangle\langle u_i|$，得

$$\boldsymbol{N}\boldsymbol{N}^{\dagger}\boldsymbol{M}|u_i\rangle=\boldsymbol{N}\boldsymbol{A}^{\dagger}|u_i\rangle=\boldsymbol{N}\sigma_i|v_i\rangle=\sigma_i|\boldsymbol{N}v_i\rangle$$

$$\boldsymbol{M}\boldsymbol{M}^{\dagger}\boldsymbol{N}|v_i\rangle=\boldsymbol{M}\boldsymbol{A}|v_i\rangle=\boldsymbol{M}\sigma_i|u_i\rangle=\sigma_i|\boldsymbol{M}u_i\rangle$$

于是有

$$\begin{aligned}\boldsymbol{W}|\boldsymbol{M}u_i\rangle&=(2\boldsymbol{M}\boldsymbol{M}^{\dagger}-\boldsymbol{I}_{mn})(2\boldsymbol{N}\boldsymbol{N}^{\dagger}-\boldsymbol{I}_{mn})|\boldsymbol{M}u_i\rangle\\&=(2\boldsymbol{M}\boldsymbol{M}^{\dagger}-I_{mn})\left(\frac{2\sigma_i}{\|\boldsymbol{A}\|_F}|\boldsymbol{N}v_i\rangle-|\boldsymbol{M}u_i\rangle\right)\end{aligned}$$

$$=\left(\frac{4\sigma_i^2}{\|A\|_F^2}-1\right)|Mu_i\rangle-\frac{2\sigma_i}{\|A\|_F}|Nv_i\rangle$$

$$W|Nv_i\rangle=(2MM^\dagger-I_{mn})(2NN^\dagger-I_{mn})|Nv_i\rangle$$

$$=(2MM^\dagger-I_{mn})|Nv_i\rangle$$

$$=2M\frac{A}{\|A\|_F}|v_i\rangle-|Nv_i\rangle$$

$$=\frac{2\sigma_i}{\|A\|_F}|Mu_i\rangle-|Nv_i\rangle$$

因此 Span$\{|Mu_i\rangle,|Nv_i\rangle\}$构成 W 的不变子空间。

通过计算可得$\langle Mu_i|Nv_i\rangle=\langle u_i|M^\dagger N|v_i\rangle=\langle u_i|A|v_i\rangle=\frac{\sigma_i}{\|A\|_F}=\cos\frac{\theta_i}{2}$，$\frac{\theta_i}{2}$为$|Mu_i\rangle$与$|Nv_i\rangle$的夹角。$\langle Nv_i|W|Nv_i\rangle=\frac{2\sigma_i}{\|A\|_F^2}\langle v_i|A^\dagger|u_i\rangle-1=\frac{2\sigma_i^2}{\|A\|_F^2}-1=\cos\theta_i$。如图 4-4 所示，从几何意义上看，$W$ 作用于$|Nv_i\rangle$可以看作以$|Mu_i\rangle$为对称轴，将$|Nv_i\rangle$反射到另一个与$|Mu_i\rangle$夹角为$\frac{\theta_i}{2}$的位置，于是 $W|Nv_i\rangle$与$|Nv_i\rangle$的夹角为 θ_i，如图 4-4 所示。

图 4-4 $W|Nv_i\rangle$ 的几何意义

将$\{|Mu_i\rangle,|Nv_i\rangle\}$正交化为$\{|Nv_i\rangle,|e_{i1}\rangle\}$，其中

$$|e_{i1}\rangle=\frac{|Mu_i\rangle-\langle Mu_i|Nv_i\rangle|Nv_i\rangle}{\sqrt{1-\sigma_i^2/\|A\|_F^2}}$$

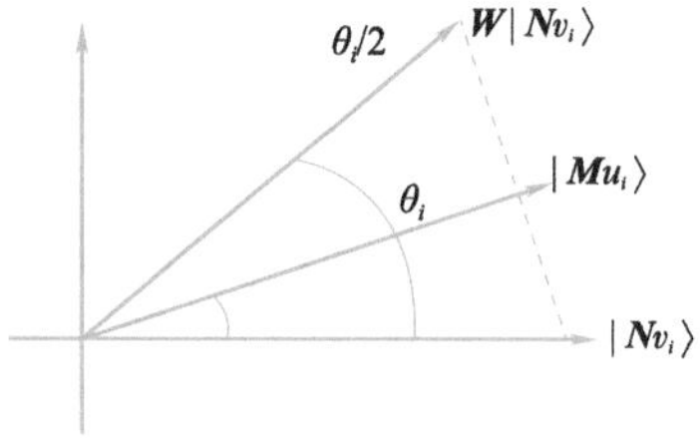

于是有

$$\begin{cases}W|Nv_i\rangle=\cos\theta_i|Nv_i\rangle+\sin\theta_i|e_{i1}\rangle\\W|e_{i1}\rangle=-\sin\theta_i|Nv_i\rangle+\cos\theta_i|e_{i1}\rangle\end{cases}$$

所以在$\{|Nv_i\rangle,|e_{i1}\rangle\}$的表象下，$W$ 可以写成 $W=\begin{pmatrix}\cos\theta_i & -\sin\theta_i\\ \sin\theta_i & \cos\theta_i\end{pmatrix}$。通过计算可得，矩阵 W 的特征值以及对应的特征向量分别为 $\lambda_\pm=e^{\pm i\theta_i}$，$|w_i^\pm\rangle=\frac{|Nv_i\rangle\mp i|e_{i1}\rangle}{\sqrt{2}}$，所以

$|Nv_i\rangle = \frac{|w_i^+\rangle + |w_i^-\rangle}{\sqrt{2}}$。证毕。

根据引理 4.5，给出量子奇异值估计算法，如算法 4-2 所示。

算法 4-2：量子奇异值估计算法

要求：矩阵 $A \in \mathbf{R}^{m\times n}$，$\alpha \in \mathbf{R}^n$ 被存储在引理 4-4 的数据结构中，精度为 $\delta>0$。

1. 生成任意的量子态 $|\alpha\rangle = \sum_i \alpha_i |v_i\rangle$

2. 附加一个初始态为 $|0^{\lceil \log m \rceil}\rangle$ 的寄存器，执行引理 4-5 中的操作 N，得到

$$|N\alpha\rangle = \sum_i \alpha_i |Nv_i\rangle = \frac{1}{\sqrt{2}}\sum_i \alpha_i(\omega_i^+ |w_i^+\rangle + \omega_i^- |w_i^-\rangle)$$

3. 以 $|N\alpha\rangle$ 为输入，对酉矩阵 W 进行相位估计，得到 $\sum_i \alpha_i(\omega_i^+ |w_i^+, \bar{\theta}_i\rangle + \omega_i^- |w_i^-, -\bar{\theta}_i\rangle)$，精度为 $2\delta>0$，$\bar{\theta}_i$ 是估计的相位。

4. 计算 $\bar{\sigma}_i = \cos\frac{\bar{\theta}_i}{2}\|A\|_F$，生成 $\sum_i \alpha_i(\omega_i^+ |w_i^+, \bar{\theta}_i\rangle + \omega_i^- |w_i^-, -\bar{\theta}_i\rangle)|\bar{\sigma}_i\rangle$。

5. 执行步骤 2 和步骤 3 的逆操作，得到 $\sum_i \alpha_i |v_i\rangle|\bar{\sigma}_i\rangle$。

3. 复杂性分析

首先通过 QRAM 生成 $|\alpha\rangle = \sum_i \alpha_i |v_i\rangle$ 的时间复杂性为 $O(\text{polylog}(n))$。由引理 4.5 知，执行 N 的时间复杂性为 $O(\text{polylog}(mn))$。实现酉算子 W 的时间复杂性为 $O(\text{polylog}(mn))$，根据定理 4.1 第 3 步，相位估计的时间复杂性为 $O(\text{polylog}(mn)/\delta)$。最后计算 $\bar{\sigma}_i = \cos\frac{\bar{\theta}_i}{2}\|A\|_F$ 的复杂性为 $O(1)$。所以算法 4-2 的时间复杂性为 $O(\text{polylog}(mn)/\delta)$。

定理 4.1[15]　假设酉操作 U 的特征向量 $|v_j\rangle$ 对应的特征值为 $\exp(i\theta_j)$ 且 $\theta_j \in [-\pi,\pi]$，$j\in[n]$，则存在一个量子算法映射 $\sum_{j\in[n]}\alpha_j |v_j\rangle \to \sum_{j\in[n]}\alpha_j |v_j\rangle|\bar{\theta}_j\rangle$，它在时间 $O(T_U\log(n)/\delta)$ 内以 $1-1/\text{poly}(n)$ 的概率得到 $\bar{\theta}_j$ 且 $|\bar{\theta}_j-\theta_j| \leq \delta$，$T_U$ 表示执行 U 所需要的时间。

4. 误差分析

由 $|\bar{\theta}_i-\theta_i|\leqslant 2\delta$，$\bar{\sigma}_i=\cos\frac{\bar{\theta}_i}{2}\|\boldsymbol{A}\|_F$，则

$$|\bar{\sigma}_i-\sigma_i|=\left|\cos\frac{\theta_i}{2}-\cos\frac{\bar{\theta}_i}{2}\right|\|\boldsymbol{A}\|_F=\left|-2\sin\frac{\bar{\theta}_i-\theta_i}{4}\sin\frac{\bar{\theta}_i+\theta_i}{4}\right|\|\boldsymbol{A}\|_F$$

$$\leqslant\sin\phi\frac{|\bar{\theta}_i-\theta_i|}{2}\|\boldsymbol{A}\|_F\leqslant\delta\|\boldsymbol{A}\|_F,$$

其中，$\phi\in\left[\frac{\theta_i-\delta}{2},\frac{\theta_i+\delta}{2}\right]$。

量子奇异值估计可描述为定理 4.2。

定理 4.2（量子奇异值估计） 若矩阵 $\boldsymbol{A}\in\mathbf{R}^{m\times n}$ 的元素存储在引理 4.4 的数据结构中，奇异值分解为 $\boldsymbol{A}=\sum_i\sigma_i|u_i\rangle\langle v_i|$，精度 $\delta>0$，那么存在一个时间复杂性为 $O(\text{polylog}(mn)/\delta)$ 的量子算法可以执行映射 $\sum_i\alpha_i|v_i\rangle|0\rangle\rightarrow\sum_i\alpha_i|v_i\rangle|\bar{\sigma}_i\rangle$，其中对所有的 i 有 $\bar{\sigma}_i\in\sigma_i\pm\delta\|\boldsymbol{A}\|_F$，且成功概率至少为 $1-1/\text{poly}(n)$。

4.3.2 WZP 算法

在给出 WZP 算法前，给出两个前提假设：①$\boldsymbol{A}$ 为厄米矩阵；②特征值 λ 的取值范围为$[-1,-1/\kappa]\cup[1/\kappa,1]$（$\kappa$ 为矩阵的条件数）。注意，与 HHL 算法不同的是，这里的矩阵 $\boldsymbol{A}$ 并不要求是稀疏的。

若矩阵 $\boldsymbol{A}\in\mathbf{R}^{n\times n}$ 为厄米矩阵，则 $\boldsymbol{A}$ 的谱分解为 $\boldsymbol{A}=\sum_{i=1}^{n}\lambda_i s_i s_i^\dagger$，奇异值分解为 $\boldsymbol{A}=\sum_{i=1}^{n}\sigma_i u_i v_i^\dagger$，此时 $s_i=u_i=\pm v_i$，$|\lambda_i|=\sigma_i$。基于特征值与奇异值之间的关系以及量子奇异值估计算法（算法 4-2），可直接得到一个半正定矩阵的量子线性方程组求解算法。但对任意的谱范数有界的矩阵 $\boldsymbol{A}$，若应用量子奇异值估计算法求解线性方程组，则必须要考虑特征值的正负问题。因此，在给出 WZP 算法前，先要给出恢复特征值的正负号的一个简单思路。

矩阵 $\boldsymbol{A}$ 和 $\boldsymbol{A}'=\boldsymbol{A}+\mu\boldsymbol{I}_n$ 有相同的特征向量，对应的特征值分别为 λ_i 和 $\lambda_i+\mu$，其中 μ

为正实数。可以发现当 $\lambda_i \geqslant 0$ 时，$|\lambda_i+\mu| = |\lambda_i| + |\mu| \geqslant |\lambda_i|$；当 $\lambda_i<-\mu/2$ 时，$|\lambda_i+\mu| < |\lambda_i|$。由于 $\lambda \in [-1,-1/\kappa] \cup [1/\kappa,1]$，所以需要 $-\mu/2>-1/\kappa$，即 $\mu<2/\kappa$。因此取 $0<\mu<2/\kappa$ 就可以通过比较 $|\lambda_i+\mu|$ 和 $|\lambda_i|$ 的大小成功恢复特征值的正负号。

基于这个恢复特征值正负号的思路和算法 4-2 的量子奇异值估计算法，给出 WZP 算法如算法 4-3 所示。

算法 4-3　WZP 算法

---

1. 制备初态 $|b\rangle = \sum_i \beta_i |v_i\rangle_a$，其中 $|v_i\rangle$ 为 $\boldsymbol{A}$ 的奇异向量。

2. 取精度 $\delta<\dfrac{1}{2\kappa}$，$\mu=\dfrac{1}{\kappa}$，对矩阵 $\boldsymbol{A}$ 和 $\boldsymbol{A}+\mu\boldsymbol{I}_n$ 分别执行量子奇异值估计算法，得到

$$\sum_i \beta_i |v_i\rangle_a \| \bar{\lambda}_i |\rangle_b \| \bar{\lambda}_i+\mu |\rangle_c$$

3. 附加一个单比特寄存器 d，若 $|\bar{\lambda}_i+\mu| \leqslant |\bar{\lambda}_i|$，则附加寄存器为 $|1\rangle$，否则为 $|0\rangle$。然后执行条件相位门得到

$$\sum_i (-1)^{f_i}\beta_i |v_i\rangle_A \| \bar{\lambda}_i |\rangle_b \| \bar{\lambda}_i+\mu |\rangle_c |f_i\rangle_d$$

4. 取 $\gamma=O\left(\dfrac{1}{\kappa}\right)$，附加一个寄存器 e 并执行受控旋转操作。然后对寄存器 b,c,d 执行退计算操作，得到

$$\sum_i (-1)^{f_i}\beta_i |v_i\rangle_a \left(\frac{\gamma}{|\bar{\lambda}_i|}|0\rangle + \sqrt{1-\left(\frac{\gamma}{|\bar{\lambda}_i|}\right)^2}|1\rangle\right)_e$$

对寄存器 e 用计算基测量，测得 $|0\rangle$ 态，量子态塌缩为

$$|\bar{x}\rangle = \gamma \sum_i (-1)^{f_i} \frac{\beta_i}{|\bar{\lambda}_i|} |v_i\rangle = \gamma \boldsymbol{A}^{-1} |b\rangle$$

复杂性和误差分析

算法的时间复杂性主要受量子奇异值估计算法的影响，因此主要分析量子奇异值估计算法的时间复杂性。

假设相位估计的误差为 $|\bar{\theta}_i-\theta_i| \leqslant 2\delta$，根据奇异值估计算法有 $\| \bar{\lambda}_i | - |\lambda_i \| \leqslant \delta \|\boldsymbol{A}\|_F$，

所以对 $|\bar{x}\rangle=\gamma\sum_i(-1)^{f_i}\frac{\beta_i}{|\bar{\lambda}_i|}|v_i\rangle$，$|x\rangle=\gamma\sum_i(-1)^{f_i}\frac{\beta_i}{|\lambda_i|}|v_i\rangle$有算法 4-3 的误差为

$$\||\bar{x}\rangle-|x\rangle\|^2\leqslant O(\kappa^2\delta^2\|\boldsymbol{A}\|_F^2)$$

取 $\delta=O\left(\frac{\varepsilon}{\kappa\|\boldsymbol{A}\|_F}\right)$可使算法的输出态的误差为$\||\bar{x}\rangle-|x\rangle\|^2<\varepsilon^2$。

对寄存器 e 测量得到 0 的概率为 $P(0)=\sum_i\frac{\beta_i^2\gamma^2}{|\bar{\lambda}_i|^2}=O\left(\frac{1}{\kappa^2}\right)$，所以重复执行算法 $O(\kappa^2)$ 次才会以接近 1 的概率得到解。通过幅度放大，可使算法重复次数降为 $O(\kappa)$。

因此根据定理 4.2，算法 4-3 的时间复杂性为 $O(\kappa^2\text{polylog}(n)\|\boldsymbol{A}\|_F/\varepsilon)$。而目前最好的经典线性方程组求解算法的时间复杂性为 $O(ns\kappa\log(1/\varepsilon))$（$s$ 为矩阵 $\boldsymbol{A}$ 的稀疏度）。

4.3.3 讨论

注意到，在算法 4-3 中，误差依赖于 F 范数。当$\|\boldsymbol{A}\|_F$的界为常数，即$\|\boldsymbol{A}\|_F=O(1)$ 时，即使矩阵是非稀疏的，算法依然可以在多项式时间内返回输出状态。更一般的情况下，在矩阵 $\boldsymbol{A}$ 的谱范数$\|\boldsymbol{A}\|$有界的条件下，分为两种情况：①若$\|\boldsymbol{A}\|_F=O(\sqrt{n})$，则算法复杂性为 $O(\kappa^2\text{polylog}(n)\sqrt{n}/\varepsilon)$，相对经典算法有平方级别的加速；②若$\|\boldsymbol{A}\|_F\leqslant\sqrt{r}\|\boldsymbol{A}\|$（$r$ 为矩阵 $\boldsymbol{A}$ 的秩），则算法复杂性为 $O(\kappa^2\text{polylog}(n)\sqrt{r}/\varepsilon)$。当 $r=\text{polylog}(n)$时，此时算法相对经典算法有指数加速效果。

注意到引理 4.4 的数据结构模型比 HHL 算法中 Oracle 模型的假设更强，因此，直接将算法 4-3 的复杂性与 HHL 算法的复杂性进行比较是不合适的。

4.4 本讲小结

本讲主要介绍了三类典型的量子线性方程组求解算法，它们相对于经典算法表现出了不同程度的加速效果。需要再次强调的是这些量子算法的输出都是线性方程组的解的量子态形式 $|x\rangle=\frac{1}{\|\vec{x}\|}\sum_i x_i|i\rangle$。如果要从量子态 $|x\rangle$ 中提取全部的经典信息，那么

需要对 $|x\rangle$ 进行层析，此时量子算法将失去加速效果。因此，量子线性方程组求解算法更加适用于那些不需要知道解的全部经典信息的场景。一个简单的例子是验证两个随机过程 $\vec{x}_t = A\vec{x}_{t-1} + \vec{b}$ 和 $\vec{x}'_t = A\vec{x}'_{t-1} + \vec{b}'$ 是否具有相同的稳定态：利用量子算法求解 $|x\rangle = (I-A)^{-1}|b\rangle$ 和 $|x'\rangle = (I-A')^{-1}|b'\rangle$，然后通过 Swap-test[16] 判断 $|x\rangle$ 和 $|x'\rangle$ 是否相同。更为复杂的有关量子线性方程组求解算法在机器学习和求解微分方程中的应用可见文献［17-19］。

HHL 算法和本讲介绍的改进算法都是针对稀疏线性方程组的。除了稀疏线性方程组，研究人员也考虑了系数矩阵具有其他特殊结构的情形。Cao 等人[20] 提出了求解泊松方程的量子算法，通过对泊松方程的离散化该算法实际上求解了一个带状的 Toeplitz 线性系统。Zhou 等人[21] 针对有界谱范数的循环矩阵提出量子算法求解相应的线性方程组。Wan 等人[22] 利用关联的循环矩阵逼近 Wiener 类的 Toeplitz 矩阵，给出了一个求解 Toeplitz 线性系统的渐进量子算法。最近，这些作者在块编码框架下给出了用于求解各种具有位移结构的线性方程组[23]。

下面对量子线性方程组求解算法在其他方向的一些改进和最近的进展做一个简要介绍。注意到，本讲介绍的针对稀疏和非稀疏的系数矩阵，量子算法采用了不同的输入模型。Gilyén 等人[24] 推广了 Qubitization[12] 和量子信号处理技术[25]，以块编码为统一的输入模型提出了量子线性方程组求解算法。复杂性分析表明这些算法对系数矩阵的条件数具有平方级的依赖，Ambainis[26] 提出了可变时间幅度放大技术，利用该技术可以降低算法复杂性对矩阵条件数的依赖。受绝热量子计算的启发，Subaşı 等人[27] 给出了一种新路径实现线性方程组的求解。此外，针对近期的量子计算设备（中等规模的含噪量子计算机），研究人员也给出了可在其上运行的线性方程组求解算法[28,29]。

参考文献

［1］HARROW A W, HASSIDIM A, LLOYD S. Quantum algorithm for linear systems of equations［J］. Physical Review Letters, 2009, 103.

［2］CHILDS A M, KOTHARI R, SOMMA R D. Quantum algorithm for systems of linear equations with exponentially improved dependence on precision［J］. SIAM Journal on Computing, 2017, 46 (6): 1920-1950.

［3］WOSSNIG L, ZHAO Z, PRAKASH A. Quantum linear system algorithm for dense matrices［J］.

Physical Review letters, 2018, 120(5).
[4] NIELSEN M A, CHUANG I L. Quantum computation and quantum information [M]. Cambridge: Cambridge University Press, 2010.
[5] FEYNMAN R P. Simulating physics with computers [J]. International Journal of Theoretical Physics, 1982, 21(6): 467-488.
[6] BERRY D W, AHOKAS G, CLEVE R, et al. Efficient quantum algorithms for simulating sparse Hamiltonians [J]. Communications in Mathematical Physics, 2007, 270(2): 359-371.
[7] BERRY D W, CHILDS A M, KOTHARI R. Hamiltonian simulation with nearly optimal dependence on all parameters [C]//2015 IEEE 56th annual symposium on Foundations of Computer Science. IEEE, 2015: 792-809.
[8] BERRY D W, CHILDS A M. Black-box hamiltonian simulation and unitary implementation [J]. Quantum Information and Computation, 2012, 12(1-2): 29-62.
[9] PRAKASH A. Quantum algorithms for linear algebra and machine learning [D]. Berkeley: UC Berkeley, 2014[2022-10-15].
[10] GROVER L, RUDOLPH T. Creating superpositions that correspond to efficiently integrable probability distributions [J]. arXiv preprint quant-ph/0208112, 2002.
[11] SOKLAKOV A N, SCHACK R. Efficient state preparation for a register of quantum bits [J]. Physical Review A, 2006, 73(1).
[12] LOW G H, CHUANG I L. Hamiltonian simulation by qubitization [J]. Quantum, 2019, 3.
[13] LLOYD S. Universal quantum simulators [J]. Science, 1996, 273(5278): 1073-1078.
[14] KERENIDIS I, PRAKASH A. Quantum recommendation systems[C]//Proceedings of the 8th Innovations in Theoretical Computer Science Conference(ITCS 2017). Khouribga, 2017.
[15] KITAEV A Y. Quantum measurements and the Abelian stabilizer problem [J]. arXiv preprint quant-ph/9511026, 1995.
[16] BUHRMAN H, CLEVE R, WATROUS J, et al. Quantum fingerprinting [J]. Physical Review Letters, 2001, 87(16).
[17] WIEBE N, BRAUN D, LLOYD S. Quantum algorithm for data fitting [J]. Physical Review Letters, 2012, 109(5).
[18] REBENTROST P, MOHSENI M, LLOYD S. Quantum support vector machine for big feature and big data classification [J]. Physical Review Letters, 2013, 113(13).
[19] MONTANARO A, PALLISTER S. Quantum algorithms and the finite element method [J]. Physical Review A, 2016, 93(3).
[20] CAO Y, PAPAGEORGIOU A, PETRAS I, et al. Quantum algorithm and circuit design solving the Poisson equation [J]. New Journal of Physics, 2013, 15(1).
[21] ZHOU S, WANG J. Efficient quantum circuits for dense circulant and circulant like operators [J]. Royal Society open science, 2017, 4(5).
[22] WAN L C, YU C H, PAN S J, et al. Asymptotic quantum algorithm for the To Europhysics Lettersitz systems [J]. Physical Review A, 2018, 97(6).

[23] WAN L C, YU C H, PAN S J, et al. Block-encoding-based quantum algorithm for linear systems with displacement structures [J]. Physical Review A, 2021, 104(6).
[24] GILYéN A, SU Y, LOW G H, et al. Quantum singular value transformation and beyond: exponential improvements for quantum matrix arithmetics [C]//Proceedings of the 51st annual ACM SIGACT symposium on Theory of Computing. New York: ACM, 2019: 193-204.
[25] LOW G H, CHUANG I L. Optimal Hamiltonian Simulation by Quantum Signal Processing [J]. Physical Review Letters, 2017, 118(1).
[26] AMBAINIS A. Variable time amplitude amplification and a faster quantum algorithm for solving systems of linear equations [J]. arXiv preprint arXiv: 1010. 4458, 2010.
[27] SUBASI Y, SOMMA R D, ORSUCCI D. Quantum algorithms for systems of linear equations inspired by adiabatic quantum computing [J]. Physical Review letters, 2019, 122(6).
[28] HUANG H Y, BHARTI K, REBENTROST P. Near-term quantum algorithms for linear systems of equations with regression loss functions [J]. New Journal of Physics, 2021, 23(11).
[29] XU X, SUN J, ENDO S, et al. Variational algorithms for linear algebra [J]. Science Bulletin, 2021, 66(21): 2181-2188.

第 5 讲
量子游走基础

随机游走是现实生活中的一种常见模型，比如布朗运动、醉汉行走、莱维飞行等，最早是由 Pearson 在 1905 年提出的[1]。随机游走描述的是空间中由一系列随机步骤组成的路径的过程，在这个过程中，行走者的下一个位置只依赖于它当前的位置，而不依赖于在这之前的位置，也就是一个马尔可夫过程。行走者占据离散或有限的位置，而行走者在这些状态之间的转换导致了随机性的产生。在计算机科学中，随机游走是一项基础且重要的技术，它被广泛应用于随机算法、图匹配算法、图分割问题、k-SAT 问题等，比如关于 3-SAT 问题，至今最好的解法就依赖于随机游走。另外，随机游走还可以应用于化学、生物学、经济学、心理学等。经典随机游走的类型可分为离散时间、连续时间。

量子游走是经典随机游走在量子世界的一种对应，它可以描述微观世界中波函数的动力学演化过程。由于量子力学的引入，量子游走与经典随机游走有了很大区别。比如，经典随机游走的概率分布是高斯型，而在量子情况下，它不断震荡并有多个峰值；在标准差方面，量子游走的扩散速度相比于经典随机游走的扩散速度有平方级别的加速。由于量子叠加和量子干涉特性，量子游走有着独特优势，可以在量子计算和量子信息中有多种不同的应用。比如量子游走可以用来设计量子算法、构造量子通信协议、量子模拟等。特别之处在于，量子游走还是一种通用的量子计算模型。对应于经典随机游走中离散与连续的两种情况，量子游走主要也分为离散与连续两类模型。

当前量子游走在实验上也有很好的进展，可以在不同的物理系统中得到实现，如光子、离子阱、中性原子、核磁共振、超导和硅基量子光学芯片等。

本讲和下一讲将从量子游走的各种模型、模型之间的关系、量子游走模型的通用性等方面进行介绍。具体的，5.1 节介绍量子游走模型：5.1.1 小节介绍离散量子游走模型；5.1.2 小节介绍连续量子游走模型；5.1.3 小节介绍模型之间的转化关系。5.2 节介绍量子游走的通用性。5.2.1 小节介绍连续量子游走的通用性；5.2.2 小节介绍离散量子游走的通用性。

5.1 量子游走模型

首先讨论离散量子游走模型。一般通过量子化的过程将经典系统的模型及其方程转变为相对应的量子系统的模型及其方程。在量子化过程中，用一个 Hilbert 空间来描述量子系统，如果该系统有多于一个的子系统，那么该系统对应的 Hilbert 空间是所有子系统的 Hilbert 空间的张量积。量子系统的一个量子态对应于 Hilbert 空间中的一个单位向量。经典系统中的动量和能量分别被作用于 Hilbert 空间上的酉算子所替换，如果该量子系统是一个孤立系统，那么该系统的演化则由一个酉算子来控制。在某个时刻，会测量该量子系统以获取关于它的信息，那么这个过程就对测量结果生成了一个概率分布。

5.1.1 离散量子游走模型

在离散量子游走模型中，将重点讲解单硬币模型、多硬币模型、纠缠硬币模型、Szegedy 模型以及 Staggered 模型。

1. 单硬币模型

带硬币的量子游走最早是由 Meyer[2,3] 在研究量子元胞自动机时提出的，他发现自旋这个内部的自由度参与到系统的演化可以导致 Dirac 方程的离散化。随后 Ambainis[4,5] 等人参照经典随机游走的硬币抛掷行为将这种演化定义为量子游走，将内部状态命名为硬币。将经典随机游走量子化后，行走者的位置 n 应该是一个 Hilbert 空间 H_P 中的一个单位向量，H_P 被称为位置空间。对应于经典随机游走中每次移动方向的随机性，单硬币模型中每一步量子游走的演化仅依赖于一个量子“硬币”状态，每个硬币状态对应于一个 Hilbert 空间 H_C 中的一个单位向量，H_C 被称为硬币空间。具体地说，每一次量子游走的演化中，先将一个被称为硬币算子的酉矩阵 $\boldsymbol{C}$ 作用在当前硬币空间 H_C 中的硬币态上。然后根据硬币的状态，决定行走者位置的转移，这一步是由一个酉算子来描述的，该酉算子称为条件转移算子 $\boldsymbol{S}$。因此单硬币模型的量子游走发生在一个联合的 Hilbert 空间 $H=H_P\otimes H_C$ 上，空间 H 被称为量子游走的全局空间。并且每一步的量子游走由方程 $\boldsymbol{W}=\boldsymbol{S}\cdot(\boldsymbol{I}\otimes\boldsymbol{C})$ 来描述，其中 $\boldsymbol{I}$ 是作用在空间 H_P 上的恒等算子。取空间 H 中的

一个初始态，设为 $|\Psi(0)\rangle$，经过 t 步量子游走演化后的量子态记为 $|\Psi(t)\rangle$，于是有 $|\Psi(t)\rangle=\boldsymbol{W}^t|\Psi(0)\rangle$。下面通过在无限图和有限图上的量子游走[2-5] 对单硬币模型进行更深入、具体的描述。

(1) 在无限图上的量子游走

1) 在直线上的量子游走。在直线上的随机游走中，行走者只有两个移动方向，当行走者的位置是 n 时，抛掷一次硬币，如果正面朝上，则行走者的下一个位置将是 $n+1$；如果反面朝上，下一个位置将是 $n-1$。于是硬币的反正面就代表了行走者左右移动的方向。对应于直线上的经典随机游走，在直线上的量子游走中，行走者的位置 n 由位置空间 H_P 的一个单位向量 $|n\rangle$ 来描述，其中 H_P 是由计算基$\{|n\rangle:n\in\mathbf{Z}\}$生成的 Hilbert 空间。硬币空间 H_C 是与“硬币”相对应的一个二维 Hilbert 空间，其计算基为$\{|0\rangle,|1\rangle\}$。于是 H 的一个计算基为$\{|n\rangle\otimes|m\rangle:n\in\mathbf{Z},m\in\{0,1\}\}$。硬币算子可以为任何维数为 2 的酉算子 C，它作用在硬币空间 H_C 中的向量上。条件转移算子 $\boldsymbol{S}$ 描述了从 $|n\rangle$ 到 $|n+1\rangle$ 或 $|n-1\rangle$ 的转移，$\boldsymbol{S}$ 的作用方式如下：

$$\boldsymbol{S}|n\rangle|0\rangle=|n+1\rangle|0\rangle$$

$$\boldsymbol{S}|n\rangle|1\rangle=|n-1\rangle|1\rangle$$

如果 $\boldsymbol{S}$ 在 H 的一个计算基上的作用方式被确定，那么它就已经被完整描述了。因此，可以得到

$$\boldsymbol{S}=\sum_{n\in\mathbf{Z}}(|n+1\rangle\langle n|\otimes|0\rangle\langle 0|+|n-1\rangle\langle n|\otimes|1\rangle\langle 1|)$$

通过上述定义，在直线上的量子游走发生的空间以及运动方程 $\boldsymbol{W}=\boldsymbol{S}\cdot(\boldsymbol{I}\otimes\boldsymbol{C})$都清楚地刻画出来了，下面通过例 5-1 来说明在直线上量子游走的具体过程。

例 5-1 (Hadamard 硬币) 令 $|\Psi(0)\rangle=|n=0\rangle\otimes|0\rangle\in H$ 为初始态，硬币算子 $\boldsymbol{C}$ 为 Hadamard 算子 $\boldsymbol{H}$，$\boldsymbol{H}=\frac{1}{\sqrt{2}}\begin{pmatrix}1 & 1\\ 1 & -1\end{pmatrix}$。在第一步量子游走中，硬币算子 $\boldsymbol{C}$ 作用在初始态 $|\Psi(0)\rangle$的硬币状态上，即将算子 $\boldsymbol{I}\otimes\boldsymbol{H}$ 作用在 $|\Psi(0)\rangle$上，接着作用条件转移算子 $\boldsymbol{S}$：

$$|0\rangle\otimes|0\rangle\xrightarrow{I\otimes H}|0\rangle\otimes\frac{|0\rangle+|1\rangle}{\sqrt{2}}\xrightarrow{S}\frac{1}{\sqrt{2}}(|1\rangle\otimes|0\rangle+|-1\rangle\otimes|1\rangle)$$

于是 $|\Psi(1)\rangle=W|\Psi(0)\rangle=\frac{1}{\sqrt{2}}(|1\rangle\otimes|0\rangle+|-1\rangle\otimes|1\rangle)$。

在第 t 步量子游走后，

$$|\Psi(t)\rangle = W^t |\Psi(0)\rangle = \sum_{n\in\mathbf{Z}} |n\rangle \otimes (A_{n,0}(t)|0\rangle + A_{n,1}(t)|1\rangle)$$

其中，由于 $|\Psi(t)\rangle$ 的模长为 1，所以分量系数要满足 $\sum_{n\in\mathbf{Z}} |A_{n,0}(t)|^2 + |A_{n,1}(t)|^2 = 1$。并且，由于每步演化中所作用的酉算子都是 $\boldsymbol{S}\cdot(\boldsymbol{I}\otimes\boldsymbol{H})$，所以分量系数的递归公式为

$$A_{n,0}(t+1) = \frac{1}{\sqrt{2}}(A_{n-1,0}(t) + A_{n-1,1}(t))$$

$$A_{n,1}(t+1) = \frac{1}{\sqrt{2}}(A_{n+1,0}(t) - A_{n+1,1}(t))$$

初始条件：对于 $\forall n\in\mathbf{Z}$，有 $A_{0,0}(0)=1$，$n\neq 0$ 时，有 $A_{n,0}(0)=0$；$A_{n,1}(0)=0$。于是可以得到在 t 时刻下，行走者位置的概率分布为 $P(t,n)=|A_{n,0}(t)|^2+|A_{n,1}(t)|^2, (n\in\mathbf{Z})$。

例 5-1 给出了量子态 $|\Psi(t)\rangle$ 各分量系数的递归公式，接下来可以通过傅里叶变换的方法来得到 $|\Psi(t)\rangle$ 各分量系数的显式表达式。

例 5-2（傅里叶变换）　对于一个离散函数 $f:\mathbf{Z}\to\mathbf{C}$，$f$ 的傅里叶变换是一个连续函数 $\widetilde{f}:[-\pi,\pi]\to\mathbf{C}$，定义为 $\widetilde{f}(k)=\sum_{n\in\mathbf{Z}} e^{-ikn} f(n)$。与之对应的是，$\widetilde{f}(k)$ 的傅里叶逆变换为 $f(n)=\int_{-\pi}^{\pi}\frac{dk}{2\pi}e^{ikn}\widetilde{f}(k)$。例如 δ 函数的傅里叶变换就是 1 函数，相反 1 函数的傅里叶逆变换是 δ 函数，即 $1=\sum_{n\in\mathbf{Z}} e^{-ikn}\delta(n), \delta(n)=\int_{-\pi}^{\pi}\frac{dk}{2\pi}e^{ikn}\cdot 1$。

将上述傅里叶变换推广到空间 H_P 的计算基变换上可得

$$|k\rangle = \lim_{L\to\infty}\frac{1}{\sqrt{2L+1}}\sum_{n=-L}^{L} e^{ikn}|n\rangle, -\pi\leqslant k\leqslant\pi$$

易知 $\{|k\rangle:-\pi\leqslant k\leqslant\pi\}$ 是一个正交基，称为傅里叶基。由于归一化常数与 k 无关，简记 $|k\rangle=\sum_{n\in\mathbf{Z}} e^{ikn}|n\rangle$。条件转移算子在这个新计算基上的作用方式为

$$\begin{aligned}\boldsymbol{S}|k\rangle\otimes|m\rangle &= \boldsymbol{S}\Big(\sum_{n\in\mathbf{Z}} e^{ikn}|n\rangle\otimes|m\rangle\Big) = \sum_{n\in\mathbf{Z}} e^{ikn}|n+(-1)^m\rangle\otimes|m\rangle \\ &= e^{(-1)^{m+1}ik}|k\rangle\otimes|m\rangle\end{aligned}$$

于是

$$W|k\rangle\otimes|m'\rangle=\sum_{m=0}^{1}\mathrm{e}^{(-1)^{m+1}ik}H_{m,m'}|k\rangle\otimes|m\rangle=|k\rangle\otimes(\widetilde{H}_k|m'\rangle)$$

其中，$\widetilde{\boldsymbol{H}}_k=\frac{1}{\sqrt{2}}\begin{pmatrix}\mathrm{e}^{-ik} & \mathrm{e}^{-ik}\\ \mathrm{e}^{ik} & -\mathrm{e}^{ik}\end{pmatrix}$。对于每一个 k，将硬币空间 H_C 的计算基变为 $\widetilde{\boldsymbol{H}}_k$ 的规范正交特征向量$\{|p_k\rangle,|q_k\rangle\}$，$|p_k\rangle=\frac{1}{\sqrt{c_-}}(\mathrm{e}^{-ik}|0\rangle+(\sqrt{2}\mathrm{e}^{-i\omega_k}-\mathrm{e}^{-ik})|1\rangle)$，$|q_k\rangle=\frac{1}{\sqrt{c_+}}(\mathrm{e}^{-ik}|0\rangle+(-\sqrt{2}\mathrm{e}^{-i\omega_k}-\mathrm{e}^{-ik})|1\rangle)$，其中，$\omega_k$ 满足 $\sin\omega_k=\frac{1}{\sqrt{2}}\sin k$，$c_\pm=2(1+\cos^2k)\pm2\cos k\sqrt{1+\cos^2k}$。$|p_k\rangle$，$|q_k\rangle$对应的特征值分别为 $\mathrm{e}^{-i\omega_k}$，$\mathrm{e}^{i(\pi+\omega_k)}$。于是 $\boldsymbol{W}$ 在空间 H 这个新的计算基上的谱分解为

$$\boldsymbol{W}=\int_{-\pi}^{\pi}\frac{\mathrm{d}k}{2\pi}(\mathrm{e}^{-i\omega_k}|k,p_k\rangle\langle k,p_k|+\mathrm{e}^{i(\pi+\omega_k)}|k,q_k\rangle\langle k,q_k|)$$

并且 $\boldsymbol{W}^t=\int_{-\pi}^{\pi}\frac{\mathrm{d}k}{2\pi}(\mathrm{e}^{-i\omega_k t}|k,p_k\rangle\langle k,p_k|+\mathrm{e}^{i(\pi+\omega_k)}|k,q_k\rangle\langle k,q_k|)$

设$|\Psi(0)\rangle=|n=0\rangle\otimes|0\rangle\in H$ 为初始态，$|\Psi(t)\rangle=\sum_{n\in\mathbf{Z}}\sum_{m=0}^{1}A_{n,m}(t)|n\rangle\otimes|m\rangle$为第 t 步量子游走后的量子态。由上述傅里叶变换的定义与性质，可以得到$|\Psi(t)\rangle=\sum_{m=0}^{1}\int_{-\pi}^{\pi}\frac{\mathrm{d}k}{2\pi}\widetilde{A}_m(k,t)|k\rangle\otimes|m\rangle$，其中 $\widetilde{A}_m(k,t)=\sum_{n\in\mathbf{Z}}\mathrm{e}^{-ikn}A_{n,m}(t)$。将上述 $\boldsymbol{W}^t$代入$|\Psi(t)\rangle=\boldsymbol{W}^t|\Psi(0)\rangle$，并与$|\Psi(t)\rangle=\sum_{m=0}^{1}\int_{-\pi}^{\pi}\frac{\mathrm{d}k}{2\pi}\widetilde{A}_m(k,t)|k\rangle\otimes|m\rangle$比较得到

$$\widetilde{A}_0(k,t)=\frac{1}{2}\left(1+\frac{\cos k}{\sqrt{1+\cos^2k}}\right)\mathrm{e}^{-i\omega_k t}+\frac{(-1)^t}{2}\left(1-\frac{\cos k}{\sqrt{1+\cos^2k}}\right)\mathrm{e}^{i\omega_k t}$$

$$\widetilde{A}_1(k,t)=\frac{\mathrm{e}^{ik}}{2\sqrt{1+\cos^2k}}\left(\mathrm{e}^{-i\omega_k t}-(-1)^t\mathrm{e}^{i\omega_k t}\right)$$

于是由 $A_{n,m}(t)=\int_{-\pi}^{\pi}\frac{\mathrm{d}k}{2\pi}\mathrm{e}^{ikn}\widetilde{A}_m(k,t)$可得：

$n+t$ 为偶数时，

$$A_{n,0}(t)=\int_{-\pi}^{\pi}\frac{\mathrm{d}k}{2\pi}\left(1+\frac{\cos k}{\sqrt{1+\cos^2k}}\right)\mathrm{e}^{-i(\omega_k t-kn)}$$

$$A_{n,1}(t)=\int_{-\pi}^{\pi}\frac{\mathrm{d}k}{2\pi}\frac{\mathrm{e}^{ik}}{\sqrt{1+\cos^2 k}}\mathrm{e}^{-i(\omega_k t-kn)}$$

$n+t$ 为奇数时，分量系数为零。

于是可以得到在 t 时刻下，行走者位置的概率分布为 $P(t,n)=|A_{n,0}(t)|^2+|A_{n,1}(t)|^2$，$(n\in\mathbf{Z})$。经过 100 步后的概率分布如图 5-1 所示，图中 x 型点对应的 n 为整数。

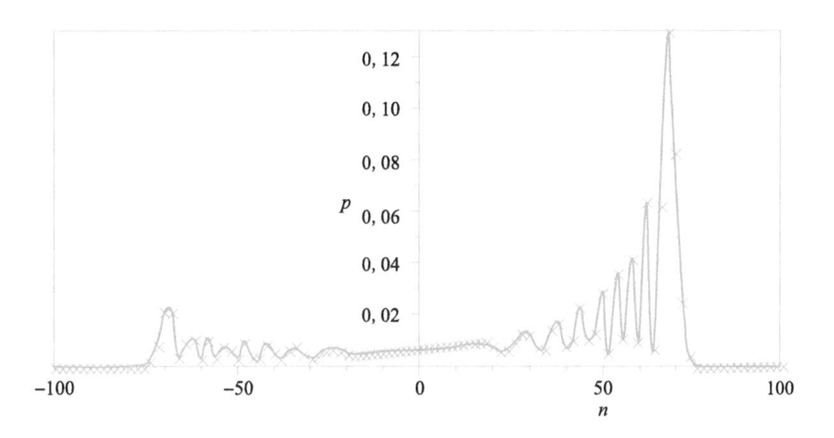

图 5-1 在直线上带 Hadamard 硬币的量子游走经过 100 步后的概率分布[8]

上述概率分布显然是不对称的，主要是 Hadamard 算子作用在 $|1\rangle$ 上时引进了负号，在叠加时出现了向左的项被抵消的比向右的项更多。为了使图形对称，可以将初始态设为 $|\Psi(0)\rangle=|n=0\rangle\otimes(|0\rangle-i|1\rangle)/\sqrt{2}$。此时概率分布将是对称的，期望 $\langle n\rangle=0$。而标准差 $\sigma(t)=\sqrt{\sum_{n=-\infty}^{\infty}n^2(p(t,n))}=0.54t$，在经典随机游走则是 $\sqrt{t}$。

2）在二维晶格上的量子游走　当考虑在无限二维晶格上的量子游走[6] 时，运动空间由无限二维晶格的点构成，位置空间 H_P 的计算基为 $\{|x,y\rangle:x,y\in\mathbf{Z}\}$。因为硬币状态决定量子游走的方向，并且在二维晶格上有四个运动方向，所以硬币空间 H_C 的维数是 4，H_C 的计算基为 $\{|e_x,e_y\rangle:0\leqslant e_x,e_y\leqslant 1\}$。硬币算子 $\boldsymbol{C}$ 是作用在硬币空间 H_C 上的四维酉算子，并且 $\boldsymbol{C}|e_x,e_y\rangle=\sum_{i_x,i_y=0}^{1}C_{i_x,i_y;e_x,e_y}|i_x,i_y\rangle$。与直线上的量子游走类似，条件转移算子 $\boldsymbol{S}$ 在空间 $H=H_P\otimes H_C$ 计算基上的作用方式为

$$\boldsymbol{S}|x,y\rangle\otimes|e_x,e_y\rangle=|x+(-1)^{e_x},y+(-1)^{e_y}\rangle\otimes|e_x,e_y\rangle,$$

于是每一步的量子游走由方程 $\boldsymbol{W}=\boldsymbol{S}\cdot(\boldsymbol{I}\otimes\boldsymbol{C})$ 所确定。经过 t 步量子游走演化后的量子态 $|\Psi(t)\rangle$ 定义为

$$|\Psi(t)\rangle=\sum_{x,y\in\mathbf{Z}}\sum_{e_x,e_y=0}^{1}A_{x,y;e_x,e_y}(t)|x,y\rangle\otimes|e_x,e_y\rangle$$

则经过 $t+1$ 步量子游走的量子态为

$$\begin{aligned}|\Psi(t+1)\rangle&=\boldsymbol{W}|\Psi(t)\rangle\\&=\sum_{x,y\in\mathbf{Z}}\sum_{e_x,e_y=0}^{1}\sum_{i_x,i_y=0}^{1}A_{x,y;e_x,e_y}(t)C_{i_x,i_y;e_x,e_y}|x+(-1)^{i_x},y+(-1)^{i_y}\rangle\otimes|i_x,i_y\rangle。\end{aligned}$$

下面给出常用的几个四维硬币算子的例子[4]。

例 5-3（傅里叶硬币） 令初始态为

$$|\Psi(0)\rangle=|x=0,y=0\rangle\otimes\frac{1}{2}\left(|00\rangle+\frac{1-i}{\sqrt{2}}|01\rangle+|10\rangle+\frac{i-1}{\sqrt{2}}|11\rangle\right)$$

四维傅里叶硬币算子 $\boldsymbol{C}$ 为算子 $\boldsymbol{F}=\frac{1}{2}\begin{pmatrix}1&1&1&1\\1&i&-1&-i\\1&-1&1&-1\\1&-i&-1&i\end{pmatrix}$，经过 40 步后的概率分布如图 5-2 所示。

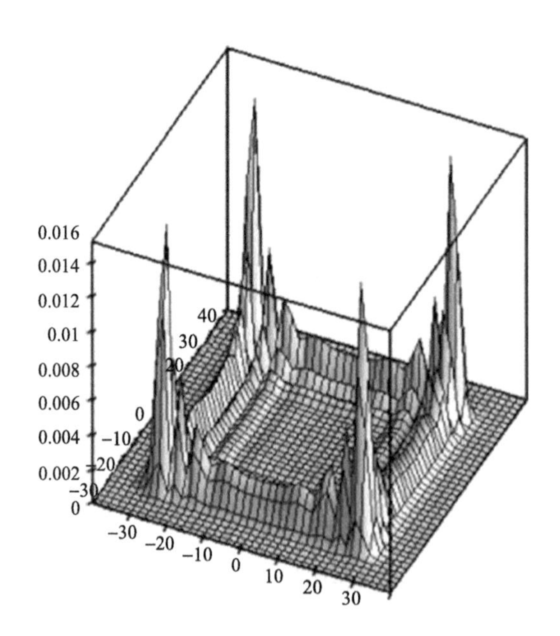

图 5-2 在二维晶格上带傅里叶硬币的量子游走经过 40 步后的概率分布[8]

例 5-4（Hadamard 硬币） 令初始态为

$$|\Psi(0)\rangle=|x=0,y=0\rangle\otimes\frac{1}{2}(|00\rangle+i|01\rangle+i|10\rangle-|11\rangle),$$

四维 Hadamard 硬币算子 $\boldsymbol{C}$ 为算子 $\boldsymbol{H}\otimes\boldsymbol{H}=\frac{1}{2}\begin{pmatrix}1&1&1&1\\1&-1&1&-1\\1&1&-1&-1\\1&-1&-1&1\end{pmatrix}$，经过 40 步后的概率分布如图 5-3 所示。

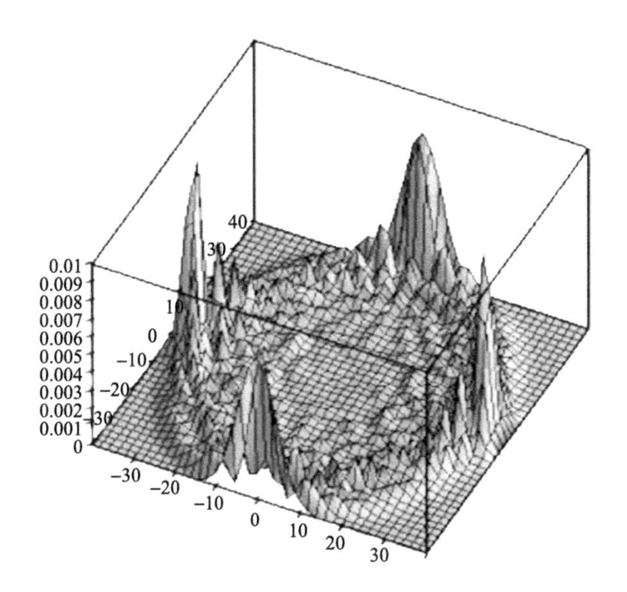

图 5-3 在二维晶格上带 Hadamard 硬币的量子游走经过 40 步后的概率分布[8]

例 5-5（Grover 硬币） 令 $|\Phi\rangle=\frac{1}{2}(|00\rangle+|01\rangle+|10\rangle+|11\rangle)$ 是硬币空间 H_C 上的均衡叠加态，则四维 Grover 硬币算子 $\boldsymbol{C}$ 为算子 $\boldsymbol{G}=2|\Phi\rangle\langle\Phi|-\boldsymbol{I}=\frac{1}{2}\begin{pmatrix}-1&1&1&1\\1&-1&1&1\\1&1&-1&1\\1&1&1&-1\end{pmatrix}$。令初始态为

$$|\Psi(0)\rangle = |x=0,y=0\rangle \otimes \frac{1}{2}(|00\rangle - |01\rangle - |10\rangle + |11\rangle)$$

于是经过 40 步后的概率分布如图 5-4 所示。

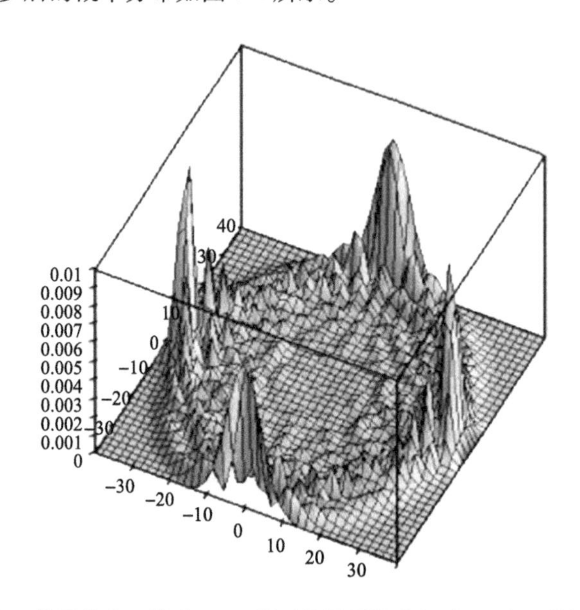

图 5-4　在二维晶格上，带 Grover 硬币的量子游走经过 40 步后的概率分布[8]

（2）在有限图上的量子游走

与无限图相比，在有限图上的量子游走有着不同的性质。在无限图上的量子游走关心的是经过若干步的游走后，粒子位置的概率分布以及相对于初始位置的标准偏差。而在有限图上的量子游走更关注的是量子游走的 limiting time、mixing time 和 hitting time，这些性质将在后面详细讲述。下面将通过描述在 N-圈上的、在有限二维晶格上的、在超立方体上的和在 N-完备图上的量子游走来具体刻画在有限图上的量子游走。

1）在 N-圈上的量子游走。如果带有单硬币的量子游走发生在一个 N-圈[2] 上，那么行走者将在 N-圈的 N 个顶点 $\{|j\rangle: 0 \leqslant j \leqslant N-1\}$ 上运动，即位置空间 H_P 是一个 N 维的 Hilbert 空间，其计算基为 $\{|j\rangle: 0 \leqslant j \leqslant N-1\}$。行走者在圈上有顺时针与逆时针两个运动方向，所以硬币空间 H_C 是一个二维 Hilbert 空间，其计算基为 $\{|0\rangle, |1\rangle\}$。于是，与量子游走相对应的 Hilbert 空间 $H=H_P \otimes H_C$ 的计算基为 $\{|j\rangle \otimes |m\rangle: 0 \leqslant j \leqslant N-1, m \in \{0,1\}\}$。与量子游走相对应的条件转移算子在 H 的计算基上的作用方式为

$\boldsymbol{S}|j,m\rangle=|(j+(-1)^m)\bmod N,m\rangle$。

下面通过具体的例子来说明在 N-圈上的量子游走的具体过程。

例 5-6（Hadamard 硬币）　将 Hadamard 算子作为硬币算子 $\boldsymbol{C}$，于是每一步量子游走的演化算子 $\boldsymbol{W}=\boldsymbol{S}\cdot(\boldsymbol{I}\otimes\boldsymbol{H})$。并且设

$$|\Psi(t)\rangle=\sum_{j=0}^{N-1}\sum_{m=0}^{1}A_{j,m}(t)|j,m\rangle$$

为第 t 步量子游走后的量子态，其中各分量系数满足 $\sum_{j=0}^{N-1}\sum_{m=0}^{1}|A_{j,m}(t)|^2=1$。于是

$$|\Psi(t+1)\rangle=\sum_{j=0}^{N-1}\left(\frac{A_{j,0}(t)+A_{j,1}(t)}{\sqrt{2}}|(j+1)\bmod N,0\rangle+\frac{A_{j,0}(t)-A_{j,1}(t)}{\sqrt{2}}|(j-1)\bmod N,1\rangle\right),$$

即 $A_{j,0}(t+1)=\dfrac{A_{(j-1)\bmod N,0}(t)+A_{(j-1)\bmod N,1}(t)}{\sqrt{2}}$，$A_{j,1}(t+1)=\dfrac{A_{(j+1)\bmod N,0}(t)-A_{(j+1)\bmod N,1}(t)}{\sqrt{2}}$。于是在给定初始态后，通过上述递推关系，可以得到在 t 时刻下，行走者位置的概率分布：

$$P(t,j)=\sum_{m=0}^{1}|A_{j,m}(t)|^2,\quad(0\leqslant j\leqslant N-1)$$

与在直线上的量子游走类似，可以通过傅里叶变换较容易地得到上述量子态 $|\Psi(t)\rangle$ 各分量系数的表达式。

对位置空间 H_P 的计算基进行傅里叶变换：$|k\rangle=\dfrac{1}{\sqrt{N}}\sum_{j=0}^{N-1}\mathrm{e}^{\frac{2\pi ijk}{N}}|j\rangle$，$0\leqslant k\leqslant N-1$，易知 $\{|k\rangle:0\leqslant k\leqslant N-1\}$ 是一个正交基，称为傅里叶基。条件转移算子 $\boldsymbol{S}$ 在空间 H 这个新的计算基上的作用方式为

$$\boldsymbol{S}|k\rangle\otimes|m\rangle=\frac{1}{\sqrt{N}}\sum_{j=0}^{N-1}\mathrm{e}^{\frac{2\pi ijk}{N}}|j+(-1)^m\rangle\otimes|m\rangle=\mathrm{e}^{\frac{(-1)^{m+1}2\pi ik}{N}}|k\rangle\otimes|m\rangle,$$

于是

$$\boldsymbol{W}|k\rangle\otimes|m'\rangle=\sum_{m=0}^{1}\mathrm{e}^{\frac{(-1)^{m+1}2\pi ik}{N}}\boldsymbol{H}_{m,m'}|k\rangle\otimes|m\rangle=|k\rangle\otimes(\widetilde{\boldsymbol{H}}_k|m'\rangle)$$

其中，$\widetilde{\boldsymbol{H}}_k=\dfrac{1}{\sqrt{2}}\begin{pmatrix}\mathrm{e}^{-\frac{2\pi ik}{N}} & \mathrm{e}^{-\frac{2\pi ik}{N}}\\ \mathrm{e}^{\frac{2\pi ik}{N}} & -\mathrm{e}^{\frac{2\pi ik}{N}}\end{pmatrix}$。对于每一个 k，将硬币空间 H_C 的计算基变为 $\widetilde{\boldsymbol{H}}_k$ 的规范正交特征向量 $\{|p_k\rangle,|q_k\rangle\}$，

$$|p_k\rangle=\frac{1}{\sqrt{c_{k_-}}}\left(|0\rangle+\mathrm{e}^{\frac{2\pi ik}{N}}\left(\sqrt{1+\cos^2\frac{2\pi k}{N}}-\cos\frac{2\pi k}{N}\right)|1\rangle\right),$$

$$|q_k\rangle=\frac{1}{\sqrt{c_{k_+}}}\left(|0\rangle-\mathrm{e}^{\frac{2\pi ik}{N}}\left(\sqrt{1+\cos^2\frac{2\pi k}{N}}+\cos\frac{2\pi k}{N}\right)|1\rangle\right),$$

其中，$c_{k_\pm}=2\sqrt{1+\cos^2\frac{2\pi k}{N}}\left(\sqrt{1+\cos^2\frac{2\pi k}{N}}\pm\cos\frac{2\pi k}{N}\right)$。$|p_k\rangle$，$|q_k\rangle$ 对应的特征值分别为 $\mathrm{e}^{-i\omega_k},\mathrm{e}^{i(\pi+\omega_k)}$，其中 ω_k 满足 $\sin\omega_k=\frac{1}{\sqrt{2}}\sin\frac{2\pi k}{N}$。于是 $\boldsymbol{W}$ 在空间 H 这个新的计算基上的谱分解为

$$\boldsymbol{W}=\sum_{k=0}^{N-1}\left(\mathrm{e}^{-i\omega_k}|k,p_k\rangle\langle k,p_k|+\mathrm{e}^{i(\pi+\omega_k)}|k,q_k\rangle\langle k,q_k|\right)$$

并且

$$\boldsymbol{W}^t=\sum_{k=0}^{N-1}\left(\mathrm{e}^{-i\omega_k t}|k,p_k\rangle\langle k,p_k|+\mathrm{e}^{i(\pi+\omega_k)t}|k,q_k\rangle\langle k,q_k|\right)$$

设 $|\Psi(0)\rangle=|j=0\rangle\otimes|0\rangle\in H$ 为初始态，$|\Psi(t)\rangle=\sum_{j=0}^{N-1}\sum_{m=0}^{1}A_{j,m}(t)|j,m\rangle\in H$ 为第 t 步量子游走后的量子态。由上述傅里叶变换的定义与性质，可以得到 $|\Psi(t)\rangle=\sum_{m=0}^{1}\sum_{k=0}^{N-1}\widetilde{A}_m(k,t)|k\rangle\otimes|m\rangle$，其中，$\widetilde{A}_m(k,t)=\frac{1}{\sqrt{N}}\sum_{j=0}^{N-1}\mathrm{e}^{-\frac{2\pi ijk}{N}}A_{j,m}(t)$。将上述 $\boldsymbol{W}^t$ 代入 $|\Psi(t)\rangle=\boldsymbol{W}^t|\Psi(0)\rangle$，并与 $|\Psi(t)\rangle=\sum_{m=0}^{1}\sum_{j=0}^{N-1}\widetilde{A}_m(k,t)|k\rangle\otimes|m\rangle$ 比较得到 t 为偶数时，

$$\widetilde{A}_0(k,t)=\frac{1}{\sqrt{N}}\left(\cos\omega_k t-\frac{i\cos\frac{2\pi k}{N}\sin\omega_k t}{\sqrt{1+\cos^2\frac{2\pi k}{N}}}\right),\quad \widetilde{A}_1(k,t)=-\frac{1}{\sqrt{N}}\left(\frac{i\mathrm{e}^{i\frac{2\pi k}{N}}\sin\omega_k t}{\sqrt{1+\cos^2\frac{2\pi k}{N}}}\right)。$$

t 为奇数时，

$$\widetilde{A}_0(k,t)=\frac{1}{\sqrt{N}}\left(-i\sin\omega_k t+\frac{\cos\frac{2\pi k}{N}\cos\omega_k t}{\sqrt{1+\cos^2\frac{2\pi k}{N}}}\right),\quad \widetilde{A}_1(k,t)=\frac{1}{\sqrt{N}}\left(\frac{\mathrm{e}^{i\frac{2\pi k}{N}}\cos\omega_k t}{\sqrt{1+\cos^2\frac{2\pi k}{N}}}\right)$$

于是由 $A_{j,m}(t)=\frac{1}{\sqrt{N}}\sum_{k=0}^{N-1}\mathrm{e}^{\frac{2\pi ijk}{N}}\widetilde{A}_m(k,t)$ 可计算行走者位置的概率分布：

$$P(t,j)=\sum_{m=0}^{1}\frac{1}{N}\left|\sum_{k=0}^{N-1}\mathrm{e}^{\frac{2\pi ijk}{N}}\widetilde{A}_m(k,t)\right|^2,\quad (0\leqslant j\leqslant N-1)$$

$P(t,j)$在 N 与 $j+t$ 非同奇同偶时为 0。当 $N=200$ 时，经过 100 步后行走者位置的概率分布图如图 5-5 所示。

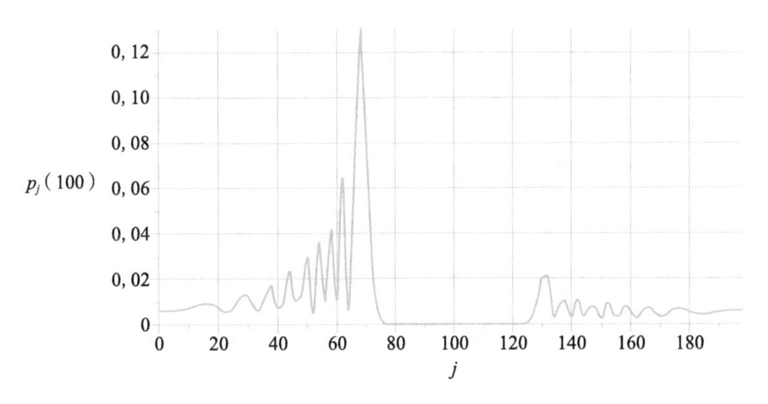

图 5-5 当 $N=200$ 时在 N-圈上的量子游走经过 100 步后的概率分布[8]

2）在有限二维晶格上的量子游走。当考虑在$\sqrt{N}\times\sqrt{N}$的二维晶格上的量子游走[6,7]时，运动空间由二维晶格的点构成，所以位置空间 H_P 的一个计算基为$\{|x,y\rangle:x,y\in\{0,1,\cdots,\sqrt{N}-1\}\}$。并且该二维晶格带有周期边条件，即沿着 x-方向运动$\sqrt{N}$步或沿着 y-方向运动$\sqrt{N}$步后回到出发点。硬币空间 H_C 的一个计算基为$\{|d,s\rangle:0\leqslant d,s\leqslant 1\}$，其中，$d$ 决定运动的方向：$d=0$ 表示在 x-方向运动，$d=1$ 表示在 y-方向运动，并且 s 决定方向的符号：$s=0$ 表示正方向，$s=1$ 表示反方向。于是条件转移算子 S 在空间 $H=H_P\otimes H_C$ 的计算基上的作用方式为

$$\boldsymbol{S}|x,y\rangle\otimes|d,s\rangle=|x+(-1)^s\delta_{d0},y+(-1)^s\delta_{d1}\rangle\otimes|d,s\otimes 1\rangle$$

其中，对变量 x 和 y 的运算都是模$\sqrt{N}$运算。与上述条件转移算子不同的是，这里的 $\boldsymbol{S}$ 每次作用都会将硬币态的 s 改变为 $s\oplus 1$，这对后面的二维晶格上的搜索算法是十分重要的。于是每一步的量子游走由方程 $\boldsymbol{W}=\boldsymbol{S}\cdot(\boldsymbol{I}\otimes\boldsymbol{C})$所确定。

例 5-7（Grover 硬币） 以上述已经提到的 Grover 硬币 $\boldsymbol{G}$ 为硬币算子，并且将在经过 t 步量子游走演化后的量子态$|\Psi(t)\rangle$ 定义为

$$|\Psi(t)\rangle=\sum_{x,y=0}^{\sqrt{N}-1}\sum_{d,s=0}^{1}A_{x,y;d,s}(t)|x,y\rangle\otimes|d,s\rangle,$$

则经过 t+1 步量子游走的量子态为

$$|\Psi(t+1)\rangle=\boldsymbol{W}|\Psi(t)\rangle=\sum_{x,y=0}^{\sqrt{N}-1}\sum_{d,s,d',s'=0}^{1}A_{x,y;d',s'}(t)\boldsymbol{G}_{d,s;d',s'}|x+(-1)^s\delta_{d0},y+(-1)^s\delta_{d1}\rangle\otimes|d,s\oplus1\rangle,$$

于是可得

$$A_{x,y;d,s}(t+1)=\sum_{d',s'=0}^{1}\boldsymbol{G}_{d,s\oplus1;d',s'}A_{x+(-1)^s\delta_{d0},y+(-1)^s\delta_{d1};d',s'}(t)$$

为了求解上述 $A_{x,y;d,s}(t)$ 的递推表达式，仍可以通过傅里叶变换从而较容易地得到上述量子态 $|\Psi(t)\rangle$ 各分量系数的表达式[8]。

3）在超立方体上的量子游走[9]。超立方体是一个带有 $N=2^n$ 个顶点且每个顶点的度为 n 的 n 维正则图，每个顶点的标签分别对应于一个 n 元比特串。于是在超立方体上的量子游走的位置空间 H_P 是一个 2^n 维的 Hilbert 空间，且计算基为 $\{|\vec{v}\rangle:\vec{v}=x_1x_2\cdots x_n, x_i\in\{0,1\},i\in\{1,2,\cdots,n\}\}$。在超立方体中，当且仅当两个顶点的标签的汉明距离为 1 时，两个顶点相邻，并且设这两个顶点的标签在第 m 个比特处不同，则连接这两个顶点的边的标签为 m。量子游走的硬币空间 H_C 由每个顶点所在 n 条边构成，所以 H_C 是一个 n 维的 Hilbert 空间，计算基为 $\{|m\rangle:m\in\{1,2,\cdots,n\}\}$。于是量子游走的全局空间 $H=H_P\otimes H_C$ 的计算基为

$$\{|\vec{v}\rangle\otimes|m\rangle:\vec{v}=x_1x_2\cdots x_n;x_i\in\{0,1\};i,m\in\{1,2,\cdots,n\}\}$$

条件转移算子 $\boldsymbol{S}$ 在空间 $H=H_P\otimes H_C$ 的计算基上的作用方式为 $\boldsymbol{S}|\vec{v}\rangle\otimes|m\rangle=|\vec{v}\oplus\vec{e}_m\rangle\otimes|m\rangle$，其中 $\vec{e}_m$ 是第 m 个比特为 1，其余比特为 0 的 n 元比特串。

例 5-8（Grover 硬币） n 维 Grover 硬币的表示为

$$\boldsymbol{G}=2|\Phi\rangle\langle\Phi|-\boldsymbol{I}=\begin{pmatrix}\frac{2}{n}-1 & \frac{2}{n} & \cdots & \frac{2}{n}\\ \frac{2}{n} & \frac{2}{n}-1 & \cdots & \frac{2}{n}\\ \vdots & \vdots & \ddots & \vdots\\ \frac{2}{n} & \frac{2}{n} & \cdots & \frac{2}{n}-1\end{pmatrix}$$

并且将在经过 t 步量子游走演化后的量子态 $|\Psi(t)\rangle$ 定义为

$$|\Psi(t)\rangle = \sum_{m=1}^{n}\sum_{\vec{v}=0}^{2^n-1} A_{\vec{v},m}(t)|\vec{v}\rangle \otimes |m\rangle$$

则经过 $t+1$ 步量子游走的量子态为

$$|\Psi(t+1)\rangle = \boldsymbol{W}|\Psi(t)\rangle = \sum_{l,m=1}^{n}\sum_{\vec{v}=0}^{2^n-1} A_{\vec{v},l}(t)G_{ml}|\vec{v}\oplus\vec{e}_m\rangle \oplus |m\rangle$$

于是可得

$$A_{\vec{v},m}(t+1) = \sum_{l=1}^{n} G_{ml}A_{\vec{v}\oplus\vec{e}_m,l}(t)$$

为了求解上述 $A_{\vec{v},m}(t)$ 的递推表达式，仍可以通过傅里叶变换从而较容易地得到上述量子态 $|\Psi(t)\rangle$ 各分量系数的表达式[5]。

2. 多硬币模型、纠缠硬币模型、Szegedy 量子游走模型、Staggered 量子游走模型

（1）多硬币模型

上述量子游走是单硬币的量子游走模型，接下来要介绍的是多硬币量子游走模型。为了说明随机游走如何从量子情形转化为经典情形，并通过消除掉量子情形中不同游走路径之间的干涉影响，Brun 等人[10] 提出了多硬币量子游走模型。下面以直线上的多硬币量子游走为例来描述多硬币的量子游走模型，在其他图上的多硬币量子游走也可以用类似的方式刻画。

对于带有 M 个二维硬币算子：$C_1, C_2, \cdots, C_M$ 的多硬币量子游走，第 m 个硬币算子作用在一个二维硬币空间，记为 $H_{C_m}(1\leqslant m\leqslant M)$。于是量子游走的硬币空间 H_C 是这 M 个硬币空间的张量积空间，即一个 2^M 维的 Hilbert 空间，记为 $H_{C_1}\otimes H_{C_2}\otimes\cdots\otimes H_{C_M}$。在每一步量子游走中，只依次翻转一个二维硬币作为整体的硬币算子，即翻转第 m 个二维硬币算子所对应的整体 2^M 维硬币算子为 $\boldsymbol{I}\otimes\boldsymbol{I}\otimes\cdots\otimes\boldsymbol{C}_m\otimes\cdots\otimes\boldsymbol{I}$，只改变 H_{C_m}，其余空间不变，故简记为 $\boldsymbol{I}\otimes\boldsymbol{C}_m$。与在直线上的单硬币模型相同，量子游走的位置空间 H_P 的计算基为 $\{|n\rangle : n\in\mathbf{Z}\}$。因为量子游走的全局空间是位置空间和硬币空间的张量积空间，于是 $H=H_P\otimes H_{C_1}\otimes H_{C_2}\otimes\cdots\otimes H_{C_M}$。

在全局空间 H 上定义 M 个条件转移算子：

$$\boldsymbol{S}_m = \sum_{n\in\mathbf{Z}}(|n+1\rangle\langle n|\otimes|0\rangle_m\langle 0| + |n-1\rangle\langle n|\otimes|1\rangle_m\langle 1|),\quad (1\leqslant m\leqslant M)$$

其中，$|0\rangle_m$ 与 $|1\rangle_m$ 都是空间 H_{C_m} 中的向量。令 $\boldsymbol{S} = \sum_{n\in\mathbf{Z}}(|n+1\rangle\langle n|$，$P_{0m} = \boldsymbol{I}\otimes\boldsymbol{I}\otimes\cdots\otimes$

$|0\rangle_m\langle 0|\otimes\cdots\otimes \boldsymbol{I}, P_{1m}=\boldsymbol{I}\otimes\boldsymbol{I}\otimes\cdots\otimes|1\rangle_m\langle 1|\otimes\cdots\otimes\boldsymbol{I}$，于是翻转第 m 个硬币所得到的量子游走的演化方程为

$$\boldsymbol{W}_m=(\boldsymbol{S}\otimes\boldsymbol{P}_{0m}+\boldsymbol{S}^{\dagger}\otimes\boldsymbol{P}_{1m})\cdot(\boldsymbol{I}\otimes\boldsymbol{C}_m),\quad (1\leqslant m\leqslant M)$$

并且对于 $m\neq n$，有 $[\boldsymbol{W}_m,\boldsymbol{W}_n]=0$。如果在每一步量子游走中依次翻转一个硬币，在这 M 个硬币算子之间循环，共执行 t 次翻转$\left(\text{每个硬币的翻转次数为}\dfrac{t}{M}\right)$。若初始状态为 $|\Psi(0)\rangle$，则 t 步游走之后的状态为 $|\Psi(t)\rangle=(\boldsymbol{W}_M\cdots\boldsymbol{W}_1)^{t/M}|\Psi(0)\rangle=(\boldsymbol{W}_M)^{t/M}\cdots(\boldsymbol{W}_1)^{t/M}|\Psi(0)\rangle$。多硬币量子游走模型的电路图如图 5-6 所示。

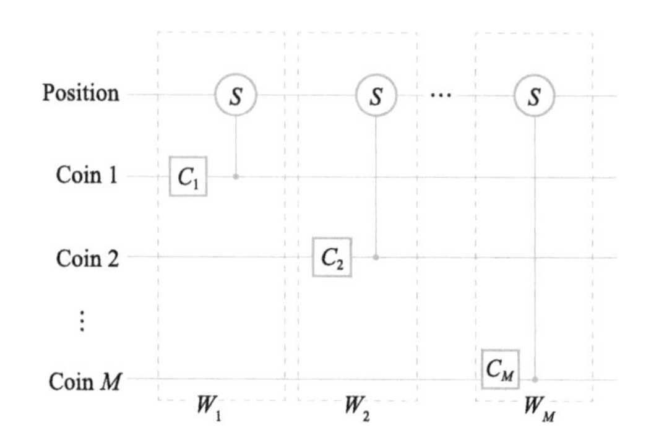

图 5-6[11] 多硬币量子游走模型的电路图

从图 5-7 中可以看到行走者的平均位置不依赖于硬币的个数。但是在后面章节会发现多硬币模型有自己独特的优势。

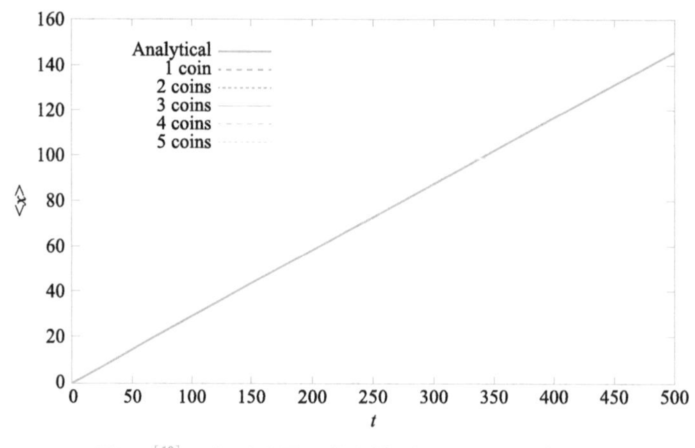

图 5-7[10] 多硬币量子游走模型位置和时间的关系

(2) 纠缠硬币模型

如果两个硬币算子纠缠在一起概率分布会有什么呢？Venegas-Andraca S. E. 等人[12]考虑了带有纠缠硬币的量子游走。以在直线上的双纠缠硬币的量子游走为例来描述纠缠硬币模型。由于量子运动空间是在直线上，则该量子游走的位置空间 H_P 的计算基为 $\{|n\rangle : n\in\mathbf{Z}\}$，令量子游走初始的位置状态为 $|0\rangle\in H_P$。由于考虑的是双纠缠硬币，即硬币态的初始状态 $|\phi\rangle_C$ 是一个双量子比特的纠缠态，例如：

$$|\Phi^+\rangle=\frac{|00\rangle+|11\rangle}{\sqrt{2}}$$

$$|\Phi^-\rangle=\frac{|00\rangle-|11\rangle}{\sqrt{2}}$$

$$|\Psi^+\rangle=\frac{|01\rangle+|10\rangle}{\sqrt{2}}$$

所以硬币空间 H_C 的维数为 4，计算基为 $\{|00\rangle, |01\rangle, |10\rangle, |11\rangle\}$。作用在空间 H_C 上的硬币算子 $\boldsymbol{C}$ 被定义为两个相同的单量子比特硬币算子的张量积算子，例如 $\boldsymbol{C}=\boldsymbol{H}\otimes\boldsymbol{H}, \boldsymbol{C}=\boldsymbol{Y}\otimes\boldsymbol{Y}$，$\boldsymbol{Y}$ 是 Pauli Y 门。从硬币算子的定义，我们可以知道硬币算子是完全可分离的，所以纠缠硬币模型中的纠缠硬币态完全来自于硬币初始态的纠缠。

与在直线上的量子游走类似，可以定义如下作用在 $\boldsymbol{H}=\boldsymbol{H}_P\otimes\boldsymbol{H}_C$ 上的条件转移算子来支配行走者的移动方向：

$$\boldsymbol{S}=\sum_{n\in\mathbf{Z}}|n+1\rangle\langle n|\otimes|00\rangle\langle 00|+\sum_{n\in\mathbf{Z}}|n\rangle\langle n|\otimes|01\rangle\langle 01|+\sum_{n\in\mathbf{Z}}|n-1\rangle\langle n|\otimes|11\rangle\langle 11|+\sum_{n\in\mathbf{Z}}|n\rangle\langle n|\otimes|10\rangle\langle 10|$$

于是每一步量子游走的演化方程为 $\boldsymbol{W}=\boldsymbol{S}\cdot(\boldsymbol{I}\otimes\boldsymbol{C})$，$|\Psi(t)\rangle=\boldsymbol{W}^t|\Psi(0)\rangle=\boldsymbol{W}^t(|0\rangle\otimes|\phi\rangle_C)$。

例 5-9 ($|\phi\rangle_C=|\Phi^+\rangle$)　以 $|\Phi^+\rangle$ 作为硬币态的初始态，上述定义的 $\boldsymbol{S}$ 为条件转移算子，$\boldsymbol{C}=\boldsymbol{H}\otimes\boldsymbol{H}$ 和 $\boldsymbol{C}=\boldsymbol{Y}\otimes\boldsymbol{Y}$ 分别作为硬币算子来实现不同的量子游走，进而更深地刻画纠缠硬币模型的性质。

初始态 $|\Psi(0)\rangle=|0\rangle\otimes|\Phi^+\rangle$，经过 100 步和 200 步量子游走后，行走者位置的概率分布如图 5-8 和图 5-9 所示，其中，红色线对应 $\boldsymbol{C}=\boldsymbol{H}\otimes\boldsymbol{H}$，蓝色线对应 $\boldsymbol{C}=\boldsymbol{Y}\otimes\boldsymbol{Y}$。

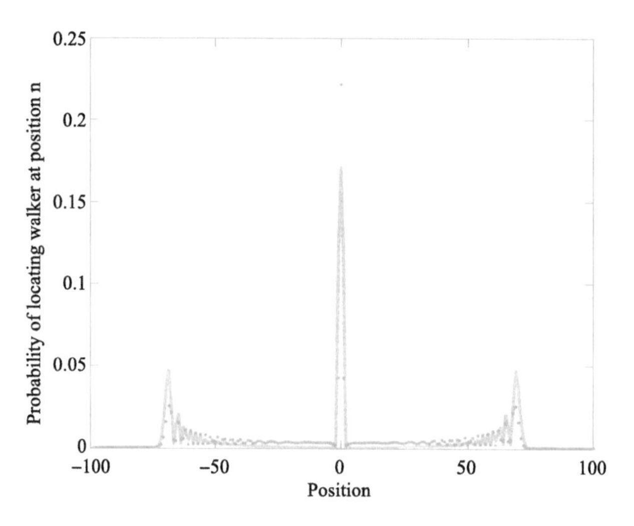

图 5-8[12] 纠缠硬币量子游走 100 步后位置的概率分布

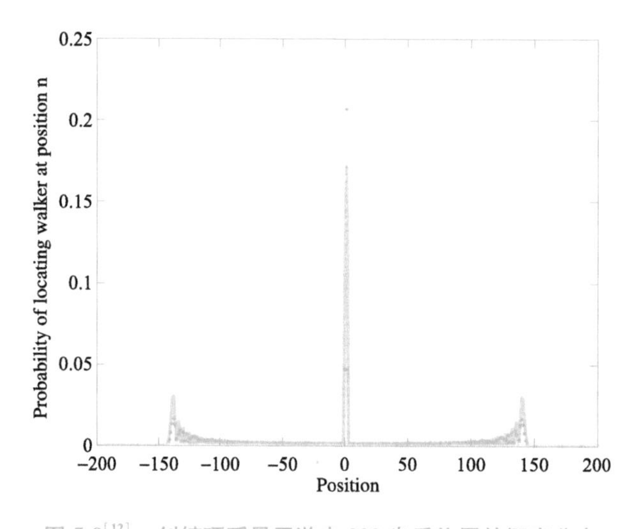

图 5-9[12] 纠缠硬币量子游走 200 步后位置的概率分布

通过量子游走的概率分布图，发现纠缠硬币模型一个值得注意的特性：在经典的随机游走中，行走者经过若干步后落在初始位置的概率最大，以至于概率分布只有一个峰值。但是在纠缠硬币的量子游走中，不仅在初始位置处的概率很大，在游走区域两端较远处找到粒子的概率也较大。这就体现了该例子中纠缠硬币模型具有“三峰区”特性。“三峰区”特性是量子游走相比于经典随机游走的一个优势。

例 5-10（三量子比特的纠缠硬币）　增加纠缠硬币态的量子比特数可以增加能使用的硬币算子和条件转移算子的个数。令硬币初始态 $|\phi\rangle_C=\frac{1}{\sqrt{2}}(|000\rangle+|111\rangle)$，即 $|\Psi(0)\rangle=|0\rangle\otimes\frac{1}{\sqrt{2}}(|000\rangle+|111\rangle)$。硬币算子 $\boldsymbol{C}=\boldsymbol{H}\otimes\boldsymbol{H}\otimes\boldsymbol{H}$，并定义如下两种条件转移算子：

$$\boldsymbol{S}_1=\sum_{n\in\mathbf{Z}}|n+1\rangle\langle n|\otimes|000\rangle\langle 000|+\sum_{n\in\mathbf{Z}}|n\rangle\langle n|\otimes(|001\rangle\langle 001|+|010\rangle\langle 010|+|011\rangle\langle 011|+|100\rangle\langle 100|+|101\rangle\langle 101|+|110\rangle\langle 110|)+\sum_{n\in\mathbf{Z}}|n-1\rangle\langle n|\otimes|111\rangle\langle 111|$$

$$\boldsymbol{S}_2=\sum_{n\in\mathbf{Z}}|n+3\rangle\langle n|\otimes|000\rangle\langle 000|+\sum_{n\in\mathbf{Z}}|n+2\rangle\langle n|\otimes|001\rangle\langle 001|+\sum_{n\in\mathbf{Z}}|n+1\rangle\langle n|\otimes|010\rangle\langle 010|+\sum_{n\in\mathbf{Z}}|n\rangle\langle n|\otimes|011\rangle\langle 011|+\sum_{n\in\mathbf{Z}}|n\rangle\langle n|\otimes|100\rangle\langle 100|+\sum_{n\in\mathbf{Z}}|n-1\rangle\langle n|\otimes|101\rangle\langle 101|+\sum_{n\in\mathbf{Z}}|n-2\rangle\langle n|\otimes|110\rangle\langle 110|+\sum_{n\in\mathbf{Z}}|n-3\rangle\langle n|\otimes|111\rangle\langle 111|$$

于是经过 100 步量子游走后，行走者位置的概率分布如图 5-10 所示，灰色线对应 S_1，黑色线对应 S_2。可以清楚看见使用不同的条件转移算子会表现出截然不同的概率分布图象，S_1 对应的图像有四峰区，而 S_2 对应的图像却没有峰区。

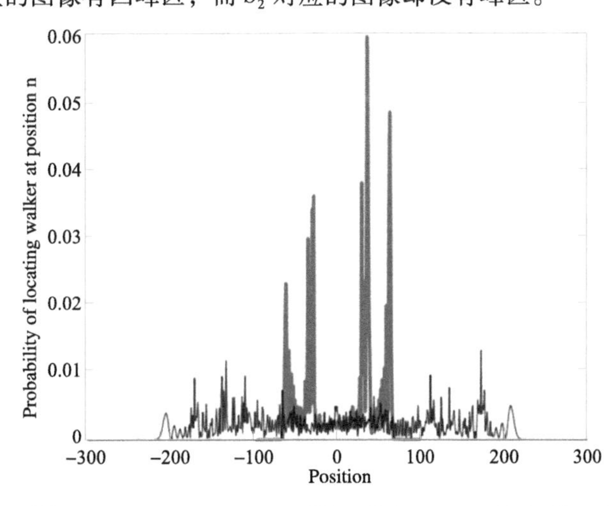

图 5-10[12]　三量子比特的纠缠硬币量子游走 100 步后位置的概率分布

（3）Szegedy 量子游走模型[13]

Szegedy 量子游走模型也称为无硬币模型，它在基于量子游走的搜索算法中起着重要的作用。令 $G=(V,E)$ 是一个无向无权图，则 G 的二部双覆盖图为 $G\times K_2$，其中 K_2 是两顶点的完全图。具体地说，就是将 G 的顶点复制成两个点集 X 和 Y，X 中的点与 Y 中的点相连（当且仅当它们在 G 中相连）时。如图 5-11 所示，图 5-11a）的二部双覆盖即为图 5-11b）。

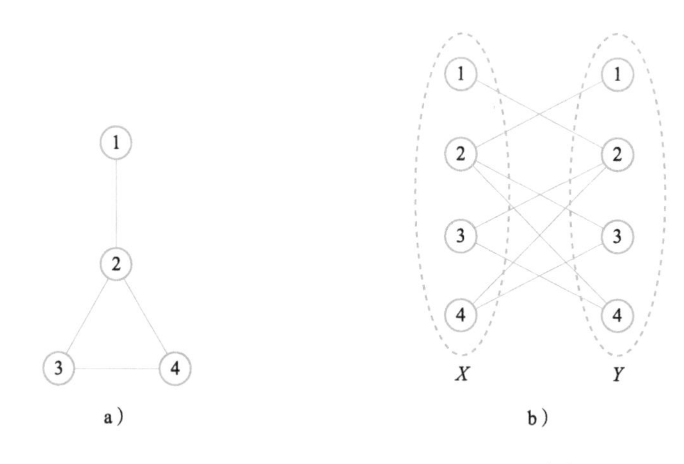

图 5-11　4 顶点的无向图及其二部双覆盖[13]

图 G 上的 Szegedy 量子游走发生在图 G 二部双覆盖的边上。注意到，若图 G 的边数为 $|E|$，则其二部双覆盖的边数则为 $2|E|$，于是量子游走的运动空间的维数则为 $2|E|$，计算基为 $\{|x,y\rangle : x\in X, y\in Y, x\sim y\}$，其中 $x\sim y$ 表示 x 和 y 在图中相连。令 $|\phi_x\rangle=\frac{1}{\sqrt{\deg(x)}}\sum_{y\sim x}|x,y\rangle$，$|\psi_y\rangle=\frac{1}{\sqrt{\deg(y)}}\sum_{x\sim y}|x,y\rangle$，于是 Szegedy 量子游走的演化方程定义为 $\boldsymbol{W}=\boldsymbol{R}_2\boldsymbol{R}_1$，其中，$\boldsymbol{R}_1=2\sum_{x\in X}|\phi_x\rangle\langle\phi_x|-\boldsymbol{I}$，$\boldsymbol{R}_2=2\sum_{y\in Y}|\psi_y\rangle\langle\psi_y|-\boldsymbol{I}$。

（4）Staggered 量子游走模型

基于图的镶嵌覆盖，Portugal 等人[14] 提出了 Staggered 量子游走模型。一个图的镶嵌是将图的顶点集分割成团，团是可以生成完备子图的顶点的集合。图的镶嵌覆盖是指镶嵌集合的并集覆盖了所有的边。镶嵌中的元素称为多边形。Hojoś 图及其三种镶嵌如图 5-12 所示。

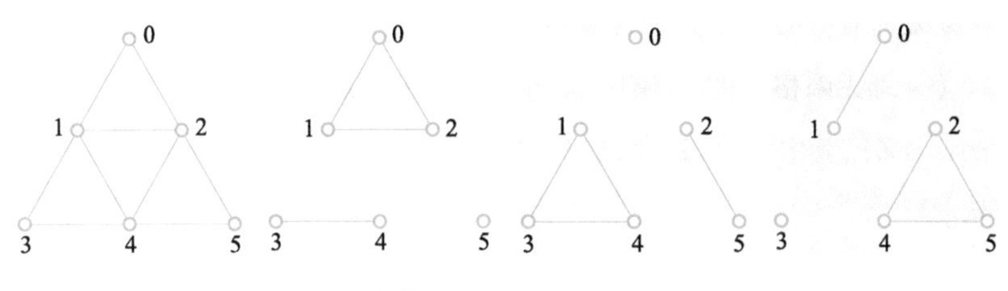

图 5-12[14]　Hojoś 图及其三种镶嵌

设 $G=(V,E)$ 是一个连通的简单图，其中 $|V|=N$。在 Staggered 量子游走模型中，顶点集和可计算基的态之间是一一对应的，也就是既不存在硬币空间也不存在附属空间。假设图 G 的镶嵌覆盖 $\{T_1,T_2,\cdots,T_k\}$ 是已知的，对于每一个镶嵌可以构造一个作用在全空间 H^N 上的厄密算子 $\boldsymbol{H}$。假设镶嵌 $T=\{T_1,T_2,\cdots T_k\}$ 中含有 p 个多边形，即 $T=\{\alpha_j:1\leqslant j\leqslant p\}$。令 $|\alpha_j\rangle=\frac{1}{\sqrt{|\alpha_j|}}\sum_{l\in\alpha_j}|l\rangle$，$|\alpha_j|$ 表示多边型 α_j 中的顶点数。则与 T 相对应的厄米算子为 $\boldsymbol{H}=2\sum_{j=1}^{p}|\alpha_j\rangle\langle\alpha_j|-\boldsymbol{I}$。

例 5-11（Hojoś 的一个 3-镶嵌）　$T_1=\{\{0,1,2\},\{3,4\},\{5\}\}$，

$$|\alpha_1\rangle=\frac{1}{\sqrt{3}}(|0\rangle+|1\rangle+|2\rangle)$$

$$|\alpha_2\rangle=\frac{1}{\sqrt{2}}(|3\rangle+|4\rangle)$$

$$|\alpha_3\rangle=|5\rangle$$

与 T_1 相关的厄密算子为

$$\boldsymbol{H}=\begin{pmatrix}-\frac{1}{3} & \frac{2}{3} & \frac{2}{3} & 0 & 0 & 0\\ \frac{2}{3} & -\frac{1}{3} & \frac{2}{3} & 0 & 0 & 0\\ \frac{2}{3} & \frac{2}{3} & -\frac{1}{3} & 0 & 0 & 0\\ 0 & 0 & 0 & 0 & 1 & 0\\ 0 & 0 & 0 & 1 & 0 & 0\\ 0 & 0 & 0 & 0 & 0 & 1\end{pmatrix}$$

与镶嵌覆盖 T 对应的演化算子为 $\boldsymbol{U}=\mathrm{e}^{i\theta_k \boldsymbol{H}_k}\cdots\mathrm{e}^{i\theta_1 \boldsymbol{H}_1}$。此处 U 是局部酉算子的乘积。

例 5-12（一维无限格上的 2-镶嵌 Staggered 量子游走）

$T_0=\{\alpha_x:x\in\mathbf{Z}\}$，其中 $\alpha_x=\{2x,2x+1\}$，$T_1=\{\beta_x:x\in\mathbf{Z}\}$，其中 $\beta_x=\{2x+1,2x+2\}$。如图 5-13 所示。

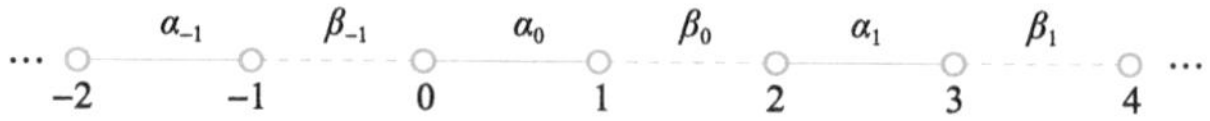

$\cdots$ −2 —α_{-1}— −1 —β_{-1}— 0 —α_0— 1 —β_0— 2 —α_1— 3 —β_1— 4 $\cdots$

图 5-13[14] 一维无限格带有实虚两种镶嵌

$\boldsymbol{U}=\mathrm{e}^{i\theta \boldsymbol{H}_1}\mathrm{e}^{i\theta \boldsymbol{H}_0}$ 作用在 Hilbert 空间 H 上，这里

$$\boldsymbol{H}_0=2\sum_{x=-\infty}^{x=\infty}|\alpha_x\rangle\langle\alpha_x|-\boldsymbol{I}$$

$$\boldsymbol{H}_1=2\sum_{x=-\infty}^{x=\infty}|\beta_x\rangle\langle\beta_x|-\boldsymbol{I}$$

$$|\alpha_x\rangle=(|2x\rangle+|2x+1\rangle)/\sqrt{2}$$

$$|\beta_x\rangle=(|2x+1\rangle+|2x+2\rangle)/\sqrt{2}$$

与上面模型方法类似可以求出行走者走若干步后的概率分布[10]。

5.1.2 连续量子游走模型

在 5.1.1 小节中，通过将离散的经典随机游走量子化得到了离散的量子游走的概念，并刻画了离散情况下量子游走的各种模型。同样的，连续时间的经典随机游走也对应着连续的量子游走[18]，下面以在直线上的连续量子游走为例来简述连续模型的概念。

对于直线上的整数点，引入一个无限维的**生成矩阵 $\boldsymbol{H}$**，$\boldsymbol{H}$ 的定义为：

$$\boldsymbol{H}_{ij}=\begin{cases}2\gamma, & \text{如果 } i=j\\ -\gamma, & \text{如果 } i\neq j, i \text{ 和 } j \text{ 相邻}\\ 0, & \text{如果 } i\neq j, i \text{ 和 } j \text{ 不相邻}\end{cases}$$

直线上量子游走的运动空间的计算基为 $\{|n\rangle:n\in\mathbf{Z}\}$，则 $\boldsymbol{H}|n\rangle=-\gamma|n-1\rangle+2\gamma|n\rangle-\gamma|n+1\rangle$。对于连续量子游走，可以将 t 时刻的演化算子定义为 $\boldsymbol{U}(t)=\mathrm{e}^{-i\boldsymbol{H}t}$。若初始态记为 $|\psi(0)\rangle$，则 t 时刻的量子态为 $|\psi(t)\rangle=\boldsymbol{U}(t)|\psi(0)\rangle$，且 t 时刻下，粒子处在位置 n 的概率为 $p(t,n)=|\langle n|\psi(t)\rangle|^2$。

例 5-13 ($|\psi(0)\rangle=|0\rangle$)　若初始态 $|\psi(0)\rangle=|0\rangle$，则 $|\psi(t)\rangle=U(t)|\psi(0)\rangle=\mathrm{e}^{-iHt}|0\rangle$。由 $\boldsymbol{H}^k|0\rangle=\gamma^k\sum_{n=-k}^{k}(-1)^n\binom{2k}{k-n}|n\rangle$ 得

$$|\psi(t)\rangle=\sum_{n=-\infty}^{\infty}\mathrm{e}^{\frac{\pi i|n|}{2}-2i\gamma t}J_{|n|}(2\gamma t)|n\rangle$$

则在 t 时刻，粒子处在位置 n 的概率为 $p(t,n)=|J_{|n|}(2\gamma t)|^2$。令 $\gamma=\frac{\sqrt{2}}{4}$，可以得到时刻 $t=100$ 时粒子的概率分布图像如图 5-14 所示。

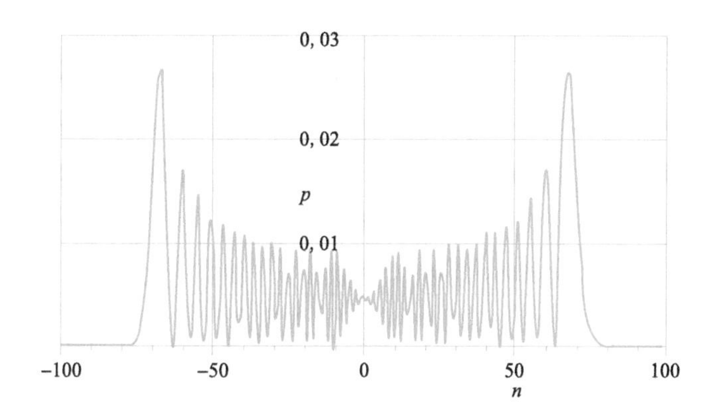

图 5-14　在 $\gamma=\frac{\sqrt{2}}{4}$，$t=100$ 的条件下，连续量子游走的概率分布[8]

5.1.3　模型之间的转化

1. 离散模型之间的转化[15]

对于一个图 G 上的离散量子游走，设图 G 的顶点个数为 N，并对顶点从 1 到 N 进行编号。令图 G 的每条边都是双向边，粒子位于顶点 a 并指向顶点 b 的状态记为 $|a,b\rangle$，则量子游走的运动空间的计算基为 $\{|a,b\rangle:a,b\in\{1,2,3,\cdots,N\},x\sim y\}$。

令硬币算子 $\boldsymbol{C}=2\sum_{a=1}^{N}|S_a\rangle\langle S_a|-\boldsymbol{I}$，其中 $|S_a\rangle=\frac{1}{\sqrt{\deg(a)}}\sum_{b\sim a}|a,b\rangle$，条件转移算子 $\boldsymbol{S}$ 的作用方式为 $\boldsymbol{S}|a,b\rangle=|b,a\rangle$。于是由此定义的带硬币量子游走的一步演化算子为 $\boldsymbol{U}=\boldsymbol{SC}$。

在上文中已经定义了 Szegedy 量子游走的模型，Szegedy 量子游走的演化方程定义为

$W=R_2R_1$。通过分析与计算，可以得到 $R_1=C,R_2=SCS$，于是 $W=R_2R_1=SCSC=U^2$，因此得到了两步带硬币的量子游走操作等价于一步 Szegedy 量子游走操作。

文献［16］利用 Staggered 模型研究了带硬币模型和 Szegedy 模型之间的等价转换。文献［17］通过子可分图证明带硬币模型和 Szegedy 模型之间的等价关系。文献［19］研究了多硬币模型和纠缠硬币模型之间的等价关系，并讨论了多硬币的相干动力学。

2. 离散与连续模型的转化

在经典随机游走的情况中，连续随机游走可以通过带有无穷小时间步长的离散随机游走来建立，但是在量子随机游走的情况中，却没有这样平凡的转换。因为带有硬币的离散量子游走的全局空间为 $\boldsymbol{H}=\boldsymbol{H}_P\otimes\boldsymbol{H}_C$，而连续量子游走的全局空间只为 $\boldsymbol{H}_P$，于是从这两个全局空间的结构可知，当单纯地对离散量子游走的时间步长取连续极限时，对于每个元素的一一映射将会消失，于是 Child[19] 提出了一个用离散量子游走模拟连续量子游走的方法。

令离散量子游走对应的 $N\times N$ 厄密矩阵为 $\boldsymbol{H}$，于是有一组标准正交基 $|j\rangle$，$j=1,2,\cdots,N$ 满足 $\boldsymbol{H}=\sum_{j,k=1}^{N}H_{jk}|j\rangle\langle k|$。记 $abs(\boldsymbol{H})=\sum_{j,k=1}^{N}|H_{jk}||j\rangle\langle k|$，于是 $abs(\boldsymbol{H})$ 有一个主特征向量记为 $|d\rangle=\sum_{j=1}^{N}d_j|j\rangle$。由 Perron-Frobenius 定理知，特征向量 $|d\rangle$ 的分量系数都为正数。并且由于 $abs(\boldsymbol{H})$ 的每个元素都为正数，于是不存在置换矩阵 $\boldsymbol{P}$ 和方阵 $\boldsymbol{X}$，$\boldsymbol{Y}$，$\boldsymbol{Z}$ 满足 $\boldsymbol{P}^T abs(\boldsymbol{H})\boldsymbol{P}=\begin{bmatrix}\boldsymbol{X} & \boldsymbol{Y}\\ 0 & \boldsymbol{Z}\end{bmatrix}$。

在空间 $\mathbf{C}^N\otimes\mathbf{C}^N$ 上定义一个量子态的规范正交集 $\{|\phi_j\rangle:j=1,2,\cdots,N\}$，其中 $|\phi_j\rangle$ 定义如下：

$$|\phi_j\rangle=\frac{1}{\sqrt{\|abs(\boldsymbol{H})\|}}\sum_{k=1}^{N}\sqrt{\boldsymbol{H}_{jk}^{*}\frac{d_k}{d_j}}\,|j,k\rangle$$

定义交换算子 $\boldsymbol{S}$:$S|j,k\rangle=|k,j\rangle$，则 $\langle\phi_j|\boldsymbol{S}|\phi_k\rangle=\frac{\boldsymbol{H}_{jk}}{\|abs(\boldsymbol{H})\|}$。令 $\boldsymbol{T}=\sum_{j=1}^{N}|\phi_j\rangle\langle j|$，于是量子游走的演化算子为 $\boldsymbol{W}=i\boldsymbol{S}(2\boldsymbol{T}\boldsymbol{T}^{\dagger}-\boldsymbol{I})$，并且 $\boldsymbol{T}^{\dagger}\frac{\boldsymbol{I}-i\boldsymbol{S}}{\sqrt{2}}(i\boldsymbol{W})^{\tau}\frac{\boldsymbol{I}+i\boldsymbol{S}}{\sqrt{2}}\boldsymbol{T}$ 可以逼近 $e^{-iH\tau}$。为了更好地逼近，令 $|\phi_j^{\varepsilon}\rangle=\sqrt{\varepsilon}|\phi_j\rangle+\sqrt{1-\varepsilon}|\perp_j\rangle$，其中 $\varepsilon\in(0,1]$，$\{|\perp_j\rangle:j=1,2,\cdots,N\}$ 满

足$\langle \phi_j | \perp_k \rangle = \langle \phi_j | S | \perp_k \rangle = \langle \perp_j | S | \perp_k \rangle = 0$，$j,k=1,2,\cdots,N$，并且$\boldsymbol{T}_\varepsilon = |\phi_j^\varepsilon\rangle\langle j|$。

于是，得到如下用离散量子游走模拟连续量子游走的算法：

①在给定的初始态$|\psi(0)\rangle \in \mathrm{span}\{|j\rangle : j=1,2,\cdots,N\}$上作用算子$\dfrac{\boldsymbol{I}+i\boldsymbol{S}}{\sqrt{2}}\boldsymbol{T}_\varepsilon$。

②接着作用τ次离散量子游走的演化算子$\boldsymbol{W}=i\boldsymbol{S}(2\boldsymbol{T}_\varepsilon\boldsymbol{T}_\varepsilon^\dagger-\boldsymbol{I})$。

③在基$\left\{\dfrac{\boldsymbol{I}+i\boldsymbol{S}}{\sqrt{2}}\boldsymbol{T}_\varepsilon |j\rangle : j=1,2,\cdots,N\right\}$上投影。

经过上述算法得到的量子态落在位置j的概率为

$$P(j) = |\langle j| \mathrm{e}^{-i\boldsymbol{H}\tau\varepsilon/\|abs(\boldsymbol{H})\|} |\psi(0)\rangle|^2$$

于是，假如通过上述算法得到一个经过演化时间为t的量子态$|\psi(t)\rangle$，且满足$\|\mathrm{e}^{-iHt} - |\psi(t)\rangle\| \leqslant \delta$，需要令

$$\varepsilon = \|abs(\boldsymbol{H})\| t/\tau$$

$$\tau \geqslant \max\left\{ \|\boldsymbol{H}\| t\sqrt{\frac{1+\left(\frac{\pi}{2}-1\right)\|\boldsymbol{H}\| t}{\delta}}, \|abs(\boldsymbol{H})\| t \right\}$$

并且这个模拟算法的复杂性为$O((\|\boldsymbol{H}\| t)^{\frac{3}{2}}/\sqrt{\delta}, \|abs(\boldsymbol{H})\| t)$。

Philipp 等人[21] 提供了一种在一般图上用连续量子游走模型模拟带硬币的模型的方法。

5.2 基于量子游走的通用量子计算

5.2.1 基于连续量子游走的通用量子计算

量子游走可以看作一个计算模型。为了给出计算设施合理的物理解释，Feynman 构造了一个哈密顿量来实现任意量子电路。由于任意不含时的哈密顿量的动力学可以看作在一个加权图上的量子游走，扩展 Feynman 的结果，Childs 证明在度有界的无权图上，连续量子游走是一个通用的量子计算模型[21,22]。

其主要思想是通过虚拟量子线来表示计算基态，并通过散射连接到图上实现量子门。

1. 单粒子散射基础

对于无线的直线，基态为$\{|x\rangle : x\in\mathbf{Z}\}$。邻接矩阵为$\boldsymbol{H}=\sum_{x=-\infty}^{x=+\infty}(|x\rangle\langle x+1| + |x+1\rangle\langle x|)$。

其动力学有限逼近于一个自由粒子在直线上的薛定谔演化，并且哈密顿量为 $\boldsymbol{H}_{\text{free}}=\frac{p^2}{2m}$。哈密顿量按照能量基态 $|\widetilde{k}\rangle$ 可对角化，其中 $|\widetilde{k}\rangle$ 为

$$|\widetilde{k}\rangle=\sum_{x=-\infty}^{\infty}\mathrm{e}^{-ikx}|x\rangle,k\in[-\pi,\pi)$$

因此邻接矩阵的特征态为 $|\widetilde{k}\rangle$，其中 $\langle x|\widetilde{k}\rangle=\mathrm{e}^{ikx}$，$k\in[-\pi,\pi)$，特征值为 $2\cos k$。一个波包就是能量接近于 K 的能量态的叠加。当 $k\in(-\pi,0)$ 时，波包按哈密顿量演化向左移动，相反的向右移动，如图 5-15～图 5-16 所示。

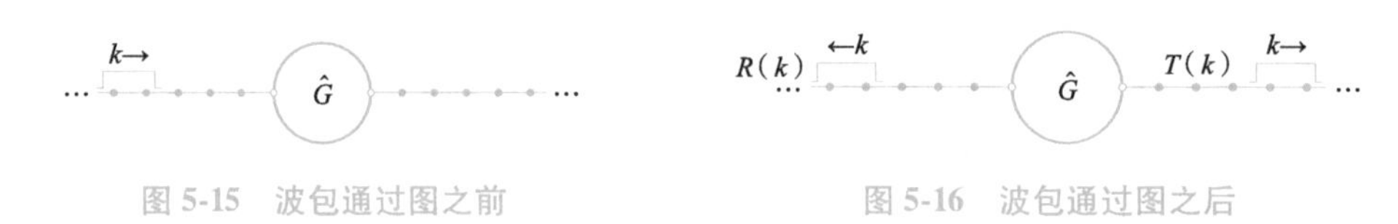

图 5-15　波包通过图之前　　图 5-16　波包通过图之后

考虑图上的量子游走，Hilbert 空间由图上的顶点组成的基向量张成。如果图是无向图，哈密顿量由图的邻接矩阵构成。一般地，对于有向加权图，哈密顿量可以表示为 $\boldsymbol{H}_G=\sum_{i,j}\omega_{ij}|j\rangle\langle i|$，$\omega_{ij}$ 是 $i\to j$ 的权重。

令 G 为一个有限图。在 G 上选取 N 个点，每个点连接一个半无线直线，则构成一个无限图。如图 5-17 所示。其中 (x,n) 中 x 表示在半无线直线上的位置，n 表示第几条直线。

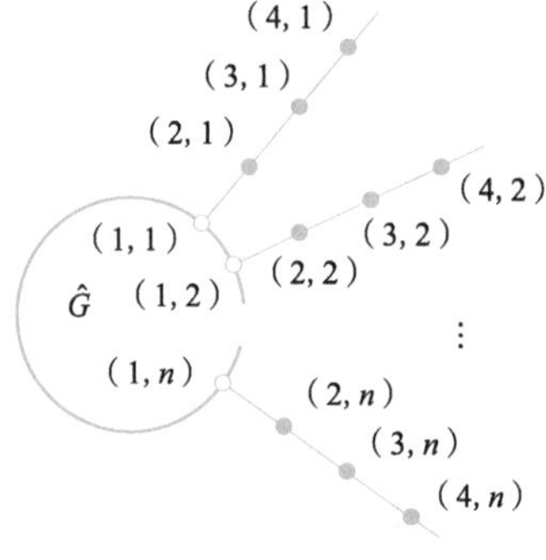

图 5-17[21]　散射过程

散射的过程可以描述为带有能量 k 的波包从一条线进来，经过有限图，最后以叠加态的形式从各条线出去，出去时的能量仍是 k，而出去的概率幅由 $N\times N$ 矩阵 $\boldsymbol{S}$ 来决定[21]。整个图的哈密顿量 $\boldsymbol{H}_G$ 在半无线直线上等于邻接矩阵，而在有限图 $\hat{G}$ 上等于 $\boldsymbol{H}_{\hat{G}}$。具体如下，

$$\boldsymbol{H}=\boldsymbol{H}_{\hat{G}}+\sum_{j=1}^{N}\sum_{x=1}^{\infty}(|x,j\rangle\langle x+1,j|+|x+1,j\rangle\langle x,j|$$

这样在 n 条半无限线上准备一个输入波包，允许它散射通过障碍 $\hat{G}$。

对于每个输入能量 $k\in(-\pi,0)$ 和每条半无线路径 $j\in\{1,2,\cdots\}$ 存在一个散射特征态 $|sc_j(k)\rangle,\{|sc_j(k)\rangle:j\in1,2,\cdots n\}$ 由 $n\times n$ 酉矩阵 $\boldsymbol{S}$ 来描述。

2. 基于单粒子散射的通用量子计算

下面通过散射来实现通用门集合：受控非门，生成 SU(2) 的两个单量子比特门。

生成门的基本部件[21] 如图 5-18～图 5-22 所示。

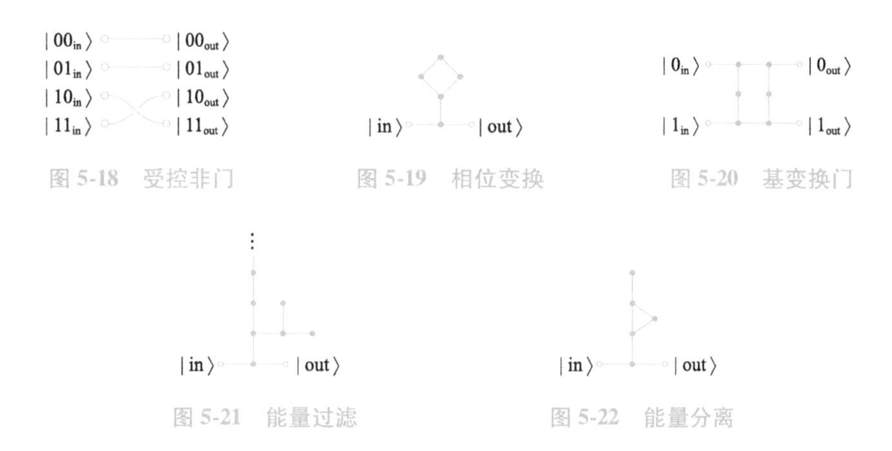

图 5-18　受控非门　　图 5-19　相位变换　　图 5-20　基变换门

图 5-21　能量过滤　　图 5-22　能量分离

受控非门可以通过图 5-18 实现，$|10\rangle$ 与 $|11\rangle$ 的交换可以通过 5-18 实现，其余的基不变。相位门可以通过 5-19 实现，这个部件只作用在线 $|1\rangle$ 上，在 $|0\rangle$ 上仅是单纯的线。比如 $k=-\pi/4$，就实现了相位门

$$U_b=\begin{pmatrix}1 & 0\\ 0 & \mathrm{e}^{\frac{\pi i}{4}}\end{pmatrix}$$

图 5-20 是基变换，对于 $k=-\pi/4$，可以实现 $\boldsymbol{U}_c=-\frac{1}{\sqrt{2}}\begin{pmatrix}i & 1\\ 1 & i\end{pmatrix}$。因此 Hadamard 门的实现可以通过 $\boldsymbol{i}\boldsymbol{U}_b^2\boldsymbol{U}_c\boldsymbol{U}_b^2$ 实现，而 $\boldsymbol{U}_b,\boldsymbol{U}_c$ 生成了 SU(2)。这里选择 $k=-\pi/4$，是因为此时传播时没有反射。这样当选择合适的初始态，运用如图 5-18、图 5-19、图 5-20 所示的三个门，可以构造通用量子计算机，结构如图 5-23 所示。

这里是在第二个量子比特上先实现了 Hadamard 门，接着再用受控非门的电路。

为了传递的能量更接近于 $k=-\pi/4$，使得计算更简单，可以添加能量过滤、能量分离两个部件。

然而当处理复杂的电路时，所对应的图可能呈指数量级的变大，显然这里的方法不是有效的。基于这个原因，Childs 后来提出了多粒子量子游走的通用计算模型。

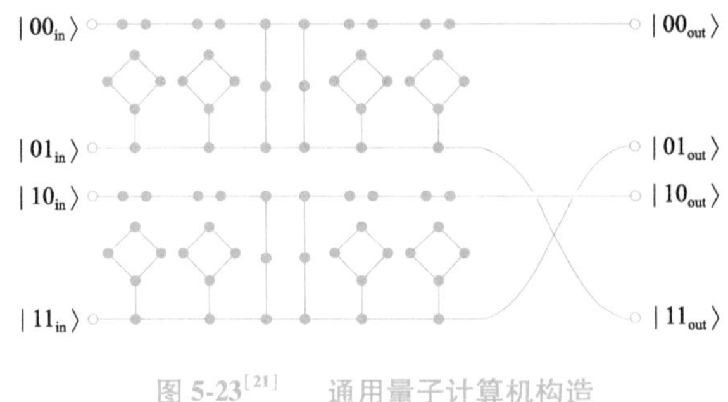

图 5-23[21]　通用量子计算机构造

3. 基于多粒子散射的通用量子计算

对于一个量子比特，用两条线来编码表示计算基态，其能量接近于 k。如图 5-24～图 5-25 所示。

图 5-24　编码 $|0\rangle$　　图 5-25　编码 $|1\rangle$

对于 n 量子比特计算，用 n 粒子波包表示，其能量通常取为 $k=-\pi/4$，而辅助中间量子比特有时取 $k=-\pi/2$。

通用门的表示方法：

单量子比特门

为了实现相应的酉算子 $\boldsymbol{U}$，我们从图 5-26～图 5-28 中选择 4 个合适点将图连接到相应的输入输出路径中。$\boldsymbol{S}$ 矩阵结构为

$$\boldsymbol{S}=\begin{pmatrix} 0 & \boldsymbol{U}' \\ \boldsymbol{U} & 0 \end{pmatrix}$$

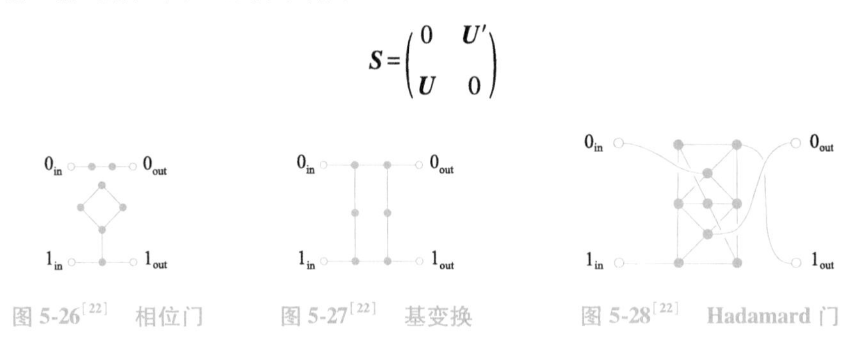

图 5-26[22]　相位门　　图 5-27[22]　基变换　　图 5-28[22]　Hadamard 门

粒子通过散射过程可以在编码的量子比特上实现 $\boldsymbol{U}$。

这里 $k=-\pi/2$。

两量子比特门如图 5-29、图 5-30 所示。

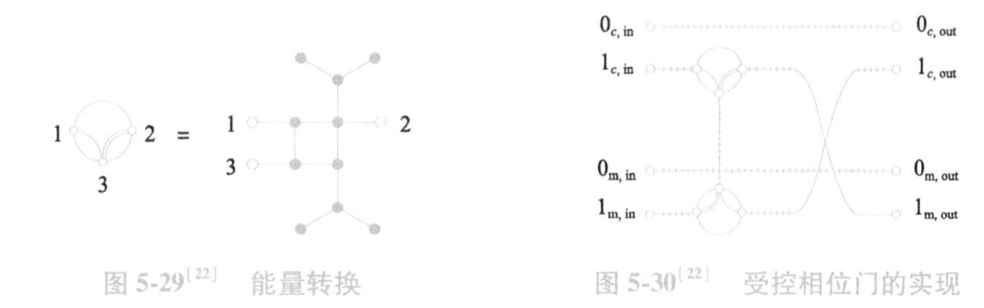

图 5-29[22] 能量转换　　图 5-30[22] 受控相位门的实现

在同一个时间段，如果两粒子波包在垂直线上相遇，能量转换将在顶点 1、3（$k=-\pi/4$）和顶点 2、3（$k=-\pi/2$）发生。经过这种相互作用，它们离开后波函数将得到 $e^{i\theta}$ 的相位。

有了这些基础门的结构表示，把相应的线和门连接起来就可以实现任意的电路。

比如模拟 $B_2CP_{1,2}T_1$，其中 B 为基变换门，CP 为受控相位门，T 为相位门，相应的表示电路如图 5-31 所示。

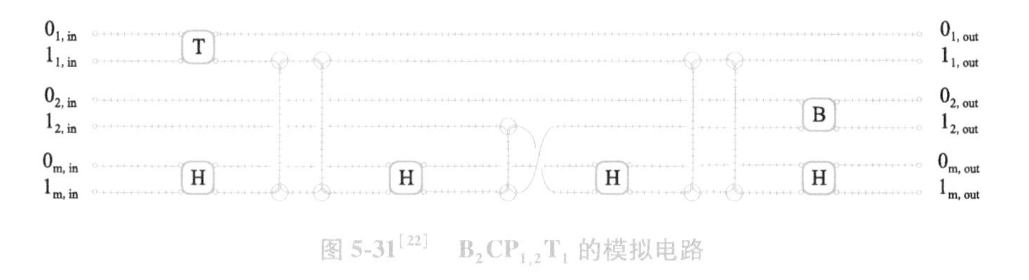

图 5-31[22] $B_2CP_{1,2}T_1$ 的模拟电路

5.2.2 基于离散量子游走的通用量子计算

基于散射的思想，Lovett 等人给出了离散量子游走模型如何实现通用量子计算。其不同之处在于考虑到离散的模型中如果仅考虑粒子的单向传播有些困难，因为没法消除反射，故在每个点都采用双边的线来实现定向传播[23]。

Grover 耗散算子是下面计算中最常用的运算方式，几乎每个度为 4 的顶点都要用。4 阶 Grover 算子如下。

$$\boldsymbol{G}^{(4)}=\frac{1}{2}\begin{bmatrix}-1 & 1 & 1 & 1\\ 1 & -1 & 1 & 1\\ 1 & 1 & -1 & 1\\ 1 & 1 & 1 & -1\end{bmatrix}$$

Grover 算子的模拟电路如图 5-32 所示，A 表示初始态，B 为 Grover 算子作用后的状态，C 为 Shift 算子作用后的状态。

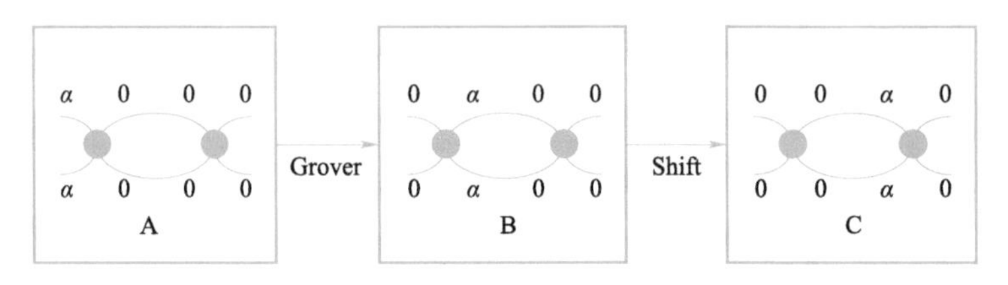

图 5-32[23]　Grover 算子的模拟电路

基本量子门的表示：

基本线路的表示

假设初始态为 $\alpha|0\rangle+\beta|1\rangle$，其中 $|\alpha^2|+|\beta^2|=1$。为了单向传播，计算将在初始顶点的四个方向均匀展开，则初始态分解为 $\boldsymbol{\phi}=\frac{1}{\sqrt{2}}(\alpha|0\rangle_a+\alpha|0\rangle_b+\beta|1\rangle_a+\beta|1\rangle_b)$。这里 a 表示顶端的线，b 表示低端的线。行走者确定的从左到右地行走，经过四步后到达输出点的输入边。这些线构成了计算中的基本连接方式，如图 5-33 所示。

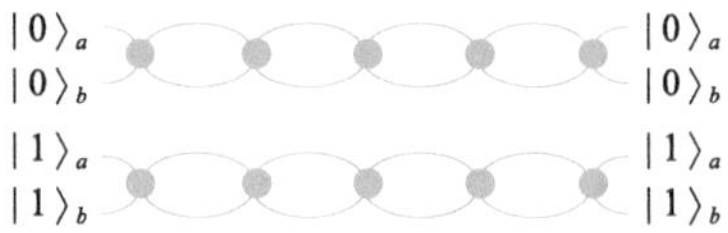

图 5-33[23]　基本线

受控非门

这里第一个量子比特是控制位，第二个是目标位，目标比特的线相互交换，而控制比特的线不动。实线和虚线之间没有相交作用，如图 5-34 所示。

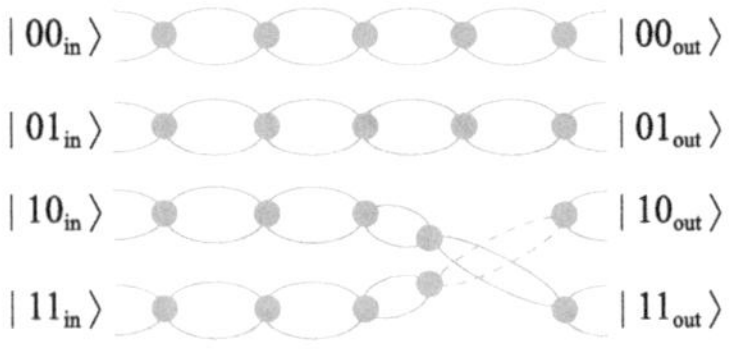

图 5-34[23]　受控非门

相位门

相位门主要是要求一条线比另一条线有个相对相位的增加，而在基本线构造中，在

每个顶点（度相同时）保证只用一个硬币的前提下，可以设定通过一个度为 4 的顶点，相位增加 $e^{i\phi}$。显然在基本线中增加了 $e^{5i\phi}$，ϕ 为任意的值。显然为了实现$\frac{\pi}{4}$的相位，只需在基本线的某个点上插入一个 Pauli 矩阵 $\dot{\sigma}_x$ 就可以，当行走者通过时没有相位增加。显然 $|1\rangle$ 线将比 $|0\rangle$ 多了$\frac{\pi}{4}$的相位，如图 5-35 所示。

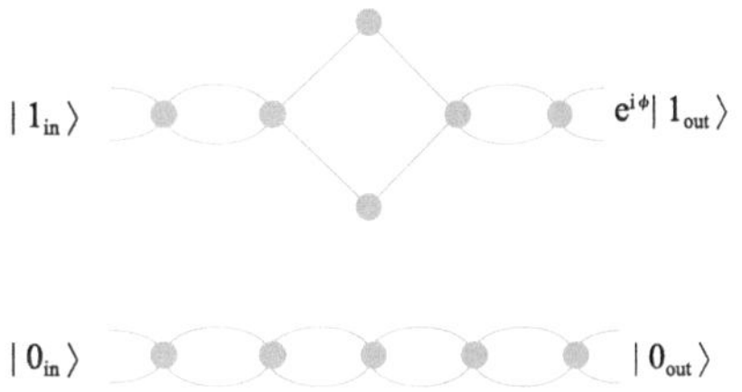

$|1_{in}\rangle$　$e^{i\phi}|1_{out}\rangle$

$|0_{in}\rangle$　$|0_{out}\rangle$

图 5-35[23]　相位门

Grover 和转移算子的作用，每个顶点的度为 4。

Hadamard 门

A 和 C 部分对于线 $|1\rangle$ 增加了一个 i 的相对相位，整个结构全局相位则增加了$\frac{3\pi}{4}$。$G^{(8)}$ 为 8 阶 Grover 算子，它增加了$\frac{3\pi}{4}$的相位。如图 5-36 所示。

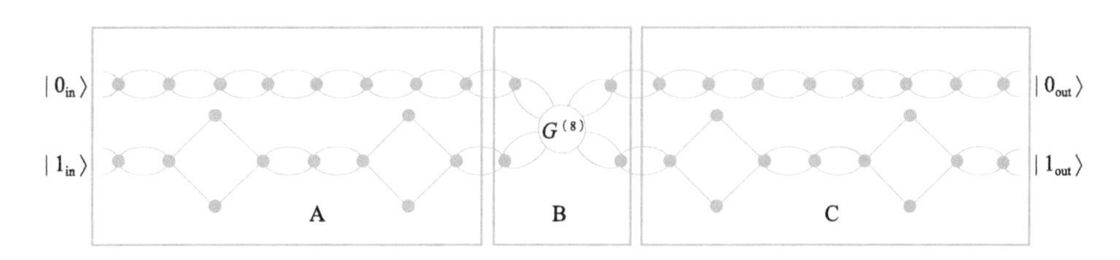

图 5-36[23]　Hadamard 门

基于上述基本门的表示方式，则可以实现任意量子电路，如图 5-37、图 5-38 所示。

图 5-37[23]　三量子比特电路

显然，当电路特别复杂时，图将呈指数增长。

通过探索单粒子离散量子游走的能力来实现多量子位计算模型，最近文献［24］给出了基于单粒子离散量子游走的通用量子计算框架。

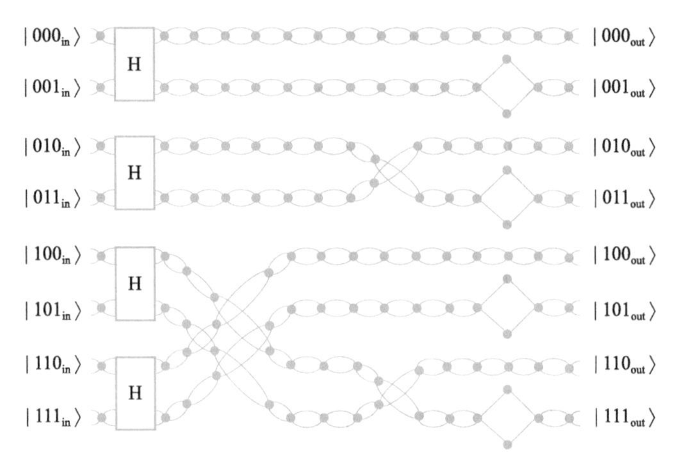

图 5-38[23]　三量子比特电路的图表示

5.3 本讲小结

本讲主要介绍了离散和连续量子游走的基本模型，离散和连续模型之间的相互转换关系及量子游走模型的通用性。由于篇幅的限制，当前还有许多基于量子游走的模型并未涉及到，关于量子游走的进一步的阅读资料请参看文献［8］。

参考文献

［1］PEARSON K. The problem of the random walk［J］. Nature, 1905, 72(1867): 342-342.

［2］MEYER D A. From quantum cellular automata to quantum lattice gases［J］. Journal of Statistical Physics, 1996, 85(5): 551-574.

［3］MEYER D A. On the absence of homogeneous scalar unitary cellular automata［J］. Physics Letters A, 1996, 223(5): 337-340.

［4］AHARONOV D, AMBAINIS A, KEMPE J, et al. Quantum walks on graphs［C］//Proceedings of the 33rd annual ACM symposium on the Theory of Computing. New York: ACM, 2001: 50-59.

［5］AMBAINIS A, BACH E, NAYAK A, et al. One-dimensional quantum walks［C］//Proceedings of the 33rd annual ACM symposium on the Theory of Computing. New York: ACM, 2001: 37-49.

［6］MACKAY T D, BARTLETT S D, STEPHENSON L T, et al. Quantum walks in higher dimensions［J］. Journal of Physics A: mathematical and general, 2002, 35(12): 2745.

［7］TREGENNA B, FLANAGAN W, MAILE R, et al. Controlling discrete quantum walks: coins and

initial states[J]. New Journal of Physics, 2003, 5(1), 83.
[8] PORTUGAL R. Quantum walks and search algorithms[M]. New York: Springer, 2013.
[9] MOORE C, RUSSELL A. Quantum walks on the hypercube[C]// RANDOM '02: Proceedings of the 6th International Workshop on Randomization and Approximation Techniques in Computer Science. Cambridge: Springer, 2002: 164-178.
[10] BRUN T A, CARTERET H A, AMBAINIS A. Quantum walks driven by many coins[J]. Physical Review A, 2003, 67(5).
[11] SHANG Y, WANG Y, LI M, et al. Quantum communication protocols by quantum walks with two coins [J]. Europhysics Letters 2018, 124(6).
[12] VENEGAS-ANDRACA S E, BALL J L, BURNETT K, et al. New Journal of Physics. 2005, 7, 221.
[13] SZEGEDY M. Quantum speed-up of Markov chain based algorithms[C]//FOCS '04: Proceedings of the 45th annual IEEE symposium on Foundations of Computer Science. Washington DC: IEEE Computer Society, 2004: 32-41.
[14] PORTUGAL R. Staggered quantum walks on graphs [J]. Physical Review A, 2016, 93.
[15] WONG T G. Equivalence of szegedy's and coined quantum walks [J]. Quantum Information Process. 2017, 16(9): 215.
[16] PORTUGAL R. Establishing the equivalence between Szegedy's and coined quantum walks using the staggered model [J]. Quantum Information Process. 2016, 15(4): 1387-1409.
[17] PORTUGAL R, SEGAWA E. Connecting coined quantum walks with Szegedy's model [J]. Interdisciplinary Information Sciences, 2017, 23(1): 119-125.
[18] FARHI E, GUTMANN S. Quantum computation and decision trees [J]. Physical Review A, 1998, 58: 915-928.
[19] 李萌，尚云. 基于两硬币量子游走的相干动力学 [J]计算机研究与发展，2021：1897-1905.
[20] PHILIPP P. Portugal R. Exact simulation of coined quantum walks with the continuous-time model [J]. Quantum Information Process. 2017, 16(1): 14.
[21] CHILDS A M. Universal computation by quantum walk [J]. Physical Review letters, 2009, 102 (18).
[22] CHILDS A M, GOSSET D, WEBB Z. Universal computation by multiparticle quantum walk [J]. Science, 2013, 339: 791-794.
[23] LOVETT N B, COOPER S, EVERITT M, et al. Universal quantum computation using the discrete-time quantum walk [J]. Physical Review A, 2010, 81(4).
[24] SINGH S, CHAWLA P, SARKAR A, et al. Universal quantum computing using single-particle discrete-time quantum walk [J]. Scientific Reports, 2021, 11(1): 1-13.

第 6 讲
量子游走应用

本讲将从量子搜索算法的基本类型、击中时间（hitting time）、混合时间（mixing time）、量子游走在通讯协议设计中的应用等方面来介绍。具体的，6.1 节介绍基于量子游走的基本搜索算法：6.1.1 小节介绍元素区分算法；6.1.2 小节介绍三角形搜索算法；6.1.3 小节介绍连续量子游走搜索算法；6.1.4 小节详细介绍基于 Markov 链随机游走的各种量子框架，包括 Szegedy 量子游走框架、MNRS 量子游走框架、量子插值游走框架、适用于 $|M|>1$ 情况的量子查询标记点算法以及统一框架。6.1.5 小节介绍 mixing time。6.2 节介绍基于多硬币量子游走的通信协议：6.2.1 小节介绍基于两硬币量子游走的隐形传输框架；6.2.2 小节介绍基于两硬币量子游走的状态转移协议；6.2.3 小节介绍基于多硬币量子游走的高维纠缠态生成框架。

6.1 基于量子游走的算法

量子游走的一个重要用途就是用来设计量子算法，有的算法可以比经典算法达到平方加速，有的可以达到指数加速。本节将介绍几种典型的基于量子游走的基本算法，比如元素区分、三角形搜索、连续游走搜索、基于 Markov 链随机游走的量子化、mixing time。

6.1.1 元素区分

Ambainis[1] 于 2003 年提出了以量子游走为核心的算法，用于解决元素区分问题，其查询复杂性为 $O(N^{2/3})$，相对于经典情况的算法复杂性 $O(N)$ 实现了加速。此外，$O\left(N^{2/3}\right)$ 已被证明为元素区分算法可以达到的最优查询复杂性。

1. 元素区分问题主要分为以下两种形式

1）2 元素区分：用 $x_1,\cdots,x_N\in[M]$，$[M]$ 表示数字的取值范围是 $1,\cdots,M$。问是否存在 2 个不同的数字值相同？

2）k 元素区分：有 N 个数字，每个数字的取值范围是 $1,\cdots,M$，用 $x_1,\cdots,x_N$ 表示，是否存在 k 个不同的数字值相同？

k 元素情况可以视作 2 元素情况的推广。

2. 经典算法

首先通过查询确定数字的值，每一次查询给出一个数字的值，共需 $O(N)$ 次查询，随后对 N 个数字进行排序，时间复杂性为 $O(N\log N)$。

3. 量子算法思想

1）首先构建一张无向二分图 G，G 的顶点集 V 由两个交集为空的集合 V_1 和 V_2 组成。V_1 中每个点 v_s 代表 N 个数字中的 r 个数字，其中 S 为 r 个数字对应的标号，即 $S=\{i_1,\cdots,i_r\}$，每两个点之间至少有一个数字不同，共有 $\binom{N}{r}=\frac{N!}{r!(N-r)!}$ 个点；V_2 中每个点 v_T 代表 N 个数字中的 $r+1$ 个数字，其中 $T=\{j_1,\cdots,j_{r+1}\}$，每两个点之间至少有一个数字不同，共有 $\binom{N}{r+1}=\frac{N!}{(r+1)!(N-r-1)!}$ 个点。任意 v_s 与 v_T 相邻当且仅当 $T=S\cup\{i\}$，其中 $i\in\{1,\cdots,N\}$ 为某个数字的指标。当某个点代表的数字中有两个相同的数字时，该点被称为标记点。至此，搜索两个相同值的数字的问题被转化为在图 G 中搜索标记点的问题。其中，图 6-1 为 $N=4$，$r=2$ 时的图 G。

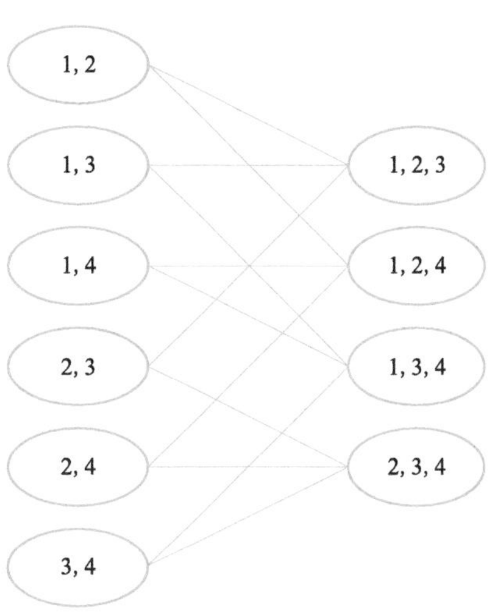

图 6-1　$N=4$，$r=2$ 时的图 G

2）在图 G 中，共有 $\binom{N}{r}+\binom{N}{r+1}$ 个点，对任意一个点 v_s，它是标记点的概率为数值相同的两个数字的指标 i 和 j 同时属于 S，即 $P(i\in S,j\in S)$。对此有

$$P(i\in S,j\in S)=P(i\in S)P(j\in S\mid i\in S)=\frac{r}{N}\frac{r-1}{N-1}$$

取 $r=N^{2/3}$，有 $P(i\in S,j\in S)=N^{-2/3}$。因此，在图 G 中搜索一次得到标记点的概率为 $N^{-2/3}$。

对于在图中搜索标记点的问题，可以通过应用 Grover 算法实现二次加速，$O(N^{1/3})$ 次搜索后可以以高概率得到标记点。

3）每一次搜索都会包含检查当前点是否为标记点的过程。由于 $r=N^{2/3}$，逐一检查当前点对应数字需要 $N^{2/3}$ 次查询，此时总查询复杂性为 N。然而，鉴于每两个相邻点之间只相差一个元素，再逐一查询当前所在点对应的每个数字指标是没有必要的。可以通过只查询新增加的一个点来确定当前点是否为标记点。这一改动大大缩减了总的复杂性，使得改进后总的复杂性为 $N^{2/3}$。

4）以上为解决元素区分问题对应的算法，即 $k=2$。当对任意 $k\geqslant 3$，求解 k 元素区分问题的算法可以通过修改翻转相位步骤，即 $|S\rangle|y\rangle|x\rangle\rightarrow-|S\rangle|y\rangle|x\rangle$ 的翻转条件来实现。

4. 量子算法

（1）根据上述思想，构建的量子算法为在图 G 上的量子游走，首先构建游走对应的 H 空间。

1）令 H 代表 $|S,x,y\rangle$ 构成的空间，其中 $x\in\{1,\cdots,M\}^r$ 为 r 个数字，$S\subseteq\{1,\cdots,N\}$ 为 x 中 r 个数字的标号集合，$y\in\{1,\cdots,N\}\setminus S$ 为 $\{1,\cdots,N\}\setminus S$ 中一个指标。H 的空间维数为 $\binom{N}{r}M^r(N-r)$。

2）H 空间的构成形式也为 $|S,x,y\rangle$。不同之处在于，$x\in\{1,\cdots,M\}^{r+1}$ 为 $r+1$ 个数字，$S\subseteq\{1,\cdots,N\}$ 为 x 中 $r+1$ 个数字的标号集合，$y\in S$ 为 S 中一个指标。H 的空间维数为 $\binom{N}{r+1}M^{r+1}(r+1)$。

算法的初态位于 H 空间，不妨设其为 H 空间中的均匀叠加态。

（2）算法

1）映射 $|S\rangle|y\rangle\rightarrow|S\rangle\left(\left(-1+\frac{2}{N-r}\right)|y\rangle+\frac{2}{N-r}\sum_{y'\in\{1,\cdots,N\}\setminus S,y'\neq y}|y'\rangle\right)$。这一转换在 y 所处的空间写为矩阵形式类似 $N-r$ 维 Grover 硬币，即 $\begin{bmatrix}-1+\frac{2}{N-r} & \cdots & \frac{2}{N-r}\\ \vdots & \ddots & \vdots\\ \frac{2}{N-r} & \cdots & -1+\frac{2}{N-r}\end{bmatrix}$。

2）通过将当前的 y 加入 S 来映射当前位于 H 空间中的量子态至 H 空间中的量子态。通过在于 y 对应位置增添 0，将 x 从 r 维向量转换至 $r+1$ 维向量。此时第三寄存器

量子态形式为$\sum_{S,y}\alpha_{S,y}|S,x_{i_1},\cdots,x_{i_r},0,y\rangle$。

3）查询y的数值并将其插入x中对应位置。查询对应的酉算子O的作用形式为

$$O:\sum_{S,y}\alpha_{S,y}|S,x_{i_1},\cdots,x_{i_r},0,y\rangle\rightarrow\sum_{S,y}\alpha_{S,y}|S,x_{i_1},\cdots,x_{i_r},(0+x_y),y\rangle$$

它可将x中y对应位置处的0替换为x_y这一y对应的数值。

4）映射$|S\rangle|y\rangle\rightarrow|S\rangle\left(\left(-1+\frac{2}{r+1}\right)|y\rangle+\frac{2}{r+1}\sum_{y'\in S,y'\neq y}|y'\rangle\right)$。这一转换在$y$所处的空间写为矩阵形式类似$r+1$维Grover硬币，即$\begin{bmatrix}-1+\frac{2}{r+1} & \cdots & \frac{2}{r+1}\\ \vdots & \ddots & \vdots\\ \frac{2}{r+1} & \cdots & -1+\frac{2}{r+1}\end{bmatrix}$。

5）删除x中y对应位置的数值。删除可以通过查询进行。首先作用一个映射，其形式为

$$\sum_{S,y}\alpha_{S,y}|S,x_{i_1},\cdots,x_{i_r},a,y\rangle\rightarrow\sum_{S,y}\alpha_{S,y}|S,x_{i_1},\cdots,x_{i_r},-a,y\rangle$$

随后作用酉算子O，即可删除x中与y对应位置的原有数值并更改为0。

6）通过将当前y从S中删除来映射当前位于H空间中的量子态至H空间中的量子态。通过删去于y对应位置的0，将x从$r+1$维向量转换至r维向量。此时第三寄存器量子态形式为$\sum_{S,y}\alpha_{S,y}|S,x_{i_1},\cdots,x_{i_r},0,y\rangle$。

7）设上述6步构成的酉算子由S表示，则整个算法的演化过程对应的酉算子可以表示为

$$(S^{t_2}U_1)^{t_1}=:(U_2U_1)^{t_1}$$

其中，U_1是关于目标态的反射，即对于包含两个相同值元素的量子态，U_1会使其变负，其余量子态保持不变；式中有$t_1=O\left(\left(\frac{N}{r}\right)^{\frac{k}{2}}\right),t_2=O\left(r^{\frac{1}{2}}\right)$。

（3）算法分析

这一算法的目的是构建在二分图G上的量子游走来搜索标记点，从上述步骤中可以看到，该算法将y对应的寄存器作为量子游走中的硬币空间，以此来扩散游走，并通

过查询当前 y 的数值和 S 中的数值对比确认当前点是否为标记点。上述步骤每进行一次所需查询次数为 $O(1)$，由 Grover 算法的二次加速性，共需 $O(N^{1/3})$ 步。初始对 S 的查询次数为 $O(N^{2/3})$。因而，总查询复杂性为 $O(N^{2/3})$。

5. 应用及后续发展

这一结果和思想已经被用于构建其他一些量子算法。Magniez 等人[2] 使用这一元素区分算法给出了复杂性为 $O(n^{10/7})$ 的量子算法，用于在图中查找三角形。Ambainis 等人[3] 利用当前论文中的思想，构建了一种更快的二维网格搜索算法。Childs 和 Eisenberg[4] 对这一算法进行了不同的分析。Szegedy[5] 将关于元素区分量子行走的结果推广到具有大特征值间隙的任意图，并将其转换为 Markov 链。他的方法的一个优点是可以同时处理任意数量的解，而不是像元素区分中针对单个解和多个解需要提出不同算法。此外，Szegedy 还表明，对于一类 Markov 链，量子行走算法的击中时间比经典击中时间可达二次加速。Buhrman 和 Spalek[6] 利用 Szegedy 的结果构造了一个复杂性为 $O(n^{5/3})$ 的量子算法，用于验证两个 $n \times n$ 矩阵 $\boldsymbol{A}$ 和 $\boldsymbol{B}$ 的乘积是否等于第三个矩阵 $\boldsymbol{C}$。

6.1.2 三角形搜索

1. 问题描述

设 G 是一个无向图，集合 $\boldsymbol{G}$ 代表图中边的集合。G 中三角形由三个彼此相邻的顶点组成。寻找三角形问题就是检测图中是否存在三角形，设 $\boldsymbol{A}$ 为 G 的邻接矩阵。当且仅当矩阵 $\boldsymbol{A}^3$ 包含一个非零对角线项时，三角形存在。

输入：n 点无向图 G 及其对应邻接矩阵 $\boldsymbol{A}$。

输出：假如图中存在一个三角形，则输出它；否则拒绝。

2. 经典算法

设 N 为 G 中顶点个数，则经典算法共需 $\binom{N}{3}=O(N^3)$ 次查询。

3. 量子算法

有多种方法考虑三角形的搜索问题，本小节仅讨论用量子游走的方法。最直接的思路是通过 Grover 搜索算法加速经典算法，从而将查询复杂性降低到 $O(N^{3/2})$。

2007 年，Magniez 等人[2] 考虑在约翰逊图 $J(n,r)$ 上进行量子游走，并利用了振幅放大思想，得到算法的查询复杂性为 $O(N^{13/10})$。这一算法将 Ambainis[1] 的元素区分算法推广并规范化，从而可以简便地应用到更广泛的一类问题。

4. 推广后的问题

令 S 为一有限集合，包含 n 个元素，其中 $0<k<n$。

输入：函数 f，其中 f 定义了关系 $C\subseteq S^k$。

输出：假如 C 非空，输出 k 元组 $(a_1,\cdots,a_k)\in C$。

对每个 $A\subseteq S$，通过数据库 D 给出其对应的 $D(A)$，通过 $D(A)$ 确定 $A^k\cap C$ 是否为空集。定义一个量子查询过程 $\Phi(D(A))$ 来反映这一结果，当 $\Phi(D(A))$ 拒绝时代表 $A^k\cap C=\varnothing$，否则接受。对此，根据与 D 相关的操作，给出三种具体操作及对应成本。

$s(r)$(setup)：对一个含 r 个元素的集合 A，建立对应的 $D(A)$ 及量子态所需的成本。

$u(r)$(update)：对含 r 个元素的集合 A 和 A'，从 $D(A)$ 更新到 $D(A')$ 所需的成本，其中 A' 是通过在 A 中增添一个元素得到的；或是从 $D(A'')$ 更新到 $D(A)$ 所需的成本，其中 A'' 是通过在 A 中删减一个元素得到的。

$c(r)$(check)：对一个含 r 个元素的集合 A，查询对应的 $\Phi(D(A))$ 所需的成本。

算法思想就是上节元素区分算法的一般化，把相应的寄存器的量换成 $|A\rangle|D(A)\rangle|x\rangle$，总成本也由这三部分成本组成，这里不再详述。表 6-1 中为几个可应用这一算法求解的问题，表 6-2 为每个问题在各部分所需的成本。

表 6-1　几个适用问题[2]

问题	碰撞关系
元素区分	$(u,v)\in C$ 当且仅当 $u\neq v, f(u)=f(v)$
图碰撞（G）	$(u,v)\in C$ 当且仅当 $(u,v)\in G, f(u)=f(v)=1$
查找三角形	$(u,v)\in C$ 当且仅当 $(u,v,w)\in G$

表 6-2　每个问题求解各部分成本[2]

问题	$s(r)$	$u(r)$	$c(r)$
元素区分	r	1	0
图碰撞（G）	r	1	0
查找三角形	$O(r^2)$	r	$O(r^{2/3}\sqrt{n})$

通过将元素区分算法（见 5.2.1 小节）中的对应部分替换为 $s(r)$、$u(r)$ 和 $c(r)$，元素区分算法可被扩展为适用于以上一类问题的算法。对 k-collision 问题，即搜索空间为 S^k 的问题，所需总查询复杂性为 $\widetilde{O}\left(s(k)+\frac{n}{k}(c(k)+\sqrt{k}u(k))\right)$。

5. 应用及后续发展

三角形查找在许多问题中起着关键作用。由更快的三角形查找算法可引出更快的矩阵乘法算法[6,7]、3-SUM 问题[8]、Max-2SAT 问题[9] 等。2012 年，Belovs[10] 使用学习图将查询复杂性降低到 $O(N^{35/27})\approx O(N^{1.296})$。2013 年，Lee 等[11] 使用学习图进一步将查询复杂性降低到 $O(N^{9/7})\approx O(N^{1.285})$。这两种算法都可以通过在两个约翰逊图嵌套量子游走来实现。2014 年，Le Gall[12] 使用 4 级嵌套 MNRS 量子游走，提出了查询复杂性为 $O(N^{1.25})$ 的三角形查找算法。

6.1.3 连续量子游走搜索算法

1. 算法分析

粘合树（Glued Tree）是通过取两棵高度为 n 的二叉树并将其中一棵树的每个叶子连接到另一棵树的两个叶子而获得的图，这样任一原始树的叶子节点的度变为 3。图 6-2 显示了一个此类图的示例。

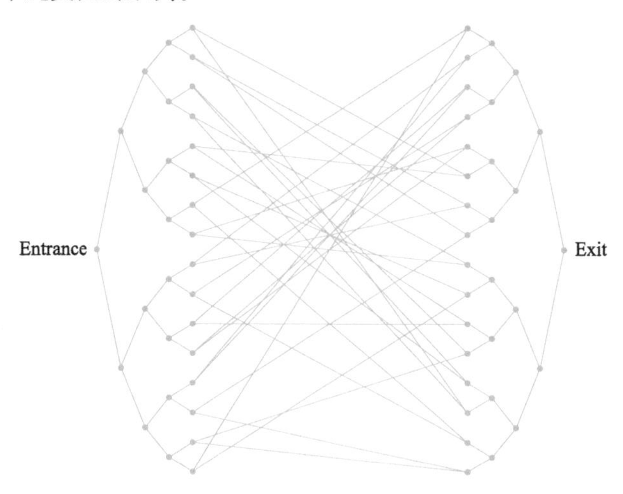

图 6-2　$n=4$ 时的一个粘合树图示例[13]

图6-2上的量子游走从左根（Entrance）出发，目标节点为右根（Exit），抵达目标节点所需的时间比经典情况要少得多。

2. 经典情况

当在粘合树图上进行经典随机游走时，在左侧树中，从当前节点转移到右边一级节点的概率是转移到左边一级节点的概率的两倍，然而，在右侧树中，情况正好相反。因此，可以看到当经典随机游走进行到图的中间部分时，无法确定哪个节点是右侧树的一部分，进而会迷失在中间部分并陷入相同节点的循环中，到达正确节点的概率呈指数级小。

3. 量子情况

Childs在2003年考虑在粘合树图上构建连续时间量子游走时[13]，将图中节点按列来考虑，每一列由与入口节点和出口节点等距的所有节点组成。如果每棵树的高度为n，那么将列标记为$0,1,\cdots,2n,2n+1$，其中列i包含从最左边的根节点开始的长度为i的最短路径的节点。将每一列的状态描述为该列中每个节点代表的状态的叠加。第i列中的节点数N_i，对于$i\in[0,n]$为2^i，对于$i\in[n+1,2n+1]$为2^{2n+1-i}。然后，可以将每一列对应的叠加态定义为

$$|C_j\rangle=\frac{1}{\sqrt{N_i}}\sum_{a\in column\ j}|a\rangle$$

其中，$\sqrt{N_i}$因子确保状态被归一化。由于粘合树的邻接矩阵$\boldsymbol{A}$是厄米矩阵，可以将$\boldsymbol{A}$视为决定量子行走行为的系统的哈密顿量。使用邻接矩阵算子$\boldsymbol{A}$作用于每一列对应的叠加态，得到结果（对于$i\in[1,n-1]$）：

$$\boldsymbol{A}|C_j\rangle=2\frac{\sqrt{N_{j-1}}}{\sqrt{N_j}}|C_{j-1}\rangle+2\frac{\sqrt{N_{j+1}}}{\sqrt{N_j}}|C_{j+1}\rangle=\sqrt{2}|C_{j-1}\rangle+\sqrt{2}|C_{j+1}\rangle$$

对于$i\in[n+2,2n]$，由于对称，得到的结果相同。

对于$i=n$：

$$\boldsymbol{A}|C_n\rangle=\sqrt{2}|C_{n-1}\rangle+2|C_n\rangle$$

$i=n+1$的情况由对称可知。可以看出，粘合图上的游走等价于在一条有有限个节点线上的量子游走，节点对应于列。除第n列和第$n+1$列之间的边外，所有边都具有权重

$\sqrt{2}$。第 n 列和 $n+1$ 列之间的边权重为 2。

有限节点线上的量子行走概率分布可以用无穷节点线粗略近似。考虑无限节点线的情况，概率分布可以看作在时间 t 内以线性速度传播的波。因此，当时间与 n 呈线性关系时，在距离起始状态 $2n+1$ 处测量状态的概率为 $1/\text{poly}(n)$。尽管粘合树对应的线只有有限节点，并且与其他线相比，在 n 和 $n+1$ 之间有一个不同的加权边，但它仍符合这一游走规律事实，即在多项式时间内，量子行走将从左边的根节点到右边的根节点。这是第一个在使用量子游走相对经典情况游走提供指数级别加速的结果。

6.1.4 基于 Markov 链随机游走的量子化

本小节系统介绍基于量子游走的 hitting time 问题。基于 Markov 链的量子游走最早由 Szegedy[5] 提出，用于检测可逆 Markov 链中是否存在标记点的问题，并且相较经典算法可以达到二次加速。为了确定地发现标记点，Magniez 等人[14] 提出了 MNRS 游走框架可以以很高的概率发现标记点，但是不能达到二次加速；对于只有一个标记点的问题，Krovi[15] 引用了量子插值游走可以达到二次加速；对于多于一个标记点情况，Ambainis[16] 通过引入 Fast-forwarding 算法证明了对任意可逆遍历 Markov 链对应的图，量子算法在图中搜索标记点所需时间相对经典算法可实现二次加速。Apers[17] 总结了以上算法并给出了一个应用更加广泛、形式更加灵活的统一框架。

1. Szegedy 量子游走框架

在第 5 章 5.1.1 节的模型讲解部分简单介绍过 Szegedy 量子游走[5]。Szegedy 在 2004 年定义了随机游走对应的量子化游走，并对其进行了进一步改进。假定给定的 Markov 链（Ω,P）是不可约的，并且 $N=|\Omega|$。（Ω,P）量子化的状态空间为 $\boldsymbol{C}^N\otimes\boldsymbol{C}^N$，空间中的基是 Ω 中的“有向边”，具体构造如下：

$$\Omega_Q:=\{|u,v\rangle \mid u,v\in\Omega,p_{uv}\neq 0\}$$

等价于以 Ω 的概率非零的有向边作为顶点，重新构造一个游走图，行走子在该图上游走。也可以将游走空间视为硬币空间和位置空间的张量积，其中硬币空间可视作位置空间的副本。图 6-3 列举了一个例子，其中图 6-3a）展示了一个满足 $|\Omega|=4$ 的图 Ω，图 6-3b）展示了根据图 6-3a）构建的游走图。

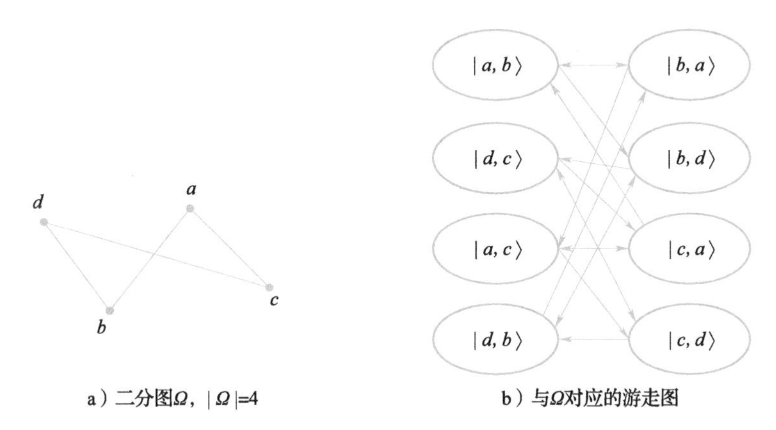

a）二分图Ω，$|\Omega|$=4　　b）与Ω对应的游走图

图 6-3　图 Ω 和其游走图的示例

图 6-3 的构造需要图 Ω 是一个二分图，可以看到对应的行走图的左右两侧的第一寄存器各对应二分图 Ω 中顶点的两个子集 $\{a,d\},\{b,c\}$。当图 Ω 不是二分图时，可行走图的构造需要对图 Ω 进行一些改动，将其顶点复制为 $\{a_1,b_1,c_1,d_1\}$ 和 $\{a_2,b_2,c_2,d_2\}$ 两个顶点子集，每条边的两个顶点更改为在每个顶点子集各选取一个顶点，从而将 Ω 改造成为二分图，图 6-4a）为一个非二分图 Ω，$|\Omega|=4$，改造后的 Ω 对应的游走图如图 6-4b）所示。

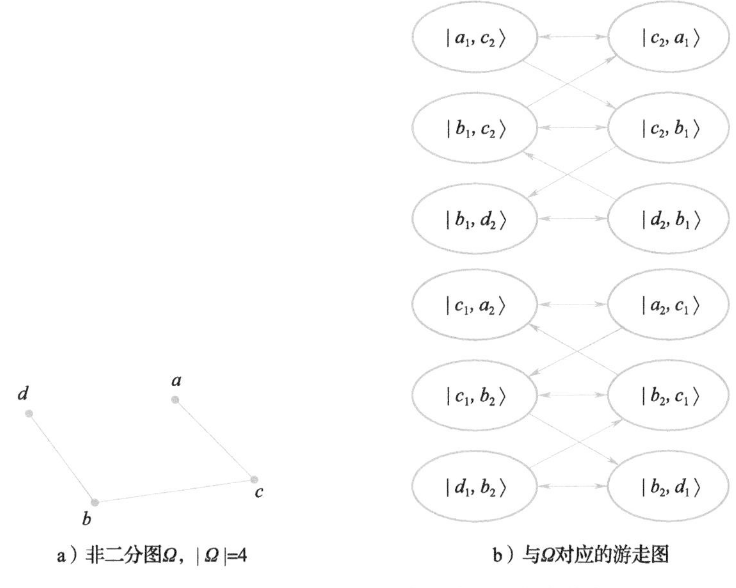

a）非二分图Ω，$|\Omega|$=4　　b）与Ω对应的游走图

图 6-4　一个非二分图 Ω 和其改造后对应的游走图

从图 6-4 可以看到游走图中每个点的出度为第二寄存器顶点在图 Ω 中的度数，入度为第一寄存器顶点在图 Ω 中的度数。

上述是对游走空间及基的构造，下面介绍游走过程。每一步演化的过程是两个幺正算子的组合。第一个幺正算子是翻转操作 F，由位置空间的态控制。假设当前位置空间中的态为 $|x\rangle$，即行走子在当前时刻位于点 x，如果硬币空间的态是所有 $|y\rangle$ 以概率 p_{xy} 或振幅$\sqrt{p_{xy}}$的叠加，其中 y 为图中任意点，又由于非相邻点 $p_{xy}=0$，故 y 可视为 x 邻点，即经典随机游走中行走子离开位置 x 后下一步游走的概率分布，此时硬币空间的态不变。对所有 $x\in\Omega$，令

$$|p_x\rangle:=\sum_{y\in\Omega}\sqrt{p_{xy}}\;|y\rangle$$

那么对所有 $x\in\Omega$, $|x,p_x\rangle$ 张成空间

$$A:=\mathrm{span}\{\,|x,p_x\rangle\,|\,x\in\Omega\}$$

可以选择相对于 A 的反射 R_A 作为翻转操作 F。

第二个幺正算子是由硬币空间的状态控制的位移操作 S。如果当前在硬币空间中态是 $|x\rangle$，位置空间量子态是所有 $|y\rangle$ 以概率 p_{xy}^* 或振幅$\sqrt{p_{xy}^*}$的叠加，那么在位移操作下量子态保持不变，因为它正是经典情况下的时间可逆行走子在离开位置 $|x\rangle$ 进行下一步游走的概率分布，其中 p_{xy}^* 代表与 P 对应的时间可逆随机游走 P^* 中从 x 点到 y 点的概率。对所有 $x\in\Omega$，令

$$|p_x^*\rangle:=\sum_{y\in\Omega}\sqrt{p_{xy}^*}\;|y\rangle$$

那么 $|p_x^*,x\rangle$ 张成空间

$$B:=\mathrm{span}\{\,|p_x^*,x\rangle\,|\,x\in\Omega\}$$

可以选择相对于 B 的反射 R_B 作为位移操作 S。

每一步的演化算子可以表示为

$$W(P):=R_BR_A$$

游走（$\mathrm{span}(\Omega_Q),W(P)$）被称为随机游走（$\Omega,P$）的量子化，更准确地说，是在硬币空间中的随机游走（Ω,P），在位置空间中遵循时间可逆随机游走（Ω,P^*）这一行为的量子化。

当图中可能存在标记点集合 M 时，Szegedy 引入（$\mathrm{span}(\Omega_Q),W(P')$）游走来确定图中是否存在标记点，其中 P' 是将 P 中所有行列标号属于 M 的概率项更改为 0，其余不变。通过具体地表示出（$\mathrm{span}(\Omega_Q),W(P')$）这一游走过程中游走酉算子的特征值与特征向量，进而刻画出对应的游走过程及终态，将以常数概率（至少 1/8 的概率）确定图中是否存在标记点。这一过程的时间相比经典击中时间可以达到二次加速，即为 $\sqrt{HT(P,M)}$，$HT(P,M)$ 是经典 hitting time。

2. MNRS 量子游走框架

对任意遍历可逆 Markov 链（Ω,P），设其概率转移矩阵的谱隙为 δ，$\varepsilon>0$ 为随机从稳态 π 中选取一个顶点是标记点的概率的下界。令 C 代表通过数据信息 $|d(u)\rangle$ 检查任意 $u\in\Omega$ 是否被标记所需的成本，S 代表构建叠加态 $\sum_{u\in\Omega}|u,d(u)\rangle$ 所需的成本，U 代表对任意 $u\in\Omega$，构建叠加态 $\sum_{u\in\Omega}\sqrt{\pi(u)}\,|u,d(u)\rangle$ 所需的成本。Magniez 等人[14] 证明了假如标记点存在，将以高概率（常数概率）发现标记点，所用成本为

$$S+\frac{1}{\sqrt{\varepsilon}}\left(\frac{1}{\sqrt{\delta}}U+C\right)$$

经典情况下，设每走 $\frac{1}{\delta}$ 步检查一次当前点是否为标记点为一个循环，经典算法需 $\frac{1}{\varepsilon}$ 次循环，可以以常数成功概率确定图中是否存在标记点，总成本为 $S+\frac{1}{\varepsilon}\left(\frac{1}{\delta}U+C\right)$。相对于这样的经典算法，MNRS 量子游走框架实现了二次加速。其中相对于 $\frac{1}{\varepsilon}$ 的二次加速源于 Grover 搜索，相对于 $\frac{1}{\delta}$ 的二次加速源于相位估计。但和 Szegedy 框架相比其总成本为 $S+\sqrt{HT(P,M)}\,(U+C)=S+\frac{1}{\sqrt{\delta\varepsilon}}(U+C)$，MNRS 框架并未达到二次加速。

设图中标记点对应的量子态可被表示为

$$|\pi_{\mathrm{mark}}\rangle=\frac{1}{\sqrt{\sum_{u\in M}\pi(u)}}\sum_{u\in M}\sqrt{\pi(u)}\,|u,p_u\rangle$$

其中，$|p_u\rangle$ 定义同上节。非标记点对应的量子态可被表示为

$$|\pi_{\text{unmark}}\rangle = \frac{1}{\sqrt{\sum_{u \notin M} \pi(u)}} \sum_{u \notin M} \sqrt{\pi(u)}\, |u, p_u\rangle$$

MNRS 量子游走算法同 Grover 算法结构相同，具体步骤如下。

（1）［setup］制备初态

$$|\pi\rangle = \sum_{u \in \Omega} \sqrt{\pi(u)}\, |u, p_u\rangle = \sqrt{\sum_{u \in M} \pi(u)}\, |\pi_{\text{mark}}\rangle + \sqrt{\sum_{u \notin M} \pi(u)}\, |\pi_{\text{unmark}}\rangle$$

（2）循环以下步骤 $O\left(\frac{1}{\sqrt{\varepsilon}}\right)$ 次

1）［check］实施关于量子态 $|\pi_{\text{unmark}}\rangle$ 的反射 $R_{|\pi_{\text{unmark}}\rangle}$；

2）［update］实施关于量子态 $|\pi\rangle$ 的反射 $R_{|\pi\rangle}$。

（3）测量终态

在上述量子算法步骤（2）中，按照 Grover 思想，理想的方案是实现 $R_{|\pi\rangle} R_{|\pi_{\text{unmark}}\rangle}$，由于算子 $R_{|\pi\rangle}$ 的实现非常困难，转换思路利用量子游走 $W(P)$，这里主要是因为 $|\pi\rangle$ 是其 1 特征向量。具体的，$W(P) = R_B R_A$ 的作用空间为 $A+B$，原 $\text{span}(|\pi\rangle, |\pi_{\text{unmark}}\rangle^{\perp})$ 空间为其子空间，其特征值可以列举如下。

$$1; \{e^{2i\theta_j}, j=1, \cdots, m\}; \{e^{-2i\theta_j}, j=1, \cdots, m\}; -1, \cdots, -1$$

其中，稳态 $|\pi\rangle$ 是对应于特征值 1 的特征向量。由于 δ 是 P 的谱隙，有 $\delta \leqslant 1-\cos\theta_j$，$j=1, \cdots, m$。又根据泰勒分解定理，$\cos\theta_j > 1-\theta_j^2/2$，对任意 $\theta_j \in (0, \pi/2)$，均满足 $\theta_j \geqslant \sqrt{2\delta}$ 对任意 $j=1, \cdots, m$ 成立。令 $\{\omega_k, k=0, \cdots, n-1\}$ 为对应上述 $W(P)$ 的特征值的正规特征向量，其中 $|\omega_0\rangle = |\pi\rangle$。令 $\theta_0 = 0$，对 $j=1, \cdots, m$ 有 $\theta_{m+j} := -\theta_j$；对 $k>2m$，特征值均为-1，即 $\theta_k = \frac{\pi}{2}$。

对任意 $W(P)$ 的特征向量，近似反射算子 $R_{|\pi\rangle}$ 先通过相位估计得到 $|\omega_k\rangle|0\rangle \rightarrow |\omega_k\rangle|\widetilde{\theta}_k\rangle$，其中 $\widetilde{\theta}_k$ 是 θ_k 的近似值，满足 $|\theta_k - \widetilde{\theta}_k| \leqslant \sqrt{\delta}/2$，可以根据 $\widetilde{\theta}_k$ 的值来估计推断 θ_k 的值，并在 $\widetilde{\theta}_k$ 远离 0 的量子态前乘上-1。也即对于 $|\pi\rangle$ 不变，其他特征向量处变负。在这个过程中可以计算出调用量子游走算子 $W(P)$ 的总费用近似为 $O\left(\frac{1}{\sqrt{\delta}}\right)$。

由于初始化费用为 $S+U$，单次相位反转费用为 C，根据 Grover 搜索算法思想，当图中存在标记点时，上述算法可以以常数概率寻得标记点，总的复杂性为 $S+\frac{1}{\sqrt{\varepsilon}}\left(\frac{1}{\sqrt{\delta}}U+C\right)$。

3. 量子插值游走

Krovi 等人[15] 于 2016 年提出了将插值引入量子游走，获得了插值量子游走。插值量子游走可以被应用到在图上搜索标记点的问题，对存在且仅存在一个标记点的任意可逆遍历 Markov 链对应的图，插值量子游走算法可以以相对经典算法二次加速的时间寻得标记点。

量子插值游走 $P(s)$ 是通过 P 和 P'以及参数 s 构成的，其中 P 和 P'定义同前文。

$$P(s):=sP+(1-s)P'$$

根据上述 $W(P)=R_BR_A$ 的定义，类似地，将 P 换成 $P(s)$，可以定义 $W(s):=W(P(s))$，特征值和特征向量由 $\lambda_k(s)$ 和 $|v_k(s)\rangle$ 表示，$k=1,\cdots,n$，其中 $\lambda_n(s)=1$。Krovi 等人结合了相位估计和量子插值游走来设计寻找标记点的算法，这一算法的具体构造如下。

1）[setup] 在寄存器 R_1R_2 上制备初态 $|\pi\rangle|0\rangle$。

2）[check] 附加寄存器 R_3，检查 R_1R_3 当前量子态是否为标记点，测量 R_3。

3）如果 $R_3=1$，测量 R_1 并输出结果。

4）否则，删去 R_3，进行如下操作：

a. 在寄存器 R_1R_2 应用相位估计 $QEE(W(s),t)$。

b. [check] 附加寄存器 R_3，检查 R_1R_3 当前量子态是否为标记点，测量 R_3。

c. 如果 $R_3=1$，测量 R_1 并输出结果。

d. 否则输出“无标记顶点”。

上述算法成立的前置条件为标记点在稳态中所占的分量 $\pi_M=\sqrt{\sum_{u\in M}\pi(u)}$ 和插值 hitting time 的极限

$$HT^+(P,M)=\lim_{s\to1}HT(s)=\lim_{s\to1}\sum_{k=1}^{n-1}\frac{|\langle v_k(s)|\pi_{\text{unmark}}\rangle|^2}{1-\lambda_k(s)}$$

已知的情况，其中 $|\pi_{\text{unmark}}\rangle$ 为 $|\pi\rangle$ 在非标记点对应的子空间投影下的量子态。当上述两个值仅有一个估值已知或某个（π_M 的下界/$HT^+(P,M)$ 的上界）已知时，对算

法进行一些改动可以得到对应的算法，修改后的算法成功概率和算法总的复杂性将保持不变。

下面主要介绍在 π_M 和 $HT^+(P,M)$ 已知情况下的寻找标记点的算法。算法输入的初态为 Markov 链 P 对应的稳态 $|\pi\rangle$，目标态为稳态 $|\pi\rangle$ 在标记点对应的子空间投影下的量子态，可被表示为

$$|\pi_{\text{mark}}\rangle=\frac{1}{\sqrt{\sum_{u\in M}\pi(u)}}\sum_{u\in M}\sqrt{\pi(u)}\ |u,p_u\rangle$$

观察算法中的第二步可以发现，在这一算法中，对目标态的测量是通过增加一个新的寄存器 R_3，并先对 R_3 测量来判断在原寄存器中当前状态对应顶点是否为标记点。第二步结束后，若测得标记点，算法结束。否则，当前状态将变为

$$\frac{|\pi\rangle-\langle\pi|\pi_{\text{mark}}\rangle|\pi_{\text{mark}}\rangle}{||\pi\rangle-\langle\pi|\pi_{\text{mark}}\rangle|\pi_{\text{mark}}\rangle|}=\frac{1}{\sqrt{\sum_{u\notin M}\pi(u)}}\sum_{u\notin M}\sqrt{\pi(u)}\ |u,p_u\rangle$$

上述量子态经过约化后正是 $|\pi\rangle$ 在非标记点对应的子空间投影下的量子态 $|\pi_{\text{unmark}}\rangle$。此时算法第四步中实施相位估计的目的是将 $|\pi_{\text{unmark}}\rangle$ 转化为一个与 $|\pi_{\text{mark}}\rangle$ 有着至少常数内积的量子态。将 $|\pi_{\text{unmark}}\rangle$ 简记为 $|U\rangle$，$|\pi_{\text{mark}}\rangle$ 简记为 $|M\rangle$，鉴于分别位于标记点和非标记点对应的子空间，它们无疑是正交的。$W(s)$ 的 1-特征向量 $|v_n(s)\rangle$ 可以表示为这组正交基的线性组合，如图 6-5 所示。

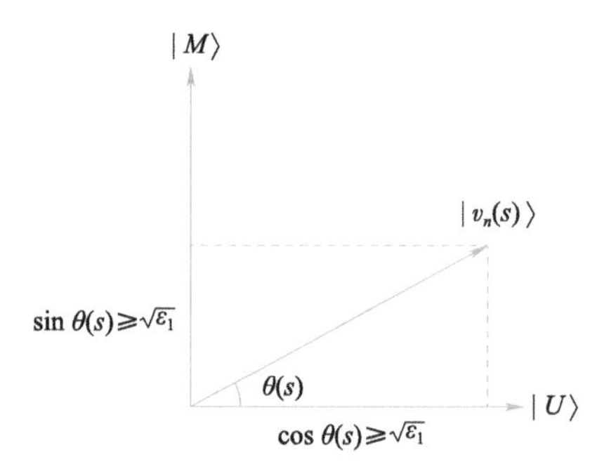

图 6-5 $W(s)$ 的 1-特征向量 $|v_n(s)\rangle$ 与 $|U\rangle$ 和 $|M\rangle$ 的关系[15]

相位估计作用在 $W(s)$ 的特征向量上的结果为

$$|v_k(s)\rangle|0^t\rangle\rightarrow QEE(W(s),t)|v_k(s)\rangle|0^t\rangle=\frac{1}{2^t}\sum_{l,m=0}^{2^t-1}\mathrm{e}^{-\frac{2\pi ilm}{2^t}}\mathrm{e}^{i\varphi_k l}|v_k(s)\rangle|m\rangle$$

其中，$\lambda_k(s)=\mathrm{e}^{i\varphi_k l}$ 为 $W(s)$ 第 k 个特征值。

通过相位估计，可以将 $W(s)$ 的 1-特征向量 $|v_n(s)\rangle$ 和其余特征向量的叠加态 $|\text{other}\rangle$ 区分开来，因此有

$$|U\rangle=\cos\theta(s)|v_n(s)\rangle+|\text{other}\rangle\xrightarrow{QEE(W(s),t)}\cos\theta(s)|v_n(s)\rangle|0^t\rangle+|\text{other}\rangle|0^{\perp}\rangle$$
$$=\sin\theta(s)\cos\theta(s)|M\rangle|0^t\rangle+|\text{other}\rangle|0^{\perp}\rangle.$$

运用 $|M\rangle\langle M|\otimes|0^t\rangle\langle 0^t|$ 测量，即可得到成功概率为 $\sin^2\theta(s)\cos^2\theta(s)$，通过选取合适的 s 即可使得这一成功概率为常数。复杂性的计算则是和上式的最后一项有关，当相位估计中的 t 选取为 $O(\sqrt{HT(s)})$ 时，最后一项可缩减为一可被忽略的极小值，从而只需计算第一项即可。当 $|M|=1$ 时，$HT(s)=HT$，此时量子插值算法的复杂性相比经典算法的复杂性达到了二次加速。

4. 适用于 $|M|>1$ 情况的量子查询标记点算法

Ambainis 等人[16] 于 2019 年提出，虽然在 $|M|=1$ 的情况，Krovi 的量子插值算法相对于经典情况达到了二次加速，但在 $|M|>1$ 情况，如图 6-6 所示，量子插值算法在查询标记点问题上表现得并不好。

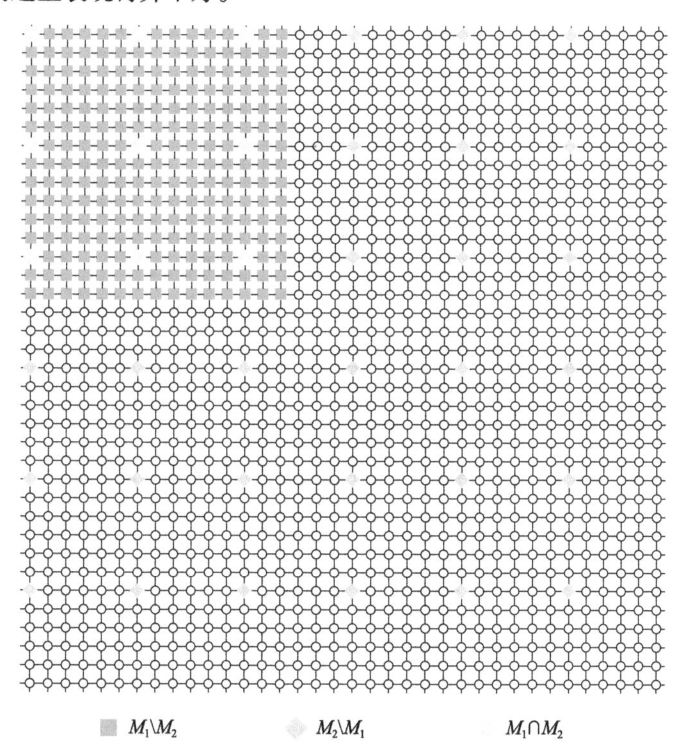

图 6-6　$|M|>1$ 时的图示例[16]

图 6-6 中，$M_1 \cup M_2$ 为标记点，相对于图中所有顶点，标记点在数量上仅占一小部分，标记点的分布总体分为两部分，一部分标记点十分集中（M_1），另一部分标记点分散在整张图中（M_2），Ambainis 等人证明了在 $|M|>1$ 且符合上述标记点分布规律的图中，相对于经典情况，量子算法查询标记点并没有达到二次加速。随后，Ambainis 等人通过结合量子 Fast-forwarding 算法和组合引理给出了一个更加普适性的量子算法，对任意遍历可逆 Markov 链对应的图，无论 $|M|$ 是否大于 1，这一量子算法搜索到至少一个标记点的时间相比经典情况所需时间均能实现二次加速。

量子 Fast-forwarding 算法是通过量子游走模拟经典游走的算法。这一量子算法可以通过量子游走酉算子 W 的投影来模拟经典游走的非酉算子 D，从而以任意精度近似经典游走结果。对任意经典初始概率分布 v 及对应的量子态 $|v\rangle$，有如下式子成立：$D^t|v\rangle=\sum_{l=0}^{\tau} q_l \Pi W^l|v\rangle$，其中 $D^t|v\rangle$ 是与从经典概率分布 v 开始游走 t 步后对应的量子态，q_l 由 l 和 t 共同决定，$\sum_{l=0}^{\tau} q_l=1$，Π 为投影算子，$\tau=\Theta(\sqrt{t})$。量子所需游走步数 τ 与经典所需游走步数 t 的开方同阶，也即量子相对经典达到了二次加速。Ambainis 等人的搜索标记点算法相对经典的二次加速性正是从此而来，这一算法思想如下。

（1）将量子 Fast-forwarding 算法作用在初态上，得到终态。

（2）通过组合引理证明终态与目标态内积为常数，即有常数概率成功。

具体地说，组合引理是通过插入一定数量的非标记点，使得测得的标记点集中在某些步骤，测得的非标记点则集中在其余步骤，通过成功测得概率与对应概率的乘积加和可以给出算法成功概率的常数下界，进而证明算法成功概率为常数。

5. 统一框架

量子游走在图中搜索标记点有很多算法，除去上述算法外，还有电网框架量子游走搜索算法[18]、受控量子放大算法[19] 等。对此，Apers 等人[17] 于 2020 年总结了上述算法并给出了一个统一框架。这一统一框架并不仅是上述所有框架的一个统一版本，它还吸取了众多框架的优点，并得出了一些新的结果。首先归纳介绍一下上述量子搜索算法，见表 6-3。

表 6-3 量子搜索算法归纳[17]

框架	复杂性	是否能查找到标记点
击中时间框架[5,15,16]	$S+\sqrt{HT(P,M)}(U+C)$	是
MNRS 框架[14]	$S+\frac{1}{\sqrt{\varepsilon}}\left(\frac{1}{\sqrt{\delta}}U+C\right)$	是
电网框架[18]	$S(\sigma)+\sqrt{C_{\sigma,M}}(U(\sigma)+C)$	否
受控量子放大框架[19]	$S+\sqrt{HT(P,\{m\})}U+\frac{1}{\sqrt{\varepsilon}}C$	是

可以看到，上述算法的复杂性均由 S(setup)、U(update) 和 C(check) 这三部分组成，且各部分系数也有类似之处。Apers 等人根据上述各算法适用的具体情况，将它们统一起来，归纳为同一个结构在不同情况下的结果。这一统一框架具体描述见表 6-4。

表 6-4 统一框架[17]

量子搜索算法框架	$S(\sigma)+\sqrt{C_{\sigma,M}(P^t)}(\sqrt{t}U(\sigma)+C)$
击中时间框架[5,15,16]	$\sigma=\pi,t=1$
MNRS 框架[14]	$\sigma=\pi,t=\frac{1}{\delta}$
电网框架[18]	任意 $\sigma,t=1$
受控量子放大框架[19]	$\sigma=\pi,M=\{m\},t=\varepsilon HT(P,M)$

当被总结归纳为统一框架时，击中时间框架对应于初态为稳态 $|\pi\rangle$，游走每次进行一步的情况；MNRS 框架对应于初态为稳态 $|\pi\rangle$，游走每次进行$\frac{1}{\delta}$步的情况；电网框架对应于从任意初态开始，游走每次进行一步的情况；受控量子放大框架对应于初态为稳态 $|\pi\rangle$，标记顶点仅有一个，游走每次进行 $\varepsilon HT(P,M)$ 步的情况。

进一步分析这些框架的优缺点时，可以看到击中时间框架、MNRS 框架和受控量子放大框架优点是均可以寻得标记点并输出，缺点则是初始量子态输入必须为稳态 $|\pi\rangle$，这是因为稳态 $|\pi\rangle$ 的制备较为困难。与之相对，电网框架的优点是可以从任意初始量子态开始，大大降低 S 这一部分的复杂性，但缺点是仅能确定图中是否存在标记顶点，而无法查找出标记顶点是哪一个，查找还需要额外的 $O(\sqrt{N})$ 复杂性。对此，Apers 等人将这些框架的优点结合起来，得到了可以从任意初始量子态出发且可以寻得图中标记

顶点并输出的量子搜索算法。对任意可逆的遍历图 G，将其根据初始量子态修改成为 G'，如图 6-7 所示。

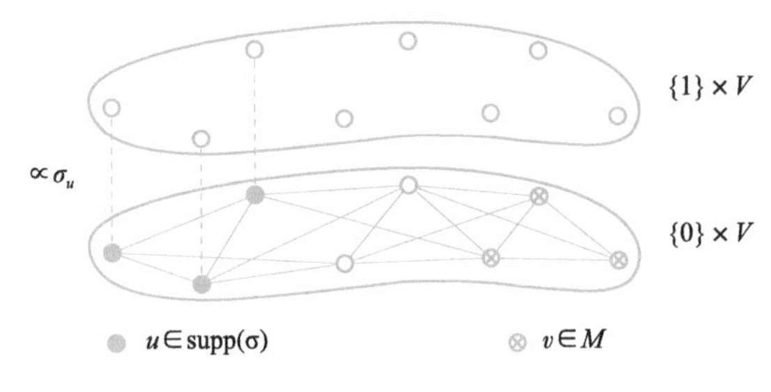

图 6-7　修改后的图 G'示例[17]

图 6-7 下半部分顶点与连接方式均与图 G'相同，对任意初始分布 σ，当顶点 $u \in \text{supp}(\sigma)$ 时，将 u 与其在图 G'上半部分中对应的点相连，否则不相连，遍历图中顶点后，得到了修改后的图 G'。当图 G'变为图 G'时，图对应的概率矩阵 $\boldsymbol{P}$ 变为 P'，根据概率矩阵构建的酉算子 $W(P)$ 变为 $W(P')$，根据计算得知，与初始分布 σ 对应的量子态 $|\sigma\rangle$ 和目标态均与酉算子 $W(P')$ 的 1-特征向量有着常数内积，从而可以将算法的成功概率提升至常数。

6.1.5　mixing time

任意遍历 Markov 链 P 存在唯一特征值为 1 的特征向量，即稳态 π。在经典随机游走中，通过转换为等价的 lazy 随机游走，所有特征值可以被转换至 $[0,1]$，鉴于所有非 1 特征值均小于 1，当游走步数足够多时，非 1-特征向量对应的系数逐渐减小，将会缓慢消失，直到演化过程中只余下 1-特征向量，这就是经典遍历 Markov 链从任意初始分布出发都将收敛于稳态的过程，这一过程所需时间为 mixing time。然而，量子的非 1 特征值的形式为 $e^{i\theta}$，随着步数增加，各非 1-特征向量只会以不同的频率振荡，呈现类周期性，而永远不会消失。因此，当想要利用量子算法来制备稳态时，与经典算法的原理相比，会存在一些不同之处。

量子算子均为酉算子，具有可逆的性质。考虑到上述搜索算法的过程可以视为对任意标记顶点 g，从稳态 $|\pi\rangle$ 通过酉算子构建量子态 $|g\rangle$ 的过程，可以利用酉算子的可逆性构建新的制备稳态的算法。随机从图中选取顶点 g，设当搜索算法中目标标记顶点

为 g 时，从稳态 $|\pi\rangle$ 通过酉算子构建量子态 $|g\rangle$ 的过程所需算子为 U_{search}，由酉算子的可逆性知，$U_{\text{search}}^{\dagger}$ 的运用可以将量子态 $|g\rangle$ 转化为稳态 $|\pi\rangle$，这便是量子制备稳态算法的算子。

PageRank 算法作为制备 Markov 链上稳态的重要应用之一，目的是针对每个网页给出对应的 PageRank 值，以此评价网页的重要性，作为搜索结果排序的重要依据之一。其思想为，如果一个网页被很多其他网页链接到，该网页的 PageRank 值会相对较高；如果一个 PageRank 值很高的网页链接到其他网页，那么被链接到的网页的 PageRank 值会相应地因此而提高。

经典情况下，将每个网页设为图中一点，则网页彼此链接的过程可视为通过 Markov 链转移矩阵游走，那么网页的 PageRank 值即是每个网页作为一点在稳态中对应的概率，可通过在图上的游走算法来获得，这正是量子制备 Markov 链上稳态的重要应用之一[20]。当然还有其他制备稳态的方法，比如量子模拟退火[21] 等，这里不一一详述了。

6.2 基于多硬币量子游走的通信协议

6.2.1 基于量子游走的隐形传输框架

量子通信是目前唯一被证明无条件安全的通信方式，可以有效解决信息安全传输问题。量子隐形传输作为远距离量子通信和分布式量子计算的核心技术，借助量子纠缠将未知的量子态传输到遥远地点，而不用传送物质本身。

第一个隐形传输框架是在 1993 年由 Bennett[22] 等人提出的。它由两个基本要素组成：纠缠态的制备和联合贝尔基测量。Alice 含有两个粒子，其中一个粒子处于未知态，Alice 的一个粒子和 Bob 的一个粒子事先纠缠在一起。Alice 通过对自己的两个粒子进行联合 Bell 基测量，测量结果通过经典通道传递给 Bob。Bob 根据得到的测量结果对自己的粒子进行矫正操作，就可以恢复 Alice 想传递的信息。

这个协议中，要求事先准备好 Bell 态，对于高维纠缠态的情形，纠缠态的制备和保存都是一件困难的事情。另外一个就是要求联合贝尔基测量，当维数很高时，联合 Bell 基的检测是实验上的难点。

基于以上考虑，提出了基于两硬币量子游走的隐形传输框架[2,3]。

1. 在一维线上传递单量子比特

两硬币量子游走空间为 $\boldsymbol{H}=\boldsymbol{H}^{P}\otimes\boldsymbol{H}^{C_1}\otimes\boldsymbol{H}^{C_2}$，其中 $\boldsymbol{H}^{P}$ 是位置空间，$\boldsymbol{H}^{C_i}$ 是硬币空间。在第 i 步，使用第 i 个硬币算子 $\boldsymbol{C}_i$，行走者按照条件转移算子来移动

$$\boldsymbol{U}_i=\boldsymbol{S}_i\otimes(\boldsymbol{I}\otimes\boldsymbol{C}_i)$$

其中，C_i 作用在第 i 个硬币空间，每次行走只用一个硬币算子，另一空间的硬币算子用恒等算子代替。

对于一维直线，$\boldsymbol{H}^{P}=\mathrm{span}\{n\mid n\in\boldsymbol{Z}\}$,$\boldsymbol{H}^{C}=\mathrm{span}\{|0\rangle,|1\rangle\}$

$$\boldsymbol{S}^{\mathrm{line}}=\sum_{n}(|n+1\rangle\langle n|\otimes|0\rangle\langle 0|+|n-1\rangle\langle n|\otimes|1\rangle\langle 1|)$$

Alice 有两个粒子：第一个是硬币空间，第二个是位置空间。假设 Alice 想传递的未知态为 $|\phi\rangle=a|0\rangle+b|1\rangle$，其中 $|a^2|+|b^2|=1$。Alice 将未知信息编码在第一个硬币空间，Bob 所在的空间是第二个硬币空间，如图 6-8 所示。

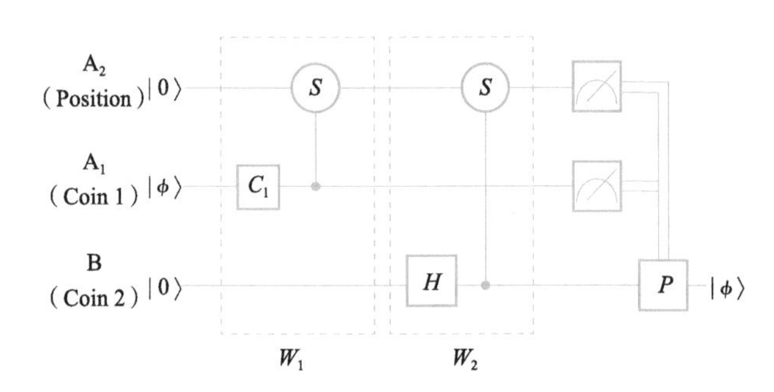

图 6-8　隐形传输框架[23]

令初始态为 $|0\rangle(a|0\rangle+b|1\rangle)|0\rangle$，其中位置空间初始态为 $|0\rangle$，硬币 2 初始态为 $|0\rangle$。取 $\boldsymbol{C}_1=\boldsymbol{I},\boldsymbol{C}_2=\boldsymbol{H}$。经过两步量子游走，系统的状态为

$$\frac{(a|200\rangle+a|001\rangle+b|010\rangle+b|-211\rangle)}{\sqrt{2}}$$

Alice 用 $|+\rangle$, $|-\rangle$ 测量 A_1，标记测量结果为 1、-1。Alice 用下面的基测量 A_2，

$$\{\cdots,|-3\rangle,|-\widetilde{2}\rangle,|-1\rangle,|0\rangle,|1\rangle,|\widetilde{2}\rangle,|3\rangle,\cdots\}$$

其中，$|\pm\widetilde{2}\rangle=(|-2\rangle\pm|2\rangle)/\sqrt{2}$。标记测量结果-1、0、1 对应于 $|-\widetilde{2}\rangle$、$|0\rangle$、$|\widetilde{2}\rangle$。

如果 Alice 在硬币 1 上的测量结果为 1，则 A_1 和 B 的态为 $a|01\rangle+b|10\rangle$，如果 Alice 在 A_1 上的测量结果为 1，则 Bob 的态塌缩为 $a|1\rangle+b|0\rangle$。Bob 只需进行 Pauli$X$ 矫正即可得到状态 $a|0\rangle+b|1\rangle$。类似地可以讨论其他情况，见表 6-5。

表 6-5 对于单量子比特的结果和矫正

在 A_1,A_2 的测量结果	Bob 的矫正运算
1,1 或-1,-1	I
1,-1 或-1,1	Z
1,0	X
-1,0	ZX

有两点需要注意：

1）这里 $\boldsymbol{C}_1$ 的选择可以是任意二阶酉算子，$\boldsymbol{C}_2$ 也可以取 H（如果 Bob 的初始态变为 $|+\rangle$）。也可以讨论其他情况，但传输框架不变。

2）可以经过长时间的行走后在传递信息。

令 $\boldsymbol{C}_1=\boldsymbol{C}_2=\boldsymbol{I}$，$A_2$ 的初始态为 $|+\rangle$，经过 $2t$ 步后（t 为整数），仍可以在 Bob 处恢复出想传递的未知态。

2. 在四点圈上传递单量子比特

四点圈如图 6-9 所示，顶点为 0、1、2、3，相邻的两个顶点有双边标记为 0、1。条件转移算子定义如下：

$$\sum_{k=0}^{2}|k+1\rangle\langle k|\otimes|0\rangle\langle 0|+\sum_{k=1}^{3}|k-1\rangle\langle k|\otimes|1\rangle\langle 1|+|0\rangle\langle 3|\otimes|0\rangle\langle 0|+|3\rangle\langle 0|\otimes|1\rangle\langle 1|$$

令 B 的初态为 $|+\rangle$，整个的初态为 $|0\rangle(a|0\rangle+b|1\rangle)|+\rangle$，经过两步量子游走后，系统的状态为

$$\frac{|0\rangle(a||01\rangle+b|10\rangle)}{\sqrt{2}}+\frac{|2\rangle\otimes(a|00\rangle+b|11\rangle)}{\sqrt{2}}$$

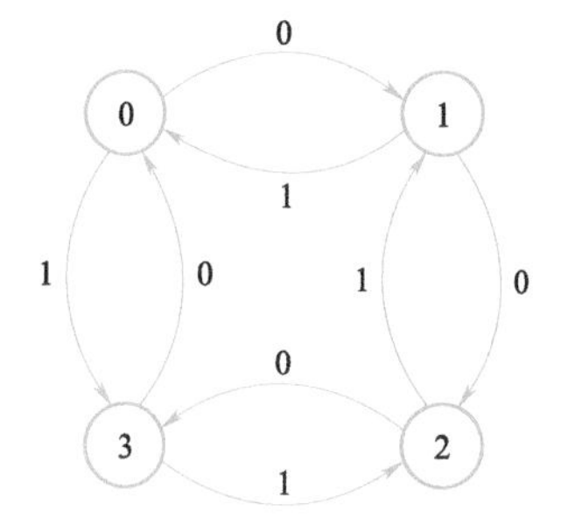

图 6-9 四点圈[23]

在 A_2 和 A_1 上选择合适的测量基，Bob 收到测量结果进行合适的矫正就可以恢复想传递的未知量子态。

类似地，若想传递任意维的量子态，可以选取完备图和正则图。

图 6-10 是一些完备图的例子。图 6-10a)、图 6-10b)、图 6-10c)、图 6-10d) 分别是两点完全图、三点完全图、n 点完全图、有两个硬币的两点完全图。中空点表示顶点集，弧形表示硬币空间。

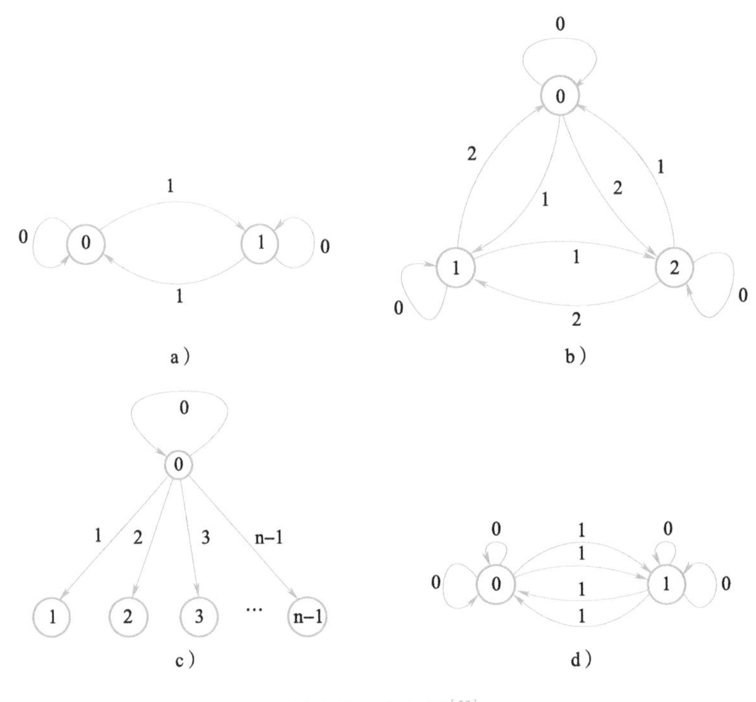

图 6-10 完备图[23]

在完备图上，定义转移算子 $\boldsymbol{S}_j=\sum_{k=0}^{d-1}|(j+k)\bmod d\rangle\langle k|$，一步游走为

$$\boldsymbol{W}^{(g)}=\left(\sum_{j=0}^{d-1}\boldsymbol{S}_j\otimes|j\rangle\langle j|\right)(\boldsymbol{I}\otimes\boldsymbol{C})$$

其中，C 是硬币算子。对于一个任意维的未知态，编码在硬币 1 空间上，交替地使用两个硬币算子，通过两步行走后，进行局部测量就可以成功地在硬币 2 空间恢复出未知量子态。类似地可以考虑正则图上的高维量子态的隐形传输[23]。

在上述模型中，仅考虑了通过两步游走来实现隐形传输。而在量子网络中，通常会考虑长距离的传输，文献［23］具体讨论了在直线上、圈上、正则图上可以进行长距离传输的情况。

3. 长距隐形传输

(1) 一维直线上的长距隐形传输

在行走者-硬币-硬币系统中，初始态为 $|\phi\rangle^0=|0\rangle\otimes(a|0\rangle+b|1\rangle)\otimes|+\rangle$，其中 $|a|^2+|b|^2=1$。目标是在某个位置处，在硬币状态2重现状态 $a|0\rangle+b|1\rangle$。

当 $\boldsymbol{C}_1=\boldsymbol{C}_2=\boldsymbol{I}$ 时，经过第二步量子游走后的量子态演化为

$$|\phi\rangle^2=|0\rangle\otimes\left(\frac{a|01\rangle+b|10\rangle}{\sqrt{2}}\right)+\left(\frac{|2\rangle\otimes a|00\rangle+|-2\rangle\otimes b|11\rangle}{\sqrt{2}}\right)$$

令 n 是一个偶数，则

$$|\phi\rangle^n=|0\rangle\otimes\left(\frac{a|01\rangle+b|10\rangle}{\sqrt{2}}\right)+\left(\frac{|n\rangle\otimes a|00\rangle+|-n\rangle\otimes b|11\rangle}{\sqrt{2}}\right)$$

于是，用基 $\{|0\rangle,|\tilde{n}\rangle,|-\tilde{n}\rangle,\cdots\}$ 对位置状态进行测量，用基 $\{|+\rangle,|-\rangle\}$ 对硬币状态1进行测量，其中 $|\pm\tilde{n}\rangle=\dfrac{|-n\rangle\pm|n\rangle}{\sqrt{2}}$。如果根据测量结果对硬币状态2进行一些局部酉操作，硬币状态2将会恢复到目标状态 $a|0\rangle+b|1\rangle$。

(2) 圈上的长距隐形传输

在行走者-硬币-硬币系统中，初始态为 $|\phi\rangle^0=|0\rangle\otimes(a|0\rangle+b|1\rangle)\otimes|+\rangle$，其中 $|a|^2+|b|^2=1$。当 $\boldsymbol{C}_1=\boldsymbol{C}_2=\boldsymbol{I}$ 时，经过第二步量子游走后的量子态演化为

$$|\phi\rangle^2=|0\rangle\otimes\left(\frac{a|01\rangle+b|10\rangle}{\sqrt{2}}\right)+\left(\frac{|2\rangle\otimes a|00\rangle+|d-2\rangle\otimes b|11\rangle}{\sqrt{2}}\right)$$

令圈的顶点个数 d 是一个偶数，则

$$|\phi\rangle^{\frac{d}{2}}=|0\rangle\otimes\left(\frac{a|01\rangle+b|10\rangle}{\sqrt{2}}\right)+|d/2\rangle\otimes\left(\frac{a|00\rangle+b|11\rangle}{\sqrt{2}}\right)$$

于是，使用基 $\{|0\rangle,\cdots,|d-1\rangle\}$ 对位置状态进行测量，用基 $\{|+\rangle,|-\rangle\}$ 对硬币状态1进行测量。根据测量结果对硬币状态2进行一些局部酉操作，硬币状态2将会恢复到目标状态 $a|0\rangle+b|1\rangle$。

(3) d 正则图上的长距隐形传输

可以在有 n 个顶点的 d 正则图上，通过量子游走进行量子态的传输，其中 $n\geqslant 2d-1$。

假如顶点个数在 $\{d+1,\cdots,2d-2\}$ 中取值，那么量子态将不能以概率为 1 进行传输。令 $t\in\{1,\cdots,\lceil n/2d-1\rceil\}$，则量子态的传输协议将会通过 $2t$ 步量子游走完成，当 $t>\lceil n/2d-1\rceil$ 时，量子态的位置态将会超过顶点标号的最大值。

令硬币算子 $\boldsymbol{C}_1=\boldsymbol{C}_2=\boldsymbol{I}$，并且初始态为

$$|\phi\rangle^0=|0\rangle\otimes\left(\sum_{m=0}^{d-1}a_m|m\rangle\right)\otimes\sum_{k=0}^{d-1}|k\rangle/\sqrt{d}$$

经过 $2t$ 步量子游走后，最终量子态演化为

$$\sum_{m=0}^{d-1}\sum_{k=0}^{d-1}a_m|t(m+k)\bmod n\rangle|m\rangle|k\rangle/\sqrt{d}$$

令集合 $A(n)=\{x\mid 1\leqslant x\leqslant n,x\in\mathbf{Z}^+,(x,n)=1\}$，$\phi(n)$ 表示集合 $A(n)$ 的元素个数，于是 $A(n)=\{1,A_2,\cdots,A_{\phi(n)}\}$。令 $t=xn+A_i$，其中 $x=0,1,\cdots,n$，$i=1,2,\cdots,\phi(n)$。因此，最终量子态表示为

$$|\phi\rangle^{2t}=\sum_{m=0}^{d-1}\sum_{k=0}^{d-1}a_m|A_i(m+k)\bmod n\rangle|m\rangle|k\rangle/\sqrt{d}$$

显然，$(A_i(m+k)\bmod n)\in\{0,1,\cdots,n-1\}$，并且 $(m+k)$ 的 $(2d-1)$ 个不同的值对应于不同的 $(A_i(m+k)\bmod n)$ 的值。于是按着 $(m+k)$ 的大小顺序列出 $(2d-1)$ 个位置态：$|0^{(i)}\rangle,|1^{(i)}\rangle,\cdots,|(2d-1)^{(i)}\rangle$。

因此，Alice 用基 $\{(|k^{(i)}\rangle\pm|(d+k)^i\rangle)/\sqrt{2},|(d-1)^{(i)}\rangle,\cdots,|(n-1)^{(i)}\rangle\}$ 对位置态进行测量，其中，$k=0,\cdots,d-2$。将量子态退化为 $(|k^{(i)}\rangle+|(d+k)^i\rangle)/\sqrt{2}$、$(|k^{(i)}\rangle-|(d+k)^i\rangle)/\sqrt{2}$、$|(d-1)^{(i)}\rangle$ 的测量结果分别记为 k、$k+d$、$d-1$。此外，Alice 用 Fourier 基 $\{|\widetilde{k}\rangle:k=0,\cdots,d-1\}$ 对硬币状态 1 进行测量。

例如，当测量结果分别为 k 和 $\widetilde{t}$ 时，硬币状态 2 此时为

$$\sum_{m=0}^{k}a_m\mathrm{e}^{-2\pi i\widetilde{t}m/d}|k-m\rangle+\sum_{m=k+1}^{d-1}a_m\mathrm{e}^{-2\pi i\widetilde{t}m/d}|k+d-m\rangle$$

为了恢复量子态 $\sum_{m=0}^{d-1}a_m|m\rangle$，Bob 对硬币状态 2 进行局部酉操作：

$$\boldsymbol{U}_{k\widetilde{t}}=\sum_{m=0}^{k}\mathrm{e}^{2\pi i\widetilde{t}m/d}|m\rangle\langle k-m|+\sum_{m=k+1}^{d-1}\mathrm{e}^{2\pi i\widetilde{t}m/d}|m\rangle\langle k+d-m|$$

当测量结果分别为 $d+k$ 和 $\widetilde{t}$ 时，为了恢复量子态 $\sum_{m=0}^{d-1}a_m|m\rangle$，Bob 对硬币状态 2 进

行局部酉操作：

$$U_{(d+k),\tilde{t}}=\sum_{m=0}^{k}\mathrm{e}^{2\pi i\tilde{t}m/d}|m\rangle\langle k-m|-\sum_{m=k+1}^{d-1}\mathrm{e}^{2\pi i\tilde{t}m/d}|m\rangle\langle k+d-m|$$

当测量结果分别为 $d-1$ 和 $\tilde{t}$ 时，Bob 对硬币状态 2 进行局部酉操作：

$$U_{(d-1),\tilde{t}}=\sum_{m=0}^{d-1}\mathrm{e}^{2\pi i\tilde{t}m/d}|m\rangle\langle d-1-m|$$

进一步的阅读：当前的传输框架已经被 Chatterjee 等人[25] 在 IBM 量子实验平台提供的 5 量子位量子计算机和 32 量子位模拟器上进行了成功演示。而 Yamagami 等人[26] 从数学的角度将上述量子隐形传输框架扩展到一般情形，给出了严格实现量子隐形传态的一个有用的充要条件并对实现量子隐形传态的设置参数进行了分类。而文献［27］将基于量子游走的隐形传输框架成功用于量子签名认证中。

6.2.2　基于两硬币量子游走的完美状态转移

Bose[28] 最早提出量子信息的传递方式是通过自旋链的耦合，然而由于状态转移容易受到粒子无序、相干和最近邻耦合关系的影响，因此利用自旋链很难实现长距离完美的状态转移[29]。随后文献［30］发现连续的量子游走可以模拟自旋链状态的动力学演化。然而对于连续量子游走模型，当前仅可以承接一些特殊图上的信息传递[31]。随后又被推广到离散量子游走模型。对于离散量子游走模型，比较好的结果就是在线段和圈上的传递，但圈上点的个数必须是偶数[32,33]，而且信息只能从当前点传到圈上正对的点，或者硬币的使用依赖于位置，这都有很大的局限性[34]。

与现有模型不同，尚云等通过两个硬币控制的量子游走模型提出了一套新的量子通信协议。通过交替使用两个硬币算子，可以在更一般的图上实现高维量子态的完美状态转移[24]。并且利用基于超导的量子计算机 IBM Quantum Experience[35,36] 对该量子通信协议进行了实验实现。

1. 直线上的完美状态转移

首先介绍在一维直线上如何通过量子游走实现完美地转移一个量子比特的协议。

带有双硬币的量子游走系统由行走者-硬币-硬币系统刻画。设量子游走的初始态为 $|\phi\rangle^0=|0\rangle\otimes(a|0\rangle+b|1\rangle)\otimes|0\rangle$，其中 $|a|^2+|b|^2=1$。令 $|\phi\rangle^i$ 表示经过第 i 步

后的系统状态。在这个协议中，硬币 1 的未知状态可以经过 n 步量子游走被转移到一个任意位置 x 上，其中 n 的值与 x 的值有关。整个协议可以表示为

$$|\phi\rangle^0 \xrightarrow{n\text{步量子游走}} |\phi\rangle^n = |x\rangle \otimes \boldsymbol{U}_1(a|0\rangle + b|1\rangle) \otimes \boldsymbol{U}_2|0\rangle$$

其中，$\boldsymbol{U}_1$ 和 $\boldsymbol{U}_2$ 是用来复原的酉算子。

在这个双硬币量子游走的过程里，只使用了两个硬币算子 $\boldsymbol{I}$ 和 $\boldsymbol{X}$。由于每次游走之间是独立的，因此对于偶数 i，有 $|\phi\rangle^i = \boldsymbol{W}_1^{i/2}\boldsymbol{W}_2^{i/2}|\phi\rangle^0$；对于奇数 i，有 $|\phi\rangle^i = \boldsymbol{W}_1^{\lceil i/2\rceil+1}\boldsymbol{W}_2^{\lceil i/2\rceil}|\phi\rangle^0$。在量子游走结束后，可以选择合适的酉算子 $\boldsymbol{U}_1$ 和 $\boldsymbol{U}_2$ 作用在硬币状态 1 和硬币状态 2 上，从而将量子态恢复到我们希望得到的状态。以下为位置 x 是正偶数、负偶数、正奇数、负奇数时对应的量子态转移方式[24]。

情况 1：位置 x 是一个正偶数（见表 6-6）

表 6-6　情况 1 对应的量子态转移方式

第 i 步	1	2	…	$x-1$	x	$x+1$	$x+2$	…	$2x-1$	$2x$
C_1	$\boldsymbol{I}$		…	$\boldsymbol{I}$		$\boldsymbol{X}$		…	$\boldsymbol{I}$	
C_2		$\boldsymbol{I}$	…		$\boldsymbol{I}$		$\boldsymbol{I}$	…		$\boldsymbol{I}$

在这个情况下，只在第 $x+1$ 步量子游走中，将作用在硬币态 1 上的硬币算子选为 Pauli 算子 $\boldsymbol{X}$，其余的硬币算子均为单位算子 $\boldsymbol{I}$。经过 $2x$ 步量子游走，初始态中硬币状态 1 被完美转移。

情况 2：位置 x 是一个正奇数（见表 6-7）

表 6-7　情况 2 对应的量子态转移方式

第 i 步	1	2	…	x	$x+1$	$x+2$	$x+3$	…	$2x-1$	$2x$	$2x+1$
C_1	$\boldsymbol{I}$		…	$\boldsymbol{I}$		$\boldsymbol{X}$		…	$\boldsymbol{I}$		$\boldsymbol{I}$
C_2		$\boldsymbol{I}$	…		$\boldsymbol{I}$		$\boldsymbol{I}$	…		$\boldsymbol{I}$	

在这个情况下，只在第 $x+2$ 步量子游走中，将作用在硬币状态 1 上的硬币算子选为 Pauli 算子 $\boldsymbol{X}$，其余的硬币算子均为单位算子 $\boldsymbol{I}$。与正偶数情况相似，令 $\boldsymbol{U}_1=\boldsymbol{X}$，$\boldsymbol{U}_2=\boldsymbol{I}$，于是量子态可以成功地转移到位置 x 处。

情况 3：位置 x 是一个负偶数（见表 6-8）

表 6-8　情况 3 对应的量子态转移方式

第 i 步	1	2	…	$\|x\|-1$	$\|x\|$	$\|x\|+1$	$\|x\|+2$	…	$2\|x\|-1$	$2\|x\|$
C_1	$\boldsymbol{I}$		…	$\boldsymbol{I}$		$\boldsymbol{X}$		…	$\boldsymbol{I}$	
C_2		$\boldsymbol{X}$	…		$\boldsymbol{I}$		$\boldsymbol{I}$	…		$\boldsymbol{I}$

在这个情况下，只在第 2 步量子游走中，将作用在硬币状态 2 上的硬币算子选为 Pauli 算子 $\boldsymbol{X}$，在第 $|x|+1$ 步量子游走中，将作用在硬币状态 1 上的硬币算子选为 Pauli 算子 $\boldsymbol{X}$，其余的硬币算子均为单位算子 $\boldsymbol{I}$。令 $\boldsymbol{U}_1=\boldsymbol{X},\boldsymbol{U}_2=\boldsymbol{X}$，于是量子态可成功地转移到位置 x 处。

情况 4：位置 x 是一个负奇数（见表 6-9）

表 6-9　情况 4 对应的量子态转移方式

第 i 步	1	2	…	$\|x\|$	$\|x\|+1$	$\|x\|+2$	$\|x\|+3$	…	$2\|x\|-1$	$2\|x\|$	$2\|x\|+1$
C_1	$\boldsymbol{I}$		…	$\boldsymbol{I}$		$\boldsymbol{X}$		…	$\boldsymbol{I}$		$\boldsymbol{I}$
C_2		$\boldsymbol{X}$	…		$\boldsymbol{I}$		$\boldsymbol{I}$	…		$\boldsymbol{I}$	

在这个情况下，只在第 2 步量子游走中，将作用在硬币状态 2 上的硬币算子选为 Pauli 算子 $\boldsymbol{X}$，在第 $|x|+2$ 步量子游走中，将作用在硬币状态 1 上的硬币算子选为 Pauli 算子 $\boldsymbol{X}$，其余的硬币算子均为单位算子 $\boldsymbol{I}$。与负偶数情况相似，令 $\boldsymbol{U}_1=\boldsymbol{X},\boldsymbol{U}_2=\boldsymbol{X}$，于是量子态可成功地转移到位置 x 处。

此外，令 l 为初始位置，于是初始态为 $|l\rangle\otimes(a|0\rangle+b|1\rangle)\otimes|0\rangle$。前两个协议可以将量子态的位置从初始位置 l 转移到位置 $l+|x|$，后两个协议可以将量子态的位置从初始位置 l 转移到位置 $l-|x|$。

2. d-圈上的完美状态转移

在 d 顶点的圈中，每个顶点处有两条边，于是硬币空间是二维 Hilbert 空间，条件转移算子 $\boldsymbol{S}$ 定义为

$$\boldsymbol{S}=\sum_{k=0}^{d-1}(|(k+1)\bmod d\rangle\langle k|\otimes|0\rangle\langle 0|+|(k-1)\bmod d\rangle\langle k|\otimes|1\rangle\langle 1|)$$

当 $\boldsymbol{C}_1=\boldsymbol{C}_2=\boldsymbol{I}$ 时，经过两步量子游走后，在硬币状态 $|00\rangle$ 上，行走者在圈上将顺时针移动两步；在硬币状态 $|11\rangle$ 上，行走者在圈上将逆时针移动两步；在硬币状态

$|01\rangle$ 或 $|10\rangle$ 上，行走者的位置将会保持不变。于是，可以通过4种方法来设计将量子态从位置0移动到位置 x 的协议方案：

①将对应于 a 和 b 的信息顺时针从位置0移动到位置 x。

②将对应于 a 和 b 的信息逆时针从位置0移动到位置 x。

③将对应于 $a(b)$ 的信息顺（逆）时针从位置0移动到位置 x。

④将对应于 $a(b)$ 的信息逆（顺）时针从位置0移动到位置 x。

介绍第一种方法，顶点个数 d 可为奇数或者偶数。目标位置 x 是偶数时，用表6-6中所列的硬币算子；目标位置 x 是奇数时，用表6-7中所列的硬币算子。

如果目标位置 x 在逆时针方向比在顺时针方向距离位置0更近，可以用第二种方法，将比第一种方法用的步数少，并且同样根据顶点个数的奇偶性来讨论。针对其他两种情况可进行类似讨论。

3. d 正则图上的完美状态转移

在 d 正则图上，记顶点个数为 n，且每个顶点的度为 d，于是每个硬币空间由 $|0\rangle,\cdots,|d-1\rangle$ 张成。条件转移算子定义为

$$S=\sum_{k=0}^{n-1}\sum_{j=0}^{d-1}|(k+j)\bmod n\rangle\langle k|\otimes|j\rangle\langle j|$$

并且定义一个置换算子：

$$X_d=\sum_{j=0}^{d-1}|(j+1)\bmod d\rangle\langle j|$$

初始态记为 $|\phi\rangle^0=|0\rangle\otimes\left(\sum_{k=0}^{d-1}a_k|k\rangle\right)\otimes|0\rangle$，其中 $\sum_{k=0}^{d-1}|a_k|^2=1$。令 $|\phi\rangle^i$ 表示经过第 i 步后系统的状态。并且易知当 $\boldsymbol{C}_1=\boldsymbol{C}_2=\boldsymbol{I}$ 且硬币状态为 $|k0\rangle$ 时，初始态的位置经过两步量子游走后将从位置0移动到位置 k。表6-10中列出每步量子游走所用的硬币算子。经过计算可得：

$i=2n-2x$ 时，

$$|\phi\rangle^{2n-2x}=\sum_{k=0}^{d-1}a_k|(n-x)k\bmod n\rangle|k\rangle|0\rangle$$

$i=2n$ 时，

$$|\phi\rangle^{2n}=\sum_{k=0}^{d-1}a_k|[(n-x)k+x(k+1)]\bmod n\rangle|k\rangle|1\rangle=|x\rangle\otimes\left(\sum_{k=0}^{d-1}a_k|k\rangle\right)\otimes|1\rangle$$

令 $U_2=X_d^{-1}$，量子态将从位置0完美地转移到位置 x。

表 6-10 d 正则图上的情况

第 i 步	1	2	…	$2n-2x$	$2n-2x+1$	$2n-2x+2$	…	$2n-1$	$2n$
C_1	I		…		I		…	I	
C_2		I	…	I		X_d	…		I

对于上述理论结果，通过IBM量子平台进行了实验验证，首次实验实现了基于两硬币量子游走在完全图上的高维态的转移[35]。依次准备初始量子态（如Bell态、GHZ态和W态），设计与条件转移算子和硬币算子相应的量子电路。然后在IBM量子平台的量子设备或模拟器上运行它，并通过量子态层析技术检查了协议的准确性，发现具有很高的保真度。这也是高维态的完美传递的首次实验实现，由于量子游走是个通用的计算模型，因此对于完美传态在其他平台上的实验提供了很好的参考模式。

6.2.3 基于多硬币量子游走的高维纠缠态的生成

量子计算的高效来自于两个关键的量子力学现象：量子态的叠加和纠缠。近年来国际上研制真正实用的量子计算机的努力，很大程度上就是寻找合适的量子比特载体和量子纠缠技术以解决此困难。纠缠态是实现量子计算和量子信息处理的重要资源，它的制备在量子理论基础和技术应用层面都是至关重要的。然而，Krenn等人[36]指出当前高维纠缠态几乎只能在光学系统中制备。在构建量子纠缠网络的过程中，不仅需要制备高品质的量子纠缠态，还需要在节点之间进行高品质的纠缠交换才能把各个节点纠缠起来，这也是实现量子中继的一个基本技术。纠缠交换[37]需要通过Bell基测量来实现，然而高品质的贝尔基检测一直是实验上的难点，甚至目前高维贝尔基的检测已经变成实验上的瓶颈，因为当维数大于3的时候，Calsamiglia等人[38]已经表明了利用线性元素和粒子检测器不可能实现维数大于等于3的高维贝尔基联合测量。那么该如何解决这个问题？

这里提出一个基于多硬币量子游走的生成高维纠缠态的框架[39]，避开了高维贝尔基难以检测这个实验瓶颈，可以生成多种两体三体高维纠缠态。由于量子游走是一个通用的平台，因此给高维纠缠态的生成也提供了一个相对通用的框架。

1. 多硬币量子游走空间

多硬币量子游走空间为 $\boldsymbol{H}=\boldsymbol{H}^{P}\otimes\boldsymbol{H}^{C_1}\otimes\boldsymbol{H}^{C_2}\cdots\boldsymbol{H}^{C_m}$，其中 $\boldsymbol{H}^{P}$ 是位置空间，$\boldsymbol{H}^{C_i}$ 是硬币空间。在第 i 步，使用第 i 个硬币算子 $\boldsymbol{C}_i$，行走者按照条件转移算子来移动

$$\boldsymbol{U}_i=\boldsymbol{S}_i\otimes(\boldsymbol{I}\otimes\boldsymbol{C}_i)$$

其中，$\boldsymbol{C}_i$ 作用在第 i 个硬币空间，每次行走只用一个硬币算子，其余空间的硬币算子用恒等算子代替。假设初始态为 $\phi(0)$，则行走 t 步之后的状态为

$$|\phi(t)\rangle=(\boldsymbol{U}_k\boldsymbol{U}_{k-1}\cdots\boldsymbol{U}_1)^{\frac{k}{t}}|\phi(0)\rangle$$

对于 N 个点的线、N 个点的圈、N 个点的完全图，首先定义每一步的条件转移算子：

$$\boldsymbol{S}^{N\text{-complete}}=\sum_{i,j=0}^{N-1}|(x+j)\bmod N\rangle\langle x| * |j\rangle\langle j|$$

$$\boldsymbol{S}^{N\text{-circle}}=\sum_{x=0}^{N-1}|(x+1)\bmod N\rangle\langle x|\otimes|0\rangle\langle 0|+|(x+1)\bmod N\rangle\langle x|\otimes|1\rangle\langle 1|$$

$$\boldsymbol{S}^{N\text{-line}}=\sum_{x=0}^{N-1}|(x+1)\bmod N\rangle\langle x|\otimes|0\rangle\langle 0|+|(x+1)\bmod N\rangle\langle x|\otimes|1\rangle\langle 1|+$$
$$|N-1\rangle\langle N-1|\otimes|1\rangle\langle 0|+|0\rangle\langle 0|\otimes|0\rangle\langle 1|$$

为了生成的网络的简单性，一般取 $N=2$，相应的转移算子变为

$$\begin{aligned}
\boldsymbol{S}^{2\text{-complete}}&=(|0\rangle\langle 0|+|1\rangle\langle 1|)\otimes|0\rangle\langle 0|+(|1\rangle\langle 0|+|0\rangle\langle 1|)\otimes|1\rangle\langle 1|\\
\boldsymbol{S}^{2\text{-circle}}&=(|1\rangle\langle 0|+|0\rangle\langle 1|)\otimes|0\rangle\langle 0|+(|1\rangle\langle 0|+|0\rangle\langle 1|)\otimes|1\rangle\langle 1|\\
\boldsymbol{S}^{2\text{-line}}&=|1\rangle\langle 0|\otimes|0\rangle\langle 0|+|0\rangle\langle 1|\otimes|1\rangle\langle 1|+|0\rangle\langle 0|\otimes|0\rangle\langle 1|+\\
&\quad|1\rangle\langle 1|\otimes|0\rangle\langle 1|
\end{aligned}\tag{6-1}$$

纠缠态生成框架：

具体地，基于纠缠交换协议利用多硬币量子游走实现纠缠态的制备方案参见如图 6-11 所示。图中小方框表示粒子，虚线表示纠缠。由于粒子的对称性，任意两个或三个不相关的粒子都可以通过此方案产生纠缠。

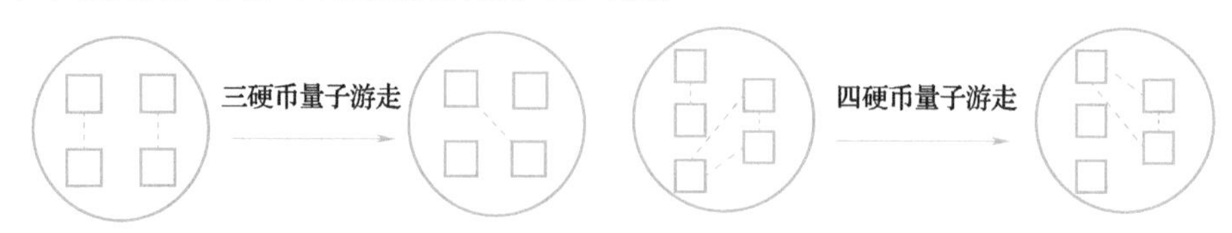

图 6-11[39] 多硬币量子游走实现纠缠态的制备方案

2. 两体纠缠态的生成

（1）两量子比特纠缠态的生成

假设初态为 $|\phi(0)\rangle=(a|01\rangle+b|10\rangle)_{1,2}(a|01\rangle+b|10\rangle)_{34}$，其中 $|a|^2+|b^2|=1$。考虑 1、4 粒子纠缠态的生成。粒子 1 作为行走者，粒子 2、3、4 作为硬币算子。

首先考虑 2 点线模型：选取硬币算子 $\boldsymbol{C}_1$ 为 $\boldsymbol{H}$，$\boldsymbol{C}_2$ 为 $\boldsymbol{I}$。按照式 6-1，两步的演化结果分别为

$$\phi(2)\rangle=\frac{1}{\sqrt{2}}(-a|00\rangle+a|01\rangle+b|10\rangle+b|11\rangle)_{2,3}(a|11\rangle+b|00\rangle)_{1,4} \tag{6-2}$$

在粒子 2、3 上进行两个局部测量，可以得到粒子 1、4 之间的纠缠态。显然，当 $a=b=\frac{1}{\sqrt{2}}$时，可以得到最大纠缠态。

对于 2-点圈模型，可以证明不管走多少步，都得不到粒子 1、4 的纠缠，原因是找不到合适的硬币算子。这使得我们在实验时要注意避免使用 2-点圈。

对于 2-点完备图的情况，行走者要走三步，其中 $\boldsymbol{C}_1=\boldsymbol{I},\boldsymbol{C}_2=\boldsymbol{H},\boldsymbol{C}_3=\boldsymbol{X}_2$。三步演化后状态如下：

$$\begin{aligned}|\phi(3)\rangle=\frac{1}{\sqrt{2}}[&(b|00\rangle+a|10\rangle)_{2,3}(a|10\rangle+b|01\rangle)_{1,4}+\\&(b|01\rangle+a|11\rangle)_{2,3}(a|00\rangle-b|11\rangle)_{1,4}]\end{aligned} \tag{6-3}$$

对粒子 2、3 进行局部测量，可以得到粒子 1、4 之间的纠缠态。显然，当 $a=b=\frac{1}{\sqrt{2}}$时，可以得到最大纠缠态。

对于硬币算子的选取并不唯一，还有其他方式，感兴趣的读者可以思考一下。

（2）两方高维纠缠态的生成

高维纠缠态不管从理论和实用的角度来说都极其重要。下面考虑广义 Bell 态[1,40]，它的一般形式为

$$|\phi_{k,l}\rangle=\frac{1}{\sqrt{d}}\sum_{m=0}^{d-1}\exp\left(\frac{2\pi i}{d}mk\right)|m\rangle|m-l\rangle$$

其中，$m-l$ 表示 $m-l(\bmod d)$，而一般的两体纠缠态的形式为 $\sum_{i=0}^{d-1}a_i|i\rangle|i\rangle$，其中

$\sum_{i=0}^{d-1}|a_i|^2=1$。

令 $X_d=\sum_{i=0}^{d-1}|i+1\rangle\langle i|$，它是离散 weyl 算子。

下面介绍两方高维极大纠缠态的生成，类似地可以推出两方高维非极大纠缠态的生成。

假设 $|\phi(0)\rangle=|\phi_{k,l}\rangle_{1,2}|\phi_{k,l}\rangle_{3,4}=\frac{1}{d}\sum_{m,n=0}^{d-1}\exp\left(\frac{2\pi i}{d}(m+n)k\right)|m,m-l,n,n-l\rangle$

令 $\boldsymbol{C}_1=\boldsymbol{I}$，$\boldsymbol{C}_2=\boldsymbol{F}$（傅里叶变换），$\boldsymbol{C}_3=\boldsymbol{X}_d$，经过三步游走可以得到终态

$$|\phi(3)\rangle=\frac{1}{d}\sum_{m,p=0}^{d-1}\left[\exp\left(\frac{2\pi i}{d}mk\right)|m-l\rangle_2|p\rangle_3\frac{1}{\sqrt{d}}\sum_{n=0}^{d-1}\exp\left(\frac{2\pi i}{d}(k+p)|2m+p+n-2l+1\rangle_1|n-l+1\rangle_4\right)\right] \tag{6-4}$$

对于粒子 2、3 进行两个局部测量，假设测量结果为

$$\exp\left(\frac{2\pi i}{d}m_0k\right)|m_0-l\rangle_2|p_0\rangle_3$$

当前状态为

$$\exp\left(-\frac{2\pi i}{d}(2m_0+p_0-2l+1)(k+p_0)\right)|\phi_{k+p_0,2m_0+p_0-l}\rangle_{1,4} \tag{6-5}$$

（3）GHZ 态的生成

首先准备 5 粒子初始态 $|\phi(0)\rangle=(a|01\rangle+b|10\rangle)_{1,2}\left(\frac{|000\rangle+|111\rangle}{\sqrt{2}}\right)_{3,4,5}$，其中 $|a|^2+|b^2|=1$。为了在粒子 1、4、5 之间生成纠缠态，将粒子 1 看作行走者，2、3、4、5 看作硬币空间，讨论 2 点线、2 点圈、2 点完备图。

对于 2 点线，令 $\boldsymbol{C}_1=\boldsymbol{H}$，$\boldsymbol{C}_2=\boldsymbol{X}$，经过两步演化之后状态变为

$$|\phi(2)\rangle=\frac{1}{2}(-a|00\rangle+a|01\rangle+b|10\rangle+b|11\rangle)_{2,3}(|000\rangle+|111\rangle)_{1,4,5} \tag{6-6}$$

对粒子 2、3 进行局部测量，显然可以得到粒子 1、4、5 处于 GHZ 态。

类似地可以证明对于 2 点圈，无论怎么选取硬币算子，粒子 1、4、5 都不可能处于纠缠态。

对于 2 点完备图，分别选取硬币算子为 $\boldsymbol{C}_1=\boldsymbol{C}_2=\boldsymbol{I}$，$\boldsymbol{C}_3=\boldsymbol{C}_4=\boldsymbol{H}$，四步量子游走后，

量子态演化为

$$|\phi(4)\rangle=\frac{1}{2\sqrt{2}}[(b|00\rangle+a|10\rangle)_{2,3}(|100\rangle+|001\rangle+|+|111\rangle)_{1,4,5}+ \\ (b|01\rangle+a|11\rangle)_{2,3}(|000\rangle-|110\rangle+|011\rangle)_{1,4,5}] \tag{6-7}$$

对粒子2、3进行局部测量，则可以得到粒子1、4、5处于GHZ类[21] 的纠缠态。

（4）三方高维GHZ态的生成方案以及相关内容。

3量子比特GHZ态的一般形式为$\frac{1}{\sqrt{d}}\sum_{n=0}^{d-1}|n\rangle^{*3}$

假设初始态为

$$|\phi\ (0)=|\phi_{k,l}\rangle_{1,2}\left(\frac{1}{\sqrt{d}}\sum_{n=0}^{d-1}|n\rangle^{*3}\right)_{3,4,5} \\ =\frac{1}{\sqrt{d}}\sum_{m,n=0}^{d-1}\exp\left(\frac{2\pi i}{d}mk\right)|m,m-l,n,n\rangle_{1,2,3,4,5} \tag{6-8}$$

取硬币算子$\boldsymbol{C}_1=\boldsymbol{C}_2=\boldsymbol{I}$，$\boldsymbol{C}_3=\boldsymbol{C}_4=\boldsymbol{F}$，经过四步量子游走后

$$|\phi(4)\rangle=\frac{1}{d^2}\sum_{m,n,p,q=0}^{d-1}\exp\left(\frac{2\pi i}{d}(mk+np+nq)\right)|2m-l+n+p+q,m-l,n,p,q\rangle \\ =\frac{1}{d}\sum_{m,n=0}^{d-1}\left[\exp\left(\frac{2\pi i}{d}mk\right)|m-l\rangle_2|n\rangle_3\left(\frac{1}{d}\sum_{p,q=0}^{d-1}\exp\left(\frac{2\pi i}{d}(np+nq)\right)|2m-l+n+p+q\rangle_{1,4,5}\right)\right] \tag{6-9}$$

对粒子2、3做局部测量，可以得到粒子1、4、5上的纠缠态，这是GHZ类的高维纠缠态形式。

实验验证：该方案的实验验证是通过IBM量子计算机IBM Q2和模拟器来进行的。对于Bell态的生成，通过量子层析可以证明理论结果和实验结果的保真度接近于0.8535、0.8793、0.7909、0.8549，理论和模拟结果的保真度接近于1。

应用：将此方案应用到多方量子密钥共享协议[42]，相比于原方案有很大改进和提升。量子密钥共享（Quantum Secret Sharing，QSS）指的是多个用户之间可以共享密钥但仅能在他们全都合作的情况下恢复密钥，该方案于1999年首次被提出[43]。量子密钥共享的原理图如图6-12所示，图中，小方框表示粒子，虚线表示纠缠；黄色的粒子属于Alice，绿色和红色的粒子在Bob和Charlie的手中；西算子作用在紫色粒子上。Zhang

等人[42] 提出了一种基于纠缠交换的多方量子密钥共享协议，随后文献［44-45］对于该方案进行了改进。对于文献［42］所提出的多方量子密钥共享协议，可以用上述的量子游走方案给予改进和提升。

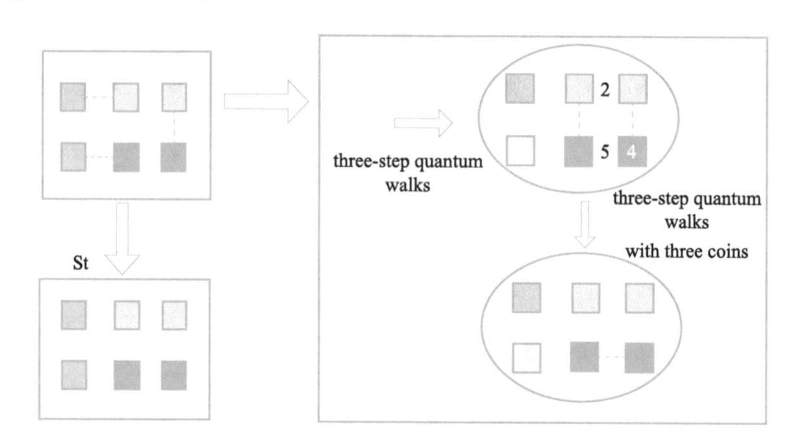

图 6-12　改进的多方量子密钥共享的原理图[39]

技术手段：首先建立酉算子和广义贝尔基之间的一一对应，这里 d（奇数）个酉算子对应 $\log d$ 个广义贝尔基。具体的，$\boldsymbol{U}_i=\boldsymbol{X}_d^i=\sum_{j=0}^{d-1}|j+i\rangle\langle j|$，$j=0,1,2,\cdots,d-1$ 分别对应 $\lceil \log d \rceil$ 个经典比特。对于任意固定的 k，令 $(\boldsymbol{I}\otimes\mathbf{U}_i)|\phi_{k,l}\rangle=|\phi_{k,l-i}\rangle$，$|\phi_{k,l}\rangle$ 为广义贝尔态，则 $\{\boldsymbol{U}_i: i=0,1,\cdots,d-1\}$ 和广义贝尔基 $\{\phi_{k,l}\rangle: \boldsymbol{l}=0,1,2,\cdots,d-1\}$ 之间建立了一一对应。新的协议分以下三步进行。

第一步：Alice 准备 3 个相同的贝尔态 $|\phi_{k,l}\rangle_{1,2}$，$|\phi_{k,l}\rangle_{3,4}$，$|\phi_{k,l}\rangle_{5,6}$。Alice 把粒子 2、3 给 Bob，将粒子 4、5 给 Charlie，她自己拥有粒子 1、6。然后 Alice 以概率 q 进入第二步，以概率 $1-q$ 进入第三步。

第二步：安全性检测，Alice 把粒子传给 Bob 或 Charlie 的过程中有可能有信息泄露，她选取两组无偏基来进行测量，并把测量结果分别传递给 Bob 或 Charlie。Bob 或 Charlie 也进行相应的测量，比对 Alice 的测量结果，如果结果相同，则表明信道是安全的，随后进入第三步；否则表明不安全，终止过程。

第三步：Alice 随机挑选酉算子 $\boldsymbol{U}_i$ 作用到粒子 1、6，将传递的信息编码在比如第 6 个量子比特。首先在粒子 5、6、1 和 2 上进行上述三步量子游走，然后在粒子 1、6 上进行两个局部测量并宣告她的测量结果。接着在粒子 5、2、3 和 4 上进行三步游走，

Bob 在粒子 2、3 上进行两个局部测量并记录下测量结果。Charlie 记下自己的态。最后 Bob 和 Charlie 合作可以推出 Alice 使用的酉算子，进而推出她想传递的经典信息。

该协议可以推广到多方情况。对比文献［42］中的协议，新的协议可以传输 $\log d$ 个经典比特的信息，而文献［42］中的协议仅传输 2 个经典比特信息。在步骤三，文献［42］需要准备$\frac{3N}{2(1-q)}$个 Bell 态，而新协议只需$\frac{3}{1-q}$个广义 Bell 态。文献［45］中的方案的关键是三维纠缠态测量，而这在实验中是十分难实现的。我们的方案避免了贝尔态测量实验实现的困难，特别是高维贝尔态测量。

6.3 本讲小结

本讲主要介绍了基于量子游走的典型量子算法，以及多硬币量子游走在设计量子通信协议中的应用。由于篇幅的限制，还有许多基于量子游走的模型、算法和应用并未涉及，关于量子游走的进一步的阅读资料请参看文献［46］。

参考文献

［1］ AMBAINIS A. Quantum walk algorithm for element distinctness［C］//Proceedings of the 45th annual IEEE symposium on Foundations of Computer Science. Piscataway：IEEE，2004：22-31.

［2］ MAGNIEZ F，SANTHA M，SZEGEDY M. Quantum algorithms for the triangle problem［J］. SIAM Journal on Computing，2005，37(2)：413-424.

［3］ AMBAINIS A，KEMPLE J，RIVOSH A. Coins make quantum walks faster［C］//Proceedings of the 16th annual ACM-SIAM symposium on Discrete Algorithms. New York：ACM，2005：1099-1108.

［4］ CHILDS A，EISENBERG M J. Quantum algorithms for subset finding［J］. Quantum Information & Computation，2005，5：593-604.

［5］ SZEGEDY M. Quantum speed-up of Markov Chain based algorithms［C］//FOCS'04：Proceedings of the 45th annual IEEE symposium on Foundations of Computer Science. Washington DC：IEEE Computer Society，2004：32-41.

［6］ BUHRMAN H，SPALEK R. Quantum verification of matrix products［C］//Proceedings of the 17th annual ACM-SIAM symposium on Discrete Algorithms. New York：ACM，2006：880-889.

［7］ WILLIAMS V V，WILLIAMS R，et al. Subcubic equivalences between path，matrix and triangle problems[C]//FOCS'10: Proceedings of the 51st annual IEEE symposium on Foundations of Computer Science. Las Vegas: IEEE, 2010: 645-654.

[8] VASSILEVSKA V, WILLIAMS R. Finding, minimizing, and counting weighted subgraphs [J]. SIAM Journal on Computing, 2013, 42(3): 831-854.

[9] WILLIAMS R. A new algorithm for optimal 2-constraint satisfaction and its implications [J]. Theoretical Computer Science, 2003: 357-365.

[10] BELOVS A. Span programs for functions with constant-sized 1-certificates[C]//STOC'12: Proceedings of the 44th annual ACM SIGACT symposium on Theory of Computing. New York: ACM Press, 2012: 77-84.

[11] LEE T, et al. Improved quantum query algorithms for triangle finding and associativity testing [J]. Algorithmica, 2017, 77: 459-486.

[12] LE GALL F. Improved quantum algorithm for triangle finding via combinatorial arguments [C]// FOCS'14: Proceedings of the 55th annual IEEE symposium on Foundations of Computer Science, Philadelphia: IEEE, 2014, 216-225.

[13] CHILDS A M, CLEVEET R, DEOTTO E, et al. Exponential algorithmic speedup by a quantum walk [C]//The 35th annual ACM symposium on Theory of Computing. New York: ACM, 2003: 59-68.

[14] MAGNIEZ F, NAYAK A, ROLAND J, et al. Search via quantum walk [J]. SIAM Journal on Computing, 2011: 142-164.

[15] KROVI H, MAGNIEZ F, OZOLS M, et al. Quantum walks can find a marked element on any graph [J]. Algorithmica, 2016, 74(2): 851-907.

[16] AMBAINIS A, GILYÉN A, et al. Quadratic speedup for finding marked vertices by Quantum walks [C]// STOC 2020. New York: ACM, 2020: 412-424.

[17] APERS S, GILY'EN A, JEFFERY S. A Unified framework of quantum walk Search [C]// Symp on Theoretical Aspects of Computer Science 2021.

[18] BELOVS A. Quantum Walks and Electric Networks [J]. 2013. arXiv: 1302. 3143.

[19] CATALIN D, et al. Controlled quantum amplification [C]//ICALP'17: Proceedings of the 44th International Colloquium on Automata, Languages, and Programming. 2017: 1-13.

[20] LOKE T, WANG J B. Efficient quantum circuits for Szegedy quantum walks[J]. Annals of Physics, 2017, 382.

[21] SOMMA R, BOIXO S, KNILL M. Quantum Simulated Annealing [J]. Bulletin of the American Physical Society. 2007.

[22] BENNETT C, BRASSARD H, CRÉPEAU C. et al. Teleporting an unknown quantum state via dual classical and Einstein-Podolsky-Rosen channels [J]. Physical Review letters, 1993, 70(13):

1895-1899.

[23] WANG Y, SHANG Y, XUE P. Generalized teleportation by quantum walks [J]. Quantum Information Process , 2017, 16, 221.

[24] SHANG Y, WANG Y, LI M, et al. Quantum communication protocols by quantum walks with two coins [J]. Europhysics Letters, 2018.

[25] CHATTERJEE Y, DEVRARI V, BEHERA B K, et al. Experimental realization of quantum teleportation using coined quantum walks [J]. Quantum Information Process, 2020, 19(31).

[26] YAMAGAMI T, SEGAWA E, KONNO N. General condition of quantum teleportation by one-dimensional quantum walks [J]. Quantum Information Process, 2021, 20, 224.

[27] FENG Y, SHI R, SHI J, et al. Arbitrated quantum signature scheme with quantum walk-based teleportation [J]. Quantum Information Process, 2019, 18: 154.

[28] BOSE S. Quantum communication through an unmodulated spin chain [J]. Physical Review Letters, 2003, 91(20).

[29] NIKOLOPOULOS G M, JEX I, et al. Quantum state transfer and network engineering [M]. Cambridge: Springer, 2014.

[30] CHRISTANDL M, DATTA N, EKERT A, et al. Perfect state transfer in quantum spin networks [J]. Physical Review Letters, 2004, 92(18).

[31] KENDON V M, TAMON C. Perfect state transfer in quantum walks on graphs [J]. Journal of Computational and Theoretical Nanoscience, 2011, 8(3): 422-433.

[32] YALÇıNKAYA I, GEDIK Z. Qubit state transfer via discrete-time quantum walks [J]. Journal of Physics A: Mathematical and Theoretical, 2015, 48(22).

[33] ŠTEFAŇÁK M, SKOUPÝ S. Perfect state transfer by means of discrete-time quantum walk search algorithms on highly symmetric graphs [J]. Physical Review A, 2016, 94(2).

[34] ZHAN X, QIN H, BIAN Z H, et al. Physical Review A, 2014, 90, 012331(2014).

[35] SHANG Y, LI M. Experimental implementation of state transfer by quantum walks with two coins [J]. Quantum Science and Technology, 2019, 5(1): 015005.

[36] KRENN M, HUBER M, FICKLER R, et al. Generation and confirmation of a(100× 100)-dimensional entangled quantum system [J]. Proceedings of the National Academy of Sciences, 2014, 111(17): 6243-6247.

[37] ZUKOWSKI M, ZEILINGER A, HORNE M A, et al. "Event-ready-detectors" bell experiment via entanglement swapping [J]. Physical Review Letters, 71(26): 4287-4290.

[38] CALSAMIGLIA J. Generalized measurements by linear elements [J]. Physical Review A, 2002, 65(3).

[39] LI M, SHANG Y. Entangled states generation via quantum walks with multiple coins [J]. NPJ

Quantum Information, 2021, 7: 70.

[40] SYCH D, LEUCHS G. A complete basis of generalized bell states [J]. New Journal of Physics, 2009, 11(1).

[41] YANG K, HUANG L, YANG W, et al. Quantum teleportation via ghz-like state [J]. International Journal of Theoretical Physics, 2009, 48(2): 516-521.

[42] ZHANG Z J, MAN Z X. Multiparty quantum secret sharing of classical messages based on entanglement swapping [J]. Physical Review A, 2005, 72(2).

[43] HILLERY M, BUŽEK V, BERTHIAUME A. Quantum secret sharing [J]. Physical Review A, 1999, 59(3): 1829-1834.

[44] LIN S, GAO F, GUO F Z, et al. Comment on "multiparty quantum secret sharing of classical messages based on entanglement swapping" [J]. Physical Review A, 2007, 76(3).

[45] ZHANG Z J, MAN Z X. Comment on "multiparty quantum secret sharing of classical messages based on entanglement swapping" [J]. Physical Review A, 2007, 76(3).

[46] PORTUGAL R. Quantum Walks and Search Algorithms [M]. New York: Springer , 2018.

第 7 讲

量子计算复杂性

量子计算是基于量子力学原理的新型计算模型，这种新型计算模型到底与经典计算模型有什么不一样？如何认识量子计算的能力？量子计算对计算理论带来哪些挑战和可能？算法与复杂性理论是回答这些问题的强有力工具。本讲将从几个不同的方面介绍量子计算复杂性理论中的几个重要结果。

7.1 量子图灵机与量子电路

在经典计算复杂性理论中，通常用图灵机[1] 对计算进行建模。在针对量子计算的研究中，由于量子图灵机使用起来并不方便，而量子图灵机和量子电路又是等价的[2,3]，因此人们更多地用量子电路作为研究的基本工具。本节将介绍量子图灵机，并证明量子图灵机与量子电路的等价性。

7.1.1 量子图灵机

在讨论量子图灵机之前，先回顾经典图灵机的定义。经典图灵机是一种抽象的计算模型，由一条无限长的纸带、一个读写头和一组迁移规则描述。图灵机在每一步计算中，根据读写头读取的纸带单元格内容和当前状态，由迁移规则决定如何修改当前读写头所在的单元格，并向左或向右移动一个单元格。具体来说，一个图灵机由一个六元组 $(Q,\Gamma,b,\delta,q_0,F)$ 给出，其中 Q 是一个有限状态集，Γ 是纸带字母表，$b\in\Gamma$ 是空字符，δ 是迁移规则，$q_0\in Q$ 是初始状态，$F\subseteq Q$ 是接受状态集。图灵机的迁移规则 δ 是 $Q\times\Gamma$ 到 $Q\times\Gamma\times\{\mathrm{L},\mathrm{R}\}$ 的函数

$$\delta:Q\times\Gamma\to Q\times\Gamma\times\{\mathrm{L},\mathrm{R}\}$$

如果当前状态为 p，读写头所在单元格有符号 a，迁移规则满足 $\delta(p,a)=(q,b,D)$，那么图灵机下一步的状态变为 q，读写头将当前单元格修改为 b，并根据 D 是 L 还是 R，向左或者向右移动一格。

量子图灵机最早由 David Deutsch 引入[4]。量子图灵机与经典图灵机的基本结构类似，主要的区别在迁移规则 δ。在量子图灵机中，允许“叠加迁移”，也就是说对于给定的状态 p 和符号 a，$\delta(p,a)$ 可以是一组 (q,b,D) 的叠加。这种定义很好地抓住了量

子计算区别于经典计算的核心——量子叠加原理。从数学上讲，这意味着迁移规则具有如下形式：

$$\delta: Q\times\Gamma\rightarrow\mathbf{C}^{Q\times\Gamma\times\{\mathrm{L},\mathrm{R}\}}$$

这个量子的迁移规则诱导了对应的图灵机构型（Configuration）上叠加态的演化。同时，为了使量子图灵机的动作可由物理可实现的量子操作给出，要求上述迁移规则诱导出构型空间上的一个酉变换。这个要求很合理，但暗含了迁移规则需要满足的如下一组不平凡的条件[3,5]：

①对任何的 $(p,a)\in Q\times\Gamma$，$\{\delta(p,a)\}$ 是一组标准正交基。

②对任何三元组 (p_0,a_0,b_0)，$(p_1,a_1,b_1)\in Q\times\Gamma\times\Gamma$，有

$$\sum_q \delta(p_0,a_0)[q,b_0,\mathrm{L}]\overline{\delta(p_1,a_1)[q,b_1,\mathrm{R}]}=0。$$

第①个条件好理解，第②个条件是哪里来的呢？考虑在 $t+1$ 时刻量子图灵机的读写头在第 i 个单元格的构型。这个图灵机构型可能是 t 时刻、读写头在 $i+1$、单元格符号为 a_0、迁移状态为 p_0、图灵机写入 b_0 并将读写头左移得到的；但也可能是 t 时刻、读写头在 $i-1$、单元格符号为 a_1、迁移状态为 p_1、图灵机写入 b_1 并右移读写头得到的。这两种情形的初态是正交的，因此终态也必须正交。根据迁移规则，可以得到第二个条件。不难验证这就是 δ 需要满足的所有条件。而且对于每个给定的 δ，验证该条件是否满足是一个有限维空间中的问题，很容易判定。

对于量子图灵机来说，随着计算的进行，量子图灵机的构型，包括迁移状态、读写头位置、纸带符号都将处于叠加态。通俗地说，这有点像是将经典图灵机放入多个平行宇宙中。因此，量子图灵机比较反直观，导致描述和使用都非常困难。

7.1.2 量子电路

量子电路是更加直观地描述量子计算的一种计算模型。常见的量子门包括 Pauli-$\boldsymbol{X}$, $\boldsymbol{Y}$,$\boldsymbol{Z}$ 门、哈达玛门 $\boldsymbol{H}$，$\pi/8$ 门 $\boldsymbol{T}$、两量子比特门 CNOT，SWAP，CZ 和三量子比特的 CCZ 和 Toffoli 门等[6,7]，表示如下。

$$\boldsymbol{X}=\begin{pmatrix}0&1\\1&0\end{pmatrix},\quad \boldsymbol{Y}=\begin{pmatrix}0&-i\\i&0\end{pmatrix},\quad \boldsymbol{Z}=\begin{pmatrix}1&0\\0&-1\end{pmatrix},$$

$$\boldsymbol{H}=\frac{1}{\sqrt{2}}\begin{pmatrix}1 & 1\\ 1 & -1\end{pmatrix},\quad \boldsymbol{T}=\begin{pmatrix}1 & 0\\ 0 & \mathrm{e}^{\frac{\pi i}{4}}\end{pmatrix},$$

$$\mathrm{CNOT}=\sum_{a,b\in\{0,1\}}|a,a\oplus b\rangle\langle a,b|,\quad \mathrm{SWAP}=\sum_{a,b\in\{0,1\}}|b,a\rangle\langle a,b|,$$

$$\mathrm{CZ}=\sum_{a,b\in\{0,1\}}(-1)^{ab}|a,b\rangle\langle a,b|,\quad \mathrm{CCZ}=\sum_{a,b,c\in\{0,1\}}(-1)^{abc}|a,b,c\rangle\langle a,b,c|,$$

$$\mathrm{Toffoli}=\sum_{a,b,c\in\{0,1\}}|a,b,c\oplus ab\rangle\langle a,b,c|$$

量子电路中的一个重要概念是通用量子门，它们是由一组特殊的酉变换所构成的集合，通常只作用在一个、两个或三个量子比特上，但由它们组成的量子电路可以精确地或者近似地表达所有的 n 量子比特酉变换。比如 CNOT 和任意单量子比特门是一个通用量子门集合。此外，一个常用的结果是 $\boldsymbol{H}$ 和 Toffoli 门虽然不能近似任意酉变换（因为它们都是实的），但它们在一个更弱的意义下是通用量子门，即它们可以模拟任意量子电路上的计算[8]。

7.1.3 量子图灵机与量子电路的等价性

简单介绍一下量子图灵机和量子电路的等价性证明。其中，主要困难是证明任何量子图灵机完成的计算都可以由量子电路来模拟[2-3]。一个量子电路模拟了一个量子图灵机的条件是电路的输出与图灵机 t 步计算后的图灵机构型状态的编码相同。

在布尔电路模拟经典图灵机的证明中，为每个纸带单元格定义两个寄存器，分别记录单元格符号和其他当前构型信息，包括系统状态和读写头位置。为了方便起见，假设假设 $Q=\{1,2,\cdots,m\}$。寄存器 T_i 存放某一时刻第 i 个单元格的符号，寄存器 S_i 若为 0 则表示图灵机读写头不在第 i 格，否则若 S_i 为 $1,2,\cdots,m$ 之一，则表示读写头在第 i 格且图灵机状态为 S_i 的内容。很显然一个 t 步的图灵机计算过程在任意时刻的构型都被 $(S_i,T_i)_{i=-t}^{t}$ 完整描述。为了模拟图灵机的计算过程，只需要相应地更新这些寄存器的内容。由于图灵机每一步计算中读写头只移动一个单元格，(S_i,T_i) 只确定地依赖于上一时刻 (S_{i-1},T_{i-1})、(S_i,T_i)、(S_{i+1},T_{i+1}) 的内容。这个确定的经典计算过程可以用一个有限大小的电路 G 实现。除了两个边界处需要做一些简单的处理，这个电路 G 与 i 无关，因此整个电路非常容易生成。图灵机的每一步计算都可以由 $O(t)$ 个 G 在常数的电路深度下实现，整个 t 步计算可以由一个大小为 $O(t^2)$、深度为 $O(t)$ 的电路模拟。

当试图把上述构造用在量子图灵机上时，遇到两个主要的困难。第一个困难是电路 G 不是一个可逆电路；第二个更加麻烦的困难是，即使找到一种类似 G 的可逆电路实现，当依次作用电路 G 时，相邻的 G 也会互相干扰（如图 7-1 所示，图中输入在上，输出在下，计算从上至下进行）。比如需要模拟如下一个简单的量子图灵机，它唯一的操作是每一步确定地将读写头向右移动一格。当 G 作用在读写头所在位置时，会将读写头右移一格。下一个 G 的作用，又会把读写头右移一个，这与用 $O(t)$ 个 G 来模拟图灵机的一步计算的要求不符。

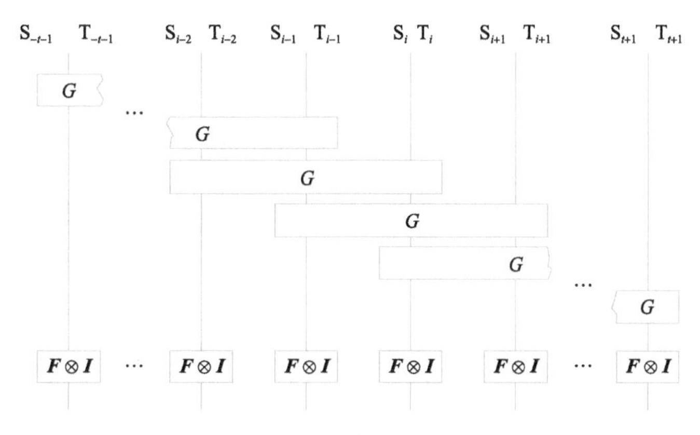

图 7-1 量子图灵机一步转移的电路模拟方法

为了解决上面的两个问题，文献［2］提出如下方法。寄存器 T_i 的构造不变，而寄存器 S_i 可以有 $\{-m,-m+1,\cdots,m\}$ 这 $2m+1$ 种可能性。寄存器 S_i 取值为 0，仍然表示图灵机读写头不在第 i 格，寄存器 S_i 取值为 $q>0$，仍然表示读写头在第 i 格并且状态为 q。而寄存器 S_i 取值为 $-q<0$，表示读写在第 i 格并且状态为 q，但这个状态是已经在本轮被更新过的，因此本轮后续的 G 门不应该进一步更新。有了这样大致的想法，就需要线性变换 G 满足

$$G: |0,a_1\rangle|p_2,a_2\rangle|0,a_3\rangle \mapsto \sum_{q_2\in\{1,\cdots,m\},b_2\in\Gamma}\delta(p_2,a_2)[q_2,b_2,\mathrm{L}]|-q_2,a_1\rangle|0,b_2\rangle|0,a_3\rangle + \sum_{q_2\in\{1,\cdots,m\},b_2\in\Gamma}\delta(p_2,a_2)[q_2,b_2,\mathrm{R}]|0,a_1\rangle|0,b_2\rangle|-q_2,a_3\rangle$$

这个定义给出了 G 在 $|0,a_1\rangle|p_2,a_2\rangle|0,a_3\rangle$ 上的作用，接下来需要论证 G 可以被

扩展为一个酉变换且相近的 G 不会因为有重叠部分而相互干扰。不能简单地让 G 的其他可能输入保持不变，这会破坏 G 是酉变换的条件。显然，重点关注的是 G 在如下三类向量张成的空间上的表现（上式中输入与输出中的基状态）：$|0,a_1\rangle|p_2,a_2\rangle|0,a_3\rangle$、$|-q_2,a_1\rangle|0,b_2\rangle|0,a_3\rangle$、$|0,a_1\rangle|0,b_2\rangle|-q_2,a_3\rangle$，其他基状态则可以保持不变而不影响 G 是酉变换的条件。

考察 G 作用在 $i-1,i,i+1$ 的情形（记为 G_i），从图 7-1 中可以看出，最麻烦的情形其实是前面两个 G 作用后，特别是在 $i-3,i-2,i-1$ 个位置上的 G 门（记为 G_{i-2}），会有将读写头右移的分量，与 G_i 的输出有公共的基状态。但 G_i 需要保持 G_{i-2} 所带来的状态迁移输出态不变。为此，记由如下向量张出的子空间为 H：

$$\sum_q \delta(p,a)[q,b_1,\mathrm{R}]|-q,a_1,0,a_2,0,a_3\rangle$$

并且设 G 在 H 上的作用是恒等变换。而这样的酉变换 G 的存在性可以由 H 与 $G|0,a_1\rangle|p_2,a_2\rangle|0,a_3\rangle$ 的正交性得到，而这个正交性又由 δ 的物理限制条件（第二条）保证。

有了上面的量子电路 G，将 G 从左到右作用一遍，可以模拟量子图灵机的一步计算，但是状态都取了负号。再对每个 S_i 作用如下简单的量子门

$$\boldsymbol{F}=\sum_{q=-m}^{m}|-q\rangle\langle q|$$

就可以将负号修正。对图灵机 t 步计算中的每一步用上述构造，可得到大小为 $O(t^2)$、深度也是 $O(t^2)$ 的电路来模拟量子图灵机的计算。在这个构造基础上进一步优化，或者采用文献［3］中的技术，可以得到电路深度为 $O(t)$ 的模拟。为了方便边界条件的讨论，将 i 的值从 $-t-1$ 取到 $t+1$。这个模拟电路如图 7-1 所示。

在本节最后，简单介绍另一个方向的证明，即量子电路由量子图灵机模拟的问题。首先，由于电路是一个固定输入大小的计算模型，为了证明等价性，需要引入量子电路族的概念。一个量子电路族 $\{C_n\}$ 是由问题输入大小 n 索引的一个电路序列，但这样的处理也允许 C_n 与 n 有比较任意的关系，并不能由图灵机模拟。因此，需要利用类似于经典电路的处理，考虑一致性条件（Uniformity）。这里的一致性条件表达了不同电路与 n 的关系由同一个图灵机 M 决定，即 C_n 的描述由 M 在输入 1^n 的时候给出。一个多项式时间一致量子电路族 $\{C_n\}$ 是指生成 C_n 的图灵机 M 是多项式时间的。

由于上面用来模拟量子图灵机的量子电路结果非常规则，很容易用多项式时间的经典图灵机生成，因此具有一致性。反之，如果有一族多项式时间一致量子电路 $\{C_n\}$，不失一般性地，可以假设 C_n 中每个门依次作用在第 $i,i+1$ 个量子比特上，$i=1,2,\cdots,n-1$，并这样往返重复多项式次。如果不这样往返重复，则总可以通过插入 I 门，并相应修改生成 C_n 的经典图灵机 M，转化成满足上述假设的情形。有了这些简化，可以设计量子图灵机，模拟经典图灵机 M，依次计算 C_n 中的量子门描述，并用量子迁移函数实现这些量子门。

7.2 量子多项式时间复杂性类

量子多项式时间复杂性类（BQP）粗略地讲是可以由量子计算机有效解决的问题构成的类。因为它从理论上定义了在量子计算的模型下有哪些问题是可以被高效解决的，因此也许可以算是量子计算领域最重要的复杂性类[9]。它的严格定义如下。

定义 7.1（量子多项式时间 BQP） 设 $A=(A_{\text{yes}},A_{\text{no}})$ 是一个承诺问题（promise problem），$c,s:\mathbf{N}\to[0,1]$ 是两个函数。则 $A\in\text{BQP}(c,s)$ 当且仅当存在多项式时间一致的量子电路族 $\{Q_n:n\in\mathbf{N}\}$ 满足 Q_n 输入 n 个量子比特，输出一个比特，且

①若 $x\in A_{\text{yes}}$，则 $\Pr[Q_{|x|}(x)=1]\geqslant c(|x|)$。

②若 $x\in A_{\text{no}}$，则 $\Pr[Q_{|x|}(x)=1]\leqslant s(|x|)$。

量子多项式时间类 BQP 定义为 BQP(2/3,1/3)。

7.2.1 量子多项式时间类的性质

先给出关于定义的几点说明。在上面的定义中，采用更为一般的承诺问题进行定义，判定问题（Decision Problem）是它的一个特例。承诺问题中 $A_{\text{yes}},A_{\text{no}}\subseteq\Sigma^*$ 是字母表 Σ 上的字符串构成的不相交的集合。判定问题是满足 $A_{\text{yes}}\cup A_{\text{no}}=\Sigma^*$ 的承诺问题。另外，一致性条件是必要的，如第 5.1.3 小节中所讨论的，这保证了量子电路模型和量子图灵机模型的等价性。其次，定义中选择 2/3 和 1/3 作为阈值是标准的处理方法，事实上，具体数值并不影响 BQP 的定义，甚至可以分别选为与 1 和 0 指数接近的函数。这

个基本结果可以通过简单将量子电路并行重复多次，再取各个电路输出的多数者投票结果为输出，最后利用 Chernoff 定理证明。整个方法与经典复杂性中 BPP 类的处理一样，这里直接给出定理 7.1。

定理 7.1　设 $p:\mathbf{N}\to\mathbf{N}$ 是大小被多项式所限定的函数，且对任意 n 都有 $p(n)\geqslant 2$，则有 $\mathrm{BQP}=\mathrm{BQP}(1-2^{-p},2^{-p})$。

下面将介绍 BQP 子程序定理。直观地讲，这个定理说的是如果在一个多项式时间量子计算中调用多项式时间量子子程序，所得到的计算仍然是多项式时间的量子计算。这个看起来比较显然的结论之所以仍然值得一提，主要原因是量子子程序调用可以在叠加态上工作，为严格论证带来困难。

为了定义清楚这个问题，先讨论一下黑盒（Oracle）量子电路。设 $B\subseteq\Gamma^*$ 是一个问题，$O=\{O_m\}$ 是解决这个问题的黑盒，即对任意 y 有

$$O_{|y|}(y)=\begin{cases}1, & \text{若 } y\in B\\ 0, & \text{其他}\end{cases}$$

如果引入记号 $B(y)$ 表示上式右边的部分，则有

$$O_{|y|}(y)=B(y)$$

一个带黑盒 O 的量子电路除了含有标准的量子门以外，还可以含有如下形式的量子门

$$O_{|y|}:|y,a\rangle\mapsto|y,a\oplus O_{|y|}(y)\rangle$$

这些特殊的黑盒量子门尽管可以很复杂，但在计算黑盒电路大小的时候只算一个门。

给定问题 B 以及解决它的黑盒 O，BQP^B 定义与 BQP 定义类似，只需要把多项式时间一致量子电路族换成多项式时间一致黑盒量子电路族即可。然后，可以定义

$$\mathrm{BQP}^{\mathrm{BQP}}=\bigcup_{B\in\mathrm{BQP}}\mathrm{BQP}^B$$

即允许用 BQP 中的任一问题作为黑盒。有了这些准备，可以将 BQP 子程序定理简洁的表述为定理 7.2。

定理 7.2（BQP 子程序定理）　$\mathrm{BQP}^{\mathrm{BQP}}=\mathrm{BQP}$。

给出证明的主要思路。首先，可以观察到 $\mathrm{BQP}\subseteq\mathrm{BQP}^{\mathrm{BQP}}$，因此只要证明$\mathrm{BQP}^{\mathrm{BQP}}\subseteq$

BQP，即对任意 $B\in$ BQP 有 $\mathrm{BQP}^B\subseteq$ BQP。按照定义，由 $B\in$ BQP 可知存在一个电路族 $\{U_m\}$，使得

$$\Pr[U_{|y|}(y)=B(y)]\geqslant 2/3$$

而需要做的是用一个不含黑盒的多项式时间量子电路来模拟带问题 B 的黑盒的量子电路。对比上面的电路 U_m 和 B 的黑盒 O_m 需要满足的条件，可以看到两个问题。首先，U_m 只是 O_m 的一个概率实现。这个概率实现的出错概率是 1/3，而一个 BQP^B 的电路可能有多项式次 O_m 的调用，出错概率累加的结果将不可控。其次，U_m 只保证输出量子比特的测量概率性质解决了问题 B，对于其他量子比特状态没有要求。而 $O_m: |y,a\rangle\mapsto|y,a\oplus O_m(y)\rangle$ 除了将正确结果异或到输出量子比特外，还保证其他量子比特不发生变化，至少在计算基 $\{|y\rangle\}$ 上看是如此。

为了解决第一个问题，运用定理 7.1，可以得到成功概率指数好的 V_m，满足

$$\Pr[V_{|y|}(y)=B(y)]\geqslant 1-2^{-p(|y|)}$$

其中，p 是任意取定的多项式，这保证了概率实现的精度是足够好的。

为了解决第二个问题，需要采用计算与计算撤销（Compute/Uncompute）技术，是量子计算中独有的一个常用方法，也是经典可逆电路研究时就有的一个技术[10]。对任意 V，引入一个辅助量子比特作为新的输出，将电路 W 定义为先作用 V，将 V 的输出比特通过一个 CNOT 异或到辅助量子比特，再作用 V 的共轭转置 $V^\dagger$。具体电路如图 7-2 所示，电路输出为最后一个量子比特。如果 V 是理想的，即以概率 1 计算出问题 B 的正确答案，那么很显然这样构造出来的 W 就跟 B 的黑盒 O 完全一样了。一般情形下，通过简单的计算就可以证明 W 是 O 的一个足够好的近似。从一个 BQP^B 的电路出发，将其中的黑盒量子门 O 替换成 W，就得到了一个不含黑盒的多项式时间量子电路，完成 $\mathrm{BQP}^B\subseteq$ BQP 的证明。

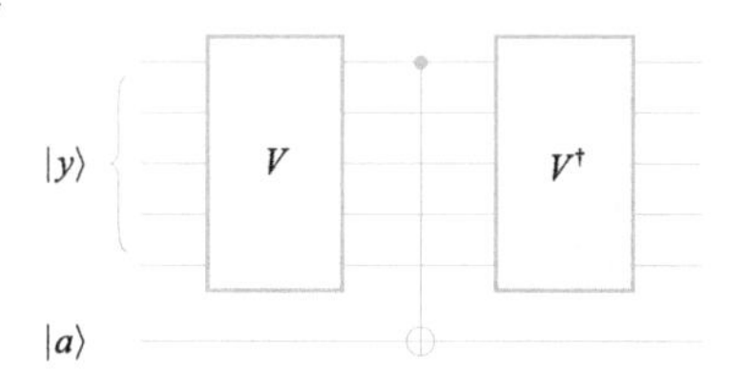

图 7-2　计算与计算撤销量子电路

7.2.2　量子计算与计数复杂性

前面定义了 BQP 并分析了它的基本性质，一个自然的问题是这个代表着量子有效计算的复杂性类，到底有什么计算能力？它与其他复杂性类的关系是怎么样的？

因为用量子计算可以很容易模拟经典概率计算，因此可知 BPP⊆BQP。由于 Shor 大整数分解算法的存在，有理由相信 BQP 与 BPP 是不同的。又因为可以在指数时间模拟一个量子电路在各个时刻的状态和上面的酉变换，所以也容易证明 BQP⊆EXP。下面将给出 BQP 的一个不平凡的上界 PP，并讨论量子计算与计数复杂性问题的密切联系。该结论最早由文献［11］用不同的方法证明。

先证明一个简单但有趣的结论，即估计一个量子电路对应矩阵的第一个（第一行、第一列）元素的值具有与 BQP 同样的难度。设 $\boldsymbol{V}$ 是一个量子电路，输出比特测量得到“1”并接受的概率可以写成

$$\begin{aligned}\Pr[\boldsymbol{V}\text{accepts}] &= \|(|1\rangle\langle 1|_{\text{out}}\otimes \boldsymbol{I})\boldsymbol{V}|0^n\rangle\|^2\\ &=\langle 0^n|\boldsymbol{V}^{\dagger}\left(\frac{\boldsymbol{I}-\boldsymbol{Z}}{2}\otimes\boldsymbol{I}\right)\boldsymbol{V}|0^n\rangle\\ &=\frac{1}{2}-\frac{1}{2}\langle 0^n|\boldsymbol{V}^{\dagger}(\boldsymbol{Z}\otimes\boldsymbol{I})\boldsymbol{V}|0^n\rangle\end{aligned}$$

取电路 $\boldsymbol{C}_V=\boldsymbol{V}^{\dagger}(\boldsymbol{Z}\otimes\boldsymbol{I})\boldsymbol{V}\rangle$，则 $\boldsymbol{V}$ 接受的概率可由 $\boldsymbol{C}_V$ 的第一行、第一列元素通过简单计算给出，得证。因此，下面将重点研究如果从给定电路 $\boldsymbol{C}$ 计算其矩阵表示第一个元素的问题。

我们知道 Hadamard 门 $\boldsymbol{H}$ 和 Toffoli 门构成一组通用量子门[8]，而 Toffoli 门可由 $\boldsymbol{H}$ 门和 CCZ 门生成。因此，不失一般性地，可以假设 $\boldsymbol{V}$ 由 $\boldsymbol{H}$ 和 CCZ 门构成。上面证明了 $\boldsymbol{V}$ 的接受概率可由 $\boldsymbol{C}_V$ 的第一个元素算出，下面证明这个元素可由 GapP 函数表示。特别的，有如下结论[12]。

定理 7.3 设 $\boldsymbol{C}$ 是一个由 Hadamard 门 $\boldsymbol{H}$、Pauli-$\boldsymbol{Z}$ 门、两量子比特门 CZ、三量子比特门 CCZ 构成的 n 个量子比特的电路，且有 $\boldsymbol{C}=\boldsymbol{H}^{\otimes n}\boldsymbol{C}'\boldsymbol{H}^{\otimes n}$。设 $\boldsymbol{C}'$ 含有 h 个哈达玛门，则存在 $m=n+h$ 个变量的三次多项式 $f_C\in\mathbb{F}_2[x_1,x_2,\cdots,x_m]$ 使得

$$\langle 0^n|\boldsymbol{C}|0^n\rangle=\frac{1}{2^{n+h/2}}\sum_{x\in\{0,1\}^m}(-1)^{f_C(x)}$$

先证明这个定理的一个特例，即 $\boldsymbol{C}'$ 没有 $\boldsymbol{H}$ 门的情形，$h=0$。这类特殊的量子电路因为电路中间的所有门由 CCZ 门、CZ 门、Pauli-$\boldsymbol{Z}$ 门构成，两两可交换，而被称为即时量子电路（Instantaneous Quantum Circuits，IQP）。这类电路虽然不是通用量子电路，

却是玻色采样[13]、随机量子电路采样[14]之外的一种研究量子优越性（Quantum Supremacy）的重要对象[15]。对这种特殊的量子电路 C，可按如下方式定义一个多项式 $f_C \in \mathbb{F}_2[x_1, x_2, \cdots, x_n]$。对于 $\boldsymbol{C}$ 中的任意一个作用在第 i_1, i_2, i_3 个量子比特的 CCZ 门，引入一个单项式 $x_{i_1}x_{i_2}x_{i_3}$；对于 $\boldsymbol{C}$ 中的任意一个作用在第 i_1, i_2 个量子比特的 CZ 门，引入一个单项式 $x_{i_1}x_{i_2}$；对于 $\boldsymbol{C}$ 中的任意一个作用在第 i_1 个量子比特的 $\boldsymbol{Z}$ 门，引入一个单项式 x_{i_1}；而 f_C 则定义为这些单项式之和。利用电路的特点与 $\boldsymbol{H}$ 门的定义不难验证，可以用 f_C 表达 $\langle 0^n | C | 0^n \rangle$ 如下：

$$\langle 0^n | \boldsymbol{C} | 0^n \rangle = \frac{1}{2^n} \sum_{x \in \{0,1\}^n} (-1)^{f_C(x)}$$

特例的证明完毕。

为了将一般情形规约到 IQP 电路的情形，用哈达玛构件将 $\boldsymbol{C}'$ 中的哈达玛门拉到电路两端[16]。所谓的哈达玛构件是如图 7-3 的一个简单的等式。这个等式的证明很直接，由线性特性，可以从等式右边的电路输入 $|0\rangle$ 和 $|1\rangle$，验证输出的等价性即可。其中 $\sqrt{2}$ 是归一化因子。等式左边的电路可以看作一个后选择量子电路（Post-Selection），第一个量子比特测量结果后选择为 0。如果对张量网络有所了解，这个等式也可看作张量网络中的等式。这个构件的意义在于，它可以把电路中间的哈达玛门转换为一个 CZ 门和电路输入/输出端的两个哈达玛门。可以用这个构件将 $\boldsymbol{C}'$ 中的 h 个哈达玛门拉到输入/输出端。对这 h 个门用哈达玛构造进行替换，每个哈达玛门需要引入一个新的量子比特，可以得到一个含 $m = n + h$ 个比特的 IQP 电路 $\boldsymbol{C}''$，只由输入输出哈达玛层和 CCZ 门、CZ 门、$\boldsymbol{Z}$ 门构成。且有

$$\langle 0^n | \boldsymbol{H}^{\otimes n} \boldsymbol{C}' \boldsymbol{H}^{\otimes n} | 0^n \rangle = 2^{h/2} \langle 0^m | \boldsymbol{C}'' | 0^m \rangle = \frac{1}{2^{n+h/2}} \sum_{x \in \{0,1\}^m} (-1)^{f_{C''}(x)}$$

其中，第二个等式由 IQP 电路特例的分析得来。定义 $f_C = f_{C''}$，则定理得证。

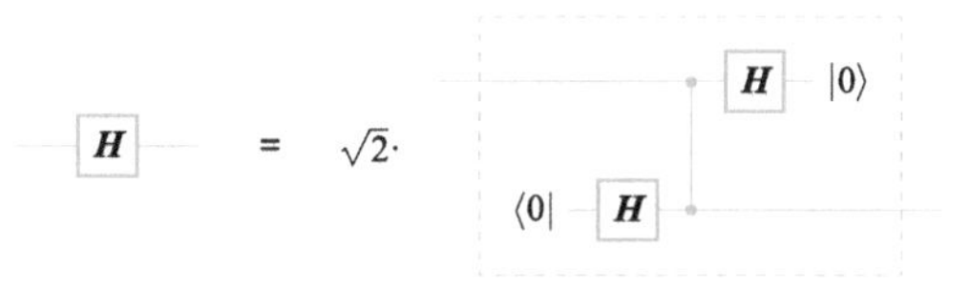

图 7-3　哈达玛构造

有了定理7.3，不难证明PP为BQP的上界。复杂性类PP直接的定义为具有非确定经典图灵机且接受路径比拒绝路径更多的问题的类，可以更方便地用如下定义的GapP函数刻画。

定义7.2（GapP函数） 给定函数$g:\Sigma^*\to\mathbf{Z}$，如果存在多项式p和经典多项式时间可计算的函数f使得

$$g(x)=|\{y\in\Sigma^{p(|x|)}:f(x,y)=0\}|-|\{y\in\Sigma^{p(|x|)}:f(x,y)=1\}|$$
$$=\sum_{y\in\Sigma^{p(|x|)}}(-1)^{f(x,y)}$$

则称g为一个GapP函数。

复杂性类PP可以用GapP函数刻画得到定理7.4。这个结论的证明是简单的，我们直接给出。

定理7.4 承诺问题$A=(A_{\text{yes}},A_{\text{no}})\in$ PP当且仅当存在GapP函数g使得

①若$x\in A_{\text{yes}}$，则$g(x)>0$。

②若$x\in A_{\text{no}}$，则$g(x)\leqslant 0$。

设$A=(A_{\text{yes}},A_{\text{no}})$是一个承诺问题且$A\in$ BQP。则存在量子电路族V使得若$x\in A_{\text{yes}}$，$\boldsymbol{V}_x$接受概率大于等于2/3；否则若$x\in A_{\text{no}}$，$\boldsymbol{V}_x$接受概率小于等于1/3。如果用$\boldsymbol{C}_{V,x}=\boldsymbol{V}_x^{\dagger}(\boldsymbol{Z}\otimes\boldsymbol{I})\boldsymbol{V}_x$表达，这意味着若$x\in A_{\text{yes}}$，$\langle 0^n|\boldsymbol{C}_{V,x}|0^n\rangle\leqslant -\frac{1}{3}$，否则若$x\in A_{\text{no}}$，则$\langle 0^n|C_{V,x}|0^n\rangle\geqslant\frac{1}{3}$。设$\boldsymbol{C}_{V,x}=\boldsymbol{H}^{\otimes n}\boldsymbol{C}'_{V,x}\boldsymbol{H}^{\otimes n}$是一个$n$个量子比特的电路，且$\boldsymbol{C}'_{V,x}$有$h$个哈达玛门。由定理7.3得

$$\langle 0^n|\boldsymbol{C}_{V,x}|0^n\rangle=\frac{1}{2^{n+h/2}}\sum_{y\in\{0,1\}^{n+h}}(-1)^{f_{C_{V,x}}(y)}$$

因此可以定义

$$g(x)=-\sum_{y\in\{0,1\}^{n+h}}(-1)^{f_{C_{V,x}}(y)}$$

是一个GapP函数。并且，若$x\in A_{\text{yes}}$，则

$$g(x)=-2^{n+h/2}\langle 0^n|\boldsymbol{C}_{V,x}|0^n\rangle>0$$

若$x\in A_{\text{no}}$，则

$$g(x)=-2^{n+h/2}\langle 0^n \mid \boldsymbol{C}_{V,x} \mid 0^n\rangle<0$$

由定理7.4可得$A\in \mathrm{PP}$。

总结一下对BQP的讨论，我们知道$\mathrm{BQP}\subseteq\mathrm{PP}$，这表明在量子计算模型下，可计算性不会改变。但由于猜测BQP比BPP更大，因此在有效计算的意义下，量子计算可能比经典计算更为强大。因此，量子计算是对所谓扩展版邱奇-图灵论题（Extended Church-Turing Thesis）的强有力的挑战。PP虽然由非确定图灵机的形式给出定义，但其实是一个计数复杂性类，由$\mathrm{P}^{\mathrm{PP}}=\mathrm{P}^{\#\mathrm{P}}$，有$\mathrm{BQP}\subseteq\mathrm{PP}\subseteq\mathrm{P}^{\#\mathrm{P}}$。从定理7.3也更加直接地看出量子电路的接受概率可由GapP的某个特定的归一化写出。这个归一化因子表达了量子电路输出概率近似计数的某种精度，因此量子计算本质上可以看成某种特殊的近似于计数特殊能力。与BPP近似于一个#P函数不同，BQP近似的是GapP函数。

7.3 量子梅林亚瑟与哈密顿量复杂性

经典复杂性理论中除了复杂性类P之外，最重要的类可能就是NP了。类似地，在量子复杂性理论中，除了BQP之外，QMA是最重要的复杂性类之一。QMA是量子梅林亚瑟的缩写，虽然名字差别很大，却是NP的量子对应。

关于NP有两种等价的看法：一种是把NP看作非确定性经典图灵机多项式时间接受的问题类；另一种是把NP看作多项式时间可验证的问题类。这两种看法在量子复杂性理论中都有研究，而后者的理论更为丰富，也就是接下来要介绍的关于量子梅林亚瑟的理论。

7.3.1 量子梅林亚瑟的定义

梅林和亚瑟分别是英格兰及威尔士神话中的传奇魔法师和国王，在经典复杂性理论中被用来描述公开硬币（Public-Coin）证明协议，这类协议包含梅林和亚瑟两个参与方。亚瑟将随机掷一些硬币，并向梅林提一些问题，比较谨慎地验证一个断言的真伪。梅林依靠魔法虽然不能控制却可以知晓亚瑟掷硬币的结果，这相当于亚瑟掷硬币的结果是公开的，用亚瑟梅林来命名这样的协议最合适不过。经典复杂性中MA是梅林先发多项式长度证明，亚瑟再掷硬币并进行多项式时间验证的复杂性类，可以看作 NP 的概率推广，并且很显然有 NP⊆MA。而 AM 是具有梅林与亚瑟进行常数轮公开硬币协议的问题类。

量子梅林亚瑟（QMA）从两个方面对 NP 的多项式时间可验证的定义进行了量子化[17,18]。首先，亚瑟是一个量子多项式时间的验证人，其验证过程可以用一个 BQP 电路表示。在定义 7.3 中，$\{Q_n\}$ 描述了这个量子的验证过程，是一族量子电路。其次，梅林发送的证明不再是经典的字符串，而是一个量子状态，这在定义 7.3 中用状态 $|\psi\rangle$ 表示，通常被称为量子证明或量子见证（Quantum Witness）。

定义 7.3（量子梅林亚瑟 QMA） 设 $A=(A_{yes},A_{no})$ 是一个承诺问题（promise problem），$c,s:\mathbf{N}\to[0,1]$ 是两个函数。则 $A\in \mathrm{QMA}(c,s)$ 当且仅当存在一个多项式 $p(n)$，一个多项式时间一致量子电路族 $\{V_n:n\in\mathbf{N}\}$ 满足 V_n 输入 $n+p(n)$ 个量子比特，输出一个比特，且

①若 $x\in A_{yes}$，则存在 $p(|x|)$ 个量子比特上的量子状态 $|\psi\rangle$，使得 $\Pr[V_{|x|}(|x\rangle\otimes|\psi\rangle)=1]\geqslant c(|x|)$。

②若 $x\in A_{no}$，则对任何 $p(|x|)$ 个量子比特上的量子态 $|\psi\rangle$，都有 $\Pr[V_{|x|}(|x\rangle\otimes|\psi\rangle)=1]\leqslant s(|x|)$。

其中，①体现了完备性，②体现了可靠性。量子多项式时间类 QMA 定义为 QMA(2/3,1/3)。

7.3.2 量子 Cook-Levin 定理

NP 和 NP 完备问题类是极其重要的复杂性理论概念。NP 完备问题包括了 3-SAT、3-COLORING 等上千个重要的计算问题，那么真的有问题自然地需要用量子见证来证明吗？QMA 有没有完备问题呢？这显然是 QMA 的最基础的问题。该问题由 Alexei Kitaev 在 20 世纪 90 年代末解决，他在工作中建立了量子 Cook-Levin 定理，给出了从电路到哈密顿量的历史态构造，证明了局域哈密顿量问题（LH）是 QMA 完备的。

哈密顿量是描述物理系统能量的算子，若哈密顿量为 $\boldsymbol{H}$，系统状态为 $|\psi\rangle$，则系统的能量为 $\langle \boldsymbol{H}\rangle=\langle\psi|\boldsymbol{H}|\psi\rangle$。系统的基态能量是 $\boldsymbol{H}$ 的最小特征值，可在其基态，即最小特征值对应的特征向量 $|\psi_0\rangle$ 上取得。由于物理限制，通常真实物理系统的哈密顿量具有局域性，距离远的粒子相互作用忽略不计，因而我们通常考虑所谓 n-量子比特的

k-局域哈密顿量 $\boldsymbol{H}=\sum_{j=1}^{m}\boldsymbol{H}_j$，其中每个 $\boldsymbol{H}_j$ 只在至多 k 个量子比特上有非平凡作用。做 $\boldsymbol{H}_j$ 的加法时，需要将 $\boldsymbol{H}_j$ 与它不作用的量子比特上的单位算子 $\boldsymbol{I}$ 做张量积。因此，在数学上，$\boldsymbol{H}$ 是具有有效描述（$\{\boldsymbol{H}_j\}$ 可由 $O(m)$ 个实数给出）的 $2^n\times2^n$ 大小的矩阵。

定义 7.4　一个 k-局域哈密顿量问题（k-LH）由一组描述 n-量子比特的 k-局域哈密顿量的项 $\{\boldsymbol{H}_j\}_{j=1}^{m}$ 和两个实数 a，b 给出。其中对任意的 j 有 $\|\boldsymbol{H}\|_j\leqslant1$ 且 a,b 的间隙不太小，$b-a\geqslant1/\mathrm{poly}(n)$。若如下两个情形的条件必有一个为真，做出相应的判断：

①局域哈密顿量 $\boldsymbol{H}=\sum_{j=1}^{m}\boldsymbol{H}_j$ 的基态能量小于等于 a，回答“是”。

②局域哈密顿量 $\boldsymbol{H}=\sum_{j=1}^{m}\boldsymbol{H}_j$ 的基态能量大于等于 b，回答“否”。

局域哈密顿量问题是可满足性 SAT 问题的推广，当每个哈密顿量项 $\boldsymbol{H}_j$ 是对角投影算子时，局域哈密顿量问题退化为 MAXSAT 问题。一个局域哈密顿量如果基态能量小于等于 a，那么其基态 $|\psi_0\rangle$ 就是一个量子见证，通过在 $|\psi_0\rangle$ 上进行测量，可以验证基态能量确实比较低。将这个思路更严格地写出来，就可以证明 k-LH 在 QMA 中。

将 Cook-Levin 定理推广到量子情形，即证明对于某个常数 k，k-LH 问题是 QMA 完备的，要难很多。为此，我们将从任意一个 QMA 验证电路出发，将其规约为一个局域哈密顿量问题。

经典 Cook-Levin 定理证明的核心思想是利用“计算是局域的”这一特性，将计算过程的演化进行局域验证。这在量子计算上会遇到本质的困难，其主要原因是量子纠缠的存在，量子态的局域信息不能决定整个状态。一个极端的例子是 GHZ 态

$$|\mathrm{GHZ}\rangle=\frac{1}{\sqrt{2}}(|0^n\rangle+|1^n\rangle)$$

这个状态与 $(|0^n\rangle-|1^n\rangle)/\sqrt{2}$ 是正交的，但在任何少于 n 个量子比特上的局部信息（约化密度算子）都是一样的。正因如此，即使是对于最平凡的计算，即单位算子 $\boldsymbol{I}$ 对应的计算，也难以进行局域验证，比如给定两个状态 $|\psi_0\rangle$ 和 $|\psi_1\rangle$，没办法局域验证 $|\psi_0\rangle=|\psi_1\rangle$。

为了解决这个问题，Kitaev 引入时钟状态和量子计算历史态的构造。在这个构造中，比如要验证 $|\psi_0\rangle=|\psi_1\rangle$，我们并不以张量积的形式给出 $|\psi_0\rangle$ 和 $|\psi_1\rangle$，而是给出

如下历史态的形式

$$\frac{1}{\sqrt{2}}(|0\rangle_{\text{clock}}|\psi_0\rangle_{\text{comp}}+|1\rangle_{\text{clock}}|\psi_1\rangle_{\text{comp}})$$

这个特殊情形下，观察到当 $|\psi_0\rangle=|\psi_1\rangle$ 时，上式等于

$$\frac{1}{\sqrt{2}}(|0\rangle+|1\rangle)_{\text{clock}}\otimes|\psi_0\rangle_{\text{comp}}$$

所以只需要在时钟量子比特上做 $\boldsymbol{X}$ 测量，并要求测得结果 0。对应的哈密顿量项为

$$\boldsymbol{H}_{\text{prop}}=(\boldsymbol{I}-\boldsymbol{X})_{\text{clock}}=\begin{pmatrix}1 & -1\\ -1 & 1\end{pmatrix}$$

一般情况与这个特殊情况的处理方式差别并不大。设验证电路 $\boldsymbol{V}=\boldsymbol{V}_T\boldsymbol{V}_{T-1}\cdots\boldsymbol{V}_1$ 由 T 个量子门构成，输入态为 $|\psi_0\rangle$。对 $t=0,1,\cdots,T$，验证电路在 t 时刻的状态为 $|\psi_t\rangle$，历史态则为

$$\frac{1}{\sqrt{T+1}}\sum_{t=0}^{T}|t\rangle_{\text{clock}}\otimes|\psi_t\rangle_{\text{comp}}$$

需要检查的是，是否对任意 $t=1,2,\cdots,T$ 都有 $|\psi_t\rangle=\boldsymbol{V}_t|\psi_{t-1}\rangle$。在这个状态上，从 $t-1$ 时刻到 t 时刻的计算演化可以由如下哈密顿量进行验证：

$$\boldsymbol{H}_{\text{prop},t}=(|t\rangle\langle t|+|t-1\rangle\langle t-1|)_{\text{clock}}\otimes\boldsymbol{I}-$$
$$(|t\rangle\langle t-1|)_{\text{clock}}\otimes\boldsymbol{V}_t-(|t-1\rangle\langle t|)_{\text{clock}}\otimes\boldsymbol{V}_t^{\dagger}$$

这个哈密顿量项与特例中的 $(\boldsymbol{I}-\boldsymbol{X})_{\text{clock}}$ 非常相似，因为这个计算步骤可以由一个受控 $\boldsymbol{V}_t$ 门规约到单位算子 $\boldsymbol{I}$ 的检查问题。需要特别指出的是，如果 $\boldsymbol{V}_t$ 是反射变换，即 $\boldsymbol{V}_t^2=\boldsymbol{I}$，则 $\boldsymbol{V}_t^{\dagger}=\boldsymbol{V}_t$，此时

$$\boldsymbol{H}_{\text{prop},t}=(|t\rangle\langle t|+|t-1\rangle\langle t-1|)_{\text{clock}}\otimes\boldsymbol{I}-$$
$$(|t\rangle\langle t-1|+|t-1\rangle\langle t|)_{\text{clock}}\otimes\boldsymbol{V}_t$$

如果限制到 $|t-1\rangle$，$|t\rangle$ 张出的时钟子空间上，则上述哈密顿量的形式为

$$\boldsymbol{H}_{\text{prop},t}=\boldsymbol{I}-\boldsymbol{X}_t\otimes\boldsymbol{V}_t$$

这可以通过测量可观测量 $\boldsymbol{X}_t$ 与 $\boldsymbol{V}_t$ 并在它们结果不同的情况下拒绝实现。

除了检查计算演化的哈密顿量项，还需要考虑初始态检查、终止态检查和时钟状态空间检查等，都不难处理，故此处不展开讲解。因此，从验证电路 $\boldsymbol{V}$ 出发，最终得到

的哈密顿量为

$$\boldsymbol{H}=\boldsymbol{H}_{\text{in}}+\sum_{t=1}^{T}\boldsymbol{H}_{\text{prop},t}+\boldsymbol{H}_{\text{out}}+\boldsymbol{H}_{\text{clock}}$$

对于一个量子见证状态 $|w\rangle$ 和量子验证电路 $\boldsymbol{V}=\boldsymbol{V}_T\boldsymbol{V}_{T-1}\cdots\boldsymbol{V}_1$，从量子见证 $|w\rangle$ 到量子计算历史态的变换为

$$|w\rangle\mapsto\frac{1}{\sqrt{T+1}}\sum_{t=0}^{T}|t\rangle_{\text{clock}}(\boldsymbol{V}_t\boldsymbol{V}_{t-1}\cdots\boldsymbol{V}_1|w\rangle)_{\text{comp}}$$

这个变换是 H_{comp} 到 $H_{\text{clock}}\otimes H_{\text{comp}}$ 上的一个等距变换（Isometry）。总结上面讨论的内容，原来在 $|w\rangle$ 上直接进行局域验证时遇到的困难在这个等距变换后就奇迹般的消失了！这个状态就是想要设计的局域哈密顿量的（近似）基态。当然，到这里，只给出了电路到哈密顿量的构造，还需要证明这个构造确实满足需要，即如果电路 V 高概率接受状态 $|w\rangle$，则哈密顿量 $\boldsymbol{H}$ 的基态能量小于等于某个 a，否则，大于等于某个 b。限于篇幅，不给出详细证明，感兴趣的读者可以参考文献［18，19］。

上面的构造给出的是 $k=O(\log T)$-局域的哈密顿量。通过对时钟进行简单的编码，可以证明 5-LH 是 QMA 完备的。利用微扰理论等新技术，现在已经证明了很多哈密顿量问题的 QMA 完备性，其中包括将所有粒子排成一排并考虑近邻相互作用的一维 LH 问题[20]、二维网格上的 2-LH[21]、玻色哈伯德模型[22] 等。除了哈密顿量问题，也有为数不多的几个其他类型的问题也被证明是 QMA 难的，包括量子态一致性问题[23,24]、量子电路的不等价性问题[25,26] 等。

证明一个问题的 QMA 完备性有什么意义呢？一方面，由于 QMA 与局域哈密顿量问题的联系，从对 QMA 的研究中发展出了一系列以研究量子凝聚态物理中多体问题复杂性为目标的技术，形成了哈密顿量复杂性理论。另一方面，由于 QMA 与 BQP 的关系就如同 NP 和 P 的关系，我们相信 QMA 完备性问题是量子计算机也不能有效解决的难题。这在很多情况下有理论指导意义。比如，很多量子化学中关心的问题是基于哈密顿量基态的问题，一般情况下是 QMA 完备的。因此，如果要为量子化学问题设计量子算法，需要考虑与此相关但不同的问题设定。最后，指出一个有意思的对比。给定局域哈密顿量 $\boldsymbol{H}$，可以在量子多项式时间模拟薛定谔方程的演化 $|\psi\rangle\mapsto e^{-iHt}|\psi\rangle$[27-29]。因此，$\boldsymbol{H}$ 的实时演化是相对容易的问题，然而这里讨论的 $\boldsymbol{H}$ 的能量最小化问题却是 QMA 完备的难问题。

7.3.3 强完备性可靠性间隙放大定理

在 QMA 的定义中（定义 7.3），如 BQP 的定义，将 QMA 的完备性和可靠性概率分别取为 2/3、1/3，原因也是可以将完备性和可靠性的间隙放大，但 QMA 的情形处理起来要比 BQP 麻烦很多。类似于 BQP 的平行重复，再取多数投票的方法也是可行的，但这需要量子证明人梅林提供多份量子见证的拷贝。这种多拷贝方法由 Kitaev 给出，证明稍微比 BQP 的间隙放大复杂一些，主要是需要讨论如果梅林提供的量子见证不是乘积态的时候可靠性是否还能成立。整个证明还是比较直观和简单的。

由量子不可克隆原理可知，未知的量子态，包括这里考虑的量子见证态不能被克隆为多份，而测量又会破坏量子态。因此，如果梅林只提供了量子见证态的单个拷贝，想要完成完备性和可靠性间隙放大就变得很困难，甚至看起来好像是不太可能的。文献[30]用巧妙的方法解决了单拷贝量子见证态上实现间隙放大的问题，得到了强完备性可靠性间隙放大定理，下面来介绍这个方法。

给定问题 x、量子见证 $|w\rangle$ 以及内置了输入 x 的量子验证电路 $\boldsymbol{V}_x$，这个量子验证过程可以描述为对 $\boldsymbol{V}_x(|w\rangle\otimes|0^\ell\rangle)$ 的输出量子比特做 $\boldsymbol{Z}$ 测量，如果测量结果为 1 就接受，否则拒绝。为了记号方便，下面的讨论中固定 x，并将其从下标中省略。这个测量过程对应一个测量算子

$$\boldsymbol{Q}=\langle 0^\ell|_{\text{aux}}\boldsymbol{V}^\dagger(|1\rangle\langle 1|_{\text{out}}\otimes\boldsymbol{I})\boldsymbol{V}|0^\ell\rangle_{\text{aux}}$$

状态 ρ 被验证电路接受的概率可以写为 $\text{tr}(Q\rho)$。

这个算子 $\boldsymbol{Q}$ 刻画了量子验证过程的接受概率，$\max_\rho\text{tr}(\boldsymbol{Q}\rho)$ 恰好是 $\boldsymbol{Q}$ 的最大特征值，且可在将量子见证态取为相应特征向量时取得。但是 $\boldsymbol{Q}$ 不方便刻画测量后系统的状态，这在强间隙放大中是需要详细考虑的信息，因为认为单拷贝的方法能够成功的主要直觉是测量后系统状态虽然发生了改变，但是应该还保留了量子见证态的大部分信息。为此，设 $|w\rangle$ 是 $\boldsymbol{Q}$ 的一个特征为 p 的特征向量并考虑如下定义的几个状态。验证电路的输入态为

$$|\phi_0\rangle=|w\rangle_{\text{wit}}\otimes|0^\ell\rangle_{\text{aux}}$$

验证过程可以看成如下投影测量

$$\boldsymbol{\Pi}_0=\boldsymbol{V}^\dagger(|0\rangle\langle 0|_{\text{out}}\otimes\boldsymbol{I})\boldsymbol{V},\quad \boldsymbol{\Pi}_1=\boldsymbol{V}^\dagger(|1\rangle\langle 1|_{\text{out}}\otimes\boldsymbol{I})\boldsymbol{V}$$

验证电路测量后两个可能状态分别为

$$|\xi_0\rangle=\frac{1}{\sqrt{1-p}}\boldsymbol{\Pi}_0|\phi_0\rangle,\quad |\xi_1\rangle=\frac{1}{\sqrt{p}}\boldsymbol{\Pi}_1|\phi_0\rangle$$

且有

$$|\phi_0\rangle=\sqrt{1-p}\,|\xi_0\rangle+\sqrt{p}\,|\xi_1\rangle$$

我们希望从 $|\xi_0\rangle$ 或者 $|\xi_1\rangle$ 出发，继续做一些测量，提升验证的成功概率。状态 $|w\rangle$ 是 $\boldsymbol{Q}$ 的特征这一事实表明 $\boldsymbol{Q}|w\rangle=p|w\rangle$。因此，如果在 $|\xi_1\rangle$ 上做投影 $\boldsymbol{\Delta}_0=\boldsymbol{I}\otimes|0^\ell\rangle\langle 0^\ell|_{\text{aux}}$，状态将正比于

$$\begin{aligned}\boldsymbol{\Delta}_0|\xi_1\rangle&=(\boldsymbol{I}\otimes|0^\ell\rangle\langle 0^\ell|)|\xi_1\rangle\\&=\frac{1}{\sqrt{p}}(\boldsymbol{I}\otimes|0^\ell\rangle\langle 0^\ell|)\boldsymbol{\Pi}_1|\phi_0\rangle\\&=\frac{1}{\sqrt{p}}(Q|w\rangle\otimes|0^\ell\rangle)\\&=\sqrt{p}\,|\phi_0\rangle\end{aligned}$$

因此，如果在状态 $|\xi_1\rangle$ 上做测量 $\{\boldsymbol{\Delta}_0,\boldsymbol{\Delta}_1=\boldsymbol{I}-\boldsymbol{\Delta}_0\}$，得到结果 0 的概率为 p，且将回到初始的量子见证态。如果测量结果为 1 呢？这时量子态塌缩到的状态正比于

$$\begin{aligned}\boldsymbol{\Delta}_1|\xi_1\rangle&=(\boldsymbol{I}-\boldsymbol{\Delta}_0)|\xi_1\rangle\\&=|\xi_1\rangle-\sqrt{p}\,|\phi_0\rangle\\&=|\xi_1\rangle-\sqrt{p}(\sqrt{1-p}\,|\xi_0\rangle+\sqrt{p}\,|\xi_1\rangle)\\&=\sqrt{1-p}(\sqrt{1-p}\,|\xi_1\rangle-\sqrt{p}\,|\xi_0\rangle)\end{aligned}$$

测量将以概率 $1-p$ 塌缩到 $|\phi_1\rangle=-\sqrt{p}\,|\xi_0\rangle+\sqrt{1-p}\,|\xi_1\rangle$

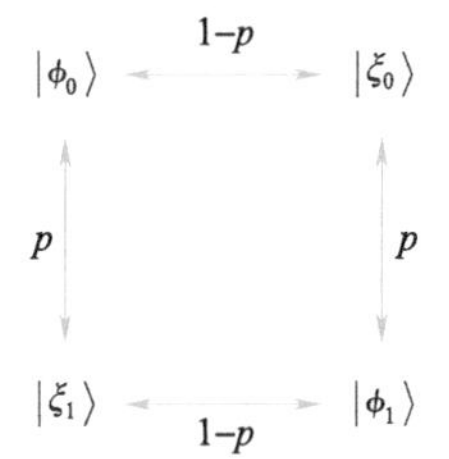

图 7-4　强间隙放大中所涉及的状态转移规律

总结上面的讨论可以发现，如果从 $|\phi_0\rangle$ 开始交替做 $\{\boldsymbol{\Pi}_0,\boldsymbol{\Pi}_1\}$ 和 $\{\boldsymbol{\Delta}_0,\boldsymbol{\Delta}_1\}$ 的测量，效果与 $\{|\xi_0\rangle,|\xi_1\rangle\}$ 和 $\{|\phi_0\rangle,|\phi_1\rangle\}$ 在它们所张出的二维空间中交替做与它们对应的投影测量一样。也就是说四个状态将以图 7-4 所示的马尔可夫过程进行迁移，测量输出与目标态的下标一致。若交替测量的结果依次记作 $y_1,y_2,\cdots,y_k$，并设

$$z_k=\begin{cases}y_1, & k=1\\ y_{k-1}\oplus y_k, & \text{其他}\end{cases}$$

则不难验证 z_k 独立同分布且 $\Pr(z_k=1)=p$。这就完成了在只有一个拷贝的量子见证态情况下实现完备性和可靠性扩大。当然，上面的分析假设了 $|w\rangle$ 是 $\boldsymbol{Q}$ 的特征向量，一般情况需要将量子见证态在 $\boldsymbol{Q}$ 的特征向量上作展开分析即可，此处略去详细证明。

根据上述讨论，强完备性可靠性间隙放大算法如下。

---

①设置赋值 $y_0\leftarrow 0$，$i\leftarrow 1$。

②重复 N 次如下测量：

a）测量 $\{\boldsymbol{\Pi}_0,\boldsymbol{\Pi}_1\}$，记结果为 y_i，$i\leftarrow i+1$；

b）测量 $\{\boldsymbol{\Delta}_0,\boldsymbol{\Delta}_1\}$，记结果为 y_i，$i\leftarrow i+1$。

③对 $i=1,2,\cdots,N$，计算 $z_i=y_{i-1}\oplus y_i$。若 $\frac{1}{N}\sum_{i=1}^{N}z_i\geqslant\frac{a+b}{2}$，则接受，否则拒绝。

7.3.4 量子梅林亚瑟的上界

在第 7.2 节中讨论 BQP 时证明了 PP 是 QMA 的一个上界。QMA 强完备性可靠性间隙放大的结果帮助我们进一步增强这个结果，证明 PP 同样也是 QMA 的上界[30]，如定理 7.5 所示。

定理 7.5　QMA$\subseteq$PP。

设承诺问题 $A=(A_{\text{yes}},A_{\text{no}})\in$ QMA，设 A 的量子见证态的量子比特数为 $m(|x|)$。由强间隙放大定理有，对任意的多项式 p，存在一个量子见证态比特数为 $m(|x|)$ 的验证电路 $\boldsymbol{V}$，使得若 $x\in A_{\text{yes}}$，则 $\boldsymbol{V}$ 接受量子见证态的概率至少是 $1-2^{-p(|x|)}$。若 $x\in A_{\text{no}}$，则 $\boldsymbol{V}$ 接受量子见证态的概率不超过 $2^{-p(|x|)}$。

与前面一样，考虑这个验证电路对应的测量算子

$$\boldsymbol{Q}=\langle 0^{\ell}|_{\text{aux}}\boldsymbol{V}^{\dagger}(|1\rangle\langle 1|_{\text{out}}\otimes\boldsymbol{I})\boldsymbol{V}|0^{\ell}\rangle_{\text{aux}}$$

则有 $\boldsymbol{Q}$ 是半正定的，且其最大特征值就是最优的接受概率。

取 $p=m+2$ 并考虑 $x\in A_{\text{yes}}$ 和 $x\in A_{\text{no}}$ 情形下 $\boldsymbol{Q}$ 的迹。若 $x\in A_{\text{yes}}$，显然有

$$\mathrm{tr}(Q)\geqslant\lambda_{\max}(Q)\geqslant 1-2^{-p(|x|)}=1-\frac{1}{4\cdot 2^{m|x|}}\geqslant\frac{3}{4}$$

否则若 $x\in A_{\mathrm{no}}$，则因为 $\boldsymbol{Q}$ 是大小为 $2^{m(|x|)}$ 的方阵，有

$$\mathrm{tr}(\boldsymbol{Q})\leqslant 2^{m(|x|)}\cdot 2^{-p(|x|)}=2^{m(|x|)-p(|x|)}=\frac{1}{4}$$

以上的分析表明，如果用最大混合态作为量子见证态，接受概率为 $\mathrm{tr}(\boldsymbol{Q})/2^{m(|x|)}$，则验证电路在 $x\in A_{\mathrm{yes}}$ 和 $x\in A_{\mathrm{no}}$ 两种情形下的接受概率有一个指数小的细微差别。可以将最大混合态进行纯化，用 $m(|x|)$ 对最大纠缠态 $|\mathrm{EPR}\rangle$ 实现这个最大混合态，从而得到的新量子电路 $\boldsymbol{W}$ 不需要量子见证态，接受概率在 $x\in A_{\mathrm{yes}}$ 时至少是$\frac{3}{4\cdot 2^{m(|x|)}}$。而如果 $x\in A_{\mathrm{no}}$，$\boldsymbol{W}$ 接受概率至多为$\frac{1}{4\cdot 2^{m(|x|)}}$。

最后，用一个量子电路 $\boldsymbol{W}'$实现如下算法将接受概率调整到 1/2 附近。以等概率运行如下算法：

---

1. 以概率 $1-\frac{1}{2\cdot 2^{m(|x|)}}$接受，否则拒绝。
2. 运行 $\boldsymbol{W}$，如果 $\boldsymbol{W}$ 接受则接受，否则拒绝。

如果 $x\in A_{\mathrm{yes}}$，则 $\boldsymbol{W}'$接受概率为

$$\frac{1}{2}-\frac{1}{4\cdot 2^{m(|x|)}}+\frac{3}{8\cdot 2^{m(|x|)}}>\frac{1}{2}$$

如果 $x\in A_{\mathrm{no}}$，则 $\boldsymbol{W}'$接受概率为

$$\frac{1}{2}-\frac{1}{4\cdot 2^{m(|x|)}}+\frac{1}{8\cdot 2^{m(|x|)}}<\frac{1}{2}$$

类似 BQP$\subseteq$PP 的讨论，可以由 $\boldsymbol{W}'$得到一个 GapP 函数，从而由定理 7.4 得到 $A\in$ PP。可以看到单拷贝的性质在上面的讨论中的重要性，如果用多拷贝并行放大方法，就不能用对 $\boldsymbol{Q}$ 取迹的证明方法，因为那时 $\boldsymbol{Q}$ 的维数会随着拷贝数增大而同步增大，使整个证明策略失效。

7.3.5 关于 QMA 及其相关复杂性类的讨论

此前，简单介绍了 QMA 的定义及其基本性质。关于这个复杂性类及其变种的研究还有很多，下面简单做一下介绍。

首先，在定义 7.3 中，对于验证过程和见证同时进行了量子化。此外，还可以研究验证过程是量子化的，但见证态仍旧是经典字符串的情形。这样定义出来的复杂性类是 QCMA，也称 MQA，是经典梅林量子亚瑟的缩写。很显然，经典见证是量子见证态的特例，因此有 QCMA$\subseteq$QMA。反之，可以问是否 QMA 中的所有问题都在 QCMA 中。这是一个有意思的开放问题，它引导我们考察量子见证态的结构，探究量子见证态的经典可描述性[19]。

其次，在定义 7.3 中，只要求完备性条件中的概率为 2/3，这个概率是否可以严格等于 1 呢？在这种完美完备性条件的设定下，可定义出 QMA_1 和 $QCMA_1$ 两个复杂性类，与 QMA 和 QCMA 相对应。已知 $QCMA_1=QCMA$，但是否有 $QMA_1=QMA$，还是一个有意思的开放问题。这个问题不仅仅是定义上的技术细节问题，还与凝聚态物理中无阻挫（Frustration-Free）哈密顿量问题对应，有其特定的物理意义。文献［31］给出了这个问题的量子黑盒区分（Oracle Seperation），预示着这个问题的解决可能并不容易。

此外，由于量子纠缠的存在，量子梅林亚瑟中有着完全没有经典对应的一种有趣情形，即无纠缠量子见证及其对应的复杂性类 QMA(k)。其中 $k=2,3,\cdots$是给定的正整数，表示量子见证态有几个张量积因子。比如 $k=2$ 时，量子见证态 $|w\rangle$ 是一个两方乘积态 $|w_1\rangle\otimes|w_2\rangle$。关于 QMA($k$)，所知的结果有 QMA($k$) = QMA(2)[32] 以及 QMA$\subseteq$QMA(2)$\subseteq$NEXP 等。此外 NP 具有次线性长度的无纠缠证明[33-35]。上面的结果表明 QMA(2) 具有极其丰富的结构，而我们对它的认识还很粗糙。比如这个类应该与 QMA 相差不多，但目前最好的上界仅为 NEXP。

最后，不得不提一下 QMA 与量子概率可检测证明猜想的联系。我们上面证明了局域哈密顿量问题是 QMA 完备的，这是经典计算复杂性中可满足性问题是 NP 完备问题的推广。在经典复杂性理论中，概率可检测证明定理（PCP Theorem）表明这个 NP 完备性是极其稳定的。比如给定一个 m 个约束的 3-SAT 问题，设 UNSAT 是所有赋值中最小的未被满足的约束个数，那么不仅仅判断 UNSAT = 0 还是 UNSAT = 1 是 NP 难问题，

判断 UNSAT=0 还是 UNSAT$\geqslant\Omega(m)$ 也是 NP 难问题。我们对 LH 问题可以问类似的问题，即给定一个 m 个项的局域哈密顿量 $\boldsymbol{H}=\sum_{j=1}^{m}\boldsymbol{H}_j$，实数 a,b，$\|\boldsymbol{H}_j\|\leqslant 1$，问如果 $b-a\geqslant\Omega(m)$，那么这个 LH 问题是否还是 QMA 完备的。由于量子不可克隆等量子新特性，经典证明概率可检测证明定理的多种技术都不好推广到量子问题上，给量子概率可检测证明理论的发展带来本质困难[36]。

7.4 量子交互证明系统

我们知道，复杂性类 NP 可以看作一个由证明人和验证人参与的交互系统。证明人需要给验证人证明 $x\in A$，为此他找到一个证明 w，并一次性发送给确定性多项式时间的验证人 V，最后 V 在给定 x,w 作为输入的情形下进行验证。出于密码学的考虑以及一些特定计算问题的复杂性分类研究，人们在 20 世纪 80 年代中期开始考虑这种验证模型的简单推广，包括引入交互性和随机性等[37-39]。这些推广看起来是基于 NP 的简单修改，而其实际影响却远超人们的预期，取得了丰硕的成果。在密码学方面，零知识交互证明（Zero-Knowledge Proofs）被提出[37]；在复杂性方面，算术化方法（Arithmetization）[40]、多线性和低度检测（Multilinearity and Low-Degree Tests）[41]、平行重复定理（Parallel-Repetition）[42]、概率可检测证明定理（PCP Theorem）[43-44] 等一系列技术发展出来，极大地丰富了复杂性理论的研究。

研究这些模型和技术的量子对应是很自然的问题，也在过去 20 年取得飞速发展，是量子计算复杂性领域最为活跃的研究分支之一。本节将选取一些量子交互证明系统中取得的进展展开讨论。

7.4.1 单证明人量子交互证明系统

经典交互证明系统中，除 NP 外最重要的一个复杂性类是 IP，刻画了单个证明人在多项式轮交互的设定下能够证明的问题类。与其类似的复杂性类 AM 是任意常数轮交互设定下能证明的问题类。在比较强的去随机化假设下 AM=NP[45]，而由算术化方法和求和验证协议（Sumcheck Protocol）[40] 等技术，有 IP 的完整刻画 IP=PSPACE[46]。同时有

AM 在多项式谱系第二层 $\boldsymbol{\Pi}_2=\mathrm{coNP}^{\mathrm{NP}}$ [47]。基于上述讨论，有理由猜测 AM 和 IP 是不同的复杂性类。

量子的交互证明 QIP 又有哪些性质和刻画呢？我们从给出 QIP 的定义开始给出答案。为了讨论方便，通常固定问题 x，此时一个 m 个交互消息的单证明人量子交互系统由一组验证人电路 $\boldsymbol{V}=(\boldsymbol{V}_1,\boldsymbol{V}_2,\cdots,\boldsymbol{V}_k)$ 给出，其中 $k=\left\lfloor\frac{m}{2}\right\rfloor+1$。对每个 $j<k$，$\boldsymbol{V}_j$ 表达验证人第 j 个消息的产生策略，而 $\boldsymbol{V}_k$ 表达最终的测量。它们都是量子多项式时间的电路，并且由于纯化（Purification）的证明技术，它们都可取为酉变换。为了简单起见，可以不失一般性地假设每个 $\boldsymbol{V}_j$ 都作用在两个相同的量子寄存器 X,Y 上。其中寄存器 X 为验证人私有，而寄存器 Y 是验证人与证明人交互的消息寄存器。只需将 X 和 Y 的维数取得足够大，并对电路 $\boldsymbol{V}_j$ 作简单调整就可以做到。

给定了交互系统的描述 $\boldsymbol{V}=(\boldsymbol{V}_1,\boldsymbol{V}_2,\cdots,\boldsymbol{V}_k)$，讨论证明人可能的证明策略。如果消息个数 m 是奇数，协议从证明人开始，证明人的策略由 $\boldsymbol{P}=(\boldsymbol{P}_0,\boldsymbol{P}_1,\cdots,\boldsymbol{P}_{k-1})$ 给出。否则，若 m 是偶数，协议从验证人开始，证明人策略由 $\boldsymbol{P}=(\boldsymbol{P}_1,\boldsymbol{P}_2,\cdots,\boldsymbol{P}_{k-1})$ 描述。这里每个 $\boldsymbol{P}_j$ 作用在消息寄存器 Y 和证明人私有寄存器 Z 上。与验证人不同的是，这里的 $\boldsymbol{P}_j$ 没有复杂性上的限制，可以是任意可实现的量子物理过程，而且其私有寄存器 Z 对应的空间维数没有限制。通过纯化技术，我们也可以假设每个 $\boldsymbol{P}_j$ 都是酉变换。

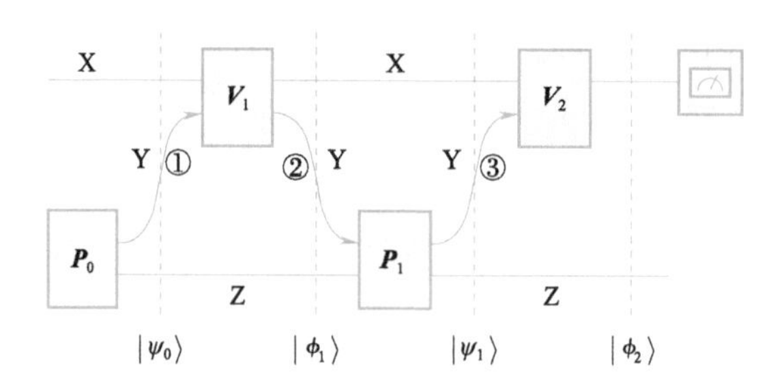

图 7-5　三个交互消息的量子交互证明的电路表示

给定一个交互证明系统 $\boldsymbol{V}$ 及一个证明策略 $\boldsymbol{P}$，整个协议的运行可以用类似图 7-5 中的电路表示。图中，3 个消息分别用 3 个箭头表示，箭头①和箭头③表示从证明人发送到验证人的消息，箭头②从验证人发送到证明人的消息。最后的测量是在第一个量子比特上的计算基测量。这是描述 QIP(3) 的电路图示，接下来分析其中每个子电路的作

用，一般的 QIP 情形与之类似。首先，$\boldsymbol{P}_0$ 是证明人的第一个电路，用以生成第一个消息。它能做的就是选择任意一个 Y 和 Z 寄存器上的量子状态，并将 Y 发送给验证人。验证人拿到 Y，将私有寄存器 X 初始化，并在 X 和 Y 上作用酉变换 $\boldsymbol{V}_1$，将 Y 作为协议第二个消息发送给证明人，以此类推。由于我们用了纯化技术，整个电路每个时刻的状态都是纯态，我们将 $\boldsymbol{P}_j$ 作用完以后的状态记作 $|\psi_j\rangle$，$\boldsymbol{V}_j$ 作用完以后的状态记作 $|\phi_j\rangle$。比如图 7-5 中的 $\boldsymbol{P}_1$ 作用前，状态为 $|\phi_1\rangle$，作用后，状态为 $|\psi_1\rangle$。理解 QIP 协议及其策略的最重要的观察是这两个状态 $|\phi_1\rangle$，$|\psi_1\rangle$ 需要满足的关系。这两个状态都是 X,Y,Z 上的状态，且 X 始终在验证人那边，所以一定有

$$\mathrm{Tr}_{\mathrm{YZ}}(|\phi_1\rangle\langle\phi_1|)=\mathrm{Tr}_{\mathrm{YZ}}(|\psi_1\rangle\langle\psi_1|)$$

反之，任意两个满足上述条件的状态 $|\phi_1\rangle$ 和 $|\psi_1\rangle$，存在酉变换 $\boldsymbol{P}_1$ 使得

$$|\psi_1\rangle=\boldsymbol{I}_{\mathrm{X}}\otimes\boldsymbol{P}_1|\phi_1\rangle$$

也就是说，只要这两个状态在 X 上的约化密度算子相等，证明人就能将 $|\phi_1\rangle$ 转化成 $|\psi_1\rangle$。

上面的观察将给出量子交互证明系统的一个半正定规划描述。注意到 Z 可能是一个很大的量子系统，因此我们需要避免引入 Z 上的状态。对任意 j，记

$$\sigma_j=\mathrm{Tr}_{\mathrm{Z}}(|\psi_j\rangle\langle\psi_j|),\quad \rho_j=\mathrm{Tr}_{\mathrm{Z}}(|\phi_j\rangle\langle\phi_j|)$$

以消息个数 m 为奇数为例（此时 $k=(m+1)/2$），可以将 σ_j 与 ρ_j 需要满足的条件写成如下的半正定规划问题。

$$\begin{aligned}
\text{最大化：}\quad & \langle \boldsymbol{V}_k^{\dagger}(|1\rangle\langle 1|\otimes\boldsymbol{I})\boldsymbol{V}_k,\sigma_{k-1}\rangle\\
\text{约束条件：}\quad & \mathrm{Tr}_{\mathrm{Y}}\sigma_j=\mathrm{Tr}_{\mathrm{Y}}(\boldsymbol{V}_j\sigma_{j-1}\boldsymbol{V}_j^{\dagger}),j=1,2,\cdots,k-1\\
& \mathrm{Tr}_{\mathrm{Y}}\sigma_0=|0\rangle\langle 0|_X\\
& \sigma_j\in\mathrm{Pos}(\mathrm{X}\otimes\mathrm{Y}),j=0,1,\cdots,k-1
\end{aligned}$$

这里，第一条约束综合了

$$\mathrm{Tr}_{\mathrm{Y}}\sigma_j=\mathrm{Tr}_{\mathrm{Y}}\rho_j,\quad \rho_j=\boldsymbol{V}_j\sigma_{j-1}\boldsymbol{V}_j^{\dagger}$$

两个条件。第二条约束等价于 $\sigma_0=|0\rangle\langle 0|_X\otimes\xi_{\mathrm{Y}}$，表达了协议中 P_0 之后的 X,Y 任一可能的状态。

这个半正定规划的目标函数表达了协议的接受概率。又注意到 X,Y 都至多只有多

项式个量子比特，因此这个半正定规划中涉及到的矩阵大小最多是指数的。由半正定规划有多项式时间的近似算法，可以在指数时间里估计一个 QIP 协议的接受概率，因此由这个半正定规划不难证明 EXP 是 QIP 的一个上界[48]。

通过研究一个类似的基于 QMAM（与 PSPACE 相等）协议的半正定规划，并给这个新的半正定规划问题设计一个并行的近似算法，就能得到一个更好的 QIP 的上界 PSPACE[49]。由于 PSPACE=IP⊆QIP，有 QIP=PSPACE，给出了量子交互证明系统的一个等价刻画。这里，这个并行算法的设计基于矩阵乘性权重更新（Matrix Multiplicative Weight Update，MMWU）方法[50]，是一个很简洁却很强大的经典迭代优化算法，限于篇幅，这里不给出细节。通过这个方法的分析，发现一个指数大小刻画量子交互证明接受概率的半正定规划问题，通过多项式次 MMWU 的迭代更新就可以较好的近似其最优目标函数。这为 QIP 给出了一个经典的最大宽度为指数，但深度为多项式的电路近似计算其接受概率。用复杂性的语言，有 QIP ⊆ NC(poly)，而我们又知道 NC(poly) = PSPACE[51]，因此论证完成。

这个结论表明 QIP=IP，因此如果从表达能力上说，单个证明人的量子交互证明与经典交互证明能力是一样的！下面一个更早的关于 QIP 的结论则表明量子交互证明在轮次复杂性上可能是有优势的。我们有 QIP=QIP(3)，即任何量子交互证明协议都可以有三个消息的量子交互证明系统[48]。类比经典情形，若 IP=IP(3)= AM，则前面的简介表明多项式谱系会塌缩至第二层，通常猜测这不会发生。

7.4.2 量子交互证明系统的并行化

本小节主要讨论定理 7.6 的证明[48]。

定理 7.6 QIP=QIP（3）。

这个结论的证明主要有两个步骤：第一步，需要将消息个数从任意的多项式 m 减到 3，这是所谓的并行化步骤；第二步，用平行重复的方法提升第一步操作可能带来的较弱的可靠性。

先介绍第一步的处理方法。量子交互证明系统的并行化有几种不同的证明方法。其中一种常用的方法是将 $m=2^{r+1}+1$ 个消息并行化，成为 $m'=(m+1)/2=2^r+1$ 轮的协议并重复直到 $m=3$。实现这种压缩 m 的方法第一个消息让证明人直接发送第（$m+1$）/2 轮的状态，再由验证人随机决定是从这个中间状态继续顺序往下走并检查终态的测量，还是反向回退到协议的起点，检查输入态的初始化[52-53]。

这里采用的方法是对类似图7-5中的描述协议的电路进行QMA相关讨论中介绍的电路到哈密顿量转换。由于反射算子（Reflection）的计算传播检测比较简单，先对电路做一个简单的预处理，使得$\boldsymbol{V}_j$和$\boldsymbol{P}_j$都是反射算子。先考虑$\boldsymbol{V}_j$的情形，比如$\boldsymbol{V}_j$不是反射，在X中引入一个新的辅助量子比特，初始化为$|0\rangle$，并考虑

$$\hat{\boldsymbol{V}}_j=|0\rangle\langle 1|\otimes\boldsymbol{V}_j+|1\rangle\langle 0|\otimes\boldsymbol{V}_j^{\dagger}$$

容易验证，作用$\hat{\boldsymbol{V}}_j$的效果是将辅助量子比特翻转为$|1\rangle$，并正确作用$\boldsymbol{V}_j$，由于之后不再使用辅助比特，因此不会影响接受概率。同时，$\hat{\boldsymbol{V}}_j$显然是反射算子，可以直接验证$\hat{\boldsymbol{V}}_j^2=\boldsymbol{I}$。再考虑$\boldsymbol{P}_j$的情形，如果$\boldsymbol{P}_j$不是反射，则在Z中引入一个辅助量子比特，类似处理即可。因此，不失一般性地可以假设$\boldsymbol{V}_j$和$\boldsymbol{P}_j$都是反射。把每个$\boldsymbol{V}_j$和$\boldsymbol{P}_j$都看作一步计算，并构造这个计算的历史态。为此，需要引入一个包含$T=m+1$个不同时刻的时钟寄存器C。比如对于图7-5中的电路，计算历史态为

$$|\psi_{\text{hist}}\rangle=\frac{1}{2}(|0\rangle|\psi_0\rangle+|1\rangle|\phi_1\rangle+|2\rangle|\psi_1\rangle+|3\rangle|\phi_2\rangle)$$

这是C,X,Y,Z各一个寄存器上的状态。注意Z的大小没有限制，而C,X,Y都最多是多项式个量子比特的寄存器。

有了上面的假设，可以直接给出如下QIP(3)协议。

1）证明人制备m个消息的QIP协议的计算历史态$|\psi_{\text{hist}}\rangle$，将C,X,Y发送给验证人；

2）验证人随机进行如下检测：

①类似局域哈密顿量构造中的输入检测，即在0时刻，X处在$|0^{\ell}\rangle$；

②类似局域哈密顿量构造中的输出检测，即在m时刻，X的第一个量子比特将以比较高的概率测得1；

③随机选择$t\in\{1,2,\cdots,m\}$，定义

$$\Xi_0=\frac{1}{2}(|t-1\rangle+|t\rangle)(\langle t-1|+\langle t|),$$

$$\Xi_1=\frac{1}{2}(|t-1\rangle-|t\rangle)(\langle t-1|-\langle t|),$$

$$\Xi_2=I-\Xi_0-\Xi_1;$$

④测量$\{\Xi_0,\Xi_1,\Xi_2\}$，若结果为2，直接接受，否则记结果为a。

a. 若 $t-1$ 到 t 时刻对应的是验证人计算 $\boldsymbol{V}_t$，测反射 $\boldsymbol{V}_t$ 对应的测量。

b. $\left\{\boldsymbol{\Delta}_b^{(t)}=\dfrac{\boldsymbol{I}+(-1)^b\boldsymbol{V}_t}{2}\right\}$。

c. 记结果为 b。

d. 若 $t-1$ 到 t 时刻对应的是证明人的计算 P_{t-1}，则验证人把寄存器 Y 和 t 发给证明人，并接收证明人返回的一个比特 b。

3）若 $a=b$ 则接受，否则拒绝。

对上面的协议做一些解释。整个协议在做的操作是在交互系统上进行量子计算传播验证的操作，与 QMA 完备性证明中的输入哈密顿量项、输出项和传播项类似。这里不需要时钟检测项，因为所有的时钟状态都是合法的。主要的困难在于实现传播项检测时的情形稍微复杂一些，因为与哈密顿量问题不一样，这里的计算历史态并不全在验证人这边。尽管如此，$\boldsymbol{V}_t$ 对应的传播检测还是类似的，利用 $\boldsymbol{V}_t$ 是反射的假设，需要测量 $\boldsymbol{X}_t\otimes\boldsymbol{V}_t$，这里 $\boldsymbol{X}_t$ 是 $|t-1\rangle$，$|t\rangle$ 空间上的 X 算子。这解释了做测量和检测 $a=b$ 的原因，本质上就是在做这个传播检测。为了进行 P_{t-1} 对应的传播检测，验证人不能自己完成，因此将 Y 发回，让证明人完成反射 P_{t-1} 对应的 0,1 测量，并把结果返回。只有这一个地方，需要第二、第三个消息的发送，解释了协议是一个 QIP(3) 协议的原因。

协议的正确性是比较直观的，严格的证明也不难进行，主要的想法是将上述实现的 QIP(3) 协议看作随机哈密顿量检测协议与最初的 m 个消息的 QIP 电路建立联系。这样，就完成了 QIP 的并行化，得到了一个与之相关的 QIP(3) 协议。

这个 QIP(3) 的协议的可靠性误差可能不够好，但可以用平行重复的方法对其进行改进，同时轮数将保持不变，最终完成 QIP = QIP(3) 的证明。这就是第二步中要证明的结论，可以用半正定规划对偶问题来分析[53]。上面的刻画量子交互证明接受概率的半正定规划有如下对偶形式。

最小化：　$\langle |0\rangle\langle 0|_{\mathrm{X}},\boldsymbol{X}_0\rangle$

约束条件：　$\boldsymbol{X}_{j-1}\otimes\boldsymbol{I}_{\mathrm{Y}}\geqslant\boldsymbol{V}_j^{\dagger}(\boldsymbol{X}_j\otimes\boldsymbol{I}_{\mathrm{Y}})\boldsymbol{V}_j, j=1,2,\cdots,k-1$

$\boldsymbol{X}_{k-1}\otimes\boldsymbol{I}_{\mathrm{Y}}\geqslant\boldsymbol{V}_k^{\dagger}(|1\rangle\langle 1|\otimes\boldsymbol{I})\boldsymbol{V}_k$

$\boldsymbol{X}_j\in\mathrm{Pos}(\boldsymbol{X}), j=0,1,\cdots,k-1$

不难验证，上述半正定规划满足强对偶定理条件，从而也刻画了量子交互证明的概率，设这个概率为 $\omega(V)$。在平行重复协议中，将这个协议重复运行 r 遍，并且验证人仅在每个平行重复上都接受的时候才接受。将这个平行重复协议记作 $V^{\otimes r}$，则它可由如下对偶半正定规划刻画。

$$
\begin{aligned}
\text{最小化：}\quad & \langle |0\rangle\langle 0|_{X^{\otimes r}}, X_0\rangle \\
\text{约束条件：}\quad & X_{j-1}\otimes I_{Y^{\otimes r}} \geqslant (V_j^{\dagger})^{\otimes r}(X_j\otimes I_{Y^{\otimes r}})V_j^{\otimes r}, j=1,2,\cdots,k-1 \\
& X_{k-1}\otimes I_{Y^{\otimes r}} \geqslant (V_j^{\dagger})^{\otimes r}(|1^r\rangle\langle 1^r|\otimes I)V_k^{\otimes r} \\
& X_j \in \mathrm{Pos}(X^{\otimes r}), j=0,1,\cdots,k-1
\end{aligned}
$$

不难知道 $\omega(V^{\otimes r})\geqslant\omega(V)^r$。由对偶半正定规划，有 $\omega(V^{\otimes r})\leqslant\omega(V)^r$。这是因为，如果 $X_0,X_1,\cdots,X_{k-1}$ 是前一个对偶半正定规划的一组最优解，则可以验证 $X_0^{\otimes r},X_1^{\otimes r},\cdots,X_{k-1}^{\otimes r}$ 必定满足第二个对偶半正定规划的所有约束条件，并且它的值正好是

$$\langle |0\rangle\langle 0|, X_0^{\otimes r}\rangle = \langle |0\rangle\langle 0|, X_0\rangle^r = \omega(V)^r$$

由于这是一个最小化问题，有 $\omega(V^{\otimes r})\leqslant\omega(V)^{\otimes r}$，得证。

7.4.3 多证明人量子交互证明系统与贝尔不等式的复杂性问题

经典交互证明的一个有意思的推广是考虑多个证明人的交互证明系统 MIP[39]。在对 MIP 的研究中发展出了多线性测试等强有力的工具，并最终发展出了概率可检测证明定理（PCP Theorem）[43,44]。在 MIP 协议中，两个证明人可以事先商量策略、共享随机变量，但在协议开始后就不能通信了。验证人可以给他们发送有相关性但不同的问题，来检测证明的可靠性。对于经典多证明人交互证明，我们知道 MIP = MIP(2,1) = NEXP[41]，其中 MIP(2,1) 是两个证明人，一轮交互的交互证明系统。如果假设 NEXP ≠ PSPACE，则引入多证明人，确实会增强多项式时间验证人可以验证的问题类。量子的多证明人交互证明最早由文献［54］提出，Cleve 等人[55] 建立了它与贝尔不等式[56] 的联系，此后相关研究日益受到重视。

我们重点讨论一类特殊的多证明人量子交互证明系统 MIP*，其中验证人和所有的通信都是经典的。MIP* 与经典对应 MIP 不同的是证明人是量子的，且允许证明人共享任意的纠缠态。有意思的是，这种特殊性假设并不影响量子多证明人交互系统的能力，

即最一般的量子验证人和量子通信的量子多证明人交互证明系统 QMIP 与 MIP*有着相同的表达能力[57]。

类似针对单证明人的交互系统的讨论，这里也固定$z\in\Sigma^*$来进行讨论，主要讨论两个证明人、一轮交互的协议。此时，z对应的协议可以由所谓的非局域博弈表示。通常以 Alice 和 Bob 命名两个证明人，以 Charlie 命名验证人。一个非局域博弈由元组$G=(A,B,X,Y,\mu,V)$表示，其中A,B,X,Y是四个有限集，分别表示 Alice 和 Bob 的可能回答集，Alice 与 Bob 的问题集，μ是$X\times Y$上的分布，$V:A\times B\times X\times Y\to\{0,1\}$表示 Charlie 的验证判据。

如果 Alice 和 Bob 是经典的，他们可以共享一个Λ上的随机变量λ，Alice、Bob 的策略可以由Λ上的分布π、函数$a:X\times\Lambda\to A$和函数$b:Y\times\Lambda\to B$描述。这个策略对应的 Charlie 接受的概率为

$$\mathrm{val}_G(\pi,a,b)=\mathbb{E}_{\lambda\sim\pi}\mathbb{E}_{(x,y)\sim\mu}V(a(x,\lambda),b(y,\lambda),x,y)$$

Alice 与 Bob 在博弈G上的最优成功概率为

$$\mathrm{val}_G=\sup_{\pi,a,b}\mathrm{val}_G(\pi,a,b)$$

由凸性，最优成功概率在某个$\lambda_0\in\Lambda$上取到，因此引入随机变量λ并不增加 Alice 和 Bob 的成功概率。

如果 Alice 和 Bob 是量子的，他们的策略可以由共享量子态ρ、量子测量$A^x=\{A_a^x\}$和$B^y=\{B_b^y\}$描述。其中对每个x，有$A_a^x\geqslant 0$，$\sum_a A_a^x=I$，满足正算子值测量条件。类似地，对每个y，有$B_b^y\geqslant 0$，$\sum_b B_b^y=I$。这个纠缠策略的接受概率为

$$\mathrm{val}_G^*(\rho,A,B)=\mathbb{E}_{(x,y)\sim\mu}\sum_{a,b}V(a,b,x,y)\mathrm{tr}((A_a^x\otimes B_b^y)\rho)$$

此时 Alice 和 Bob 的最优成功概率为

$$\mathrm{val}_G^*=\sup_{\dim(\rho),\rho,A,B}\mathrm{val}_G^*(\rho,A,B)$$

很显然，对任何非局域博弈G，总有$\mathrm{val}_G\leqslant\mathrm{val}_G^*$。有意思的是，存在$G$使得$\mathrm{val}_G^*$严格大于$\mathrm{val}_G$。这样的例子有很多，本书主要介绍如下基于 CHSH 不等式[58]的博弈。

CHSH 不等式的相关研究起源于物理学家对量子纠缠背后的物理的探究。爱因斯坦等人在 1935 年注意到如下纠缠态上测量的奇特行为[59]。考虑 Alice 和 Bob 共享的两个量子比特纠缠态

$$\frac{|01\rangle-|10\rangle}{\sqrt{2}}$$

设 $\sigma_1,\sigma_2,\sigma_3$ 为 Pauli-X，Y，Z 算子，$\vec{u}$，$\vec{v}$ 是 $\mathbf{R}^3$ 中的单位向量。Alice 做如下可观测量对应的单比特测量

$$\vec{u}\cdot\vec{\sigma}=\sum_{k=1}^{3}u_k\sigma_k$$

Bob 做 $\vec{v}\cdot\vec{\sigma}$ 对应的测量。定义均值 $Q(\vec{u},\ \vec{v})$

$$Q(\vec{u},\vec{v})=\langle(\vec{u}\cdot\vec{\sigma})\otimes(\vec{v}\cdot\vec{\sigma})\rangle=-\vec{u}\cdot\vec{v}$$

这个均值满足

$$Q(\vec{u},\vec{v})=2\Pr[\text{两个测量结果相同}]-1$$

因此是测量结果相关性的一种度量。特别的，如果 Alice 测 X，Bob 测 Z，则 Bob 得到与 Alice 结果无关的随机测量结果。而如果 Alice 和 Bob 都测 Z，则 Bob 的结果由 Alice 的结果完全决定（两人结果一定相反）。这看起来很奇怪，好像 Alice 的测量选择会决定 Bob 那边测量结果的行为。由此，爱因斯坦等人提出是否量子力学是不完备的问题——在量子力学框架外还存在所谓的隐变量，决定了测量的行为。隐变量的想法与前面定义的随机变量 λ 是一样的。因此，在隐变量理论中，测量 $\vec{u}\cdot\vec{\sigma}$ 的结果 $a(\vec{u},\lambda)\in\{\pm1\}$ 是 $\vec{u}$ 和隐变量 λ 的函数。这种模型下，均值可以写成

$$P(\vec{u},\vec{v})=\mathbb{E}_{\lambda}a(\vec{u},\lambda)b(\vec{v},\lambda)$$

这种隐变量理论可以解释很多相关性的讨论，比如如果两方测量同一个观测量，得到结果一定相反，如果 $\vec{u}$，$\vec{v}$ 正交则测量结果没有相关性。这两条性质可以由如下隐变量模型实现：设 λ 是 $\mathbf{R}^3$ 中随机的单位向量，且考虑

$$a(\vec{u},\lambda)=\operatorname{sign}(\vec{u}\cdot\lambda)\,b(\vec{v},\lambda)=-\operatorname{sign}(\vec{v}\cdot\lambda)$$

特别地，由于量子态层析（Tomography）测量的都是 X,Y,Z 方向的 Pauli 算子，上面的讨论表明，用量子态层析的方法，测量次数再多，永远也不能区分量子力学模型和这个隐变量模型！

约翰·贝尔（John S. Bell）最早发现了区分量子力学模型和隐变量模型的方法[56]。这里给出的 CHSH 不等式是原始贝尔不等式的改进。考虑如下的量

$$E=P(\vec{u}_0,\vec{v}_0)+P(\vec{u}_0,\vec{v}_1)+P(\vec{u}_1,\vec{v}_0)-P(\vec{u}_1,\vec{v}_1)$$

则有 CHSH 不等式

$$-2 \leqslant E \leqslant 2$$

这个不等式的证明很简单，如下：

$$\begin{aligned}|E| &= |\mathbb{E}_\lambda(a(\vec{u}_0,\lambda)(b(\vec{v}_0,\lambda)+b(\vec{v}_1,\lambda))+a(\vec{u}_1,\lambda)(b(\vec{v}_0,\lambda)-b(\vec{v}_1,\lambda)))| \\ &\leqslant \mathbb{E}_\lambda|(a(\vec{u}_0,\lambda)(b(\vec{v}_0,\lambda)+b(\vec{v}_1,\lambda))+a(\vec{u}_1,\lambda)(b(\vec{v}_0,\lambda)-b(\vec{v}_1,\lambda)))| \\ &\leqslant 2\end{aligned}$$

其中，最后一步可由 $b(\vec{v}_0,\lambda)+b(\vec{v}_1,\lambda)$ 和 $b(\vec{v}_0,\lambda)-b(\vec{v}_1,\lambda)$ 中必有一个为 0 得出。

在量子力学模型中，可以取

$$\vec{u}_0=(0,1,0), \quad \vec{v}_0=(-1,-1,0)/\sqrt{2}$$

$$\vec{u}_1=(1,0,0), \quad \vec{v}_1=(1,-1,0)/\sqrt{2}$$

则容易验证 $Q(\vec{u}_x,\vec{v}_y)=(-1)^{xy}\frac{\sqrt{2}}{2}$，因此相应的 E 值为 $2\sqrt{2}$，比隐变量模型可取的值大$\sqrt{2}$倍。这个不等式给出了一个可以通过实验的方法[60] 区分量子力学和经典隐变量模型的方法。

从 CHSH 不等式出发，可以构造如下 CHSH 博弈 G_{CHSH}。在 G_{CHSH} 中，$A=B=X=Y=\{0,1\}$，μ 为 $X\times Y$ 上的均匀分布，有

$$V(a,b,x,y)=\begin{cases}1, & \text{若 } a\oplus b=x\wedge y \\ 0, & \text{其他}\end{cases}$$

不难验证，博弈的接受概率可以表达为 E 的函数

$$\frac{1}{2}+\frac{E}{8}$$

因此，如果用经典策略或者隐变量模型，则有 $\mathrm{val}_{\mathrm{CHSH}}=\frac{1}{2}+\frac{2}{8}=0.75$，而在量子纠缠情形，有 $\mathrm{val}^*_{\mathrm{CHSH}}\geqslant\frac{1}{2}+\frac{2\sqrt{2}}{8}\approx 0.85$。这里只得到了大于等于 0.85 的结果，是因为只给出了一种取得这个值的策略。事实上这个值在所有量子策略中也是最优的，相关证明需要后面讨论的 Tsirelson 不等式[61] 的结果。

这种在证明人共享纠缠后，可以提高博弈成功概率的现象给量子多证明人交互协议

的研究提出了新问题[55]。这主要体现在交互协议的可靠性条件可能被破坏。本来，只考虑经典的证明人，设计了一个满足可靠性的协议，即如果 $x \in A_{no}$，则接受概率不超过 s。现在证明人如果通过共享纠缠能提高接受概率，那么这个可靠性条件可能就不被满足了，也就是说一个经典可靠的交互协议不一定是量子可靠的。这个观察给理解 MIP* 和 MIP 的关系带来微妙而本质的困难。一方面由于可靠性问题，不能直接看出 MIP ⊆ MIP*，另一方面也许可以设计只有利用纠缠的证明人才能实现完备性条件的协议，因此 MIP* 也不一定是 MIP 的子集。

有时这种纠缠带来的可靠性问题是不可修复的。比如对于一类特殊的 XOR 非局域博弈，验证人接受与否只与两个证明人回复的两个比特的异或值有关，具有这类交互证明的复杂性类记为⊕MIP*(2,1)。有⊕MIP*(2,1) ⊆ QIP(2) ⊆ PSPACE[62]，而其经典对应⊕MIP(2,1) 在特定的完备性和可靠性选取下等于 NEXP[63]。如果相信 NEXP 严格大于 PSPACE，那么纠缠带来的可靠性问题在这类协议上是不可避免的。另一个相关的例子是唯一博弈（Unique Game）的量子纠缠值总是容易估计的[64]，而经典情形的难度还是一个著名猜想[65]。

为了解决纠缠带来的可靠性问题，一种自然的想法是找到限制纠缠带来影响的方法来设计交互协议。沿着这个思路，多种抗纠缠（Entanglement Resistant）技术被发展出来。这些技术通过设计特定的检测，比如混淆检测[66]、基于纠缠“一夫一妻”制（Entanglement Monogamy）的构造[67]、可交换性构造[68] 等。这些技术让我们能够在特定的情况下限制纠缠的影响，重建协议的可靠性，比如让我们可以证明很大一类非局域博弈最优概率的计算问题是 NP 难的[66,68,69]。

这类结果中技术性最强，且对后来量子多方交互证明研究有着最重要作用的要数 Ito-Vidick 关于多线性检测量子可靠性的证明以及基于此建立的 MIP ⊆ MIP*[70]。

设 $f:\mathbf{F}^m \to \mathbf{F}$ 是一个函数，如果它具有如下形式

$$f(x_1,x_2,\cdots,x_m)=\sum_{a\in\{0,1\}^m}\alpha_a x_1^{a_1}x_2^{a_2}\cdots x_m^{a_m}$$

则称 f 是多线性的。

显然，对于多线性函数 f，如果在 $f(x)$ 中固定 $x_1,x_2,\cdots,x_m$ 中除了 x_i 以外的 $m-1$ 个数，则得到的是关于 x_i 的一个线性函数。下面的多线性检测就是基于这个观察：

①Charlie 随机选择 $x\in\mathbf{F}^m$ 以及过这点平行于 m 个坐标轴之一的直线 ℓ，将 x 发送给 Alice，ℓ 发送给 Bob。

②Alice 回复 $a\in\mathbf{F}$，Bob 回复 ℓ 上的一个线性函数 $g:\ell\to\mathbf{F}$。

③如果 $g(x)=a$，则 Charlie 接受，否则拒绝。

如果 Alice 和 Bob 约定一个多线性函数 f，并回答 $f(x)$ 与 $f|_\ell$，则理查以概率 1 接受。反之，经典多线性测试的基本结果[41] 表明，如果接受概率为 $1-\varepsilon$，则 f 一定与某个多线性函数很接近。更加具体地说，就是存在多线性的 g 使

$$\Pr_x[f(x)=g(x)]\geqslant 1-\mathrm{poly}(m)(\varepsilon+\mathrm{poly}(1/|\mathbf{F}|))$$

这个性质就是多线性检测的经典可靠性，是证明 MIP = NEXP 的核心技术之一[41]。

有意思的是，Ito 和 Vidick 证明了这个多线性检测（或者其简单的变种）不仅是经典可靠的，还是量子可靠的，可以用来作为天然的抗纠缠的可靠性证明技术。那么这个量子可靠性是什么意思，又该如何来表达呢？在这个情形下，整个检测协议还是经典的，但是证明人可以共享纠缠态，设为 $|\psi\rangle$，且他们可以进行测量得到回复消息。Alice 的测量可以写成 $\{A_a^x\}$，其中 $x\in\mathbf{F}^m$ 是她收到的问题，而 $a\in\mathbf{F}$ 是她回复 Charlie 的答案。对任意的 x 有 $\sum_a A_a^x=I$，且通过 Naimark 定理可以假设这是一个投影测量。由于 x 是 $\mathbf{F}^m$ 中的一个点，Alice 的这个测量也被称为点测量。类似的 Bob 的测量可以写成 $\{B_g^\ell\}$，其中 ℓ 是一条平行于坐标轴的直线，回答 g 是这条直线上的线性函数。这个测量被称为线测量。量子可靠性说的是，即使在这种情形下，证明人如果要以比较好的概率通过检测，也必须在某种意义上按照某个多线性函数给出的策略来进行操作。一种不可排除的可能性是，两个证明人分别通过测量得到一个公共的多线性函数，然后按照这个多线性函数进行下面的回答。下面的量子可靠性定理说，这就是最一般的可能性了。

定理 7.7　设 Alice 和 Bob 共享纠缠态 $|\psi\rangle$，分别做测量 $\{\boldsymbol{A}_a^x\}$ 和 $\{\boldsymbol{B}_a^x\}$，并以概率 $1-\varepsilon$ 通过多线性检测。则存在一个投影测量 $\{\boldsymbol{G}_h\}$，以多线性函数 h 为测量结果，使得如下式子成立：

$$\mathbb{E}_x\sum_{a,h:h(x)=a}\langle\psi|\boldsymbol{A}_a^x\otimes\boldsymbol{G}_h|\psi\rangle\geqslant 1-\mathrm{poly}(m)(\varepsilon+\mathrm{poly}(1/|\mathbf{F}|))$$

定义新的测量 $\boldsymbol{B}_a^x=\sum_{h:h(x)=a}\boldsymbol{G}_h$，则可以将定理 7.7 中的式子重写为

$$\mathbb{E}_x \sum_a \langle \psi \mid \boldsymbol{A}_a^x \otimes \boldsymbol{B}_a^x \mid \psi \rangle \geqslant 1-\text{poly}(m)(\varepsilon+\text{poly}(1/|\mathbf{F}|))$$

也就是说，对于随机选取的 x，如果在状态 $|\psi\rangle$ 上测量 $\{\boldsymbol{A}_a^x\}$ 得到 a，以及测量 $\{\boldsymbol{G}_h\}$ 并计算 $h(x)$ 作为结果 b，则较高概率有 $a=b$。这样，Alice 的测量 $\{\boldsymbol{A}_a^x\}$ 的行为可以被解释为先做 $\boldsymbol{G}_h$，得到多线性函数 h，并返回 $h(x)$。

该定理的证明技术性比较强，这里不给出，感兴趣的读者可以参考文献 [70, 71]。这个定理很好地限制了纠缠的能力，多线性检测的可靠性在有量子纠缠的情形下仍旧以某种形式成立。基于这个定理，可以得到 $\text{MIP} \subseteq \text{MIP}^*$，即量子多证明人交互证明至少与其经典对应有一样的能力。

这种抗纠缠的技术虽然取得了很多进展，但是也有很大的局限性，那就是永远不能构造出超越经典难度的量子非局域博弈。一个协议的经典情形如果刻画了 NP 或者 NEXP，就用抗纠缠技术说纠缠在这类协议中没有明显作用，所以量子对应还是 NP 或者 NEXP 难度的。为了能够给量子非局域博弈建立非经典的复杂性刻画，需要引入一个新的技术，那就是某些量子非局域博弈的刚性（Rigidity）定理[57]。

刚性定理的大致意思是对于很多非局域博弈，包括提到的 CHSH 博弈，取得最优值的策略在考虑了显然的自由度以后是唯一的和稳定的。这里稳定的意思是，如果一个策略的值与最优值很接近，那么它用的纠缠态和测量算子与这个唯一的最优策略也很接近。以 CHSH 博弈为例来说明。

定理 7.8　设 CHSH 博弈的一个策略为 $S=(|\psi\rangle,\{\boldsymbol{A}^x\},\{\boldsymbol{B}^y\})$，其中 $|\psi\rangle \in H_A \otimes H_B$ 是共享纠缠态，$\boldsymbol{A}^x,\boldsymbol{B}^y$ 为 Alice 和 Bob 收到 x,y 时做的可观测量，满足 $(\boldsymbol{A}^x)^2=(\boldsymbol{B}^y)^2=\boldsymbol{I}$。若这个策略的值 $\text{val}^*(|\psi\rangle,\{\boldsymbol{A}^x\},\{\boldsymbol{B}^y\})$ 至少为 $\frac{4+2\sqrt{2}}{8}-\varepsilon$，则存在等距变换 $\boldsymbol{U}_A$: $H_A \to H \otimes H'_A$ 使得

$$\|(\boldsymbol{A}^0-\boldsymbol{U}_A^\dagger(\boldsymbol{X}\otimes\boldsymbol{I})\boldsymbol{U}_A)|\psi\rangle\| \leqslant O(\sqrt{\varepsilon})$$

$$\|(\boldsymbol{A}^1-\boldsymbol{U}_A^\dagger(\boldsymbol{Z}\otimes\boldsymbol{I})\boldsymbol{U}_A)|\psi\rangle\| \leqslant O(\sqrt{\varepsilon})$$

为了证明这个定理，展开如下平方和

$$\left\langle \left(\boldsymbol{I}\otimes\boldsymbol{B}^0-\frac{\boldsymbol{A}^0+\boldsymbol{A}^1}{\sqrt{2}}\otimes\boldsymbol{I}\right)^2+\left(\boldsymbol{I}\otimes\boldsymbol{B}^1-\frac{\boldsymbol{A}^0-\boldsymbol{A}^1}{\sqrt{2}}\otimes\boldsymbol{I}\right)^2 \right\rangle$$

$$=4-\sqrt{2}\langle(\boldsymbol{A}^0+\boldsymbol{A}^1)\otimes\boldsymbol{B}^0+(\boldsymbol{A}^0-\boldsymbol{A}^1)\otimes\boldsymbol{B}^1\rangle$$

$$=4-\sqrt{2}(8\mathrm{val}^*_{\mathrm{CHSH}}(\boldsymbol{S})-4)$$

$$=8\sqrt{2}\left(\frac{4+2\sqrt{2}}{8}-\mathrm{val}^*_{\mathrm{CHSH}}(\boldsymbol{S})\right)$$

由平方和的非负性可知 CHSH 博弈的最优值为 $(4+2\sqrt{2})/8$，证明了我们前面给出的 CHSH 的策略是最优的量子策略，这就是 Tsirelson 不等式的内容[61]。此外，我们还能从上面的公式得到如果策略 S 的值与这个最优值 ε 接近，则由平方和的第一项得到

$$\left\|\left(\boldsymbol{I}\otimes\boldsymbol{B}^0-\frac{\boldsymbol{A}^0+\boldsymbol{A}^1}{\sqrt{2}}\otimes\boldsymbol{I}\right)|\psi\rangle\right\|\leqslant O(\sqrt{\varepsilon})$$

记 $\boldsymbol{A}=(\boldsymbol{A}^0+\boldsymbol{A}^1)/\sqrt{2}$ 我们有

$$\|(\boldsymbol{A}\otimes\boldsymbol{B}^0-\boldsymbol{A}^2\otimes\boldsymbol{I})|\psi\rangle\|\leqslant\|\boldsymbol{A}\|\|(\boldsymbol{I}\otimes\boldsymbol{B}^0-\boldsymbol{A}\otimes\boldsymbol{I})|\psi\rangle\|\leqslant O(\sqrt{\varepsilon})$$

和

$$\begin{aligned}\|(\boldsymbol{I}-\boldsymbol{A}\otimes\boldsymbol{B}^0)|\psi\rangle\|&=\|(\boldsymbol{I}\otimes(\boldsymbol{B}^0)^2-\boldsymbol{A}\otimes\boldsymbol{B}^0)|\psi\rangle\|\\&\leqslant\|\boldsymbol{B}^0\|\|(\boldsymbol{I}\otimes\boldsymbol{B}^0-\boldsymbol{A}\otimes\boldsymbol{I})|\psi\rangle\|\\&\leqslant O(\sqrt{\varepsilon})\end{aligned}$$

由三角不等式和上面两式之和得

$$\|((\boldsymbol{I}-\boldsymbol{A}^2)\otimes\boldsymbol{I})|\psi\rangle\|\leqslant O(\sqrt{\varepsilon})$$

这等价于

$$\langle\{\boldsymbol{A}^0,\boldsymbol{A}^1\}^2\rangle\leqslant O(\varepsilon)$$

也就是说 CHSH 博弈中任何近似最优的策略，都会导出 $\boldsymbol{A}^0,\boldsymbol{A}^1$ 两个可观测量在状态 $|\psi\rangle$ 上（近似）反对易。

有了近似反对易性，且这里只涉及两个可观测量，则可以用约当引理（Jordan's lemma）将问题转化为 2 乘 2 矩阵上的问题。通过在需要的情况下增加额外的维度，约当引理保证我们能够选择一组基变换，使得 $\boldsymbol{A}^0,\boldsymbol{A}^1$ 成为 2×2 的分块矩阵，且每个分块具有±1 特征值。因此，存在等距变换 $\boldsymbol{U}_A$ 和 $\theta_k\in[0,\pi]$ 使得下面的条件成立：

$$\boldsymbol{A}^1=\boldsymbol{U}_A^\dagger(\boldsymbol{Z}\otimes\boldsymbol{I})\boldsymbol{U}_A,\quad[\boldsymbol{U}_A\boldsymbol{U}_A^\dagger,\boldsymbol{Z}\otimes\boldsymbol{I}]=0$$

且

$$\boldsymbol{A}^0=\boldsymbol{U}_A^{\dagger}\boldsymbol{D}\boldsymbol{U}_A,\quad [\boldsymbol{U}_A\boldsymbol{U}_A^{\dagger},\boldsymbol{D}]=0$$

其中，

$$\boldsymbol{D}=\sum_k\begin{pmatrix}\cos(\theta_k) & \sin(\theta_k)\\ \sin(\theta_k) & -\cos(\theta_k)\end{pmatrix}\otimes|k\rangle\langle k|$$

将上面 $\boldsymbol{A}^0,\boldsymbol{A}^1$ 的表达式代入下式左边，可以得到

$$\begin{aligned}\langle\{\boldsymbol{A}^0,\boldsymbol{A}^1\}^2\rangle&=\langle(\boldsymbol{U}_A^{\dagger}\boldsymbol{D}\boldsymbol{U}_A\boldsymbol{U}_A^{\dagger}(\boldsymbol{Z}\otimes\boldsymbol{I})\boldsymbol{U}_A+\boldsymbol{U}_A^{\dagger}(\boldsymbol{Z}\otimes\boldsymbol{I})\boldsymbol{U}_A\boldsymbol{U}_A^{\dagger}\boldsymbol{D}\boldsymbol{U}_A)^2\rangle\\&=\langle(\boldsymbol{U}_A^{\dagger}(\boldsymbol{D}(\boldsymbol{Z}\otimes\boldsymbol{I})+(\boldsymbol{Z}\otimes\boldsymbol{I})\boldsymbol{D})\boldsymbol{U}_A)^2\rangle\\&=2\left\langle\boldsymbol{U}_A^{\dagger}(\boldsymbol{I}\otimes\sum_k\cos(\theta_k)|k\rangle\langle k|)^2\boldsymbol{U}_A\right\rangle\\&=2\sum_k p_k\cos^2(\theta_k)\end{aligned}$$

其中，$p_k=\langle\boldsymbol{U}_A^{\dagger}(\boldsymbol{I}\otimes|k\rangle\langle k|)\boldsymbol{U}_A\rangle$，由近似反对易性有

$$\sum_k p_k\cos^2(\theta_k)\leqslant O(\varepsilon)$$

所以，可得定理中关于 $\boldsymbol{A}^0$ 的估计

$$\begin{aligned}\|(\boldsymbol{A}^0-\boldsymbol{U}_A^{\dagger}(\boldsymbol{X}\otimes\boldsymbol{I})\boldsymbol{U}_A)|\psi\rangle\|^2&=\langle\boldsymbol{U}_A^{\dagger}(\boldsymbol{D}-\boldsymbol{X}\otimes\boldsymbol{I})\boldsymbol{U}_A\boldsymbol{U}_A^{\dagger}(\boldsymbol{D}-\boldsymbol{X}\otimes\boldsymbol{I})\boldsymbol{U}_A\rangle\\&\leqslant\langle\boldsymbol{U}_A^{\dagger}(\boldsymbol{D}-\boldsymbol{X}\otimes\boldsymbol{I})^2\boldsymbol{U}_A\rangle\\&=2\left\langle\boldsymbol{U}_A^{\dagger}(\boldsymbol{I}\otimes\sum_k(1-\sin(\theta_k))|k\rangle\langle k|)\boldsymbol{U}_A\right\rangle\\&=2\sum_k p_k(1-\sin(\theta_k))\\&\leqslant 2\sum_k p_k\cos^2(\theta_k)\\&\leqslant O(\varepsilon)\end{aligned}$$

从验证人 Charlie 的角度来看上面的 CHSH 的刚性定理，发现这个定理赋予了 Charlie 用完全经典统计的方法能够确保 Alice 在共享纠缠态上做 X,Z 的测量。这为设计量子多证明人交互证明系统带来新的可能，如果利用类似 CHSH 这样具有刚性的非局域博弈作为基础，就可以设计出经典证明不能满足完备性条件，而证明人必须利用共享纠缠才能成功的协议。

只有一个EPR纠缠对及其上面测量的刚性定理还不够方便，为了设计一般的证明协议，还需要验证Alice和Bob共享了n个纠缠状态，并设计非局域博弈，使其刚性定理保证任意的n比特Pauli测量都会正确执行。多量子比特稳定子测试（Multi-Qubit Stabilizer Test）[72]、Pauli编织测试（Pauli Braiding Test）[73]、Pauli基测试（Pauli Basis Test）[74] 等是已知的这样的例子。限于篇幅，这里不具体展开介绍这些测试的设计与分析。其中，Pauli基测试[74] 综合了多线性检测及其推广（低度检测）和刚性定理，为最终解决MIP^*的刻画提供了强有力的支持。

有了这些工具，就可以介绍如何证明非局域博弈是QMA难的[72,75]。为此，从特定的QMA完备的LH问题出发，并为其构造非局域博弈。这里的特殊性主要体现在哈密顿量项比较简单，只含有Pauli-X,Z及其张量积构成，方便使用刚性定理（只有Pauli-X,Z的刚性定理更加简洁易用）。比如知道如下形式的哈密顿量是QMA完备的

$$\boldsymbol{H}=\sum_{j<k}(\alpha_{j,k}X_jX_k+\beta_{j,k}Z_jZ_k)+\sum_j(\gamma_jX_j+\delta_jZ_j)$$

这样的哈密顿量可以写成$\boldsymbol{H}=\sum_{j=1}^{m}\lambda_j\boldsymbol{H}_j$，其中$\lambda_j\in\mathbf{R}$，$\boldsymbol{H}_j$是Pauli-$X,Z$的积。通过归一化，可以假设$|\lambda_j|\leqslant 1$. 如果我们随机采样$j\in\{1,2,\cdots,m\}$，做$\boldsymbol{H}_j$测量，若$\lambda_j>0$且测量结果为+1，或者$\lambda_j<0$，且测量结果为-1，则以概率$|\lambda_j|$拒绝。这样，拒绝的概率为

$$\frac{1}{m}\sum_{j=1}^{m}|\lambda_j|\left\langle\frac{\boldsymbol{I}+\mathrm{sign}(\lambda_j)\boldsymbol{H}_j}{2},\rho\right\rangle=\frac{1}{2m}(\lambda+\langle\boldsymbol{H},\rho\rangle)$$

其中，$\lambda=\sum_j|\lambda_j|$。这样的随机能量检测方法可以将哈密顿量在状态$\rho$的能量关联到接受概率中。

有了这样的随机能量检测方法，可以结合多个量子比特测量的刚性定理，让证明人完成Pauli测量并把结果返回，从而证明了估计非局域博弈纠缠值不仅是NP难的，而且是QMA难的。不仅如此，有了上面这些工具的支持，就离完整刻画量子多证明人的能力MIP^*已不遥远。接下来需要的是把包括多线性检测、刚性定理等方法在内的关键技术有机地组织在一起。

通过将局域哈密顿量的问题嵌入非局域博弈，完成了非局域博弈是QMA难的证明。一个自然想到的问题是有没有可能突破QMA并建立更加强的下界。对这个问题的考察

最终发展出了证明压缩的框架，证明了 $MIP^* = RE$。我们知道 $QMA \subseteq PP \subseteq PSPACE = QMAM$，而 QMAM 与 QMA 相比只是多了几个交互消息，并没有复杂太多。能否从 QMAM 协议出发构造非局域博弈呢？如果能，那么就可得到非局域游戏是 PSPACE 难的。有了这样的想法，不难看出问题的关键是是否可以将 QMA 完备性证明中电路到哈密顿量的构造推广到交互协议中。答案当然是肯定的，此前在证明 $QIP = QIP(3)$ 的时候已经用过这样的方法。由于多个证明人的协议处理几乎没有什么新的困难，因此没有必要局限在从单个证明人的协议出发，可以用这样的方法将一个 MIP^* 协议转换为一个随机检测能量的非局域博弈，得到的还是一个 MIP^* 的协议，不过它的消息长度只与随机采样原协议的每个计算时刻有关，从而只是 polylog 大小的。因此，上面的转换方法可以看成 MIP^* 证明系统的一个压缩过程。可以将一个 MIP^* 压缩，得到一个规模更小的 MIP^* 协议描述原协议是否接受。这种复杂性与大小无关的情形是很奇怪的，预示着 MIP^* 的超强能力。

然而，上面的压缩方法有一个局限性，那就是随着压缩的进行，完备性和可靠性间隙也随之变小。一个自然想到的问题是是否可以在压缩的同时保持完备性和可靠性间隙不变小。这在文献［74］中首次实现。Natarajan 与 Wright 提出了用内省法（Introspection）进行压缩的技术，实现了保间隙的量子多证明人交互系统压缩方法，证明了 $NEEXP \subseteq MIP^*$。由于这个压缩方法只能对某些特殊的协议进行压缩，而其压缩后的协议更为复杂，不能再次压缩，所以我们不能递归地调用这个压缩过程。文献［76］中提出了可递归保间隙的压缩方法，并由此给停机问题（Halting Problem）构造了 MIP^* 协议，从而证明了 $RE \subseteq MIP^*$。由于有 $MIP^* \subseteq RE$ 是直接的，得到 $MIP^* = RE$。

这个复杂性理论的结果与物理和数学有着深刻的联系。理论物理中的 Tsirelson 问题和算子代数中的 Connes 嵌入问题是等价的命题[77,78]，如果它们成立，则有复杂性上的推论 $MIP^* \subseteq R = RE \cap coRE$。然而，可计算理论中的一个基本结果是 $R \neq RE$。因此，$MIP^* = RE$ 的刻画用间接的方法否定了 Tsirelson 问题和 Connes 嵌入问题。

7.5 其他问题

本讲回顾了量子计算复杂性领域中的几个重要进展，由于篇幅限制，还有很多有意思的工作这里不能一一展开。本节将简单介绍一下另外几个没有讨论到的量子复杂性领域中的研究方向。

密码学与复杂性理论密切相关，量子密码学与量子复杂性理论亦是如此。交互证明系统提出的一个重要的出发点是研究知识复杂性和零知识证明。自然地，零知识证明也是量子交互证明中的一个重要的研究课题。有意思的是，零知识证明在有量子攻击时，分析会困难很多。经典零知识证明中有一个重要的证明技术是所谓的倒带（rewinding）技术，用来将恶意验证人 V^* 的计算状态倒转回此前某一时刻，用在零知识模拟器的构造中。这在经典概率计算模型下总可以做到，但是如果 V^* 现在是一个量子计算过程，计算过程中如果进行了量子测量，这个测量会使得量子状态发生塌缩，导致没有办法重置到测量前的时刻，甚至无法从头运行 V^* 而得到某一时刻 t_0 的状态，这是因为 V^* 在 t_0 之前的测量结果是随机的，因此两次运行可能给出完全不相关的两个 t_0 时刻状态。这一困难由 Watrous 在文献［79］中部分解决，给出了一种量子倒带技术，证明了经典的 GMW 关于 NP 的零知识证明等一系列协议的量子安全性。量子安全的关于 QMA 的量子零知识证明也可以用不同的方法构造出来[80]，这里，零知识性保证的是恶意验证人 V^* 无法获得关于量子见证 $|w\rangle$ 的额外信息。

量子交互证明与密码学相结合的另一个有意思的进展是用后量子安全的密码学构造进行单证明人量子计算验证的工作。与多证明人计算验证协议中利用非局域博弈的刚性控制证明行为的思路不同，Mahadev 提出了用后门无爪函数（Trapdoor Claw-Free Functions）及其扩展的密码学假设入手，构造了量子态的经典承诺，量子全同态加密，可验证量子计算委托等新协议，开辟了基于后量子密码的量子交互协议研究领域[81]。

前面的讨论中介绍了量子计算复杂性类与经典复杂性类的几个重要包含关系

$$P \subseteq \mathrm{BPP} \subseteq \mathrm{BQP} \subseteq \mathrm{QMA} \subseteq \mathrm{PP} \subseteq \mathrm{PSPACE}.$$

从 BQP⊆PP 的证明认识到量子计算与计数复杂性理论的密切联系，可以将量子计算看作一个近似解决 GapP 计数问题的一种模型，这里的 GapP 也某种程度上体现了量子计算中叠加态正负相消的本质特征。基于一些近似计数问题复杂性假设，量子计算优越性（Quantum Supremacy）的相关工作证明了经典电路模拟量子电路采样问题的不可能性[13,16]。此外，由于经典复杂性理论的局限，目前还不能证明 P 与 PSPACE 不等，因此，直接去证明上面公式中的任何包含关系为真包含，会异常困难。因此，只能通过考虑黑盒模型，建立一些黑盒区分结果，其中最值得一提的可能是最近关于于$BQP^O \subsetneq PH^O$的工作[82]。由复杂性理论中的 Toda 定理[83] 可知计数复杂性类 $P^{\#P}$ 一个比较大的类，它包括了整个多项式谱系 PH，因此这些结果比较好地勾画了 BQP 大致的大小。

量子复杂性理论中关于量子空间复杂性和量子深度复杂性的研究也有不少结果[84,85]。最近研究较多的方向是关于常数深度量子电路采样的一系列结果[86-88]。对于常数深度的电路，单个输出只与有限个输入位有关系，判定问题没有太大研究意义，但是由于全局量子纠缠的存在，如果考虑采样问题，将多个输出位测量得到输出结果，则结果中会表现出经典常数深度电路没有的统计性质。

最后，简单提一下量子参数复杂性方面的一些新发展。经典参数复杂性中，参数复杂性是通过引入除问题输入大小之外的另一个参数 k 来共同表达问题所需计算时间的理论。对输入长度为 n、参数为 k 的问题，参数复杂性理论中有效可解的问题具有时间复杂性 $f(k)\text{poly}(n)$，这些问题构成的类记为 FPT。量子计算的张量网络模拟方法、非 Clifford 门个数为 k 的量子电路模拟方法都可以看成 FPT 的例子。文献［89］中，提出了研究量子参数复杂性的问题，定义了 FPQT 以及 QW[P] 等重要参数复杂性类的量子推广[90]，希望用参数复杂性的角度更加精细地分类量子计算中遇到的问题。

7.6 本讲小结

量子复杂性理论是研究量子计算能力的一个重要研究手段，在过去的二三十年取得了很多突破性进展。本讲从量子计算模型的讨论出发，研究了量子图灵机模型和量子电路模型，讨论了它们的等价性。接着，定义并研究了最为重要的量子复杂性类 BQP，讨论了 BQP 子程序定理和 $BQP \subseteq PP$ 的上界证明。随后，定义了 NP 的量子对应量子梅林亚瑟 QMA，介绍了量子 Cook-Levin 定理、电路以及哈密顿量构造，证明了 QMA 单拷贝间隙放大，以及由此得到的 $QMA \subseteq PP$ 的证明。然后，介绍了量子交互证明方面的结果，包括 QIP 的定义和半正定规划描述 QIP = QIP（3），以及多证明人量子交互证明与贝尔不等式的联系、多线性检测的量子可靠性、非局域博弈的刚性定理等，并介绍了 $MIP^* = RE$ 的证明思路及其相关背景。最后，简短地介绍了本讲中没有深入讨论的量子复杂性理论的几个问题和新的研究方向。希望本讲介绍的内容能够让更多的读者了解量子复杂性理论，并吸引更多的研究人员在这个领域中取得新的突破。

参考文献

[1] TURING A M. On Computable Numbers, with an Application to the Entscheidungsproblem [J]. Proceedings of the London Mathematical Society, 1937, 42(1): 230-265.

[2] Yao A C-C. Quantum circuit complexity [C]//Proceedings of 1993 IEEE 34th annual Foundations of Computer Science, 1993: 352-361.

[3] MOLINA A, WATROUS J. Revisiting the simulation of quantum Turing machines by quantum circuits [J]. Proceedings of the Royal Society A-Mathematical, Physical and Engineering Sciences, 2019, 475.

[4] DEUTSCH D. Quantum theory, the Church-Turing principle and the universal quantum computer [J]. Proceedings of the Royal Society A-Mathematical and Physical Sciences, 1985, 400 (1818): 97-117.

[5] BERNSTEIN E, VAZIRANI U. Quantum complexity theory [C]//STOC'93: Proceedings of the 25th ACM symposium on Theory of Computing, 1993: 11-20.

[6] NIELSEN M, CHUANG I. Quantum computation and quantum information [M]. Cambridge: Cambridge University Press, 2000.

[7] BARENCO A, et al. Elementary gates for quantum computation [J]. Physical Review A, 1995, 52 (5): 3457-3467.

[8] SHI Y. Both Toffoli and Controlled-NOT need little help to do universal quantum computation [J]. arXiv, arXiv: quant-ph/0205115, 2002.

[9] BERNSTEIN E, VAZIRANIU. Quantum complexity theory [J]. SIAM Journal on Computing, 1997, 26(5): 1411-1473.

[10] BENNETT C H. Logical Reversibility of computation [J]. IBM Journal of Research and Development, 1973, 17(6): 525-532.

[11] ADLEMAN L M, DEMARRAIS J, HUANG M D-A. Quantum computability [J]. SIAM Journal on Computing, 1997, 26(5): 1524-1540.

[12] MONTANARO A. Quantum circuits and low-degree polynomials over F2 [J]. Journal of Physics A-Mathematical and Theoretical, 2017, 50.

[13] AARONSON S, ARKHIPOV A. The computational complexity of linear optics [J]. Theory of Computing, 2013, 9(1): 143-252.

[14] ARUTE F, et al. Quantum supremacy using a programmable superconducting processor [J]. Nature, 2019, 574(7779): 505-510.

[15] SHEPHERD D, BREMNER M J. Temporally unstructured quantum computation [J]. Proceedings: Mathematical, Physical and Engineering Sciences, 2009, 465(2105): 1413-1439.

[16] BREMNER M J, MONTANARO A, Shepherd D J. Average-case complexity versus approximate simulation of commuting quantum computations [J]. Physical Review Letters, 2016, 117.

[17] KITAEV A Y. Lecture given in The Hebrew University of Jerusalem. Israel, 1999.

[18] KITAEV A Y, SHEN A, VYALYI M N. Classical and quantum computation [M]. Providence, R. I: American Mathematical Society, 2002.

[19] AHARONOV D, T NAVEH. Quantum NP - A Survey [J]. arXiv: quant-ph/0210077, 2002.

[20] AHARONOV D, GOTTESMAN D, IRANI S, et al. The power of quantum systems on a line [J]. Communications in Mathematical Physics, 2009, 287(1): 41-65.

[21] OLIVEIRA R, TERHAL B M. The complexity of quantum spin systems on a two-dimensional square lattice [J]. arXiv: quant-ph/0504050, 2008.

[22] CHILDS A M, GOSSET D, WEBB Z. The Bose-hubbard model is qma-complete [J]. Theory of Computing, 2015, 11(1): 491-603.

[23] LIU Y K. Consistency of local density matrices is qma-complete [J]. Approximation, Randomization, and Combinatorial Optimization: Algorithms and Techniques, 2006: 438-449.

[24] LIU Y K, CHRISTANDL M, VERSTRAETE F. Quantum Computational Complexity of the N-Representability Problem: QMA Complete [J]. Physical Review Letters, 2007, 98.

[25] JANZING D, WOCJAN P, BETH T. Non-identity-check is qma-complete [J]. International Journal of Quantum Information, 2005, 3(3): 463-473.

[26] JI Z, WU X. Non-identity check remains qma-complete for short circuits [J]. arXiv, arXiv: 0906. 5416, 2009.

[27] LLOYD S. Universal quantum simulators [J]. Science, 1996, 273(5278): 1073-1078.

[28] AHARONOV D, TA-SHMA A. Adiabatic quantum state generation and statistical zero knowledge [C]//STOC'03: Proceedings of the thirty-fifth annual ACM symposium on Theory of computing, New York: ACM, 2003: 20-29.

[29] BERRY D W, CHILDS A M, KOTHARI R. Hamiltonian simulation with nearly optimal dependence on all parameters [C]//FOCS'15: IEEE 56th annual symposium on Foundations of Computer Science. Piscataway: IEEE, 2015: 792-809.

[30] MARRIOTT C, WATROUS J. Quantum arthur-merlin games [J]. arXiv: cs/0506068, 2005.

[31] AARONSON S. On perfect completeness for QMA [J]. arXiv, arXiv: 0806. 0450, 2008.

[32] HARROW A W, MONTANARO A. Testing product states, quantum merlin-arthur games and tensor optimization [J]. Journal of the ACM, 2013: 60(1).

[33] BLIER H, TAPP A. All languages in np have very short quantum proofs [C]//ICQNM'09: Proceedings of the 3rd International Conference on Quantum, Nano and Micro Technologies.

2009: 34-37.

[34] BEIGI S. NP vs QMA_log(2) [J]. arXiv, arXiv: 0810. 5109, 2009.

[35] GALL F L, NAKAGAWA S, NISHIMURA H. On qma protocols with two short quantum proofs [J]. Quantum Information and Computation, 2012: 12(7): 589-600.

[36] AHARONOV D, ARAD I, VIDICK T. Guest column: the quantum PCP conjecture [J]. ACM SIGACT News, 2013, 44(2): 47-79.

[37] GOLDWASSER S, MICALI S, RACKOFF C. The knowledge complexity of interactive proof systems [J]. SIAM Journal on Computing, 1989, 18(1): 186-208.

[38] BABAI L. Trading group theory for randomness [C]//STOC'85: Proceedings of the 17th annual ACM symposium on Theory of Computing. New York: ACM, 1985: 421-429.

[39] BEN-OR M, GOLDWASSER S, KILIAN J, et al. Multi-prover interactive proofs: How to remove intractability assumptions [C]//STOC'88: Proceedings of the 20th annual ACM symposium on Theory of Computing, 1988: 113-131.

[40] LUND C, FORTNOW L, KARLOFF H, et al. Algebraic methods for interactive proof systems [J]. Journal of the ACM, 1992, 39(4): 859-868.

[41] BABAI L, FORTNOW L, LUND C. Nondeterministic exponential time has two-prover interactive protocols [C]//SFCS'90: Proceedings of the 31st annual symposium on Foundations of Computer Science. 1990: 16-25.

[42] RAZ R. A parallel repetition theorem [J]. SIAM Journal on Computing, 1998, 27(3): 763-803.

[43] ARORA S, SAFRA S. Probabilistic checking of proofs: A new characterization of NP [J]. Journal of the ACM, 1998, 45(1): 70-122.

[44] ARORA S, LUND C, MOTWANI R, et al. Proof verification and the hardness of approximation problems [J]. Journal of the ACM, 45(3): 501-555, 1998.

[45] MILTERSEN P B, VINODCHANDRAN N V. Derandomizing Arthur-Merlin games using hitting sets [J]. Computational Complexity, 2005, 14(3): 256-279.

[46] SHAMIR A. IP = PSPACE [J]. Journal of the ACM, 1992, 39(4): 869-877.

[47] LAUTEMANN C. BPP and the polynomial hierarchy [J]. Information Processing Letters, 1983, 17(4): 215-217.

[48] KITAEV A, WATROUS J. Parallelization, amplification, and exponential time simulation of quantum interactive proof systems [C]//STOC'00: Proceedings of the thirty-second annual ACM symposium on Theory of Computing, 2000: 608-617.

[49] JAIN R, JI Z, UPADHYAY S, et al. QIP = PSPACE [J]. Journal of the ACM, 2011, 58(6).

[50] ARORA S, KALE S. A combinatorial, primal-dual approach to semidefinite programs [J]. Journal of the ACM, 2016, 63(2).

[51] BORODIN A. On relating time and space to size and depth [J]. SIAM Journal on Computing,

1977, 6(4): 733-744.

[52] KEMPE J, KOBAYASH H, MATSUMOTO K, et al. Using entanglement in quantum multi-prover interactive proofs [J]. Computational Complexity, 2009, 18(2): 273-307.

[53] VIDICK T, WATROUS J. Quantum proofs [J]. Foundations and Trends ® in Theoretical Computer Science, 2016, 11(2): 1-215.

[54] KOBAYASHI H, MATSUMOTO K. Quantum multi-prover interactive proof systems with limited prior entanglement [C]//ISAAC'02: Proceedings of the 13th International symposium on Algorithms and Computation, 2002: 115-127.

[55] CLEVE R, HOYER P, TONER B, et al. Consequences and limits of nonlocal strategies [C]// CCC'04: Proceedings of the 19th IEEE annual Conference on Computational Complexity. Piscataway: IEEE, 2004: 236-249.

[56] BELL J S. On the einstein podolsky rosen paradox [J]. Physics Physique Fizika, 1964, 1(3): 195-200.

[57] REICHARDT B W, UNGER F, VAZIRANI U. A classical leash for a quantum system: command of quantum systems via rigidity of CHSH games [J]. arXiv, arXiv: 1209. 0448, 2012.

[58] CLAUSER J F, HORNE M A, SHIMONY A, et al. Proposed experiment to test local hidden-variable theories [J]. Physical Review Letters, 1969, 23(15): 880-884.

[59] EINSTEIN A, PODOLSKY B, ROSEN N. Can quantum-mechanical description of physical reality be considered complete? [J]. Physical Review, 1935, 47(10): 777-780.

[60] ASPECT A, DALIBARD J, ROGER G. Experimental test of bell's inequalities using time-varying analyzers [J]. Physical Review Letters, 1982, 49(25): 1804-1807.

[61] TSIRELSON B S. Quantum generalizations of Bell's inequality [J]. Letters in Mathematical Physics, 1980, 4(2): 93-100.

[62] WEHNER S. Entanglement in interactive proof systems with binary answers [C]//STACS'06: Symp on Theoretical Aspects of Computer Science. 2006: 162-171.

[63] HÅSTAD J. Some optimal inapproximability results [J]. Journal of the ACM, 2001, 48(4): 798-859.

[64] KEMPE J, REGEV O, TONER B. Unique games with entangled provers are easy [J]. SIAM Journal on Computing, 2010, 39(7): 3207-3229.

[65] KHOT S. On the power of unique 2-prover 1-round games [C]//Proceedings of the 34th annual ACM symposium on Theory of computing. New York: ACM, 2002: 767-775.

[66] KEMPE J, KOBAYASHI H, MATSUMOTO K, et al. Entangled games are hard to approximate [J]. SIAM Journal on Computing, 2011, 40(3): 848-877.

[67] VIDICK T. Three-Player Entangled XOR Games are NP-Hard to Approximate [J]. SIAM Journal on Computing, 2016, 45(3): 1007-1063.

[68] JI Z. Binary constraint system games and locally commutative reductions [J]. arXiv, arXiv: 1310.3794, 2013.

[69] ITO T, KOBAYASHI H, PREDA D, et al. Generalized tsirelson inequalities, commuting-operator provers, and multi-prover interactive proof systems [C]//CCC'08: Proceedings of the 23rd annual IEEE Conference on Computational Complexity. Piscataway: IEEE, 2008: 187-198.

[70] ITO T, VIDICK T. A Multi-prover Interactive Proof for NEXP Sound against Entangled Provers [C]//SFCS'12: Proceedings of the 53rd symposium on Foundations of Computer Science. Piscataway: IEEE, 2012: 243-252.

[71] JI Z, NATARAJAN A, VIDICK T, et al. Quantum soundness of testing tensor codes [C]//FOCS'21: Proceedings of the 62nd symposium on Foundations of Computer Science. Piscataway: IEEE, 2022: 586-597.

[72] JI Z. Classical verification of quantum proofs [C]//STOC'16: Proceedings of the 48th annual ACM symposium on Theory of Computing. New York: ACM, 2016: 885-898.

[73] NATARAJAN A, VIDICK T. Robust self-testing of many-qubit states [C]//STOC'17: Proceedings of the 49th annual ACM SIGACT symposium on Theory of Computing. New York: ACM, 2017: 1003-1015.

[74] NATARAJAN A, WRIGHT J. NEEXP is contained in MIP * [C]//FOCS'19: IEEE 60th annual symposium on Foundations of Computer Science. Piscataway: IEEE, 2019: 510-518.

[75] FITZSIMONS J, VIDICK T. A multiprover interactive proof system for the local hamiltonian problem [C]//ITCS'15: Proceedings of the 2015 Conference on Innovations in Theoretical Computer Science. New York: ACM, 2015: 103-112.

[76] JI Z, NATARAJAN A, VIDICK T, et al. MIP * = RE [J]. arXiv: 2001.04383 [quant-ph], 2020.

[77] FRITZ T. Tsirelson's problem and Kirchberg's conjecture [J]. Reviews in Mathematical Physics, 2012, 24.

[78] JUNGE M, NAVASCUES M, PALAZUELOS C, et al. Connes' embedding problem and Tsirelson's problem [J]. Journal of Mathematical Physics, 2011, 52.

[79] WATROUS J. Zero-Knowledge against Quantum Attacks [J]. SIAM Journal on Computing, 2009, 39(1): 25-58.

[80] BROADBENT A, JI Z, SONG F, et al. Zero-Knowledge Proof Systems for QMA [J]. SIAM Journal on Computing, 2020, 49(2): 245-283.

[81] MAHADEV U. Classical verification and blind delegation of quantum computations [D]. Berkeley: University of California, 2018[2022-10-03].

[82] RAZ R, TAL A. Oracle separation of BQP and PH [C]//STC'19: Proceedings of the 51st annual ACM SIGACT symposium on Theory of Computing, 2019: 13-23.

[83] TODA S. PP is as hard as the polynomial-time hierarchy [J]. SIAM Journal on Computing, 1991, 20(5): 865-877.

[84] WATROUS J. On the complexity of simulating space-bounded quantum computations [J]. Computational Complexity, 2003, 12(1): 48-84.

[85] TERHAL B M, DIVINCENZO D P. Adaptive quantum computation, constant depth quantum circuits and arthur-merlin games [J]. arXiv, arXiv: quant-ph/0205133, 2004.

[86] BRAVYI S, GOSSET D, KÖNIG R. Quantum advantage with shallow circuits [J]. Science, 2018, 362(6412): 308-311.

[87] BRAVYI S, GOSSET D, KÖNIG R, et al. Quantum advantage with noisy shallow circuits [J]. Nature Physics, 2020, 16(10): 1040-1045.

[88] GRIER D, SCHAEFFER L. Interactive shallow clifford circuits: quantum advantage against nc and beyond [J]. arXiv, arXiv: 1911. 02555, 2019.

[89] MARKOV I L, SHI Y. Simulating quantum computation by contracting tensor networks [J]. SIAM Journal on Computing, 2008, 38(3): 963-981.

[90] BREMNER M J, JI Z, MANN R L, et al. Quantum parameterized complexity [J]. arXiv, arXiv: 2203. 08002, 2022.

第 8 讲 量子查询复杂性模型

8.1 经典查询复杂性与量子查询复杂性

8.1.1 经典查询复杂性模型

查询复杂性（Query Complexity）模型或称为判定树复杂性（Decision Tree Complexity）模型，是理论计算机领域中一种重要的计算复杂性模型[1]。在该模型中，问题的输入由一个神谕（Oracle，或称为黑盒）给出，算法通过调用神谕来读取问题的输入信息。具体来说，对于一个函数$f:S\to T$，其中$S\subseteq\Sigma^n$为输入字母表Σ上长度为n的字符串的一个集合（通常$\Sigma=T=\{0,1\}$），目标是计算$f(x)$的函数值。每一步算法可以选择一个下标$i\in\{1,2,\cdots,n\}$，并对神谕进行一次查询，神谕将返回x_i的信息。算法根据神谕所返回的结果，决定下一个需要查询的下标$j\in\{1,2,\cdots,n\}$或者输出结果。

来看一个例子：考察布尔函数$f:\{0,1\}^3\to\{0,1\}$，$f(x_0,x_1,y)=x_y$ ㊀，即通过y来选择某一个x_0/x_1的取值进行输出。计算f的一个直接的算法是按顺序依次查询x_0、x_1和y，共需3次查询。但是很显然的一个更好的方式是先查询y的取值，如果$y=0$，则下一步查询x_0；如果$y=1$，则下一步查询x_1。这样只需要对于输入进行两次查询，优于按顺序的3次查询。上述过程可以用一棵树的形式来表示（如图8-1所示），树的每一个中间的节点都是一次查询，每一片叶子都表示一个函数值。因此这一模型也被称作判定树模型。需要强调的是，根据上一次查询结果的不同，算法在下一步可以采取不同的动作。

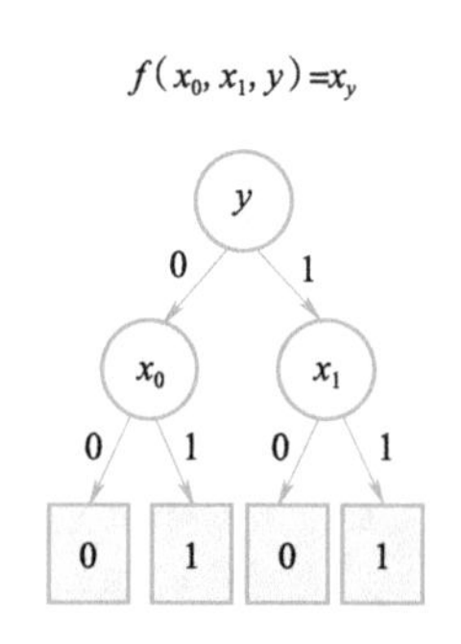

图8-1 $f(x_0,x_1,y)$ 查询算法的判定树表示

判定树模型的表达能力很强，除了像前面的例子中可以表示简单的布尔函数之外，还能够刻画很多不同输入类型的问题，例如文献［2-4］中提到的与图论相关的问题

㊀ 为了便于函数$f(\cdot)$的理解，变量被命名为x_0,x_1和y，事实上3个变量也可以像前面的定义里那样被称为x_1,x_2,x_3。

等。基于比较的排序问题也可以看作判定树模型的一个特例，图 8-2 给出了对 3 个数 x,y,z 进行排序的一棵判定树。一般来讲，对于 n 个数 a_1，$a_2,\cdots,a_n$ 进行（基于比较的）排序问题，其定义域可以看作 $\{0,1\}^{\binom{n}{2}}$，其中 $x_{(i,j)}$ 表示 a_i 和 a_j 之间的大小关系：$x_{(i,j)}=0$ 表示 $a_i<a_j$；$x_{(i,j)}=1$ 表示 $a_i>a_j$（这里假设没有相等的情况）。但是需要注意的是，并不是所有的 $x\in\{0,1\}^{\binom{n}{2}}$ 都是合法的输入，事实上如果 $a_1<a_2$ 且 $a_2<a_3$，那么一定有 $a_1<a_3$，也就是说 $x_{(1,2)}=x_{(2,3)}=1$ 及 $x_{(1,3)}=0$ 是不合法的输入。定义域 $S\subsetneq\Sigma^n$ 的函数被称为部分函数（Partial Function），而定义域 $S=\Sigma^n$ 的函数则被称为全函数（Total Function）。

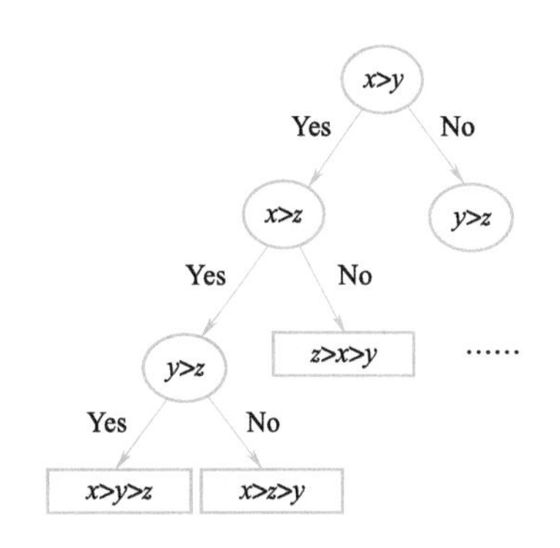

图 8-2 对 3 个数进行排序的判定树（由对称性，仅画出了 $x>y$ 的部分，$x<y$ 的部分类似）

查询复杂性模型的目标是尽可能少地使用对于神谕的查询计算出函数 $f(x)$ 在输入 x 点的函数值。对于函数 $f(x)$，给定了查询算法 A（或者判定树 T），该算法（判定树）的查询复杂性定义为，在最坏的情况下算法 A 需要的查询次数（判定树 T 的高度），记作 $C(f,A)(C(f,T))$。而整个函数 $f(\cdot)$ 的查询复杂性则定义为对所有能够求解 $f(x)$ 的查询算法 A（判定树 T），最好的算法（深度最优的判定树）的查询复杂性。

根据算法 A 所采用的计算模型的不同，查询复杂性可以进一步分为：

1）确定性查询复杂性，记作 $D(f)$。即要求所使用的查询算法是经典确定性算法，算法总是能正确输出结果所需要的最少查询次数。

2）随机查询复杂性，记作 $R_\varepsilon(f)$（这里要求错误的概率 $\varepsilon<0.5$）。即所使用的查询算法是随机算法，每一步可以根据所掷出硬币的结果选择下一步的查询操作，算法允许以不超过 ε 的概率输出错误结果，而以至少 $1-\varepsilon$ 的概率输出正确结果所需要的最少查询次数。随机查询复杂性不强依赖于 ε 的选取[㊀]，一般简记为 $R(f)(\triangleq R_{1/3}(f))$。

3）量子查询复杂性，记作 $Q_\varepsilon(f)$（这里同样要求错误的概率 $\varepsilon<0.5$）。即要求所使用的查询算法是量子查询算法（具体定义见 8.1.2 节），算法允许以不超过 ε 的概率输

㊀ 可以证明，任给常数 $0<\varepsilon_1<\varepsilon_2<1/2$，$R_{\varepsilon_1}(f)\leqslant O(\log 1/\varepsilon_1)R_{\varepsilon_2}(f)$。

出错误结果、而以至少 $1-\varepsilon$ 的概率输出正确结果，所需要的最少量子查询次数。与经典随机查询复杂性类似，定义 $Q(f)\triangleq Q_{1/3}(f)$。

8.1.2 量子查询复杂性模型

在本小节中将给出量子神谕和量子查询的精确数学定义。根据量子力学的基本假设，量子的操作必须是一个酉变换（一类特殊的可逆变换），因此与经典的神谕查询 i 能够直接返回输入 x_i 不同，量子神谕需要增加一个寄存单元来存放读取的结果。一些常用的量子神谕如下。

（1）比特翻转神谕

为了方便，考虑输入仅为0-1串的情况，即 $\Sigma=\{0,1\}$，比特翻转神谕算子 $\boldsymbol{O}_x$ 的作用效果为

$$\boldsymbol{O}_x^{\text{bit}}|i,b\rangle=|i,b\oplus x_i\rangle,\quad \forall i\in\{1,\cdots,n\},b\in\{0,1\}$$

这里 $\oplus$ 是逻辑异或操作，即 $0\oplus0=1\oplus1=0$，$1\oplus0=0\oplus1=1$。很显然，$\boldsymbol{O}_x^{\text{bit}}\boldsymbol{O}_x^{\text{bit}}|i,b\rangle=\boldsymbol{O}_x^{\text{bit}}|i,b\oplus x_i\rangle=|i,b\oplus x_i\oplus x_i\rangle=|i,b\rangle$，所以 $\boldsymbol{O}_x^{\text{bit}}$ 是一个可逆的变换。$\boldsymbol{O}_x$ 的具体实现和要计算的问题相关，一般情况下，其可基于高效计算映射 $f:i\rightarrow x_i$ 实现。

（2）相位翻转神谕

同上，$\Sigma=\{0,1\}$，算子 $\boldsymbol{O}_x^{\text{phase}}$ 的作用效果为

$$\boldsymbol{O}_x^{\text{phase}}|i,b\rangle=(-1)^{bx_i}|i,b\rangle,\quad \forall i\in\{1,\cdots,n\},b\in\{0,1\}$$

其可通过比特翻转神谕结合 Hadamard 门来实现，具体为

$$\boldsymbol{O}_x^{\text{phase}}=(\boldsymbol{I}\otimes\boldsymbol{H})\boldsymbol{O}_x^{\text{bit}}(\boldsymbol{I}\otimes\boldsymbol{H})$$

如果辅助比特位 $|b\rangle$ 被事先设置成 $|1\rangle$ 态，那么将有 $\boldsymbol{O}_x^{\text{phase}}|i,1\rangle=(-1)^{x_i}|i,1\rangle$，当 $x_i=1$ 时，神谕的作用是增加一个 π 的相位，这是相位翻转神谕名称的由来。由于辅助比特在神谕作用的前后没有发生改变，因此有时候可以将辅助比特省略，即 $\boldsymbol{O}_x^{\text{phase}}|i\rangle\rightarrow(-1)^{x_i}|i\rangle$，由于它的便利性，它在很多量子算法（例如 Grover 搜索算法）中被广泛采用。在上下文表述清楚的情况下，有时候也直接写作 $\boldsymbol{O}_x|i\rangle=(-1)^{x_i}|i\rangle$。

上述两种神谕都可以推广到字母表不是0-1的情况，例如考虑输入字母表 $\Sigma=\mathbf{Z}_d$，即输入的每一个字符为模 d 下的一个整数。任给 $b\in\mathbf{Z}_d$，定义翻转神谕 $\boldsymbol{O}_x$ 如下：

$$\boldsymbol{O}_x|i,b\rangle=|i,b+x(\text{mod }d)\rangle,\quad \forall i\in\{1,\cdots,n\},b\in\mathbf{Z}_d$$

而如果对第二个存储单元进行量子傅里叶变换，可得相位神谕 $\widetilde{\boldsymbol{O}}_x=(\boldsymbol{I}\otimes\boldsymbol{F}_{\mathbf{Z}_d})\boldsymbol{O}_x(\boldsymbol{I}\otimes\boldsymbol{F}_{\mathbf{Z}_d})$，其中 $\boldsymbol{F}_{\mathbf{Z}_d}$ 是 $\mathbf{Z}_d$ 上的量子傅里叶变换。如果令 $\boldsymbol{\omega}_d:=\mathrm{e}^{\frac{2\pi\sqrt{-1}}{d}}$，则其满足

$$\boldsymbol{O}_x\,|i,b\rangle=\boldsymbol{\omega}_d^{bx_i}\,|i,b\rangle,\quad \forall i\in\{1,\cdots,n\},\quad b\in\mathbf{Z}_d$$

一个基于查询的量子算法由与输入 x 无关的初始量子状态 $|\psi_{init}\rangle$ 开始，交替作用酉变换 $\boldsymbol{U}_1,\cdots,\boldsymbol{U}_t$ 和查询操作 $\boldsymbol{O}_x$，产生末态

$$|\psi_{end}\rangle:=\boldsymbol{U}_t\boldsymbol{O}_x\cdots\boldsymbol{U}_2\boldsymbol{O}_x\boldsymbol{U}_1\boldsymbol{O}_x\,|\psi_{init}\rangle$$

最后对末态 $|\psi_{end}\rangle$ 进行测量，并利用测量的结果计算出算法的输出结果（如图 8-3 所示）。

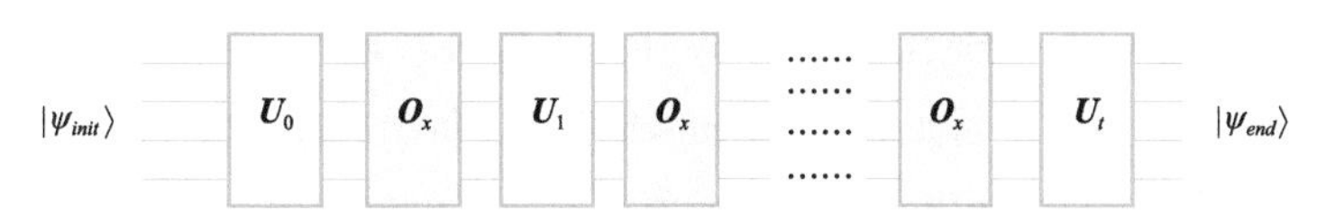

图 8-3　量子查询算法示意图

8.2 常见量子查询算法

8.2.1 Deutsch-Jozsa 问题

1. Deutsch 算法

(1) Deutsch 算法的实现

在介绍 Deutsch-Jozsa 问题之前，首先看一个更简单的问题，给定布尔函数 $f:\{0,1\}\to\{0,1\}$，其目标是计算 $f(0)$ 与 $f(1)$ 的异或和。对于该问题，任何经典算法都需要查询函数 f 两次，而 Deutsch[5] 提出了一种量子算法（如图 8-4 所示），只需要对 $f(x)$ 查询一次，这是第一个被提出来的量子算法。其步骤具体如下。

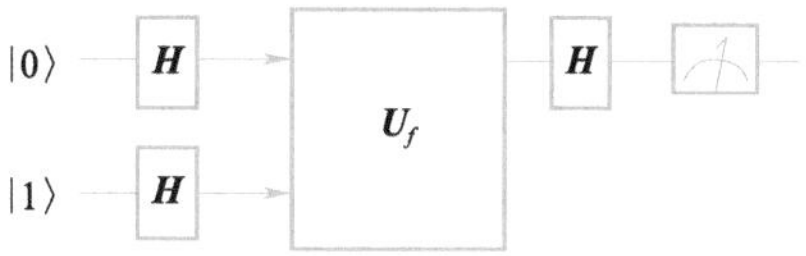

图 8-4　Deutsch 算法示意图

$$|0\rangle|1\rangle\xrightarrow{\boldsymbol{H}^{\otimes 2}}\frac{|0\rangle+|1\rangle}{\sqrt{2}}\otimes\frac{|0\rangle-|1\rangle}{\sqrt{2}}=\frac{1}{2}(|00\rangle+|10\rangle-|01\rangle-|11\rangle)$$

$$\xrightarrow{\boldsymbol{U}_f}\frac{1}{2}(|0\rangle|f(0)\rangle+|1\rangle|f(1)\rangle-|0\rangle|1\oplus f(0)\rangle-|1\rangle|1\oplus f(1)\rangle)$$

$$\xrightarrow{H}\frac{1}{2\sqrt{2}}|0\rangle(|f(0)\rangle+|f(1)\rangle-|\overline{f(0)}\rangle-|\overline{f(1)}\rangle)+$$

$$\frac{1}{2\sqrt{2}}|1\rangle(|f(0)\rangle-|f(1)\rangle-|\overline{f(0)}\rangle+|\overline{f(1)}\rangle)$$

如果$f(0)=f(1)$，则第二项$|f(0)\rangle-|f(1)\rangle-|\overline{f(0)}\rangle+|\overline{f(1)}\rangle=0$，因此测量第一个比特将得到$|0\rangle$；反之如果$f(0)\neq f(1)$，则$|f(0)\rangle+|f(1)\rangle-|\overline{f(0)}\rangle-|\overline{f(1)}\rangle=0$，测量第一个比特将得到$|1\rangle$。

（2）异或（Parity）函数

使用 Deutsch 算法可以求解异或函数，对于 n 元异或函数$\oplus_n:\{0,1\}^n\rightarrow\{0,1\},\oplus_n(x_1,x_2,\cdots,x_n)=x_1\oplus x_2\oplus\cdots\oplus x_n$，可以证明对于任意经典算法（即使是随机算法），其所需的查询次数都是 n 次。而如果使用 Deutsch 算法，每次通过一次神谕查询就可以对两个比特计算异或和，因此一共进行 $n/2$ 次神谕查询就可以得到 $x_1\oplus x_2,x_3\oplus x_4,\cdots,x_{n-1}\oplus x_n$（假设 n 是偶数），进而计算出 $x_1\oplus x_2\oplus\cdots\oplus x_n$。因此可以得到 $Q_E(\oplus_n)\leqslant n/2$（$n$ 是奇数时 $Q_E(\oplus_n)\leqslant\lceil n/2\rceil$）㊀。

定理 8.1　$Q_E(\oplus_n)\leqslant\lceil n/2\rceil$。

2. Deutsch-Jozsa 算法

在 Deutsch-Jozsa 问题[6]（为了描述的简便，以下将该问题简记为 DJ 问题）中，给定一个函数黑盒$f(x):\{0,1\}^n\rightarrow\{0,1\}$，并且保证$f(x)$ 满足：$f(x)\equiv c$（c 是 0 或者 1），或$f(x)$ 中的 0 和 1 各占一半，即$|\{x:f(x)=1\}|=|\{x:f(x)=0\}|$。问题要求通过调用$f(x)$ 来区分这两种情况。

DJ 问题的输入看似与前面介绍的判定树模型（是一个函数$f(x)$ 而不是一个 0-1 串 x）不同，但是事实上可以把$f(x)$ 看作一个长度为 $N=2^n$ 的 0-1 串 $F\in\{0,1\}^N$，其中 $F_{0\cdots00}=f(0\cdots00),F_{0\cdots01}=f(0\cdots01),\cdots,F_{1\cdots11}=f(1\cdots11)$。需要区分 $F=0\cdots0/1\cdots1$，或者 F 中的 0 和 1 各占一半，也就是说

$$\mathrm{DJ}(F)=\begin{cases}0, & |F|_1=0\text{ 或 }2^n\\1, & |F|_1=2^{n-1}\end{cases}$$

㊀ Q_E 代表精确量子查询算法的复杂性，其与 Q_0 类似，要求算法必须总是能够返回正确的结果，但 Q_E 要求更强，Q_0 度量期望查询次数，Q_E 必须是确定性查询。

很容易证明，对于任何一个确定性的算法，如果想要百分之百正确地求解 DJ 问题，则该算法需要查询 F 至少 $2^{n-1}+1$ 次，也就是说需要调用 $f(x)$ 至少 $2^{n-1}+1$ 次。而 Deutsch-Jozsa 所提出的量子算法只需要调用$f(x)$ 一次（查询神谕一次），其量子线路实现如图 8-5 所示。

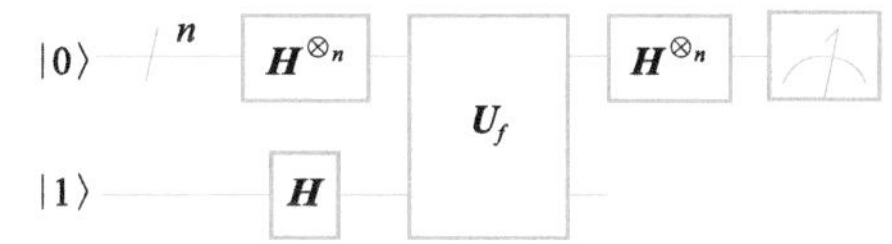

图 8-5 Deutsch-Jozsa 算法

该算法一共使用 $n+1$ 个量子比特，其中前 n 个比特是计算比特，最后一个比特是辅助比特，其作用是实现相位神谕，在有的文献中该比特会被省略。算法首先通过作用一系列 Hadamard 门将 $|0\rangle^{\otimes n}$ 制备成叠加态，即

$$\boldsymbol{H}^{\otimes n}|0\rangle^{\otimes n}=\frac{1}{\sqrt{2^n}}\sum_{i=0}^{2^n-1}|i\rangle:=|\varphi_1\rangle^{㊀}$$

然后算法对 $|\varphi_1\rangle$ 调用一次相位神谕，得到新的状态

$$|\varphi_2\rangle\triangleq\boldsymbol{O}_x|\varphi_1\rangle=\boldsymbol{O}_x\left(\frac{1}{\sqrt{2^n}}\sum_{i=0}^{2^n-1}|i\rangle\right)\rightarrow\frac{1}{\sqrt{2^n}}\sum_{i=0}^{2^n-1}(-1)^{F_i}|i\rangle$$

接着量子状态 $|\varphi_2\rangle$ 再经过一次 Hadamard 门变换，有

$$\boldsymbol{H}^{\otimes n}|\varphi_2\rangle=\boldsymbol{H}^{\otimes n}\left(\frac{1}{\sqrt{2^n}}\sum_{i=0}^{2^n-1}(-1)^{F_i}|i\rangle\right)=\frac{1}{2^n}\sum_{i=0}^{2^n-1}(-1)^{F_i}\sum_{j=0}^{2^n-1}|j\rangle(-1)^{<i,j>}$$

这里$<i,j>$表示将 i 和 j 看作 2 进制数并按比特做内积，即$<i,j>=i_1j_1+i_2j_2+\cdots+i_nj_n$。对上式进行整理可得

$$\boldsymbol{H}^{\otimes n}|\varphi_2\rangle=\frac{1}{2^n}\sum_{i,j=0}^{2^n-1}|j\rangle(-1)^{F_i+<i,j>}=\frac{1}{2^n}\sum_{j=0}^{2^n-1}|j\rangle\sum_{i=0}^{2^n-1}(-1)^{F_i+<i,j>}$$

最后算法对得到的量子态在标准基下进行测量，如果考察测到 0…0 的概率，会

㊀ 原本的求和应该是 $\sum_{i_1,i_2,\cdots,i_n=0}^{1}|i_1\rangle|i_2\rangle\cdots|i_n\rangle$，将 $\boldsymbol{H}^{\otimes n}$ 中的计算基记作 $|0\rangle,|1\rangle,|2\rangle,\cdots,|2^n-1\rangle$，即 $|0\rangle=|0\rangle\cdots|0\rangle$，$|1\rangle=|0\rangle\cdots|0\rangle|1\rangle$，…，$|2^n-1\rangle=|1\rangle\cdots|1\rangle$，因此 $\sum_{i_1,i_2,\cdots,i_n=0}^{1}|i_1\rangle|i_2\rangle\cdots|i_n\rangle=\sum_{i=0}^{2^n-1}|i\rangle$。

发现：

$$\Pr(\text{output}=0\cdots0)=\frac{1}{2^{2n}}\left|\sum_{i=0}^{2^n-1}(-1)^{F_i+\langle i,0\cdots0\rangle}\right|^2=\frac{1}{2^{2n}}\left|\sum_{i=0}^{2^n-1}(-1)^{F_i}\right|^2$$

若 $|F|_1=0$ 或者 $|F|_1=2^n$，此概率为 1，也就是说测量一定会得到 $0\cdots0$；而若 $|F|_1=2^{n-1}$，则 $\sum_{i=0}^{2^n-1}(-1)^{F_i}=0$，此概率为 0，也就是说测量的结果一定不是 $0\cdots0$。所以通过测量结果是否是 $0\cdots0$，就可以以概率 1 区分 $f(x)$ 是常函数还是平衡函数。注意到算法中对 $f(x)$ 的查询仅有一次（使用相位神谕一次），因此 $Q_E(DJ)=1$，相对于经典确定性算法有指数量级的提升。

定理 8.2　$Q_E(DJ)=1$。

8.2.2　Grover 搜索

第 3 讲中已经详细的介绍过 Grover 搜索算法[7]，这里仅将其中使用到的神谕的部分及其查询复杂性做一重申。

在 Grover 搜索问题中给定一个布尔函数 $f:\{1,\cdots,n\}\to\{0,1\}$ 以及相位神谕 $\boldsymbol{O}_f|j\rangle=(-1)^{f(j)}|j\rangle(\forall j=1,\cdots,n)$，目标为找到一个索引 t 满足 $f(t)=1$。这里假设有且仅有一个 t 使得 $f(t)=1$，则神谕算子 $\boldsymbol{O}_f$ 可以写作 $\boldsymbol{O}_f=I-2|t\rangle\langle t|$。首先制备初态

$$|\varphi\rangle=\frac{1}{\sqrt{n}}\sum_{j=1}^{n}|j\rangle$$

然后在 $|\varphi\rangle$ 上交替作用神谕算子 $\boldsymbol{O}_f$ 和 Grover 扩散算子（Grover Diffusion）$D=I-2|\varphi\rangle\langle\varphi|$。若记 $\theta=\arcsin\frac{1}{\sqrt{n}}$，$|y\rangle=\frac{1}{\sqrt{n-1}}\sum_{1\leqslant j\leqslant n,j\neq t}|j\rangle$，可以证明作用 s 轮 $\boldsymbol{O}_f$ 和 $\boldsymbol{D}$ 操作之后，所得到的状态为

$$(\boldsymbol{D}\boldsymbol{O}_f)^s|\varphi\rangle=\sin(2s+1)\theta|x\rangle+\cos(2s+1)\theta|y\rangle$$

由于 $\theta=\arcsin\frac{1}{\sqrt{n}}\sim\frac{1}{\sqrt{n}}$ 可知当 $s\sim\frac{\pi}{4}\sqrt{n}$ 时，若对所得到的状态进行测量，将以 $1-\Theta\left(\frac{1}{n}\right)$ 的概率测得 t，因此 Grover 搜索的复杂性是 $O(\sqrt{n})$。

Grover 算法可以用来计算 n 元-AND/OR 函数，以 OR 函数为例：$\text{OR}_n:\{0,1\}^n\to$

$\{0,1\}$，$\mathrm{OR}_n(x)=x_1\vee x_2\vee\cdots\vee x_n$。其输入是相位神谕 $\boldsymbol{O}_x|j\rangle=(-1)^{x_j}|j\rangle$，首先调用 Grover 算法查找索引 i 使得 $x_i=1$，如果所找的 i 的确满足 $x_i=1$，则 $\mathrm{OR}_n(x)=1$，否则输出$\mathrm{OR}_n(x)=0$。由此可知 $Q(\mathrm{OR}_n)=O(\sqrt{n})$，同理 $Q(\mathrm{AND}_n)=O(\sqrt{n})$，在 8.3.3 小节中将证明这一上界是紧的，即 $Q(\mathrm{OR}_n)=\Theta(\sqrt{n})$，即定理 8.3。

定理 8.3 $Q_E(\mathrm{OR}_n)=O(\sqrt{n})$。

8.2.3 权重判定问题

给定输入 $x=x_1x_2\cdots x_n\in\{0,1\}^n$ 以及参数 k 和 $l\in\{0,1,\cdots,n\}$，目标是区分 x 中 1 的个数是 k 个还是 l 个，即

$$W_n^{k,l}(x)=\begin{cases}0, & |x|=k\\ 1, & |x|=l\end{cases}$$

需要保证输入 x 为两者之一，或者说如果 $|x|\notin\{k,l\}$，算法输出 0 或 1 都算正确。

权重判定问题可以看作对 Deutsch-Josza 问题和 Grover 问题的一个统一推广：在 Deutsch-Josza 问题中，所需要区分的是 $x\in\{0,1\}^N(N=2^n)$ 的权重是 $0/N$ 还是 $N/2$；而在 Grover 搜索问题中，本质上需要区分的是 $x\in\{0,1\}^n$ 的权重是 0 还是 1。

权重判定及相关问题的精确量子算法最早由 Montanaro、Jozsa 和 Mitchison[8] 提出并研究，他们证明了对 Deutsch-Josza 问题的一种推广——对于 x 的权重 $|x|=\dfrac{n}{2}$还是 $|x|\in\{0,1,n-1,n\}$，只需要两次量子查询即可精确区分。Ambainis、Iraids 和 Smotrovs[9] 讨论了 EXACT_k 问题，即如何区分 x 的权重 $|x|=k$ 或者 $|x|\neq k$，他们证明了 $Q_E(\mathrm{EXACT}_k)=\max\{k,n-k\}$。之后 Ambainis 等人[10] 进一步考虑了 $\mathrm{EXACT}_{k,l}$ 问题，即如何区分 x 的权重 $|x|\in\{k,l\}$ 或者 $|x|\notin\{k,l\}$。Qiu 和 Zheng[11] 证明了 $Q_E(W_n^{0,n/4})=2$，$Q_E(W_n^{n/4,3n/4})=2$，还研究了量子精确查询复杂性为 1 或 2 的函数。He 等人[12] 对权重判定问题给出了统一的上下界，如定理 8.4 所示。

定理 8.4 任给正整数 d，以及 k,l 和 n 满足 $0\leqslant k<l\leqslant n$，令 $\alpha=\dfrac{k}{n}$，$\beta=\dfrac{l}{n}$，如果 $(\alpha,\beta)\in\mathrm{UL}(S_d)$，那么权重判定问题 $W_n^{k,l}$ 的精确量子查询复杂性

$$Q_E(W_n^{k,l}) \leqslant d$$

其中，$\mathrm{UL}(S_d)$ 定义为 $\mathrm{UL}(S_d) \triangleq \bigcup_{(x,y)\in S_d} \mathrm{UL}(x,y)$，这里

$$\mathrm{UL}(x,y) \triangleq \{(\alpha,\beta)\in[0,1]^2 \mid \alpha y \geqslant \beta x, (1-\alpha)(1-y) \geqslant (1-\beta)(1-x), \alpha<\beta\};$$

S_d 定义为 $S_d \triangleq P_d^{\text{even}} \cup P_d^{\text{odd}}$，这里

$$P_d^{\text{even}} \triangleq \left\{\left(\frac{1}{2}\left(1-\cos\left(\frac{j\pi}{2d}\right)\right), \frac{1}{2}\left(1-\cos\left(\frac{(j+1)\pi}{2d}\right)\right)\right) : j\in\{0,1,\cdots,2d-1\}\right\}$$

$$P_d^{\text{odd}} \triangleq \left\{\left(\frac{1}{2}\left(1-\cos\left(\frac{j\pi}{2d-1}\right)\right), \frac{1}{2}\left(1-\cos\left(\frac{(j+1)\pi}{2d-1}\right)\right)\right) : j\in\{1,\cdots,2d-3\}\right\}$$

$\mathrm{UL}(x,y)$ 的几何含义是在单位正方形 $[0,1]\times[0,1]$ 中，连接 $(0,0)$ 与 (x,y) 的直线、连接 (x,y) 与 $(1,1)$ 的直线所围成的左上方区域（如图 8-6 所示）。

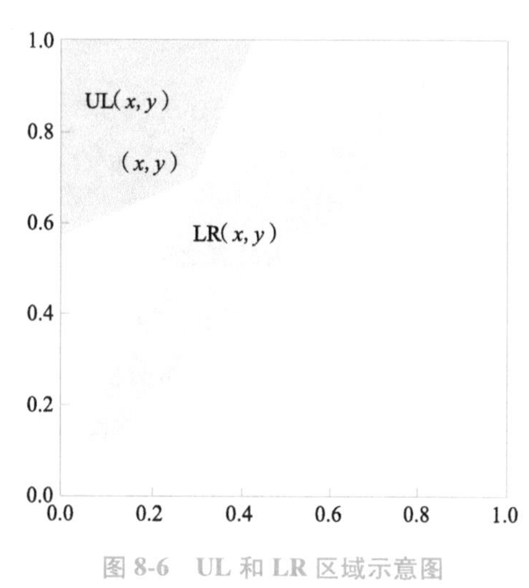

图 8-6　UL 和 LR 区域示意图

为了便于理解，看一下 $d=1$ 的情形。$S_1=\left\{\left(0,\frac{1}{2}\right),\left(\frac{1}{2},1\right)\right\}$，因此 $\mathrm{UL}(S_1)$ 由两条线段 $\left(0,\frac{1}{2}\right)-(0,1)$ 和 $(0,1)-\left(\frac{1}{2},1\right)$ 组成。定理 8.4 的结论表明当 $k=0, l\geqslant\frac{n}{2}$ 时 $\left(\text{或者 } k\leqslant\frac{n}{2}, l=n \text{ 时}\right)$，对于权重判定问题 $W_n^{0,l}$（或 $W_n^{k,n}$），仅需要一次量子查询就可以**精确**解决。

再看一下 $d=2$ 的情形。

$$S_2=\left\{\left(0,\frac{2-\sqrt{2}}{4}\right),\left(\frac{2-\sqrt{2}}{4},\frac{1}{2}\right),\left(\frac{1}{2},\frac{2+\sqrt{2}}{4}\right),\left(\frac{2+\sqrt{2}}{4},1\right)\right\}\cup\left\{\left(\frac{1}{4},\frac{3}{4}\right)\right\}$$

以 $\left(0,\frac{2-\sqrt{2}}{4}\right)$ 为例，定理 8.4 表明，当 $k=0, l\geqslant\frac{2-\sqrt{2}}{4}n$ 时，权重判定问题 $W_n^{0,l}$ 仅需要两次量子查询就可以**精确**解决。注意到 S_2 中除了 P_2^{even} 中的 4 个点之外，还包括 P_2^{odd} 中的一个点 $\left(\frac{1}{4},\frac{3}{4}\right)$，其含义是当 $0\leqslant k\leqslant l\leqslant n$ 满足 $l\geqslant 3k$ 且 $l\geqslant\frac{1}{3}k+\frac{2}{3}$ 时，$Q_E(W_n^{k,l})=2$。

可以证明，对于权重判定问题的精确量子算法，上述量子查询复杂性上界几乎是紧的，具体来说，下界结论，如定理8.5所示。

定理8.5 任给正整数 d，以及 k,l 和 n 满足 $0\leqslant k<l\leqslant n$，令 $\alpha=\frac{k}{n},\beta=\frac{l}{n}$。如果 $(\alpha,\beta)\in \mathrm{LR}(S_d)$，那么权重判定问题 $W_n^{k,l}$ 的精确量子查询复杂性

$$Q_E(W_n^{k,l})\geqslant d+1$$

其中，$\mathrm{LR}(S_d)$ 定义为 $\mathrm{LR}(S_d)\triangleq\bigcup_{(x,y)\in S_d}\mathrm{LR}(x,y)$，这里

$$\mathrm{LR}(x,y)\triangleq\{(\alpha,\beta)\in[0,1]^2\mid\beta x\geqslant\alpha y,(1-\beta)(1-x)\geqslant(1-\alpha)(1-y),(\alpha,\beta)\neq(x,y)\};$$

S_d 的定义与定理8.4相同。

与 $\mathrm{UL}(x,y)$ 相对应，$\mathrm{LR}(x,y)$ 的几何含义是在单位正方形 $[0,1]\times[0,1]$ 中，连接 $(0,0)$ 与 (x,y) 的直线、连接 (x,y) 与 $(1,1)$ 的直线所围成的右下方区域，其中不包括边界点 (x,y)（如图8-6所示）。

图8-7展示了对于不同的输入 $0\leqslant k<l\leqslant n$，由定理8.4和定理8.5所给出的上下界，可以证明对于大部分输入 (k,l)，$Q_E(W_n^{k,l})$ 的上下界是一致的，对于其他的 (k,l)（不到5%），其精确量子查询复杂性上下界至多相差1。

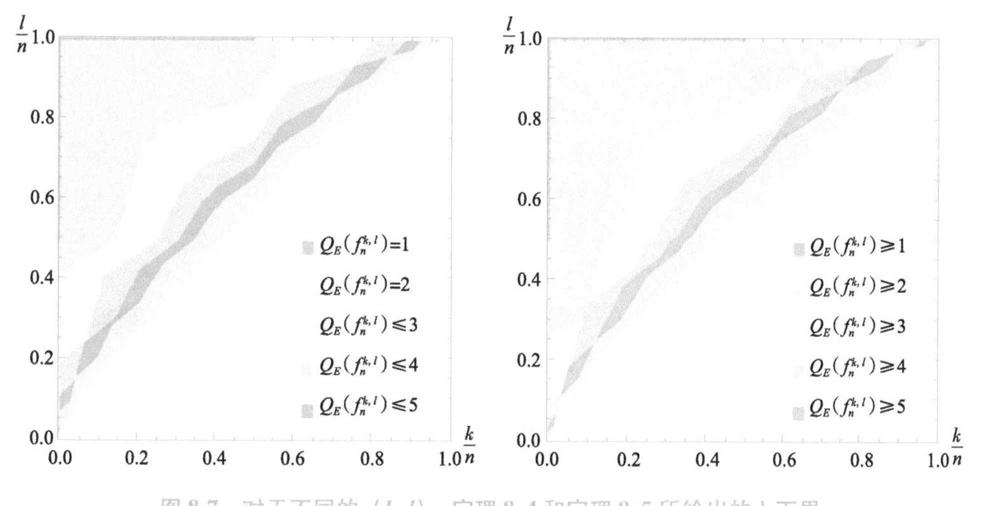

图8-7 对于不同的 (k,l)，定理8.4和定理8.5所给出的上下界

8.2.4 碰撞问题

1. 问题定义

在碰撞问题中，给定一个黑盒函数$f:\{1,\cdots,n\}\to T$，保证其为1-1映射或者2-1映射，即$\forall t\in T$，$|\{x\in[n]\,|f(x)=t\}|\in\{0,1\}$（1-1映射），或者$\forall t\in T$，$|\{x\in[n]\,|f(x)=t|\in\{0,2\}$（2-1映射），问题的目标是判定该函数为何种情形。这里假设n为偶数，并假设$T=\{1,\cdots,n\}$（事实上对于$|T|\geqslant n$该算法都适用）。

在查询复杂性的框架下考虑碰撞问题，用字母表Σ上的字符串$x\in\Sigma^n$来表示输入的黑盒函数f，假设x满足$x\in S_0\cup S_1$，其中

$$S_0=\{x\in\Sigma^n:\forall i\neq j,x_i\neq x_j\}$$

$$S_1=\{x\in\Sigma^n:\forall i,\exists!\,j,x_i=x_j\}$$

S_0对应着f是1-1映射，S_1对应着f是2-1映射。目标是区分出输入$x\in S_0$还是$x\in S_1$。

2. 经典算法

如果函数f是一个2-1映射，寻找碰撞的一种直接的方法是随机选取下标进行查询（不允许重复），直至观察到碰撞的产生。对于独立随机的两个下标$i\neq j\in\{1,\cdots,n\}$，x_i,x_j构成碰撞的概率为

$$\Pr(x_i=x_j)=\frac{\frac{n}{2}}{\binom{n}{2}}=\frac{1}{n-1}$$

如果查询m个不同下标，一共可以观察到$\binom{m}{2}$对（x_i,x_j），因此期望的碰撞次数为

$$E(\text{collision})=\frac{\binom{m}{2}}{n-1}$$

当m达到$m_0=\lceil\sqrt{2(n-1)}\rceil+1$时，上述期望$E(\text{collision})\geqslant 1$，平均可以观测到一对碰撞。而如果$m\geqslant 3m_0$仍未看到碰撞的概率

$$\begin{aligned}\Pr(\text{collision}=0)&=\frac{\binom{\frac{n}{2}}{m}2^m}{\binom{n}{m}}=\frac{n-2}{n-1}\cdot\frac{n-4}{n-2}\cdots\frac{n-2m+2}{n-m+1}\\&=\left(1-\frac{1}{n-1}\right)\left(1-\frac{2}{n-2}\right)\cdots\left(1-\frac{m-1}{n-m+1}\right)\\&\leqslant\left(1-\frac{1}{n-1}\right)\left(1-\frac{2}{n-1}\right)\cdots\left(1-\frac{m-1}{n-1}\right)\\&\leqslant e^{-\frac{1}{n-1}}e^{-\frac{2}{n-1}}\cdots e^{-\frac{m-1}{n-1}}=e^{-\frac{m(m-1)}{2(n-1)}}\leqslant e^{-\frac{9\lceil\sqrt{2(n-1)}\rceil^2}{2(n-1)}}\leqslant\frac{1}{e^9}<\frac{1}{1000}\end{aligned}$$

因此经典算法只需要查询 $\Theta(\sqrt{n})$ 次就可以区分开 f 为 1-1 映射或者 2-1 映射。

3. 量子算法

下面考虑碰撞问题的量子算法，一个简单的思路是直接使用 Grover 搜索算法，首先查询 x_1，然后在 $x_2,\cdots,x_n$ 中查询 i 使得 $x_i=x_1$，如果能够找到这样的下标 i，则 f 是 2-1 映射，否则 f 为 1-1 映射。这一方法使用的量子查询次数为 $O(\sqrt{n})$，并不比上面所介绍的经典随机算法好。

下面看如何将二者结合以得到更高效的量子算法。首先，查询 m 个不同的下标 $i_1,i_2,\cdots,i_m$（m 的取值将在算法的最后加以确定），检查 $x_{i_1},x_{i_2},\cdots,x_{i_m}$ 中是否存在碰撞，若有碰撞则算法结束；否则在剩余（$n-m$）个元素中搜索是否有和 $\{x_{i_1},x_{i_2},\cdots,x_{i_m}\}$ 中的元素相同的，如果有，则 f 是 2-1 映射，否则 f 是 1-1 映射。注意到此时由于所选的 $x_{i_1},x_{i_2},\cdots,x_{i_m}$ 各不相同，因此如果 f 是 2-1 映射，那么在剩余的（$n-m$）个元素之中就会有 m 个元素分别与 $x_{i_1},x_{i_2},\cdots,x_{i_m}$ 相同，如果使用 Grover 算法进行搜索，则相当于在一个大小是（$n-m$）的数组中搜索 m 个目标，因此只需要 $O\left(\sqrt{\frac{n-m}{m}}\right)$ 次查询。加上开始对于 $x_{i_1},x_{i_2},\cdots,x_{i_m}$ 的查询，总的查询次数为 $O\left(m+\sqrt{\frac{n-m}{m}}\right)$。当 $m\sim n^{1/3}$ 时，$m+\sqrt{\frac{n-m}{m}}$ 取得最小值（$\approx 2n^{1/3}$），因此取 $m=\lfloor n^{1/3}\rfloor$，整个算法的复杂性为 $O(n^{1/3})$[13]，如定理 8.6 所示。

定理 8.6　$Q(\text{collision})=O(n^{1/3})$。

使用下一节将要介绍的多项式方法，在 Aaronson 工作的基础上，Shi[22] 证明了上述 $n^{1/3}$ 的上界是紧的，如定理 8.7 所示。

定理 8.7　$Q(\text{collision})=\Omega(n^{1/3})$。

8.3 证明量子查询复杂性下界的多项式方法

8.3.1 布尔函数的精确/近似多项式表示

在介绍证明量子查询复杂性下界的多项式方法之前，先引入布尔函数的多项式次数的概念。对于一个布尔函数，定义其多项式次数如下。

定义 8.1　任何一个布尔函数 $f:\{0,1\}^n\to\{0,1\}$，在实数域上都可以唯一地写成一个**多线性多项式**[㊀] $P(x)$ 表示，即

$$\forall x\in\{0,1\}^n,\quad f(x)=P(x)$$

该多项式的次数定义为 $f(x)$ 的**多项式次数**，记作 $\deg(f)$。例如 n 元-AND 函数的多项式表示为

$$\text{AND}(x)=x_1x_2\cdots x_n$$

n 元-OR 函数的多项式表示为

$$\begin{aligned}\text{OR}(x)&=1-(1-x_1)(1-x_2)\cdots(1-x_n)\\&=\sum_{i=1}^{n}x_i-\sum_{1\leqslant i<j\leqslant n}x_ix_j+\sum_{1\leqslant i<j<k\leqslant n}x_ix_jx_k+\cdots+(-1)^{n-1}x_1x_2\cdots x_n\end{aligned}$$

因此 $\deg(\text{AND}_n)=\deg(\text{OR}_n)=n$。由于 $P(x)$ 是多线性的，因此对于一个 n 元函数 f 一定有 $\deg(f)\leqslant n$，对于 $\deg(f)=n$ 的函数，称其多项式次数是满的（Full-Degree）。并非所有的布尔函数都是满次数的，例如在最开始介绍的 3 变量函数 $f(x_0,x_1,y)=x_y$，其多项式表示为

㊀ 多线性是指 $P(x)$ 中不出现任何涉及 x_i 的幂次 $\geqslant 2$ 的项，例如 $x_1^2x_2^3x_4x_7$，即所有的单项式都形如 $a_S\prod_{i\in S}x_i$，其中 $S\subseteq\{1,2,\cdots,n\}$。之所以存在着多线性表示是因为我们关注的是布尔型函数，对于 $x_i\in\{0,1\}$，有 $x_i^k=x_i$，因此 $x_1^2x_2^3x_4x_7=x_1x_2x_4x_7$。

$$f(x_0,x_1,y)=(1-y)x_0+yx_1=1-x_0y+x_1y$$

因此其次数 $\deg(f)=2$。

在多项式次数的基础上，进一步引入近似多项式次数的概念。

定义 8.2　任何一个布尔函数 $f:\{0,1\}^n\to\{0,1\}$，给定错误概率 $\varepsilon<0.5$，若多线性多项式 $P(x)$ 满足

$$\forall x\in\{0,1\}^n,\quad |P(x)-f(x)|\leqslant\varepsilon$$

则称 $P(x)$ 是 $f(x)$ 的一个 ε-近似多项式表示。在 $f(x)$ 的所有 ε-近似多项式表示中最低的次数定义为 $f(x)$ 的一个 ε-近似多项式次数，记为 $\widetilde{\deg}_\varepsilon(f)$，即

$$\widetilde{\deg}_\varepsilon(f)\triangleq\min_{P(x)}\{\deg(P(x))\mid |P(x)-f(x)|\leqslant\varepsilon\}$$

而函数 f 的近似多项式次数定义为 $\widetilde{\deg}(f)=\widetilde{\deg}_{\frac{1}{3}}(f)$。

8.3.2　量子查询复杂性与近似多项式次数

量子查询算法复杂性与多项式表示之间的关系可由定理 8.8[14] 给出。

定理 8.8　对于布尔函数 $f:\{0,1\}^n\to\{0,1\}$，其量子查询复杂性

$$Q_0(f)\geqslant\frac{1}{2}\deg(f),\quad Q(f)\geqslant\frac{1}{2}\widetilde{\deg}(f)$$

该定理证明的核心是引理 8.1。

引理 8.1　给定布尔函数 $f:\{0,1\}^n\to\{0,1\}$，任给 $x\in\{0,1\}^n$，对于任何一个使用 t 次查询的量子算法 $\mathcal{A}$，其终态 $|\varphi_{\text{end}}(x)\rangle$ 的每一个分量的振幅都是关于 $x_1,\cdots,x_n$ 的一个次数不超过 t 的复系数多项式。由引理 8.1 可以立即得到如下推论。

推论　给定布尔函数 $f:\{0,1\}^n\to\{0,1\}$，任给 $x\in\{0,1\}^n$，对于任何一个使用 t 次查询的量子算法 $\mathcal{A}$，算法输出 1（输出 0）的概率是关于 $x_1,\cdots,x_n$ 的一个至多 $2t$ 次**实系数多项式**，也就是说，存在 $2t$ 次实系数多项式 $P(x)$，使得

$$\Pr(\mathcal{A}(x)=1)=P(x),\quad \Pr(\mathcal{A}(x)=0)=1-P(x)$$

首先证明此推论，由引理 8.1 知

$$|\varphi_{\text{end}}(x)\rangle=\sum_i Q_i(x)|i\rangle$$

其中，$Q_i(x)$ 是次数不超过 t 次的**复系数**多项式。而最终算法 $\mathcal{A}$ 输出 1 或 0 的概率对应于测量结果 $i\in T$ 或 $i\notin T$ 的概率，即

$$\Pr(\mathcal{A}(x)=1)=\sum_{i\in T}|Q_i(x)|^2,\quad \Pr(\mathcal{A}(x)=0)=\sum_{i\notin T}|Q_i(x)|^2$$

将 $Q_i(x)$ 的实部和虚部进行分离，记 $Q_i(x)=R_i(x)+\sqrt{-1}S_i(x)$，其中 $R_i(x)$ 和 $S_i(x)$ 都是实系数多项式，且 $\deg(R_i(x))\leqslant t,\deg(S_i(x))\leqslant t$。因此

$$\Pr(\mathcal{A}(x)=1)=\sum_{i\in T}|Q_i(x)|^2=\sum_{i\in T}(R_i(x)^2+S_i(x)^2)$$

是一个至多 $2t$ 次的实系数多项式。同理 $\Pr(\mathcal{A}(x)=0)=1-\Pr(\mathcal{A}(x)=1)$ 也是一个至多 $2t$ 次的实系数多项式。

下面证明引理 8.1，对 t 进行归纳。

若算法不对输入 x 进行查询（$t=0$），则算法终态的任意基的振幅都是与输入无关的常数，故可以看作一个零次的多项式，因此 $t=0$ 时成立。

假设对于 t 结论成立，考虑使用 $t+1$ 次查询的量子算法 $\mathcal{A}$，由归纳假设，算法 $\mathcal{A}$ 在进行 t 次查询后所得到的状态 $|\varphi^{(t)}(x)\rangle=\sum_i Q_i^{(t)}(x)|i\rangle$ 的每一个分量振幅 $Q_i^{(t)}(x)$ 都是关于 x 的一个不超过 t 次的复系数多项式。而

$$|\varphi_{\text{end}}(x)\rangle=\boldsymbol{U}_t\boldsymbol{O}_x|\varphi^{(t)}(x)\rangle$$

首先考虑神谕的作用，不妨假设使用相位神谕，因此

$$\begin{aligned}\boldsymbol{O}_x|\varphi^{(t)}(x)\rangle&=\boldsymbol{O}_x\sum_i Q_i^{(t)}(x)|i\rangle\\&=\sum_i Q_i^{(t)}(x)(-1)^{x_i}|i\rangle\\&=\sum_i Q_i^{(t)}(x)(1-2x_i)|i\rangle\end{aligned}$$

若记 $\boldsymbol{U}_t=[u_{ij}^{(t)}]$，则

$$\begin{aligned}\boldsymbol{U}_t\boldsymbol{O}_x|\varphi^{(t)}(x)\rangle&=\boldsymbol{U}_t\sum_i Q_i^{(t)}(x)(1-2x_i)|i\rangle\\&=\sum_i|i\rangle\sum_j u_{ij}Q_j^{(t)}(x)(1-2x_j)\\&=\sum_i Q_i^{(t+1)}|i\rangle\end{aligned}$$

其中

$$Q_i^{(t+1)} = \sum_j u_{ij} Q_j^{(t)}(x)(1-2x_j)$$

由 $\deg(Q_j^{(t)}(x)) \leqslant t$，$u_{ij} \in \mathbf{C}$ 立刻可知 $\deg(Q_j^{(t+1)}(x)) \leqslant t+1$。引理 8.1 得证。

下面证明定理 8.7。

首先证明 $Q_0(f) \geqslant \frac{1}{2}\deg(f)$。

设 $Q_0(f)=t$，且量子算法 $\mathcal{A}$ 能够使用 t 次查询精确计算函数 f。由推论可知存在一个不超过 $2t$ 次的实系数多项式 $P(x)$，使得

$$\Pr(\mathcal{A}(x)=1)=P(x), \quad \Pr(\mathcal{A}(x)=0)=1-P(x)$$

由于量子算法 $\mathcal{A}$ 是计算函数的精确算法，因此 $\forall x$，$f(x)=\mathcal{A}(x)$。故如果 $f(x)=1$，则 $\mathcal{A}(x)=1$，因而 $P(x)=1$；而如果 $f(x)=0$，则 $\mathcal{A}(x)=0$，因而 $1-P(x)=1$，故 $P(x)=0$。综上，无论何种情况，都有 $f(x)=P(x)$，即 $P(x)$ 是 $f(x)$ 的一个多项式表示，因此 $\deg(P(x)) \geqslant \deg(f)$ 成立。而已知 $P(x)$ 的多项式次数不超过 $2t$ 次，故 $2t \geqslant \deg(f)$，即 $Q_0(f)=t \geqslant \frac{1}{2}\deg(f)$。

接着证明 $Q(f) \geqslant \frac{1}{2}\widetilde{\deg}(f)$。设 $Q(f)=\tilde{t}$，由 $Q(f)$ 的定义知存在使用 $\tilde{t}$ 次查询的量子算法 $\widetilde{\mathcal{A}}$，能够以不超过 1/3 的错误率计算函数 f，即

$$\forall x, \quad \Pr(\widetilde{\mathcal{A}}(x)=f(x)) \geqslant \frac{2}{3}$$

对于算法 $\widetilde{\mathcal{A}}$，由推论知存在一个不超过 $2\tilde{t}$ 次的实系数多项式 $\widetilde{P}(x)$，使得

$$\Pr(\widetilde{\mathcal{A}}(x)=1)=\widetilde{P}(x), \quad \Pr(\widetilde{\mathcal{A}}(x)=0)=1-\widetilde{P}(x).$$

仿照上面的分析，如果 $f(x)=1$，则 $\Pr(\widetilde{\mathcal{A}}(x)=1) \geqslant \frac{2}{3}$，因此 $\widetilde{P}(x) \geqslant \frac{2}{3}$，故

$$|f(x)-\widetilde{P}(x)| = |1-\widetilde{P}(x)| \leqslant \frac{1}{3}^{\ominus}$$

而如果 $f(x)=0$，则 $\Pr(\widetilde{\mathcal{A}}(x)=0) \geqslant \frac{2}{3}$，因此 $1-\widetilde{P}(x) \geqslant \frac{2}{3}$，故 $\widetilde{P}(x) \leqslant \frac{1}{3}$，仍然有

⊖ 这里隐含地使用了条件 $\widetilde{P}(x) \leqslant 1$，这一点是由 $\widetilde{P}(x)=\Pr(\widetilde{\mathcal{A}}(x)=1)$ 是一个概率蕴含的。

$$|f(x)-\widetilde{P}(x)|=|0-\widetilde{P}(x)|\leqslant\frac{1}{3}$$ ⊖

因此总是有

$$\forall x,\quad |f(x)-\widetilde{P}(x)|\leqslant\frac{1}{3}$$

也就是说 $\widetilde{P}(x)$ 是函数 $f(x)$ 的一个 $\frac{1}{3}$-近似多项式表示，因此 $\deg(\widetilde{P}(x))\geqslant\widetilde{\deg}(f)$，故 $2\widetilde{t}\geqslant\widetilde{\deg}(f)$，从而有 $Q(f)=\widetilde{t}\geqslant\frac{1}{2}\widetilde{\deg}(f)$。

因此，研究布尔函数的量子查询复杂性下界可以转化为研究其近似多项式次数的下界。但是通常一个布尔函数的近似多项式是一个多元多项式，没有太多好的数学工具来处理。Minsky 等人[15] 提出了引入对称化的技术来将多元多项式转化成一个一元多项式来研究。

对称化技术[16]：设 $P(x)$ 是一个多线性多项式，即

$$P(x)=\sum_{S\subseteq[n]}a_S\prod_{i\in S}x_i$$

其中，系数 $a_S\in\mathbf{R}$。其对称化函数 $P_{\text{sym}}:\{0,1,\cdots,n\}\to\mathbf{R}$ 定义为

$$P_{\text{sym}}(t)\triangleq\frac{1}{n!}\sum_{\pi\in S_n}P(\pi(1^t0^{n-t}))$$

这里对于一个字符串 $x=x_1x_2\cdots x_n\in\{0,1\}^n$ 和一个置换 $\pi\in S_n$，$\pi(x)$ 定义为字符串 $x_{\pi(1)}x_{\pi(2)}\cdots x_{\pi(n)}$，即 $P_{\text{sym}}(t)$ 是将所有汉明权重为 t 的输入任意重排，然后进行平均。由于 $P(x)\in\{0,1\}$，因此 $0\leqslant P_{\text{sym}}(t)\leqslant1$。下面证明 $P_{\text{sym}}(t)$ 是关于 t 的一个多项式，且次数不超过 $\deg(P(x))$，如引理 8.2 所示。

引理 8.2　对称化函数 $P_{\text{sym}}(t)$ 是关于 t 的一个一元实系数多项式，且其多项式次数 $\deg(P_{\text{sym}}(t))\leqslant\deg(P(x))$。

证明：设 $P(x)=\sum_{S\subseteq[n]}a_S\prod_{i\in S}x_i$，根据对称化函数的定义，

⊖ 这里隐含地使用了条件 $\widetilde{P}(x)\geqslant0$，这一点同样是由 $\widetilde{P}(x)=\Pr(\widetilde{\mathcal{A}}(x)=1)$ 蕴含的。

$$
\begin{aligned}
P_{\text{sym}}(t) &= \frac{1}{n!}\sum_{\pi\in S_n} P(\pi(1^t0^{n-t})) \\
&= \frac{1}{n!}\sum_{\pi\in S_n}\sum_{S\subseteq[n]} a_S \prod_{i:\pi(i)\in S} x_{\pi(i)} \mid x=1^t0^{n-t} \\
&= \frac{1}{n!}\sum_{S\subseteq[n]} a_S \sum_{\pi\in S_n}\prod_{i:\pi(i)\in S} x_{\pi(i)} \mid x=1^t0^{n-t} \\
&= \sum_{\substack{S\subseteq[n]\\ |S|\leqslant t}} \frac{a_S}{n!}\binom{t}{|S|} \\
&= \sum_{S\subseteq[n]} \frac{a_S}{n!\,|S|!} t(t-1)\cdots(t-|S|+1)
\end{aligned}
$$

由于$\frac{a_S}{n!|S|!}$是实常数，因此$P_{\text{sym}}(t)$是关于t的一元实系数多项式。而当$|S|>\deg(P)$时，$a_S=0$，故$\deg(P_{\text{sym}}(t))\leqslant\deg(P(x))$。

多项式方法适合用来处理只依赖于输入汉明权重的对称函数。

定理 8.9 （异或函数的量子查询复杂性下界）对于n元异或函数$\oplus_n(x)=x_1\oplus x_2\oplus\cdots\oplus x_n$，其量子查询复杂性$Q(\oplus_n)\geqslant\frac{n}{2}$。

回顾 Deutsch 算法指出的$Q_E(\oplus_n)\leqslant\lceil n/2\rceil$，有

$$\frac{n}{2}\leqslant Q(\oplus_n)\leqslant Q_E(\oplus_n)\leqslant\left\lceil\frac{n}{2}\right\rceil$$

这表明使用 Deutsch 算法计算异或函数，即使在考虑有界错误的情形下依然（几乎）是最优的。

证明：根据定理 8.7 可知$Q(\oplus_n)\geqslant\frac{1}{2}\widetilde{\deg}(\oplus_n)$，因此只需要证明$\widetilde{\deg}(\oplus_n)\geqslant n$。设$P(x)$是$\oplus_n(x)$的一个$\frac{1}{3}$-近似多项式，即$\forall x\in\{0,1\}^n$，$|P(x)-\oplus_n(x)|\leqslant\frac{1}{3}$。由$\oplus_n(x)$的定义可知，对任意的置换$\pi\in S_n$，对于偶数$t$，$P(\pi(1^t0^{n-t}))\leqslant\frac{1}{3}$；对于奇数$t$，$|P(\pi(1^t0^{n-t}))-1|\leqslant 1/3$，故$P(\pi(1^t0^{n-t}))\geqslant 2/3$。

设$P(x)$对称化后的多项式为$P_{\text{sym}}(t)$，由上述推理可知：任给$t\in\{0,1,\cdots,n\}$，若

t 为偶数，$P_{\mathrm{sym}}(t)\leqslant 1/3$；而若 t 为奇数，则 $P_{\mathrm{sym}}(t)\geqslant 2/3$。考察多项式方程

$$P_{\mathrm{sym}}(t)-\frac{1}{2}=0 \tag{8-1}$$

的根。由于 $P_{\mathrm{sym}}(0)-\frac{1}{2}\leqslant\frac{1}{3}-\frac{1}{2}<0$，而 $P_{\mathrm{sym}}(1)-\frac{1}{2}\geqslant\frac{2}{3}-\frac{1}{2}>0$，因此式（8-1）在（0,1）之间存在着一个根，同理由于 $P_{\mathrm{sym}}(1)-\frac{1}{2}>0$，$P_{\mathrm{sym}}(2)-\frac{1}{2}\leqslant\frac{1}{3}-\frac{1}{2}<0$，因此式（8-1）在（1,2）之间也存在着根。以此类推，对任意 $i=0,\cdots,n-1$，式（8-1）在 $(i,i+1)$ 之间都存在着根。因此式（8-1）至少有 n 个根，故其次数 $\deg(P_{\mathrm{sym}})\geqslant n$。而由引理 8.2 知 $\deg(P)\geqslant\deg(P_{\mathrm{sym}})$，因此 $\deg(P)\geqslant n$，即 $\widetilde{\deg}(\oplus_n)\geqslant n$。

注：通过异或函数的下界，可以进一步给出计数问题的量子下界，计数问题（Counting）是指给定输入 $x\in\{0,1\}^n$，需要计数 x 中 1 的个数，即 $|x|$。事实上，如果存在一个求解计数问题的高效量子算法，那么就可以首先使用该算法计数输入 x 中 1 的个数，然后根据其奇偶性就可以进一步回答异或函数。也就是说 $Q(\mathrm{Counting})\geqslant Q(\oplus_n)$，而 $Q(\oplus_n)=\Omega(n)$，因此 $Q(\mathrm{Counting})=\Omega(n)$。

8.3.3 无结构搜索问题的量子查询复杂性下界

在本节中，我们将证明 Grover 算法是渐进最优的，即，在一个无结构的数组中搜索某个特定的目标，其量子查询复杂性最多只能比经典查询复杂性有开平方量级的加速。事实上我们将针对一种特殊情况来证明该下界——n 元“或”函数 $\mathrm{OR}_n(x)=x_1\vee x_2\vee\cdots\vee x_n$，即查找是否有一个下标 i 使得 $x_i=1$。我们将证明：对于 OR_n 函数其量子查询复杂性 $Q(\mathrm{OR}_n)=\Omega(\sqrt{n})$。

定理 8.10 $Q(\mathrm{OR}_n)=\Omega(\sqrt{n})$。

证明： 根据定理 8.7，$Q(\mathrm{OR}_n)\geqslant\frac{1}{2}\widetilde{\deg}(\mathrm{OR}_n)$，因此只需要证明其近似多项式次数 $\widetilde{\deg}(\mathrm{OR}_n)=\Omega(\sqrt{n})$。设 $\widetilde{\deg}(\mathrm{OR}_n)=d$，$P(x)$ 为对应的近似多项式。由近似多项式次数的定义可知 $\forall x\in\{0,1\}^n$，$|P(x)-\mathrm{OR}_n(x)|\leqslant 1/3$，且 $\deg(P)=d$。注意到

$$\mathrm{OR}_n(x)=\begin{cases}0, & \text{如果 } x=0^n\\ 1, & \text{其他}\end{cases}$$

因此若 $x=0^n$，则由 $|P(0^n)-\mathrm{OR}_n(0^n)|\leqslant 1/3$ 可知 $-1/3\leqslant P(x)\leqslant 1/3$；

而若 $x\in\{0,1\}^n\backslash\{0^n\}$，则由 $|P(x)-\mathrm{OR}_n(x)|\leqslant 1/3$ 可知 $2/3\leqslant P(x)\leqslant 4/3$。

将 $P(x)$ 进行对称化，记对称化之后的函数为 $P_{\mathrm{sym}}(w)$。由上述讨论可知

$$P_{\mathrm{sym}}(0)\in\left[-\frac{1}{3},\frac{1}{3}\right];\text{而 }\forall w\in\{1,2,\cdots,n\},P_{\mathrm{sym}}(w)\in\left[\frac{2}{3},\frac{4}{3}\right] \tag{8-2}$$

简单地使用多项式根与次数的关系已经不足以给出我们需要的 $\Omega(\sqrt{n})$ 的下界，这里我们需要引入一个关于多项式次数与其导数之间关系的数学工具。

定理 8.11（Markov 不等式[17]）　设 $R(x)$ 是一个 t 次实系数多项式，则

$$\max_{x\in[0,1]}|R'(x)|\leqslant 2t^2\max_{x\in[0,1]}|R(x)|$$

其中，$R'(x)$ 是多项式 $R(x)$ 的一阶导数。

为了能够使用 Markov 不等式，我们需要将 $P_{\mathrm{sym}}(w)$ 压缩到区间 $[0,1]$ 上。定义 $R(x)=P_{\mathrm{sym}}(nx)$，那么根据条件（2）可知

$$R(0)\in\left[-\frac{1}{3},\frac{1}{3}\right];\text{而 }\forall x\in\{1/n,2/n,\cdots,1\},R(x)\in\left[\frac{2}{3},\frac{4}{3}\right]$$

由于 $R(0)\leqslant\frac{1}{3}$，而 $R(1/n)\geqslant 2/3$，利用拉格朗日中值定理，存在 $\xi\in(0,1/n)$，满足

$$R'(\xi)=\frac{R\left(\frac{1}{n}\right)-R(0)}{\frac{1}{n}-0}\geqslant\frac{\frac{2}{3}-\frac{1}{3}}{\frac{1}{n}}=n/3 \tag{8-3}$$

而根据 Markov 不等式，

$$\max_{x\in[0,1]}|R'(x)|\leqslant 2\deg(R)^2\max_{x\in[0,1]}|R(x)|$$

注意到压缩变换不会改变多项式的次数，因此 $\deg(R)=\deg(P_{\mathrm{sym}})$，而 $P_{\mathrm{sym}}(w)$ 是对多项式 $P(x)$ 对称化得到的多项式，因此 $\deg(P_{\mathrm{sym}})\leqslant\deg(P)=d$，因此

$$\max_{x\in[0,1]}|R'(x)|\leqslant 2d^2\max_{x\in[0,1]}|R(x)|$$

结合式（8-3）可知

$$n/3 \leqslant 2d^2 \max_{x\in[0,1]} |R(x)| \tag{8-4}$$

对 $\max\limits_{x\in[0,1]} |R(x)|$ 分如下两种情况进行讨论。

1）如果 $\max\limits_{x\in[0,1]} |R(x)| \leqslant 5/3$：由式（8-4）可知

$$d^2 \geqslant \frac{\frac{n}{3}}{2\max\limits_{x\in[0,1]} |R(x)|} \geqslant \frac{\frac{n}{3}}{2\times\frac{5}{3}} = n/10$$

故 $d \geqslant \sqrt{\frac{n}{10}}$。

2）如果 $\max\limits_{x\in[0,1]} |R(x)| > \frac{5}{3}$：设 $\alpha = \max\limits_{x\in[0,1]} |R(x)| > \frac{5}{3}$，并且 $z^* \in [0,1]$，$R(z^*) = \alpha$。令 $l = \lfloor nz^* \rfloor$（$\lfloor\ \rfloor$是下取整函数），因为 $R(1) \leqslant \frac{4}{3}$，故 $z^* \neq 1$，即 $z^* \in [0,1)$，进而 $0 \leqslant l < n$。再次对 $R\left(\frac{l}{n}\right)$ 和 $R(z^*)$ 使用拉格朗日中值定理可知，存在 $\zeta \in \left[\frac{l}{n}, z^*\right]$，使得

$$R'(\zeta) = \frac{R(z^*) - R\left(\frac{l}{n}\right)}{z^* - R\left(\frac{l}{n}\right)}$$

由于 $R(z^*) = \alpha > \frac{5}{3}$，而 $R\left(\frac{l}{n}\right) \leqslant \frac{4}{3}$，因此 $z^* \neq \frac{l}{n}$。另外由取整函数的定义可知，$z^* \in \left(\frac{l}{n}, \frac{l+1}{n}\right)$，因此

$$R'(\zeta) \geqslant \frac{\alpha - \frac{4}{3}}{\frac{l+1}{n} - \frac{l}{n}} = n\left(\alpha - \frac{4}{3}\right)$$

再次使用 Markov 不等式，有

$$R'(\zeta) \leqslant \max_{x\in[0,1]} |R'^{(x)}| \leqslant 2\deg(R)^2 \max_{x\in[0,1]} |R(x)| \leqslant 2d^2 \max_{x\in[0,1]} |R(x)| = 2\alpha d^2$$

因此

$$d^2 \geqslant \frac{R'(\zeta)}{2\alpha} \geqslant \frac{n\left(\alpha-\frac{4}{3}\right)}{2\alpha} = \left(\frac{1}{2}-\frac{2}{3\alpha}\right)n \geqslant \left(\frac{1}{2}-\frac{2}{3\times\frac{5}{3}}\right)n = \frac{n}{10}$$

其中第三个不等式成立是因为 $\alpha>5/3$，故 $d \geqslant \sqrt{\frac{n}{10}}$。

无论 1）和 2）哪一种情况，均有 $d \geqslant \sqrt{\frac{n}{10}}$，即 $\widetilde{\deg}(\mathrm{OR}_n) \geqslant \sqrt{\frac{n}{10}}$。因此 $Q(\mathrm{OR}_n)=\Omega(\sqrt{n})$。

注：上述证明对于任何非平凡的对称布尔函数均适用，也就是说对于这类函数，其量子查询复杂性都有 Ω（$\sqrt{n}$）的下界。对于一些对称函数（例如异或函数），事实上可以得到更好的下界[18]。

8.4 证明量子查询复杂性下界的对手方法

本节介绍另一种证明量子查询复杂性下界的技术——量子对手方法。

8.4.1 原始量子对手方法

定理 8.12（量子对手方法[19]）　设 $f:\{0,1\}^n \to S$ 是一个 n 元布尔输入函数，$X,Y \subseteq \{0,1\}^n$ 是两个输入的集合，满足 $\forall x \in X, y \in Y$，$f(x) \neq f(y)$。$R \subseteq X \times Y$ 是一个二元关系，满足

1）$\forall x \in X$，存在至少 m 个不同的 $y \in Y$ 使得（x,y）$\in R$。

2）$\forall y \in Y$，存在至少 m' 个不同的 $x \in X$ 使得（x,y）$\in R$。

3）$\forall x \in X$，$i \in \{1,2,\cdots,n\}$，至多有 l 个不同的 $y \in Y$ 使得（x,y）$\in R$，并且 $x_i \neq y_i$。

4）$\forall y \in X$，$i \in \{1,2,\cdots,n\}$，至多有 l' 个不同的 $x \in X$ 使得（x,y）$\in R$，并且 $x_i \neq y_i$。

那么任何计算函数 f 的量子算法至少需要查询 $\Omega\left(\sqrt{\frac{mm'}{ll'}}\right)$ 次。

证明：假设存在一个量子算法可以使用 T 查询，以至少 $1-\varepsilon$ 的正确概率计算函数 f(这里 $\varepsilon\leqslant 1/3$)。设该算法的初始量子状态为 $|\psi_{\text{init}}\rangle$(与输入无关)，对输入的神谕 $\boldsymbol{O}_x$ 进行 t 次查询（$0\leqslant t\leqslant T$）后的量子状态记为 $|\psi_x^t\rangle$，即存在一系列酉变换 $\boldsymbol{U}_1,\cdots,\boldsymbol{U}_t$，使得

$$|\psi_x^t\rangle := \boldsymbol{U}_t\boldsymbol{O}_x\cdots\boldsymbol{U}_2\boldsymbol{O}_x\boldsymbol{U}_1\boldsymbol{O}_x|\psi_{\text{init}}\rangle$$

对于任意的 $t\in\{0,1,\cdots,T\}$，考虑和式

$$W_t = \sum_{x,y:(x,y)\in R} |\langle\psi_x^t|\psi_y^t\rangle|$$

显然

$$W_0 = \sum_{x,y:(x,y)\in R} |\langle\psi_{\text{init}}^t|\psi_{\text{init}}^t\rangle| = \sum_{x,y:(x,y)\in R} 1 = |R|$$

引理 8.3　$W_T\leqslant 2\sqrt{\varepsilon\ (1-\varepsilon)}\,W_0$。

证明：设 $\{|u,v\rangle\}$ 是整个 Hilbert 空间上的一组基，其中 $\{|u\rangle\}$ 是最终算法进行测量部分的一组基，$\{|v\rangle\}$ 是其他比特空间上的基。任给 $(x,y)\in R$，将 $|\psi_x^T\rangle$ 和 $|\psi_y^T\rangle$ 在这组基下进行展开，设

$$|\psi_x^T\rangle = \alpha_{u,v}|u,v\rangle,\ |\psi_y^T\rangle = \beta_{u,v}|u,v\rangle$$

则

$$\langle\psi_x^T|\psi_y^T\rangle = \sum_{u,v}\alpha_{u,v}^*\beta_{u,v}$$

记

$$\varepsilon_1 = \sum_{u,v:f(x)\neq u}|\alpha_{u,v}|^2,\quad \varepsilon_2 = \sum_{u,v:f(x)=u}|\beta_{u,v}|^2 \tag{8-5}$$

由于算法的正确率至少是 $1-\varepsilon$，又因为 $f(x)\neq f(y)$，因此 $\varepsilon_1\leqslant\varepsilon,\varepsilon_2\leqslant\varepsilon$。故

$$|\langle\psi_x^T|\psi_y^T\rangle| = \left|\sum_{u,v}\alpha_{u,v}^*\beta_{u,v}\right| \leqslant \sum_{u,v}|\alpha_{u,v}^*\beta_{u,v}| = \sum_{u,v:u=f(x)}|\alpha_{u,v}^*\beta_{u,v}| + \sum_{u,v:u\neq f(x)}|\alpha_{u,v}^*\beta_{u,v}|$$

进一步使用 Cauchy-Swartz 不等式进行放缩，

$$\sum_{u,v:u=f(x)}|\alpha_{u,v}^*\beta_{u,v}| \leqslant \sqrt{\sum_{u,v:u=f(x)}|\alpha_{u,v}|^2\cdot\sum_{u,v:u=f(x)}|\beta_{u,v}|^2} = \sqrt{(1-\varepsilon_1)\varepsilon_2}$$

$$\sum_{u,v:u\neq f(x)}|\alpha_{u,v}^*\beta_{u,v}| \leqslant \sqrt{\sum_{u,v:u\neq f(x)}|\alpha_{u,v}|^2\cdot\sum_{u,v:u\neq f(x)}|\beta_{u,v}|^2} = \sqrt{\varepsilon_1(1-\varepsilon_2)}$$

因此

$$|\langle\psi_x^T|\psi_y^T\rangle|\leqslant\sqrt{(1-\varepsilon_1)\varepsilon_2}+\sqrt{\varepsilon_1(1-\varepsilon_2)}\tag{8-6}$$

由于 $\varepsilon_1,\varepsilon_2\in[0,\varepsilon]$，可设 $\varepsilon_i=\cos^2\theta_i$，$\theta_i\in\left[\frac{\pi}{2}-\arcsin\sqrt{\varepsilon},\frac{\pi}{2}\right]$。代入式（8-6）可得

$$\begin{aligned}|\langle\psi_x^T|\psi_y^T\rangle|&\leqslant\sin\theta_1\cos\theta_2+\cos\theta_1\sin\theta_2=\sin(\theta_1+\theta_2)=\sin(\pi-\theta_1-\theta_2)\\&\leqslant\sin(2\arcsin\sqrt{\varepsilon})=2\sqrt{\varepsilon(1-\varepsilon)}\end{aligned}\tag{8-7}$$

这里我们隐含的使用了条件 $\varepsilon\leqslant1/3$，故 $\arcsin\sqrt{\varepsilon}<\arcsin\sqrt{\frac{1}{2}}=\pi/4$。因此

$$W_T=\sum_{x,y:(x,y)\in R}|\langle\psi_x^T|\psi_y^T\rangle|\leqslant\sum_{x,y:(x,y)\in R}2\sqrt{\varepsilon(1-\varepsilon)}=2\sqrt{\varepsilon(1-\varepsilon)}\,|R|$$

即 $W_T\leqslant2\sqrt{\varepsilon(1-\varepsilon)}\,W_0$。

注意到 $\varepsilon\leqslant1/3$ 时，$2\sqrt{\varepsilon(1-\varepsilon)}\leqslant\sqrt{\frac{8}{9}}$是一个小于 1 的常数，因此上面的引理给出了对于 W_T 的一个相对 W_0 上界估计，下面的一个引理进一步给出从 W_k 到 W_{k+1} 之间变化量的一个相对 W_0 的上界。两者结合，就可以给出查询次数 T 的一个下界。

引理 8.4　$|W_{t+1}-W_t|\leqslant\sqrt{\frac{ll'}{mm'}}W_0$。

证明：将 $|\psi_x^t\rangle$ 和 $|\psi_y^t\rangle$ 在基底 $\{|i,z\rangle\}$ 下进行展开，其中 $\{|i\rangle\}$ 是神谕查询部分的一组基，$\{|z\rangle\}$ 是其他辅助比特部分的一组基。设

$$|\psi_x^t\rangle=\sum_{i,z}\alpha_{i,z}^t|i,z\rangle,\ |\psi_y^t\rangle=\sum_{i,z}\beta_{i,z}^t|i,z\rangle$$

则

$$\langle\psi_x^t|\psi_y^t\rangle=\sum_{i,z}\alpha_{i,z}^{t*}\beta_{i,z}\tag{8-8}$$

考虑一次查询后的状态，由于各种神谕彼此等价，这里假设算法使用相位神谕。

$$|\psi_x^{t+1}\rangle=U_{t+1}O_x\sum_{i,z}\alpha_{i,z}^t|i,z\rangle=U_{t+1}\sum_{i,z}(-1)^{x_i}\alpha_{i,z}^t|i,z\rangle$$

注意到这里的酉变换 U_{t+1} 是和输入无关的。同理

$$|\psi_y^{t+1}\rangle=U_{t+1}O_y\sum_{i,z}\beta_{i,z}^t|i,z\rangle=U_{t+1}\sum_{i,z}(-1)^{y_i}\beta_{i,z}^t|i,z\rangle$$

因此

$$\langle\psi_x^{t+1}|\psi_y^{t+1}\rangle=\Big(\sum_{i,z}(-1)^{x_i}\alpha_{i,z}^{t*}\langle i,z|U_{t+1}^\dagger\Big)\Big(U_{t+1}\sum_{i,z}(-1)^{y_i}\beta_{i,z}^t|i,z\rangle\Big)$$

由于 $U_{t+1}^{\dagger}U_{t+1}=I$，上式可以化简为

$$\langle\psi_x^{t+1}|\psi_y^{t+1}\rangle=\sum_{i,z}(-1)^{x_i+y_i}\alpha_{i,z}^{t*}\beta_{i,z}^{t} \tag{8-9}$$

注意到当 $x_i=y_i$ 时，$(-1)^{x_i+y_i}=1$，因此由式（8-8）和（8-9）可得

$$\langle\psi_x^{t+1}|\psi_y^{t+1}\rangle-\langle\psi_x^{t}|\psi_y^{t}\rangle=-2\sum_{i,z:x_i\neq y_i}\alpha_{i,z}^{t*}\beta_{i,z}^{t}$$

故

$$\begin{aligned}|W_{t+1}-W_t|&=\left|\sum_{x,y:(x,y)\in R}|\langle\psi_x^{t+1}|\psi_y^{t+1}\rangle|-\sum_{x,y:(x,y)\in R}|\langle\psi_x^{t}|\psi_y^{t}\rangle|\right|\\&=2\left|\sum_{x,y:(x,y)\in R}\sum_{i,z:x_i\neq y_i}\alpha_{i,z}^{t*}\beta_{i,z}^{t}\right|\\&\leqslant 2\sum_{x,y:(x,y)\in R}\sum_{i,z:x_i\neq y_i}|\alpha_{i,z}^{t*}\beta_{i,z}^{t}|\\&\leqslant\sum_{x,y:(x,y)\in R}\sum_{i,z:x_i\neq y_i}\left(\sqrt{\lambda_1/\lambda_2}\,|\alpha_{i,z}^{t}|^2+\sqrt{\lambda_2/\lambda_1}\,|\beta_{i,z}^{t}|^2\right)\end{aligned}$$

最后一个不等式中的 $\lambda_1,\lambda_2>0$，是两个待定的参数，具体的取值将在后面确定。下面分别对 $|\alpha_{i,z}^{t}|$ 和 $|\beta_{i,z}^{t}|$ 进行估计。

$$\begin{aligned}\sum_{x,y:(x,y)\in R}\sum_{i,z:x_i\neq y_i}\sqrt{\lambda_1/\lambda_2}\,|\alpha_{i,z}^{t}|^2&=\sqrt{\lambda_1/\lambda_2}\sum_{x\in R_X,i,z}\sum_{\substack{y:x_i\neq y_i,\\(x,y)\in R}}|\alpha_{i,z}^{t}|^2\\&=\sqrt{\lambda_1/\lambda_2}\sum_{x\in R_X,i,z}|\alpha_{i,z}^{t}|^2\sum_{\substack{y:x_i\neq y_i,\\(x,y)\in R}}1\\&\leqslant l\sqrt{\lambda_1/\lambda_2}\sum_{x\in R_X,i,z}|\alpha_{i,z}^{t}|^2\\&=l\,|R_X|\sqrt{\lambda_1/\lambda_2}\end{aligned}$$

这里 $R_X=|\{x\in X\mid\exists y,(x,y)\in R\}|$，第三行的不等式是根据条件（3）得到的。同理，对于 $|\beta_{i,z}^{t}|$ 我们有

$$\begin{aligned}\sum_{x,y:(x,y)\in R}\sum_{i,z:x_i\neq y_i}\sqrt{\lambda_2/\lambda_1}\,|\beta_{i,z}^{t}|^2&=\sqrt{\lambda_2/\lambda_1}\sum_{y\in R_Y,i,z}\sum_{\substack{x:x_i\neq y_i,\\(x,y)\in R}}|\beta_{i,z}^{t}|^2\\&=\sqrt{\lambda_2/\lambda_1}\sum_{y\in R_Y,i,z}|\beta_{i,z}^{t}|^2\sum_{\substack{x:x_i\neq y_i,\\(x,y)\in R}}1\end{aligned}$$

$$\leqslant l'\sqrt{\lambda_2/\lambda_1}\sum_{y\in R_Y,i,z}|\beta_{i,z}^t|^2$$

$$=l'|R_Y|\sqrt{\lambda_2/\lambda_1}$$

两者结合，我们有

$$|W_{t+1}-W_t|\leqslant l|R_X|\sqrt{\lambda_1/\lambda_2}+l'|R_Y|\sqrt{\lambda_2/\lambda_1} \tag{8-10}$$

现在取 $\lambda_1=l'|R_Y|, \lambda_2=l|R_X|$，带入式（8-10）可得

$$|W_{t+1}-W_t|\leqslant l|R_X|\sqrt{\frac{l'|R_Y|}{l|R_X|}}+l'|R_Y|\sqrt{\frac{l|R_X|}{l'|R_Y|}}=2\sqrt{ll'|R_X|\cdot|R_Y|} \tag{8-11}$$

$R\subseteq X\times Y$ 可以看作一个二部图，由边和度之间的关系可知

$$2|R|=\sum_{x\in R_X}|\{y:(x,y)\in R\}|+\sum_{y\in R_Y}|\{x:(x,y)\in R\}|$$

$$\geqslant\sum_{x\in R_X}m+\sum_{y\in R_Y}m'$$

$$=m|R_X|+m'|R_Y|\geqslant 2\sqrt{mm'|R_X|\cdot|R_Y|}$$

其中第二行的不等式是根据条件（1）和（2）得到的。将上式与式（8-11）结合可知

$$|W_{t+1}-W_t|\leqslant 2\sqrt{ll'|R_X|\cdot|R_Y|}\leqslant\sqrt{\frac{ll'}{mm'}}|R|=\sqrt{\frac{ll'}{mm'}}W_0$$

引理得证。

下面回到主定理的证明。由引理

$$W_0-W_T\geqslant W_0-2\sqrt{\varepsilon(1-\varepsilon)}W_0=W_0(1-2\sqrt{\varepsilon(1-\varepsilon)})$$

另一方面，由前述引理

$$W_0-W_T=(W_0-W_1)+(W_1-W_2)+\cdots+(W_{T-1}-W_T)$$

$$\leqslant\sum_{j=0}^{T-1}|W_j-W_{j+1}|$$

$$\leqslant\sum_{j=0}^{T-1}\sqrt{\frac{ll'}{mm'}}W_0=T\sqrt{\frac{ll'}{mm'}}W_0$$

因此

$$T\sqrt{\frac{ll'}{mm'}}W_0\geqslant W_0(1-2\sqrt{\varepsilon(1-\varepsilon)})$$

即 $T \geqslant (1-2\sqrt{\varepsilon(1-\varepsilon)})\sqrt{\frac{mm'}{ll'}} = \Omega\left(\sqrt{\frac{mm'}{ll'}}\right)$。

8.4.2 AND-OR 树的量子查询复杂性下界

作为量子对手方法的一个重要应用，本小节将证明两层的 AND-OR 树函数的量子查询复杂性下界。

首先通过几个例子看一下量子对手方法如何使用。第一个例子还是 Grover 搜索问题，我们将使用对手方法再次证明函数 $\mathrm{OR}_n(x) = x_1 \vee x_2 \vee \cdots \vee x_n$ 的查询复杂性下界是 $\Omega(\sqrt{n})$。

例 8-1 $Q(\mathrm{OR}_n) = \Omega(\sqrt{n})$。

使用定理 8.11 的关键是如何选择集合 X,Y 和二元关系 $R \subseteq X \times Y$。取 X 为全零输入，Y 是恰好包含一个 1 的所有输入，即

$$X = \{00\cdots0\}, \quad Y = \{10\cdots0, 010\cdots0, \cdots, 00\cdots01\}, \quad R = X \times Y$$

显然 $\forall x \in X$，$\mathrm{OR}_n(x) = 0$；$\forall y \in Y$，$\mathrm{OR}_n(y) = 0$，并且 $m = n, m' = 1$，而 $l = l' = 1$，由定理 8.11 知 $Q(\mathrm{OR}_n) = \Omega\left(\sqrt{\frac{mm'}{ll'}}\right) = \Omega(\sqrt{n})$。

例 8-2 对于异或函数 $\oplus_n(x) = x_1 \oplus x_2 \oplus \cdots \oplus x_n$，$Q(\oplus_n) = \Omega(\sqrt{n})$。

取 $X = \{x \in \{0,1\}^n \mid \oplus_n(x) = 0\}$，$Y = \{y \in \{0,1\}^n \mid \oplus_n(y) = 1\}$，$R = \{(x,y) \mid h(x,y) = 1, x \in X, y \in Y\}$。

其中 $h(x,y)$ 是 x 和 y 之间的的汉明距离，即 R 是所有只相差 1 比特的输入对。显然改变输入的任何一个比特都将会改变异或函数的值，因此 $m = m' = n$，而 $l = l' = 1$，由定理 8.11 知 $Q(\oplus_n) = \Omega\left(\sqrt{\frac{mm'}{ll'}}\right) = \Omega(n)$。

例 8-3 对于投票函数 $\mathrm{MAJ}_n(x): \{0,1\}^n \to \{0,1\}, Q(\mathrm{MAJ}_n) = \Omega(n)$。投票函数定义如下：

$$\mathrm{MAJ}_n(x) = \begin{cases} 1, & 若\ x_1 + x_2 + \cdots + x_n > \frac{n}{2} \\ 0, & 若\ x_1 + x_2 + \cdots + x_n \leqslant \frac{n}{2} \end{cases}$$

取 $X=\{x\in\{0,1\}^n \mid x_1+x_2+\cdots+x_n=\lfloor n/2\rfloor\}$，$Y=\{y\in\{0,1\}^n \mid y_1+y_2+\cdots+y_n=\lfloor n/2\rfloor+1\}$。显然 $\forall x\in X$，$f(x)=0$；而 $\forall y\in Y$，$f(y)=1$。R 的定义仍然是汉明距离为 1 的输入对

$$R=\{(x,y)\mid h(x,y)=1,x\in X,y\in Y\}$$

显然对于任何一个 $x\in X$，如果将其中某一个 $x_i=0$ 改变成 $x_i=1$，则可以得到某个 $y\in Y$，同理如果将某一个 $y\in Y$ 的某一位 $y_i=1$ 改变成 $y_i=0$，那么将可以得到一个 $x\in X$。所以 $m=n-\lfloor n/2\rfloor$，$m'=\lfloor n/2\rfloor+1$，而仍然有 $l=l'=1$。

由定理 8.11 知 $Q(\mathrm{MAJ}_n)=\Omega\left(\sqrt{\frac{mm'}{ll'}}\right)=\Omega(n)$。

定义 8.3　（两层）AND-OR 树函数是一个有 n^2 个输入变量的布尔函数（如图 8-8 所示），若将输入记为 $x=x_{1,1}x_{1,2}\cdots x_{1,n}x_{2,1}x_{2,2}\cdots x_{n,n-1}x_{n,n}$，则

$$\mathrm{AND}\circ\mathrm{OR}(x)=\bigwedge_{1\leqslant i<n}\left(\bigvee_{1\leqslant j<n}x_{i,j}\right)$$

定理 8.13　$Q(\mathrm{AND}\circ\mathrm{OR})=\Omega(n)$。

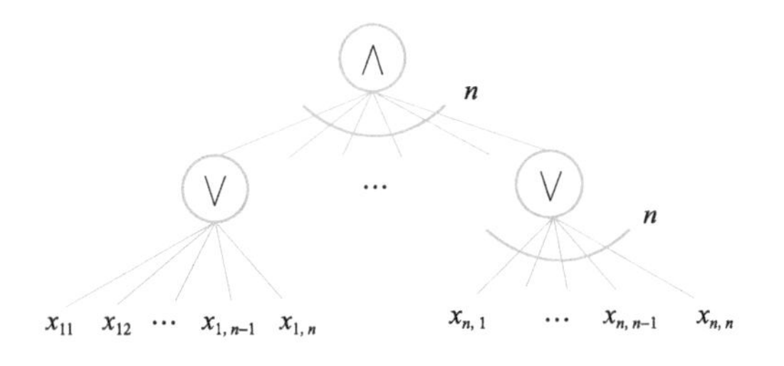

图 8-8　两层的 AND-OR 树函数

注：对于 AND-OR 树函数，很容易使用 Grover 搜索算法给出一个查询复杂性为 $O(n)$ 量级的算法：查找是否存在一个下标 $1\leqslant i<n$，使得 $x_{i,1}=x_{i,2}=\cdots=x_{i,n}=0$，而这相当于在 $x_{i,1},x_{i,2},\cdots,x_{i,n}$ 中查找是否存在一个 $1\leqslant j<n$ 使得 $x_{i,j}=1$，又可以通过 Grover 进行查找，因此总的查询复杂性为 $O(\sqrt{n})O(\sqrt{n})=O(n)$。这说明 $\Omega(n)$ 的下界是紧的。

证明：以如下方式选取集合 X 和 Y，首先可以把输入 $x\in\{0,1\}^{n^2}$ 看作一个 $n\times n$ 的 0/1 矩阵，集合 X 是由所有每一行恰好有一个 1 的矩阵组成，即

$$X=\{x\in\{0,1\}^{n^2} \mid \forall 1\leqslant i<n,\exists!\, j,x_{i,j}=1\}$$

而集合 Y 是由所有这样的矩阵构成：y 中有一行全为 0，除去此行之外每行恰好有一个 1，即

$$Y=\{y\in\{0,1\}^{n^2}\mid \exists 1\leqslant i<n, x_{i,1}=x_{i,2}=\cdots x_{i,n}=0, \forall i'\neq i, \exists ! j, x_{i',j}=1\}$$

$\forall x\in X$，由于对每一个 i 都存在 j，使得 $x_{i,j}=1$，因此 $\forall i$，$\bigvee_{1\leqslant j<n} x_{i,j}=1$，故

$$\mathrm{AND}\circ\mathrm{OR}(x)=\bigwedge_{1\leqslant i<n}\left(\bigvee_{1\leqslant j<n} x_{i,j}\right)=\bigwedge_{1\leqslant i<n} 1=1$$

$\forall y\in Y$，由于存在 i，使得整行 $x_{i,j}=0$，因此 $\bigvee_{1\leqslant j<n} x_{i,j}=0$，故

$$\mathrm{AND}\circ\mathrm{OR}(y)=\bigwedge_{1\leqslant i<n}\left(\bigvee_{1\leqslant j<n} x_{i,j}\right)=0$$

R 仍然定义为

$$R=\{(x,y)\mid h(x,y)=1, x\in X, y\in Y\}$$

$\forall x\in X$，由于对每一行都恰有一个 $x_{i,j}=1$，将某个 1 反转成 0 将使得这一行全变为 0，即得到了一个 $y\in Y$，因此 $m=n$。$\forall y\in Y$，y 的其中一行全部为 0，将该行的任何一个 0 反转成 1，都可以得到一个 $x\in X$，因此 $m'=n$。由 R 的定义知 $l=l'=1$，因此 $Q(\mathrm{AND}\circ\mathrm{OR})=\Omega\left(\sqrt{\frac{mm'}{ll'}}\right)=\Omega(n)$。

仿照上述证明思路，可以对更一般的两层 AND-OR 树函数给出量子查询复杂性下界。

定理 8.14　$Q(\mathrm{AND}_m\circ\mathrm{OR}_n)=\Omega(\sqrt{mn})$，其中 $\mathrm{AND}_m\circ\mathrm{OR}_n$ 是一个有 mn 个输入变量的布尔函数，定义如下：

$$\mathrm{AND}_m\circ\mathrm{OR}_n=\bigwedge_{1\leqslant i<m}\left(\bigvee_{1\leqslant j<n} x_{i,j}\right)$$

此外根据对称性，对于两层的 OR-AND 树函数我们有类似的下界。

推论：$Q(\mathrm{OR}_m\circ\mathrm{AND}_n)=\Omega(\sqrt{mn})$，其中 $\mathrm{OR}_m\circ\mathrm{AND}_n$ 是一个有 mn 个输入变量的布尔函数，定义如下。

$$\mathrm{AND}_m\circ\mathrm{OR}_n=\bigvee_{1\leqslant i<m}\left(\bigwedge_{1\leqslant j<n} x_{i,j}\right)$$

注：使用多项式方法也可以给出两层 AND-OR（OR-AND）树函数的量子查询复杂性下界，但证明过程要困难得多，该问题曾困扰学界多年，有兴趣的读者可以参考文献［20］和［21］。

8.4.3　通用量子对手方法

量子对手方法自从被提出来之后，许多学者对其进行了扩展和推广，包括：带权重

的量子对手方法[23]、加强的带权重量子对手方法[24]、谱量子对手方法[25]、基于 Kolmogorov 复杂性的量子对手方法[26]、负数权重的量子对手方法[28]（通用对手方法）等。通过与跨度程序（Span Program）[29] 相结合，学者已经证明，通过适当的选择负数权重，通用量子对手方法可以给出几乎最优的量子查询复杂性[30]，感兴趣的读者推荐阅读文献［27］。

定理 8.15（通用量子对手方法）　设 $f:S\to T$ 是一个 n 元布尔函数，其中 $S\subseteq\{0,1\}^n$ 是输入的集合。$\boldsymbol{\Gamma}$ 是一个 $|S|\times|S|$ 的厄密矩阵，满足如果 $f(x)=f(y)$，则 $\boldsymbol{\Gamma}[x,y]=0$。对 $1\leqslant i<n$，定义 $|S|\times|S|$ 的 0-1 矩阵 $\boldsymbol{D}_i$ 如下：

$$\boldsymbol{D}_i[x,y]=\begin{cases}1, & \text{如果 } x_i\neq y_i\\ 0, & \text{如果 } x_i=y_i\end{cases}$$

定义 $\boldsymbol{\Gamma}\circ\boldsymbol{D}_i$ 为矩阵 $\boldsymbol{\Gamma}$ 和 $\boldsymbol{D}_i$ 的哈达玛乘积，即对 $\forall x,y\in S$，

$$\boldsymbol{\Gamma}\circ\boldsymbol{D}_i[x,y]=\boldsymbol{\Gamma}[x,y]\cdot\boldsymbol{D}_i[x,y]$$

则函数 f 的量子查询复杂性

$$Q_\varepsilon(f)\geqslant\frac{1-2\sqrt{\varepsilon(1-\varepsilon)}-2\varepsilon}{2}\max_{\Gamma\neq0}\frac{\|\boldsymbol{\Gamma}\|}{\max_i\|\boldsymbol{\Gamma}\circ\boldsymbol{D}_i\|}$$

这里 $\|\cdot\|$ 表示矩阵的谱范数。

作为一个应用，下面使用通用对手方法证明**有序**搜索问题的量子查询复杂性下界（证明思想基于文献［30］）：输入为有序数组 $a_1\leqslant a_2<\cdots<a_n$ 和待查找目标 x，输出 $\min\{i\mid x\leqslant a_i\}$；如果 $x>a_n$ 则输出 $+\infty$。显然使用二分查找可以给出一个经典查询复杂性的上界 $O(\log n)$。下面我们将证明量子查询复杂性具有 $\Omega(\log n)$ 的下界，也就是说对于有序数组搜索问题，量子算法至多只能常数量级加速。

为了便于使用通用量子对手方法，我们需要对输入进行一些改造。考虑如下问题：$f:S\subseteq\{0,1\}^n\to\{1,\cdots,n\}$，其中 S 只包含如下 n 种输入，

$$S=\{0^{n-1}1,0^{n-2}1^2,\cdots,01^{n-1},1^n\}$$

$f(x_1x_2\cdots x_n)=\min\{i\mid x_i=1\}$（即 $x_i=\mathrm{I}[a_i\geqslant x]$）。

显然任给 $x\neq y\in S$，$f(x)\neq f(y)$。如下选取矩阵 $\boldsymbol{\Gamma}$：

$$\forall\,1\leqslant i\neq j\leqslant n,\quad \boldsymbol{\Gamma}[0^{n-i}1^i,0^{n-j}1^j]=\frac{1}{|i-j|};\quad \boldsymbol{\Gamma}[0^{n-i}1^i,0^{n-i}1^i]=0$$

即

$$\boldsymbol{\Gamma}=\begin{bmatrix} 0 & 1 & 1/2 & 1/3 & \cdots & \frac{1}{n-1} \\ 1 & 0 & 1 & 1/2 & \cdots & \frac{1}{n-2} \\ 1/2 & 1 & 0 & 1 & \cdots & \vdots \\ 1/3 & 1/2 & 1 & 0 & \cdots & \vdots \\ \vdots & \vdots & \vdots & \vdots & \ddots & 1 \\ \frac{1}{n-1} & \frac{1}{n-2} & \cdots & 1/2 & 1 & 0 \end{bmatrix}$$

下面我们将证明对于该矩阵，

$$\|\boldsymbol{\Gamma}\|=\Omega(\log n),\quad \max_i \|\boldsymbol{\Gamma}\circ\boldsymbol{D}_i\|=O(1) \tag{8-12}$$

若式（8-12）成立，根据定理 8.14 立知 $Q_\varepsilon(f)=\Omega(\log n)$。

先证 $\|\boldsymbol{\Gamma}\|=\Omega(\log n)$：根据定义 $\|\boldsymbol{\Gamma}\|=\max\limits_{v:\|v\|=1}\|\boldsymbol{\Gamma v}\|$，取 $\boldsymbol{v}=\frac{1}{\sqrt{n}}[1,1,\cdots,1]^{\mathrm{T}}$，则有 $\|\boldsymbol{\Gamma}\|\geqslant\|\boldsymbol{\Gamma v}\|\triangleq\|\boldsymbol{u}\|$。其中 $\boldsymbol{u}=[u_1,u_2,\cdots,u_n]^{\mathrm{T}}$，

$$u_i=\sum_{k=1}^{i-1}\frac{1}{\sqrt{n}}\cdot\frac{1}{|i-k|}+\sum_{k=i+1}^{n}\frac{1}{\sqrt{n}}\cdot\frac{1}{|i-k|}=\frac{1}{\sqrt{n}}(H_{i-1}+H_{n-i})$$

$$=\frac{1}{\sqrt{n}}(\ln(i-1)+\ln(n-i)+O(1))=\Omega\left(\frac{\ln n}{\sqrt{n}}\right)$$

因此 $\|\boldsymbol{u}\|=\sqrt{\sum_{i=1}^{n}u_i^2}=\sqrt{\Omega\left(\frac{\ln n}{\sqrt{n}}\right)^2\cdot n}=\Omega(\ln n)$。

$\max\limits_i\|\boldsymbol{\Gamma}\circ\boldsymbol{D}_i\|=O(1)$：任给 $i\in\{1,\cdots,n\}$，根据定义可知

$$\boldsymbol{D}_i[0^j1^{n-j},0^k1^{n-k}]=\begin{cases}0, & 如果\ j,k<i\\ 0, & 如果\ j,k\geqslant i\\ 1, & 如果\ j<i\leqslant k\\ 1, & 如果\ k<i\leqslant j\end{cases}$$

即 $\boldsymbol{D}_i$ 具有分块结构 $\begin{bmatrix}\boldsymbol{O} & * \\ * & \boldsymbol{O}\end{bmatrix}$。将 $\boldsymbol{\Gamma}$ 也按此方式分块，记为 $\boldsymbol{\Gamma}=\begin{bmatrix}\boldsymbol{\Gamma}_{11} & \boldsymbol{\Gamma}_{12}\\ \boldsymbol{\Gamma}_{21} & \boldsymbol{\Gamma}_{22}\end{bmatrix}$，则

$$\boldsymbol{\Gamma}\circ\boldsymbol{D}_i=\begin{bmatrix}\boldsymbol{O} & \boldsymbol{\Gamma}_{12}\\ \boldsymbol{\Gamma}_{21} & \boldsymbol{O}\end{bmatrix}$$

其中

$$\boldsymbol{\Gamma}_{12}=\boldsymbol{\Gamma}_{21}^{\mathrm{T}}=\begin{bmatrix}\dfrac{1}{i-1} & \dfrac{1}{i} & \cdots & \cdots & \dfrac{1}{n-1}\\ \vdots & \vdots & \vdots & \cdots & \vdots\\ 1/2 & 1/3 & \cdots & \ddots & \vdots\\ 1 & 1/2 & 1/3 & \cdots & \dfrac{1}{n-i+1}\end{bmatrix}_{(i-1)\times(n-i)}$$

事实上$\boldsymbol{\Gamma}_{12}$是一个更大的 Hilbert 矩阵的一部分。关于 Hilbert 矩阵有如下结论：

引理 8.5[32]　对于 Hilbert 矩阵 $\boldsymbol{H}=\left[\dfrac{1}{i+j-1}\right]_{n\times n}$，$\|\boldsymbol{H}\|\leqslant\pi$。

任取满足$\|\boldsymbol{v}\|=1$的向量$\boldsymbol{v}=[v_1,\cdots,v_n]^{\mathrm{T}}$，将$\boldsymbol{v}$也进行分块$\boldsymbol{v}=\begin{bmatrix}\boldsymbol{u}\\ \boldsymbol{w}\end{bmatrix}$，则

$$\begin{aligned}\|(\boldsymbol{\Gamma}\circ\boldsymbol{D}_i)\boldsymbol{v}\|^2&=\boldsymbol{v}^{\mathrm{T}}(\boldsymbol{\Gamma}\circ\boldsymbol{D}_i)^{\mathrm{T}}\cdot(\boldsymbol{\Gamma}\circ\boldsymbol{D}_i)\boldsymbol{v}=\boldsymbol{u}^{\mathrm{T}}\boldsymbol{\Gamma}_{12}\boldsymbol{\Gamma}_{12}^{\mathrm{T}}\boldsymbol{u}+\boldsymbol{w}^{\mathrm{T}}\boldsymbol{\Gamma}_{21}\boldsymbol{\Gamma}_{21}^{\mathrm{T}}\boldsymbol{w}\\&\leqslant\pi^2\|\boldsymbol{u}\|^2+\pi^2\|\boldsymbol{w}\|^2=\pi^2\end{aligned}$$

这里隐含使用了$\boldsymbol{\Gamma}_{12}\boldsymbol{\Gamma}_{12}^{\mathrm{T}}$和$\boldsymbol{\Gamma}_{21}\boldsymbol{\Gamma}_{21}^{\mathrm{T}}$是$\boldsymbol{H}\boldsymbol{H}^{\mathrm{T}}$的两个主子阵。因此$\|\boldsymbol{\Gamma}\circ\boldsymbol{D}_i\|=\max\limits_{\boldsymbol{v}:\|\boldsymbol{v}\|=1}\|(\boldsymbol{\Gamma}\circ D_i)\boldsymbol{v}\|\leqslant\pi$。

定理 8.16　$Q(\mathrm{OR}_n)=\Omega(\log n)$。

8.5 本讲小结

本讲主要介绍了量子查询复杂性定义，从量子查询模型定义开始，介绍了 Deutsch-Jozsa 问题，Grover 量子搜索算法等量子查询算法，以及量子查询复杂性下界常用的多项式方法与对手方法。同时，还介绍了构造计算任意函数的量子查询算法的对偶对手方法，并以博弈树和复合函数为例，展示如何使用这一方法。

参考文献

[1] BUHRMAN H, DE WOLF R. Complexity measures and decision tree complexity: a survey [J].

Theoretical Computer Science, 2002, 288(1): 21-43.

[2] LOVÁSZ L, YOUNG N E. Lecture Notes on Evasiveness of Graph Properties [J]. CoRR cs. CC/0205031(2002).

[3] KAHN J, SAKS M E, STURTEVANT D. A topological approach to evasiveness [J]. Combinatorics Probability & Computing, 1984, 4(4): 297-306.

[4] YAO A C-C. Monotone Bipartite Graph Properties are Evasive [J]. SIAM Journal on Computing, 1988, 17(3): 517-520.

[5] DEUTSCH D. Quantum Theory, the Church-Turing Principle and the Universal Quantum Computer [C]//Proceedings of the Royal Society of London. Series A, Mathematical and Physical Sciences 400(1818): 97-117.

[6] DEUTSCH D, JOSZA R. Rapid solution of problems by quantum computation. Proceedings of the Royal Society of London, 1992, Series A 439: 553-558.

[7] GROVER L K. A Fast Quantum mechanical algorithm for database search[C]//STOC'96: Proceedings of the 28th Annual ACM Symposium on the Theory of Computing, Philadelphia: ACM, 1996: 212-219.

[8] MONTANARO A, JOZSA R, MITCHISON GRAEME. On exact quantum query complexity [J]. Algorithmica, 2015, 71(4): 775-796.

[9] AMBAINIS A, IRAIDS J, SMOTROVS J. Exact Quantum query complexity of EXACT and THRESHOLD [C]//TQC 2013: 263-269.

[10] AMBAINIS A, IRAIDS J, NAGAJ D. Exact quantum query complexity of $\text{EXACT}_{k,l}^{n}$[J]. SOFSEM, 2017: 243-255.

[11] QIU D W, ZHENG S G. Revisiting Deutsch-Jozsa algorithm [J]. Inf. Comput. 275: 104605 (2020).

[12] HE X Y, SUN X M, YUAN P, et al. Exact quantum query complexity of weight decision problems via Chebyshev polynomials [J]. Science China-Information Sciences, 2022.

[13] BRASSARD G, HØYER P, TAPP A. Quantum algorithm for the collision problem [J]. ACM SIGACT News, 1997, 28: 14-19.

[14] BEALS R, BUHRMAN H, CLEVE R, et al. Quantum lower bounds by polynomials [J]. Journal of the ACM, 2001, 48(4): 778-797.

[15] MINSKY M, PAPERT S, et al. Perceptrons: An Introduction to Computational Geometry [M]. Cambridge: MIT press, 1968.

[16] NISAN NOAM, SZEGEDY M. On the Degree of Boolean Functions as Real Polynomials [C]//STOC'92: Proceedings of the 35th annual ACM symposium on Theory of Computing. New York: ACM, 1992: 462-467.

[17] MARKOV A A. On a problem of D. I. Mendeleev [J]. Zap. Im. Akad. Nauk. 1889, 62: 1-24.

[18] PATURI R. On the Degree of Polynomials that Approximate Symmetric Boolean Functions(Preliminary Version) [C]// Proceedings of the 24th ACM Symposium on Theory of Computing. New York: ACM, 1992: 468-474.

[19] AMBAINIS A. Quantum lower bounds by quantum arguments [J]. Journal of Computer and System Sciences, 2002, 64(4): 750-767.
[20] SHERSTOV A A. Approximating the AND-OR Tree [J]. Theory of Computing, 2013, 9: 653-663.
[21] BUN M, THALER J. Dual lower bounds for approximate degree and markov-bernstein inequalities [C]//ICALP'13: Proceedings of the 40th International Colloquium on Automata, Languages, and Programming. 2013: 303-314.
[22] AARONSON S, SHI Y Y. Quantum lower bounds for the collision and the element distinctness problem [J]. Journal of the ACM, 2004, 51(4): 595-605.
[23] AMBAINIS A. Polynomial degree vs. quantum query complexity [J]. Journal of Computer and System Sciences, 2006, 72(2): 220-238.
[24] ZHANG S Y. On the power of Ambainis's lower bounds [J]. Theoretical Computer Science, 2005, 339(2): 241-256.
[25] BARNUM H, SAKS M E, SZEGEDY M. Quantum query complexity and semi-definite programming [C]//CCC'03: Proceedings of the 18th IEEE Conference on Computational Complexity. Piscataway: IEEE, 2003: 179-193.
[26] LAPLANTE S, LEE T, MARIO S. The quantum adversary method and classical formula size lower bounds [J]. Computational Complexity. 2006, 15(2): 163-196.
[27] SPALEK R, SZEGEDY M. All quantum adversary methods are equivalent [J]. Theory of Computing, 2006, 2(1): 1-18.
[28] HØYER PETER, LEE T, SPALEK R. Negative weights make adversaries stronger[C]//STOC'07: Proceedings of the 35th annual ACM symposium on Theory of Computing. New York: ACM, 2007: 526-535.
[29] REICHARDT B, SPALEK ROBERT. Span-Program-Based Quantum Algorithm for Evaluating Formulas [J]. Theory of Computing, 2012, 8(1): 291-319.
[30] REICHARDT B. Span programs and quantum query complexity: the general adversary bound is nearly tight for every boolean function [C]//FOCS'09: Proceedings of the 50th annual IEEE symposium on Foundations of Computer Science. Piscataway: IEEE, 2009: 544-551.
[31] HØYER P, NEERBEK J, SHI Y Y. Quantum complexities of ordered searching, sorting, and element distinctness [J]. Algorithmica, 2002, 34(4): 429-448.
[32] HARDY G H, LITTLEWOOD J E, PÓLYA G. Inequalities [M]. 2nd ed. Cambridge: Cambridge University Press, 1952.

第 9 讲
量子通信复杂性

9.1 通信复杂性模型

通信复杂性（communication complexity）由图灵奖得主姚期智教授于1979年提出，刻画了由于信息不完备而产生的根本性的复杂性现象[1]。在这个模型中，计算输入被分配到两个计算个体中，通常被称为Alice和Bob。给定一个布尔函数$f:\{0,1\}^n\times\{0,1\}^n\to\{0,1\}$，Alice拿到输入$x\in\{0,1\}^n$，Bob拿到输入$y\in\{0,1\}^n$，它们的共同目的是计算出函数值$f(x,y)$。为了简单起见，本讲主要讨论Alice与Bob要计算的是布尔函数的情况。但是相关的结论都可以推广到非布尔函数。在计算的初始状态时，Alice和Bob只知道自己的输入，因此由于信息不完备，对于绝大多数函数，Alice和Bob不能独自计算$f(x,y)$。它们可以通过通信来交换信息，从而计算出函数值。通信复杂性关心它们至少交换多少比特的消息可以计算出函数值。在通信复杂性模型中，我们并不关心Alice和Bob局部计算的开销，因此可以默认Alice与Bob的计算能力是无限的。计算的开销只是由于信息不完备造成的。函数f的通信复杂性就是Alice和Bob对于任意的输入x，y都可以正确计算出对应的函数值$f(x,y)$时对应的最少通信比特数。

通信复杂性模型是一个非常简洁的计算模型。一方面，它刻画了信息不完备这样计算难度的本质现象，有着强大的表达能力。另一方面，与图灵机与电路不同，我们有一系列的工具来证明通信复杂性的下界。因此通信复杂性被广泛地应用于数据结构、电路复杂性、数据流算法、线性规划和半正定规划等一系列问题的复杂性下界的证明。

通信复杂性模型有一系列子模型，下面介绍一些常见的子模型。根据计算结果的正确性，通信复杂性模型分为确定通信复杂性和随机通信复杂性。一个函数f的确定通信复杂性与随机通信复杂性一般分别记作$D(f)$和$R(f)$。具体定义如定义9.1所示。

定义9.1（确定通信复杂性） 给定函数$f:\{0,1\}^n\times\{0,1\}^n\to\{0,1\}$，确定通信复杂性$D(f)$是指通信双方需要交换的最少比特数，满足对于任意的Alice输入$x\in\{0,1\}^n$和Bob的输入$y\in\{0,1\}^n$，都可以确定地计算出函数值。

众所周知，算法设计中，除了要考虑确定型算法，往往还会考虑随机算法。在通信复杂性中，也会类似地考虑随机通信复杂性，如定义9.2所示。

定义 9.2（随机通信复杂性） 给定函数 $f:\{0,1\}^n\times\{0,1\}^n\rightarrow\{0,1\}$，它的随机通信复杂性 $R(f,\varepsilon)$ 是指通信双方需要交换的最少比特数，满足对于任意的 Alice 输入 $x\in\{0,1\}^n$ 和 Bob 的输入 $y\in\{0,1\}^n$，都能以大于等于 $1-\varepsilon$ 的概率计算出正确的函数值。

为了保持符号简洁，在下文中用 $R(f)$ 表示 $R\left(f,\ \frac{1}{3}\right)$。

显而易见，对于任意的函数 $f:\{0,1\}^n\times\{0,1\}^n\rightarrow\{0,1\}$，有

$$R(f)\leqslant D(f)\leqslant n+1$$

第二个不等式成立是因为有一个协议，即 Alice 把整个输入发给 Bob，由 Bob 来计算函数值，再发还给 Alice。

根据 Chernoff 不等式，定义 9.2 中的正确概率 $1-\varepsilon$ 可以改成大于 1/2 的常数，同时满足随机通信复杂性的阶是不变的。这里随机通信复杂性的错误是双向错误（Two-Sided Error），即无论 $f(x,y)$ 的值是 0 还是 1，都有可能出错，一般称这样的算法叫蒙特卡洛（Monte-Carlo）算法。计算机科学家们也研究单向错误（One-Sided Error）通信复杂性以及零错误（Zero-Error）通信复杂性。由于篇幅所限，本讲不展开讨论这两类复杂性。

在随机通信复杂性模型中，通信双方可以认为是两个随机图灵机，执行随机算法。根据计算理论，随机算法可以认为是先生成一个足够长的随机串，然后依据输入和随机串执行一个确定型算法。一般情况下，通信双方的随机串是独立的。在通信复杂性模型中，还考虑带有公共随机串（Public-Coin）的通信复杂性模型，即通信双方共享同一个随机串。整个通信协议的随机性由这个共享随机串决定。这个模型下一个函数 f 的通信复杂性记作 $R^{\text{pub}}(\mathrm{f})$，其中上标 pub 即 Public-Coin 的简写。1991 年，Newman 证明了定理 9.1，对于交互通信模型，共享公共随机串并不会节省太多通信。

定理 9.1[52] 对于任意的函数 $f:\{0,1\}^n\times\{0,1\}^n\rightarrow\{0,1\}$，有以下不等式。

$$R(f)=O(R^{\text{pub}}(f)+\log n)$$

根据通信方式，通信复杂性模型还分为双向通信（Two-Way Communication）、单向通信（One-Way Communication）和同步消息传递（Simultaneous Message Passing，SMP）。

双向通信模型，顾名思义，即计算双方可以无限次数交换信息，这也是被研究最多的计算模型。

在单向通信模型中，由一方发送信息给另外一方，接收方计算出函数值。根据发送

方与接收方的不同，通信复杂性差别可能很大。因此在此模型中，要强调谁是发送方，谁是接收方。根据计算形式以及计算结果的正确性，一个函数f的单向通信复杂性可以记作$D^{A\to B}(f),D^{B\to A}(f),R^{A\to B}(f),R^{B\to A}(f),R^{A\to B,pub}(f),R^{B\to A,pub}(f)$。

SMP 通信模型相对要复杂一些。在这个模型中，计算双方 Alice 和 Bob 不直接通信，而是把信息发送给第三方，一般称为裁判（Referee），裁判根据获得的信息来计算函数值。根据计算方式，一个函数的 SMP 通信复杂性分别记作$D^{\|}(f),R^{\|}(f)$和$R^{\|pub}(f)$。值得注意的是，Newman 定理在 SMP 模型下不成立。对于某些函数f，$R^{\|}(f)$和$R^{\|pub}(f)$的差距会很大。后面的例子会提到，对于相等问题（EQ），有$R^{\|pub}(EQ)=O(1)$，但是$R^{\|}(EQ)=\Theta(\sqrt{n})$[2,3,4]。这些通信模型的具体图示如图 9-1 所示。

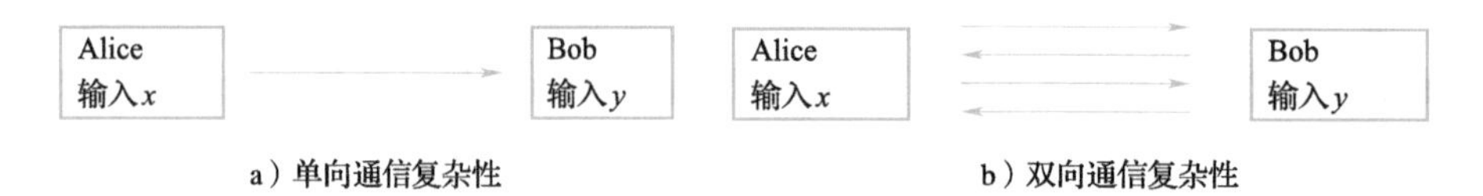

图 9-1　单向通信模型与双向通信模型

显而易见，双向通信复杂性模型要强于单向通信模型，而单向通信复杂性模型要强于 SMP 复杂性模型，如图 9-2 所示。因此，对于任意一个函数f，有

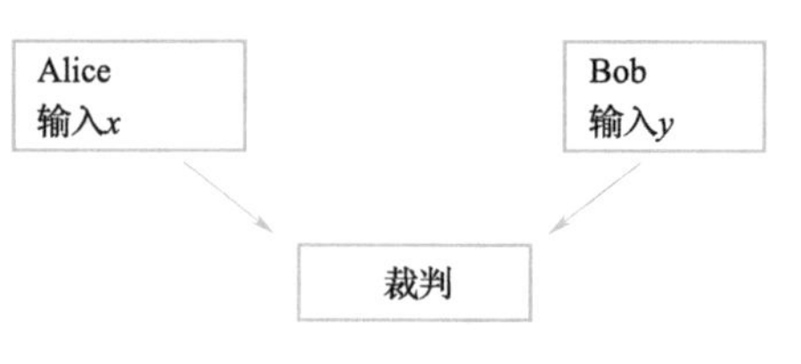

图 9-2　SMP 通信复杂性

$$D^{\|}(f)\leqslant\max\{D^{A\to B}(f),\quad D^{B\to A}(f)\}\leqslant D(f)$$

和

$$R^{\|}(f)\leqslant R^{\|pub}(f)\leqslant\max\{R^{A\to B,pub}(f),\quad R^{B\to A,pub}(f)\}\leqslant R^{pub}(f)$$

通信复杂性模型中，最常研究的几个函数如下。

1）相等函数（EQ）

$$\mathrm{EQ}(x,y)=\begin{cases}1, & x=y\\0, & \text{其他}\end{cases}$$

2）集合不交函数（DISJ）

$$\mathrm{DISJ}(x,y)=\begin{cases}1, & (\exists i)x_i=y_i=1\\0, & \text{其他}\end{cases}$$

3）内积函数（IP）

$$\mathrm{IP}(x,y)=\sum_{i} x_{i} \cdot y_{i} \bmod 2$$

9.2 量子通信复杂性模型

1993 年，姚期智教授在 *Quantum Circuit Complexity* 论文中首次提出量子通信复杂性模型[5]。量子通信复杂性，顾名思义，即通信双方 Alice 和 Bob 是两台量子计算机，双方可以处理量子信息且交换量子信息。量子通信复杂性已经成为量子计算与量子复杂性理论的一个重要分支。计算机科学家们发现在不少问题上，量子通信复杂性可以指数级优于经典通信复杂性。而且与常见的量子算法的优越性不同，量子通信复杂性的优越性是不基于任何复杂性假设的，也就是说它的优越性是无条件的。此外，计算机科学家们也发展了一系列证明量子通信复杂性下界的方法，让人们更加深刻地认识到量子计算机的计算能力边界。

在姚期智教授提出的量子通信复杂性模型中，计算双方拥有量子计算机，它们通过量子信道交换量子信息。这个模型也被称作 Yao 模型（Yao's model）。在 Yao 模型中，Alice 与 Bob 不共享任何资源。通过 Newman 定理可知，即使双方共享经典随机串，最多也只能节约 $O(\log n)$ 比特的信息。之后 Cleve 和 Buhrman 提出 Alice 与 Bob 共享量子纠缠态的量子通信复杂性模型[6]。在这个模型中，通信双方 Alice 和 Bob 共享任意的量子纠缠态，但是通信双方只能通过经典信道交换经典信息。这个模型也被称为 Cleve-Buhrman 模型。值得注意的是，如果通信双方可以共享足够多的 EPR 态，那么根据量子隐态传输协议（quantum teleportation），它们可以通过消耗一个 EPR 态和发送两个经典比特来传输任意一个量子比特。因此在 Cleve-Buhrman 模型中，即使允许通信双方交换量子信息，也不能显著降低量子通信复杂性。

显而易见，Cleve-Buhrman 模型强于 Yao 模型。后文里除非特别指出，否则所有提到的量子通信复杂性模型都默认为 Cleve-Buhrman 模型。

由于量子计算内在的随机性，大多数研究考虑有界误差的量子通信复杂性。与经典通信复杂性类似，根据信息交换方式，量子通信复杂性分为单向量子通信复杂性、双向量子通信复杂性、SMP 量子通信复杂性。这些复杂性分别记作 $Q^{A\to B,\text{ent}}(f,\varepsilon)$，$Q^{B\to A,\text{ent}}(f,\varepsilon)$，$Q^{\text{ent}}(f,\varepsilon)$，$Q^{\parallel,\text{ent}}(f,\varepsilon)$。其中上标 ent 表明通信双方可以共享任意的量子纠缠态，即 Cleve-Buhrman 模型。与随机通信复杂性记号类似，如果出错概率 ε 被略写，则默认 $\varepsilon=1/3$。

9.1 节中讲到的最常研究的函数，在各种模型下的通信复杂性总结见表 9-1。

表 9-1　三种常见函数在各种模型下的通信复杂性

	$D(f)$	$R^{\parallel}(f)$	$R^{\parallel,\text{pub}}(f)$	$R^{\text{pub}}(\text{f})$	$Q^{\parallel}(f)$	$Q^{\text{ent}}(f)$
EQ	n	$\Theta(\sqrt{n})$	$\Theta(1)$	$\Theta(1)$	$\Theta(\log n)$	$\Theta(1)$
DISJ	n	$\Theta(n)$	$\Theta(n)$	$\Theta(n)$	$\Theta(n)$	$\Theta(\sqrt{n})$
IP	n	$\Theta(n)$	$\Theta(n)$	$\Theta(n)$	$\Theta(n)$	$\Theta(n)$

9.3 高效量子通信协议

量子通信复杂性提出之后，学者们开始研究在通信复杂性模型上量子通信的优势。第一个考虑的计算问题就是前文提到的集合不交问题。仔细观察会发现，集合不交问题其实是一个搜索问题。在集合 $\{1,\cdots,n\}$ 里搜索满足 $x_i=y_i=1$ 的下标 i。所以非常自然地想到利用 Grover 算法。Grover 算法的关键就是实现 Grover 查询算子 $\boldsymbol{O}_{x,y}$

$$\boldsymbol{O}_{x,y}|i\rangle=(-1)^{x_i\cdot y_i}|i\rangle$$

假设通信双方可以执行这样一个查询算子，那么它们调用 $O(\sqrt{n})$ 次 $\boldsymbol{O}_{x,y}$ 就可以解决集合不交问题。现在的困难在于 $\boldsymbol{O}_{x,y}$ 是由 x 和 y 共同决定的，因此 Alice 和 Bob 都不能单独执行这样一个算子。下面介绍 Alice 和 Bob 如何通过来回交换 $\Theta(\log n)$ 量子比特信息来实现 $\boldsymbol{O}_{x,y}$ 算子，如算法 9-1 所示。

算法 9-1　Alice 输入 x，Bob 输入 y

目的：实现算子 $\boldsymbol{O}_{x,y}$ 满足 $\boldsymbol{O}_{x,y}|i\rangle=(-1)^{x_i\cdot y_i}|i\rangle$

1. 假设 Alice 手上的量子态为 $\sum_i \alpha_i|i\rangle|0\rangle$，Alice 执行酉变换

$$\boldsymbol{U}_x\left(\sum_i \alpha_i|i\rangle|0\rangle\right)=\sum_i \alpha_i|i\rangle|x_i\rangle$$

将执行完酉变换后的量子态发送给 Bob

2. Bob 执行下面的酉变换

$$V_y\Big(\sum_i \alpha_i \mid i\rangle \mid x_i\rangle\Big) = \sum_i \alpha_i(-1)^{x_i \cdot y_i} \mid i\rangle \mid x_i\rangle$$

将执行完酉变换后的量子态发回给 Alice

3. Alice 执行 U_x^{-1}

简单验证可知，最后一步 Alice 执行完之后，她手上的量子态变成了

$$U_x^{-1}\Big(\sum_i \alpha_i(-1)^{x_i \cdot y_i} \mid i\rangle \mid x_i\rangle\Big) = \sum_i \alpha_i(-1)^{x_i \cdot y_i} \mid i\rangle \mid 0\rangle$$

可见，通过来回交换一次量子消息，Alice 和 Bob 实现了算子 $O_{x,y}$。简单计算可知，实现一次 $O_{x,y}$ 需要交换 $O(\log n)$ 量子比特。因此应用 Grover 算法，解决集合不交问题总共需要通信 $O(\sqrt{n}\log n)$ 量子比特信息。之后，Aaronson 和 Ambainis 进一步优化了这个协议，给出了 $O(\sqrt{n})$ 通信复杂性的量子协议[7]。当然有个自然的问题是，这样的通信复杂性能不能进一步降低，构造出更高效的量子协议？答案是否定的。Razborov[8] 证明了集合不交问题的量子通信复杂性是 $\Omega(\sqrt{n})$。因此，Aaronson 和 Ambainis 的协议是最优的。由于集合不交问题的随机通信复杂性是 $\Theta(n)$，因此量子通信可以平方加速[9]。接下来有一个自然的问题是，是否有其他问题能够实现更快的加速？沿着这条研究主线，学者们构造了许多可以实现更快量子加速的计算例子。1999 年，Raz 构造了一个关系（relation，也可以认为是多值函数）$\mathcal{P}$，满足 $Q(\mathcal{P}) = O(\log n)$ 并且 $R(\mathcal{P}) = \Omega(n^{14}/\log n)$。因此量子通信可以实现指数加速[10]。2004 年，Bar-Yossef 等人[11] 构造了隐藏匹配问题（hidden matching）HM，满足 $Q^{A\to B}(\mathrm{HM}) = O(\log n)$ 同时 $R^{A\to B}(\mathrm{HM}) = \Omega(\sqrt{n})$。因此，即使对于简单的单向通信，交换量子信息也可以实现指数加速。但是上述两个计算问题都是关系。那么对于函数是否也有类似的指数加速现象？2007 年，Gavinsky 等人[12] 基于前面的隐藏匹配问题，构造了 α-偏匹配函数 α-PM 满足 $Q^{A\to B}(\alpha\mathrm{PM}) = O(\log n/\alpha)$ 和 $R^{A\to B}(\alpha\mathrm{PM}) = \Omega(\sqrt{n/\alpha})$。上述结果都是在同一个通信复杂性模型下经典通信与量子通信的比较。学者们进一步研究在一个弱的通信复杂性模型下，如果允许量子通信，是否可以优于在一个只允许经典的强通信复杂型模型。2010

年，Klartag 和 Regev[13] 构造了子空间向量问题（VSP）满足 $Q^{A\to B}(\mathrm{VSP})=O(n\log n)$ 和 $R(\mathrm{VSP})=\Omega(n^{1/3})$。因此量子单向通信都可能指数级地优于经典双向通信。Gavinsky 进一步弱化量子通信复杂性的模型，取得了一系列成果。直至 2021 年，他构造了有缝汉明关系（GHR），满足 $Q^{\parallel}(\mathrm{GHR})=\mathrm{O}(\log n)$ 并且 $R(\mathrm{GHR})=\Omega(n^{1/3})$[14]。这是目前这条研究主线上的最强结果。无共享随机串的 SMP 通信复杂性模型是所有通信复杂性模型中最弱的，而双向通信复杂性是最强的。Gavinsky 这个结果说明了即使在最弱的模型下，容许量子通信都可以指数级超过在最强的经典通信复杂性模型，是否可以进一步 GHR 改进成函数，还是一个公开问题。

目前已知的量子通信复杂性与随机通信复杂性的指数分离例子都是偏函数，即函数对于某些输入是没有定义的。是否存在一个全函数，它的量子通信复杂性与随机通信复杂性是指数分离？这至今还是一个公开的问题。从集合不交问题，可知全函数的量子通信复杂性与随机通信复杂性至少有平方分离。那么是否有更大的分离？在很长一段时间内，学者们猜测平方分离是最大的了，这个猜测是有依据的。因为在很长一段时间内，已知全函数的随机查询复杂性与量子查询复杂性的最大分离也是平方。2016 年，Aaronson 等人[15] 引进了备忘单（cheat sheet）技巧，构造出一个随机查询复杂性与量子查询复杂性存在 2.5 次方分离的全函数。2016 年，Anshu 等人[16] 将 cheat sheet 的技术推广到通信复杂性模型，证明了全函数的量子通信复杂性与随机通信复杂性的最大分离也至少是 2.5。2017 年，Göös 等人[17] 证明了随机通信复杂性的提升定理（lifting theorem）。利用这个定理，可以将任何全函数的随机查询复杂性与量子查询复杂性的分离转换成全函数的量子通信复杂性与随机通信复杂性的分离。通过这套方法，2019 年，Tal[18] 把这个分离进一步提升至 8/3。

在这条研究主线中特别值得一提的是无共享资源 SMP 模型下相等函数（EQ）的通信复杂性。经典通信模型下，有 $R^{\parallel}(EQ)=\Theta(\sqrt{n})$[2,3,19]。即在这个模型下，通信双方至少需要发送总共 $\Theta(\sqrt{n})$ 经典比特信息给裁判，裁判才能判断通信双方拿到的输入是否相等。2001 年，Buhrman 等人[20] 利用经典纠错码与量子交换测试（quantum swap test）给出了同样模型下量子通信复杂性为 $O(\log n)$ 的协议。这个问题也被称为为量子指纹（quantum fingerprinting）。后来多个实验小组在实验室实现了该协议。

9.4 量子通信复杂性下界

证明复杂性下界一直是理论计算机科学的核心问题。最著名的莫过于证明图灵机和布尔电路的复杂性下界，其中就包括千禧年七大数学难题之一的“P vs. NP 问题”。但是，目前缺乏证明这些计算模型复杂性下界的理论工具。因此，学者们转向研究其他计算模型复杂性的下界。通信复杂性模型与图灵机和布尔电路不同，学者们已经发现了不少强有力的证明下界的方法。针对确定型通信复杂性模型，学者们发展出来了欺骗集（fooling set）、对数秩（log rank）、矩形界（rectangle bound）等方法。随机通信复杂性模型的下界方法更加丰富。有基于组合的方法，例如损坏界（corruption bound）、近似对数秩（approximate log rank）、差异界（discrepancy bound）、相对差异界（relative discrepancy bound）、划分界（partition bound）等，有兴趣的读者可以参考 Kushilevitz 与 Nisan 所著的经典教材 *Communication Complexity*[23]。2000 年之后，学者们开始把信息论引进通信复杂性，提出了信息复杂性（information complexity）、外信息复杂性（external information complexity）等下界方法，给出了集合不交这类经典问题的通信复杂性下界的新证明，还推动了通信复杂性中一些长期悬而未决的问题的进展。具体将在 9.4.2 小节展开阐述。

自量子通信复杂性模型提出之后，学者们开始研究量子通信复杂性下界问题。目前研究量子通信复杂性的下界方法主要分为基于矩阵分析的方法和基于量子信息论的方法。下面分别展开介绍。

9.4.1 基于矩阵分析方法的量子通信复杂性下界

经典通信复杂性下界的证明方法主要是基于一个非常简单的观察，一个交换 c 个经典比特消息的通信协议把计算目标函数的真值表划分为 2^c 个矩形方块。因此，如果一个函数的经典通信复杂性是 c，那么它的真值表可以划分为 2^c 个矩形方块，每个矩阵块中的值都是一样的。这样的矩阵块在通信复杂性中被称为单色矩形（monochromatic rectangle）。因此，如果能够证明一个函数不存在大的单色矩形，那么这个函数的通信复杂性就很大。

在量子通信复杂性模型中，通信双方交换量子消息，因此这种基于组合的证明下界的方法就完全行不通。Kremer 和姚期智[24] 最早开始研究量子通信复杂性下界，他们观察到在 Yao 模型上如果输入是 x,y 并且通信了 c 个量子比特，那么通信结束后的整体的量子态就可以写作

$$\sum_{m\in\{0,1\}^c}|\alpha_{x,m}\rangle|m_c\rangle|\beta_{y,m}\rangle$$

它被称为 Kremer-Yao 分解。其中，$|\alpha_{x,m}\rangle$ 和 $|\beta_{y,m}\rangle$ 范数不超过 1，通过简单计算可知，这样一个量子通信协议输出 1 的概率可以写作

$$\sum_{k=1}^{2^{2c-2}}a_{x,k}\cdot b_{y,k}$$

基于 Kremer-Yao 分解可以证明差异界（discrepancy bound）是 Yao 模型下有界误差双向量子通信复杂性的下界。

2001 年，Buhrman 和 de Wolf[25] 证明了量子通信复杂性的近似秩下界。具体而言，对于任意布尔函数 $f:\{0,1\}^n\times\{0,1\}^n\to\{0,1\}$，定义 M_f 是 f 的符号真值表，即 $M_{x,y}=1$ 如果 $f(x,y)=0$，$M_{x,y}=-1$ 如果 $f(x,y)=1$。那么

$$Q(f,\varepsilon)\geqslant\frac{\text{rank}_{1/(1-2\varepsilon)}(M_f)}{2}$$

其中

$$\text{rank}_\alpha(M)=\min\{\text{rank}(M'):(\forall x,y)|M_{x,y}-M'_{x,y}|\leqslant\alpha\}$$

一个矩阵的近似秩其实是很难分析的，所以这个下界并不常用。学者们主要通过构造近似秩的下界来证明下界。Linial 和 Shraibman[26] 在研究 Cleve-Burhman 模型的量子通信复杂性模型的时候引入了 γ_2 范数。对于任意一个矩阵 $\boldsymbol{A}$，它的 γ_2 范数 γ_2（$\boldsymbol{A}$）定义为

$$\gamma_2(\boldsymbol{A})=\max_{u,v:\|\boldsymbol{u}\|_2=\|\boldsymbol{v}\|_2=1}\|\boldsymbol{A}\circ\boldsymbol{u}\boldsymbol{v}^t\|_{\text{tr}}^2$$

其中，$\circ$ 是矩阵的 Hadamard 乘积，即矩阵对应元素相乘；$\|\cdot\|_{\text{tr}}$ 是矩阵的迹范数，即矩阵的所有奇异值之和。γ_2 范数是泛函分析中的一种范数。Linial 和 Shraibman 证明了 $Q_2^{\text{ent}}(f)\geqslant\Omega(\gamma_2^\delta(M_f))$，其中，$\gamma_2^\delta(\cdot)$ 是 δ 近似 γ_2 范数，从此学者们开始利用矩阵分析的方法来研究量子通信复杂性的下界。一般情况下，计算一个矩阵的近似 γ_2 范数还是

挺困难的。因此学者们开始研究一些特殊结构的函数的 γ_2 范数。在通信复杂性中，学者们比较关注一类特殊的函数 $F=f\circ g^n$，其中 $f:\{0,1\}^n\rightarrow\{0,1\}$ 是一个单输入的布尔函数，g：$\mathcal{X}\times\mathcal{Y}\rightarrow\{0,1\}$ 是一个双输入的函数。可以推广前面集合不交问题的量子通信协议证明，如果 f 的量子查询复杂性低，那么 F 的量子通信复杂性就低。1998 年，Buhrman 等人[27] 证明了

$$Q_2^{\text{ent}}(F)\leqslant QQ(f)\cdot Q_2^{\text{ent}}(g)\cdot \log n$$

其中，$QQ(f)$ 是 f 的量子查询复杂性。

学者们猜想上面的不等式对于特殊的 g 左右两边几乎同阶的，即

$$Q^{\text{ent}}(F)\geqslant \Omega(QQ(f)\cdot Q^{\text{ent}}(g))$$

这个被称为量子提升问题（quantum lifting problem）。这个问题至今还是一个公开问题。学者们对于特殊的 g 利用 γ_2 范数证明了相对弱一点的量子提升定理。比如 Sherstov[61] 定义了一类特殊的函数 $g:\{-1,1\}^k\times([k]\times\{-1,1\})\rightarrow\{-1,1\}$（具体形式较为复杂，略过），并且证明了[28]

$$Q^{\text{ent}}(F)\geqslant \Omega(\deg_2(f)\cdot \log k)$$

其中，$\deg_2(f)$ 是 f 的近似度数（approximate degree）。Sherstov 称 $f\circ g^n$ 这样的矩阵的真值矩阵为范式矩阵（pattern matrix）。利用量子提升定理，可以直接证明集合不交问题的量子通信复杂性为 $\Omega(\sqrt{n})$，大大地简化了 Razborov 关于集合不交问题的量子通信复杂性下界的原始证明。

Jain 和 Klauck[29] 提出了利用线性规划方法同时研究经典通信复杂性与量子通信复杂性。他们证明了上述几乎所有的下界复杂性都可以写成线性规划，还证明了近似 γ_2 范数其实是“光滑”版本的差异界，赋予近似 γ_2 范数的一个组合意义上的解释。

虽然基于矩阵分析的量子通信复杂性下界方法繁多，但是绝大多数方法都跟近似秩是成多项式关系的。那么非常自然的一个问题是，这些方法给出的下界距离量子通信复杂性有多远？这个关系到通信复杂性中一个长期悬而未决的问题：对数秩猜想（log-rank conjecture）。

对数秩猜想最早是关于确定型通信复杂性模型的，是由著名数学家、阿贝尔奖得主 Lovasz 在 1988 年提出的。

对数秩猜想[30] 存在一个绝对常数 $c>0$，对于任意的布尔函数 $f:\{0,1\}^n\times\{0,1\}^n\rightarrow\{0,1\}$，都有

$$D(f)\leqslant O((\text{logrank}(M_f))^c)$$

其中，M_f 是 f 的符号真值表。

对于随机通信复杂性与量子通信复杂性，学者们提出了对应了对数近似秩猜想（log-approximate-rank conjecture）与量子对数近似秩猜想（quantum log-approximate-rank conjecture）。

近似对数秩猜想 存在一个绝对常数 $c>0$ 与 $\alpha\in(0,1)$，对于任意的布尔函数 $f:\{0,1\}^n\times\{0,1\}^n\rightarrow\{0,1\}$，都有

$$R(f)\leqslant O((\text{logrank}_\alpha(M_f))^c)$$

量子近似对数秩猜想 存在一个绝对常数 $c>0$ 与 $\alpha\in(0,1)$，对于任意的布尔函数 $f:\{0,1\}^n\times\{0,1\}^n\rightarrow\{0,1\}$，都有

$$Q(f)\leqslant O((\text{logrank}_\alpha(M_f))^c)$$

其中，M_f 是 f 的符号真值表。

2018 年，Chattopadhyay 等人[31] 否证了近似对数秩猜想，论文获得了 2019 年 STOC 最佳论文。之后 Anshu 与 de Wolf 两个团队[32,33] 独立发表论文，否证了量子近似对数秩猜想。这些结果说明这些下界方法与量子通信复杂性有着巨大的差距，因此不能通过研究这些下界方法来探索随机通信复杂性与量子通信复杂性的一般性质。

9.4.2 基于量子信息论方法的量子通信复杂性下界

研究量子通信复杂性下界的另一类方法是基于量子信息论。这类方法的发展主要是借鉴过去二十多年信息论在随机通信复杂性上应用得到的一系列重要成果。因此，在介绍基于量子信息论方法的量子通信复杂性下界之前，先简要介绍随机通信复杂性模型下信息论工具的发展。

1. 信息论在随机通信复杂性下界中的应用

通信复杂性可以认为是单向通信到交互通信的推广，因此学者们很自然地想尝试用信息论的方法来研究通信复杂性。但是如何利用信息论工具来研究通信复杂性是一个很有挑战的问题。2002 年，Chakrabarti、施尧耘、Wirth 和姚期智[34] 在研究无共享随机串

的 SMP 模型下相等问题的随机通信复杂性时首次引入信息论的方法，开启了之后近 20 年信息论研究通信复杂性的方法论。他们的这篇论文在 2021 年的 FOCS 上获得了时间考验奖（Test-of-Time Award）。2004 年，Bar-Yossef 等人[35] 利用信息论的方法重新证明了集合不交问题的两方通信随机通信复杂性下界为 $\Omega(n)$。这篇论文将 Raz 证明交互证明系统的并行重复性定理（parallell repetition theorem）的技术推广到通信复杂性，建立了后来信息论研究通信复杂性的框架。

2011 年，Braverman 提出了交互信息复杂性（interactive information complexity）[36]。在介绍信息复杂性之前，需要引入副本（transcript）的概念。想象在一个通信协议中，存在一个外部观察者，他控制 Alice 和 Bob 交换信息的信道，但是他不知道 Alice 和 Bob 的输入。因此在整个协议中，这样一个外部观察者可以看到共享的随机串以及 Alice 与 Bob 交换的消息。观察者能看到的所有消息就称为这个协议的副本。进一步，假设输入 (x,y) 满足一定的概率分布 μ，记作 $(x,y)\sim\mu$，那么协议的副本也成为一个随机变量。对于一个通信协议 π 以及输入随机变量 X,Y，定义这个协议对于输入 X,Y 的信息复杂性为

$$\mathrm{IC}(\pi,XY)=\frac{1}{2}(I(X:M\mid Y)+I(Y:M\mid X))$$

其中，M 是当通信协议 π 的输入为随机变量 XY 时的副本，$I(X:M\mid Y)$ 表示条件互信息。根据条件互信息的定义 $I(X:M\mid Y)=I(X:MY)-I(X:Y)$。其中 $I(X:Y)$ 是输入变量 X,Y 的互信息，表述这两个变量之间的关联。直观地可以理解为 Y 里面含有了多少 X 的信息。同理，$I(X:MY)$ 可以理解为 MY 含有多少 X 的信息。在通信前，Bob 只有变量 Y，通信结束后，Bob 有了 MY。因此 $I(X:M\mid Y)$ 刻画通过此通信协议，Bob 额外获得的关于 Alice 输入的信息。同理，$I(Y:M\mid X)$ 刻画通过此通信协议，Alice 额外获得的关于 Bob 输入的信息。不难验证 $\mathrm{IC}(\pi,XY)$ 不会超过协议的通信复杂性。

进一步，可以定义一个函数的信息复杂性

$$\mathrm{IC}(f,\varepsilon)=\max_{XY}\min_{\pi}\mathrm{IC}(\pi,XY)$$

其中，max 是在所有输入分布中取最大值，min 在所有满足

$$\Pr[\pi(XY)=f(XY)]\geqslant 1-\varepsilon$$

的所有协议的最小值，即但输入为随机变量 XY 的时候 π 出错的概率不超过 ε。利用信

息论的基本性质，可以证明 $\mathrm{IC}(f,\varepsilon)\leqslant R(f,\varepsilon)$。因此信息复杂性也是双向随机通信复杂性的下界。2012 年，Kerenidis 等人[37] 证明了几乎所有的随机通信复杂性下界的方法都不会超过信息复杂性 IC。因此 IC 成了当时随机通信复杂性最强下界方法。学者们进一步猜测是否对于所有的函数 f 有

$$R(f,\varepsilon)=\Theta(\mathrm{IC}(f,\varepsilon))$$

这个猜想的成立不仅仅可以揭示通信复杂性与信息论有更本质的联系，还可以解决通信复杂性的一个古老问题“直和-直积”猜想。9.4.3 节将介绍这个猜想。

在 2015 年 Raz 等人[38] 给出了一个令人吃惊的结果，否定了上述猜想。他们构造了一个爆裂噪声函数（bursting noise function）f，当输入满足特定分布时，随机通信复杂性与信息复杂性存在指数级的分离，即

$$R(f,\varepsilon)=2^{\Omega(\mathrm{IC}(f,\varepsilon))}$$

这篇论文也因此获得了 2015 年 STOC 最佳论文。在这篇论文中，作者提出了一个相对差异界（relative discrepancy）的方法，对于爆裂噪声函数，相对差异界在特定分布下可以指数级优于 IC。Raz 构造的函数极其复杂，证明也非常的困难。之后 Rao 和 Sinha[39] 给出了一个新的函数也满足随机通信复杂性与信息复杂性存在指数级的分离，大大地简化了 Raz 他们的原始证明。

2. 基于量子信息论的量子通信复杂性下界

自从经典信息论被引入随机通信复杂性的研究中，学者们也开始探索如何利用量子信息论研究量子通信复杂性的下界。但是将信息复杂性的方法推广至量子通信复杂性存在本质性的困难，由于量子信息的不可克隆原理，在量子通信复杂性模型中，不同轮通信的量子信息是不能同时存在的。比如说，第一轮 Alice 发消息给 Bob，然后 Bob 对接收到的消息做了量子操作，发第二轮消息给 Alice。当 Bob 发第二轮消息时，第一轮 Alice 发给 Bob 的消息已经被破坏了。因此量子通信复杂性模型就没有副本的概念。如何对量子通信复杂性模型定义信息复杂性就变得极其困难。

2003 年，Jain 等人[40] 提出信息损失（information loss）的概念，将量子通信每一轮的信息复杂性全部加起来。对于一个量子通信协议 π，它的信息损失 $\mathrm{IL}(\pi)$ 定义为

$$\mathrm{IL}(\pi)=\sum_{i\,\mathrm{odd}}I(X:B^{i})+\sum_{i\,\mathrm{even}}I(Y:A^{i})$$

其中，A^i,B^i 分别是 Alice 和 Bob 在第 i 轮手上所有的量子态。Jain 等人利用信息损失证明了关于集合不交问题的 r 轮量子通信复杂性模型的复杂性为 $\Omega\left(\frac{n}{r^2}\right)$。同时 r 轮量子通信至少交换了 r 量子比特信息。因此可以得到集合不交问题的量子通信复杂性为 $\Omega\left(\max\left\{r,\frac{n}{r^2}\right\}\right)=\Omega(n^{\frac{1}{3}})$。虽然它并没有给出集合不交问题的紧下界 $\Omega(\sqrt{n})$，但文献[40]中给出了量子通信复杂性的轮数消除法，给后面利用量子信息论研究量子通信复杂性下界的研究提供了重要启发。

2015 年，Touchette[41] 基于量子态重分发（quantum state redistribution）协议，提出了量子信息复杂性（QIC）。量子态重分发是量子信息论的一个基本通信任务。它考虑这样一个通信任务，给定一个三体量子态 ρ_{ABC}，其中 A、C 在 Alice 手上，B 在 Bob 手上。通信任务是 Alice 把 C 发给 Bob。首先将 ρ_{ABC} 纯化，令 $|\varphi\rangle_{ABCR}$ 是 ρ_{ABC} 的纯化，即$\mathrm{Tr}_R|\varphi\rangle\langle\varphi|=\rho_{ABC}$，通信过程如图 9-3 所示。

Devetark 和 Yard[42] 研究量子重分发的渐近通信复杂性。具体来说，Alice 和 Bob 给 n 份 ρ_{ABC}，对这 n 份量子态都执行量子重分发，即 Alice 要把这 n 份量子态中的 C 都发给 Bob，当 n 趋向于无穷大时，平均每份的量子通信复杂性即渐近量子通信复杂性。

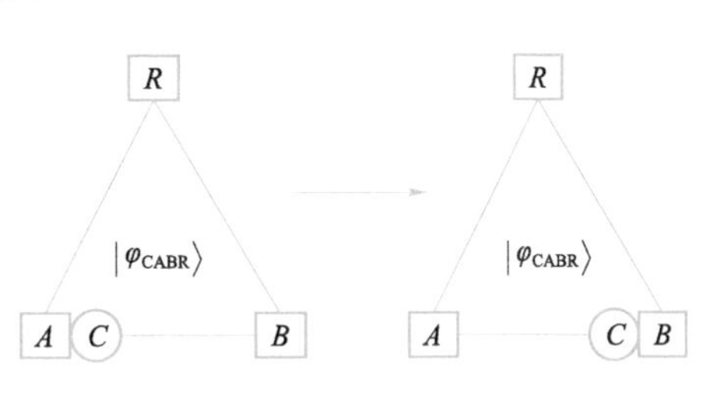

图 9-3 Alice 将 C 发给 Bob

Devetark 和 Yard 证明了量子重分发的渐进通信复杂性为

$$\frac{1}{2}I(C:R|B)$$

在量子通信复杂性协议中，可以把输入看成经典态，然后考虑它的纯化。具体来说，假设输入 (x,y) 满足概率分布 μ，那么把输入看作量子态 $\sum_{x,y}\mu(x,y)|x,y\rangle\langle x,y|$。进一步将这个量子态纯化，把输入看作一个纯态

$$\sum_{x,y}\sqrt{\mu(x,y)}\,|x\rangle_X|x\rangle_{R_X}|y\rangle_Y|y\rangle_{R_Y}$$

这是一个四体纯态，其中 Alice、Bob 分别拿到量子寄存器 X,Y。而 R_X，R_Y 在虚拟的第三方，而且全程不参与协议。同时 Alice 与 Bob 共享的也是一个纯态。根据推迟测

量原理（deferred measurement principle），可以假设在量子通信协议中，Alice 和 Bob 在发送完最后一轮消息之前只做酉变换。这样，可以把量子通信协议看作一系列的量子态重分发。Touchette 基于这个思想引入了量子信息复杂性的概念。给定量子通信复杂性协议 π 以及输入 XY，约定奇数轮 Alice 给 Bob 发消息，偶数轮是 Bob 给 Alice 发消息，具体通信过程如图 9-4 所示。

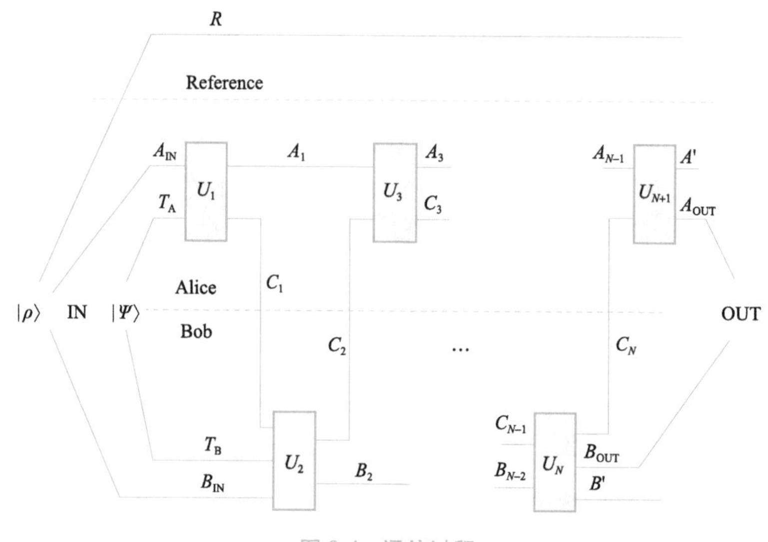

图 9-4　通信过程

其中，假设通信双方在完成最后一轮通信之前只做酉变换。它的量子信息复杂性定义为

$$\mathrm{QIC}(\pi,XY)=\frac{1}{2}\left(\sum_{i_{\text{odd}}}I(C_i:R_XR_Y\mid B_i)+\sum_{i_{\text{even}}}I(C_i:R_XR_Y\mid A_i)\right)$$

其中，A_i 和 B_i 分别是第 i 轮 Alice 和 Bob 手上所有的量子寄存器，C_i 是第 i 轮发送的量子消息。进一步，可以定义一个函数的量子信息复杂性

$$\mathrm{QIC}(f,\varepsilon)=\max_{XY}\min_{\pi}\mathrm{QIC}(\pi,XY)$$

其中，max 是在所有输入分布中取最大值，min 在所有满足

$$\Pr[\pi(XY)=f(XY)]\geqslant 1-\varepsilon$$

的所有协议，即输入为随机变量 XY 时，π 出错的概率不超过 ε。利用量子信息论的基本性质，可以证明 $\mathrm{QIC}(f,\varepsilon)\leqslant Q(f,\varepsilon)$，因此信息复杂性也是双向量子通信复杂性

的下界。

如何利用量子信息复杂性证明下界仍然是一个非常困难的问题，一个主要的难点是量子信息复杂性是一系列量子条件互信息的和。而量子条件互信息是一个非常复杂的物理量，它的一些基本性质证明都非常困难。例如它的非负性即著名的强次可加定理（strong subadditivity theorem）的证明是极其复杂的。2015年，Braverman等人证明了量子信息复杂性满足连续性、凸性等一些基本性质，而且量子信息复杂性强于之前已知最强的量子通信复杂性下界——广义差异界（generalized discrepancy），他们还经过精巧的构造证明了集合不交问题的r轮量子通信复杂性的紧下界$\widetilde{\Omega}(n/r)$，改进了Jain等人[43]之前的结果。如果一个三体量子态ρ^{ABC}的条件互信息$I(A:C|B)$很小，则称之为近似量子马尔科夫态。2015年，Fawzi和Renner[44]证明了一个近似量子马尔科夫态是近似可恢复的。即如果$I(A:C|B)\leqslant\varepsilon$，那么存在一个量子算子$\mathcal{E}_{B\to BC}$满足

$$F(\rho^{ABC},\mathcal{E}_{B\to BC}(\rho^{AB}))\geqslant 1-O(\varepsilon)$$

这是关于量子条件互信息的研究的一个重大突破。利用这个结果，Touchette和Nayak[45]证明了形式化语言中的DYCK（2）问题的量子通信复杂性下界。

2017年，Laurière和Touchette深入研究了量子信息复杂性，发现QIC包含两个部分，一部分是每一轮通信中接收方得到的信息，记作CIC，另一部分是每一轮通信中发送方失去的信息CRIC，即

$$\text{QIC}=\text{CIC}+\text{CRIC}$$

如何理解CRIC呢？由于量子信息是不可克隆的，因此当一方把量子比特发送出去时，发送方有可能丢失了这部分信息。而这在经典通信复杂性中是不可能的，因为发送方总可以在发送消息之前先复制一份，因此如果把经典通信复杂性看作特殊的量子通信复杂性，它的CRIC=0。Laurière和Touchette进一步提出问题，如果一个量子通信协议的CRIC=0，那么它还有优势？他们证明了对于集合不交问题，如果CRIC=0，那么量子通信复杂性就为$\Omega(n)$。因此在集合不交问题要实现量子优势，就必须在通信时失去信息[46]。

既然量子信息复杂性是证明量子通信复杂性下界的最强方法之一，自然学者们也开始研究是否对于所有的函数f都有

$$Q(f,\varepsilon)=\Theta(\text{QIC}(f,\varepsilon))$$

笔者与合作者们在2017年证明了存在一个布尔函数f，当输入满足特定分布的时候，量子通信复杂性与量子信息复杂性存在指数级的分离，即

$$Q(f,\varepsilon)=2^{\Omega(\mathrm{QIC}(f,\varepsilon))}$$

否定了上述猜想[47]。

9.4.3 通信复杂性的“直和–直积”猜想

“直和–直积”问题是计算复杂性的一类问题。它问的是完成多项计算任务的计算开销是否是完成每项任务的计算开销之和，即复杂性是否满足简单的线性相加。这个问题的底层逻辑是完成多项计算任务的最佳方式是独立完成每一项任务。之所以说这是一类问题，是因为这里并没有具体指明“计算开销”是什么。因此，原则上可以问任意的复杂性度量的“直和–直积”问题。通信复杂性中的“直和–直积”问题是通信复杂性中一个古老的公开问题，它与“对数秩”问题并称为通信复杂性的两大基本问题。

下面具体介绍通信复杂性的“直和–直积”问题。在介绍这个问题之前，先介绍一个新的记号。对于任意自然数k和布尔函数$f:\{0,1\}^n\times\{0,1\}^n\rightarrow\{0,1\}$，定义$f^{(k)}:\{0,1\}^{nk}\times\{0,1\}^{nk}\rightarrow\{0,1\}^k$，满足

$$f^{(k)}(x^1,\cdots,x^k,y^1,\cdots,y^k)=(f(x^1,y^1),\cdots,f(x^k,y^k))$$

其中，$x^i,y^i\in\{0,1\}^n$。

通信复杂性直和猜想　对于任意的自然数$k\geqslant 0$和函数$f:\mathcal{X}\times\mathcal{Y}\rightarrow\mathcal{Z}$

确定通信复杂性：

$$D(f^k)\geqslant\Omega(k\cdot D(f))$$

随机通信复杂性：

$$R(f^k)\geqslant\Omega(k\cdot R(f))$$

量子通信复杂性：

$$Q^{\mathrm{ent}}(f^k)\geqslant\Omega(k\cdot Q^{\mathrm{ent}}(f))$$

关于随机通信复杂性与量子通信复杂性的直和猜想，考虑的计算成功概率都是常数。如果计算k个输入的最佳协议确实是独立计算每一个函数的话，那么即使允许k倍的通信，全部计算成功的概率应该也是指数级小的。因此有进一步的通信复杂性的直积猜想。

通信复杂性的直积猜想 对于任意的自然数 $k \geqslant 0$ 和函数 $f: \mathcal{X} \times \mathcal{Y} \to \mathcal{Z}$

随机通信复杂性：

$$R(f^k, 1-2^{-\Omega(k)}) \geqslant \Omega(k \cdot R(f))$$

量子通信复杂性：

$$Q^{\text{ent}}(f^k, 1-2^{-\Omega(k)}) \geqslant \Omega(k \cdot Q^{\text{ent}}(f))$$

通信复杂性“直和-直积”问题除了能让我们更进一步认识通信复杂性的本质，它和理论计算机科学的多个领域也有着千丝万缕的联系。比如确定通信复杂性的直和猜想成立可以证明电路复杂性的下界，对计算复杂性这一最核心的领域有突破性的进展。

在信息论被引入通信复杂性的研究之前，这方面的研究主要集中于关于已知的下界方法是否也满足“直和-直积”猜想以及某些具体的问题的通信复杂性是否满足“直和-直积”猜想。随着信息论方法引入研究通信复杂性，这个猜想有了一系列突破性的进展。

1. 信息复杂性与“直和-直积”问题

过去20余年，随机通信复杂性的直和-直积猜想取得了一系列突破性的进展，这些进展归功于信息论工具的引入。相应地，学者们也希望借助量子信息论推动量子通信复杂性的直和-直积猜想的解决。下面将介绍随机通信复杂性直和-直积猜想以及学者们在对应的量子通信复杂性模型下的工作。

2002年，Chakrabarti、施尧耘、Wirth和姚期智[34] 证明了在无共享随机串SMP模型下相等函数（EQ）随机通信复杂性的直和定理，即

$$R^{\parallel}(\mathrm{EQ}^k) \geqslant \Omega(k \cdot R^{\parallel}(\mathrm{EQ}))$$

这篇论文首次提出利用信息论研究通信复杂性的直和问题。之后，Jain等人[47,48] 利用信息论方法证明了无共享随机串SMP模型、有共享随机串SMP模型、单向通信模型下任意函数的随机通信复杂性都满足直和定理，即

$$R^{\parallel}(f^k) \geqslant \Omega(k \cdot R^{\parallel}(f))$$

$$R^{\parallel,\text{pub}}(f^k) \geqslant \Omega(k \cdot R^{\parallel,\text{pub}}(f))$$

$$R^{\mathrm{A} \to \mathrm{B}}(f^k) \geqslant \Omega(k \cdot R^{\mathrm{A} \to \mathrm{B}}(f))$$

之后，Braverman和Rao[49] 证明了常数回合随机通信复杂性的直和定理，Jain[50] 证明了随机单向通信复杂性的直积定理，结合两个工作的成果，笔者与合作者们证明了

常数回合随机通信复杂性的直积定理[51]。

将信息论方法推广到一般的随机两方通信复杂性却要复杂得多。2004 年，Bar-Yossef 等人[35] 利用信息论的方法重新证明了集合不交问题的两方通信随机通信复杂性下界为 $\Omega(n)$。这篇论文引入了一些全新的技术，为后面证明两方通信随机通信复杂性的“直和-直积”猜想奠定了基础。

Braverman[36] 证明了信息复杂性的两个重要性质。

第一个是信息复杂性满足直和性质，即

$$\mathrm{IC}(f^k,\varepsilon)=k\cdot\mathrm{IC}(f,\varepsilon)$$

第二个是信息复杂性等于渐近通信复杂性，即

$$\mathrm{IC}(f,\varepsilon)=\lim_{k\to\infty}\frac{R(f^k,\varepsilon)}{k}$$

这两个性质给了一个解决“直和-直积”猜想的重要思路。可以通过回答下面这样一个问题来解决“直和-直积”猜想。

问题 9.1：给定一个通信协议 π 以及输入 XY，令 $I=\mathrm{IC}(\pi,XY)$，并且 π 的通信复杂性为 C。如果 I 远小于 C，那么协议 π 是否可以压缩？

对于问题 9.1，最理想的状况是有一个通用的方法实现对协议 π 的最优压缩，即把通信复杂性压缩至 I。这样就意味着

$$\mathrm{IC}(f,\varepsilon)=R(f,\varepsilon)$$

根据信息复杂性的直和性质，就可以解决通信复杂性的直和猜想。Braverman 和 Weinstein 进一步证明了

$$R(f^k,1-2^{-\Omega(k)})\geqslant\Omega(k\cdot\mathrm{IC}(f,\varepsilon))$$

因此如果能够得到最优压缩，那么也将解决通信复杂性的直积猜想[52]。

值得注意的是，单向通信复杂性可以看作特殊的双向通信复杂性，因此也可以考虑单向通信模型的信息复杂性。我们发现之前 Braverman 和 Rao 对于单向通信的直和定理的证明本质上就是证明对于单向通信模型的信息复杂性与通信复杂性相等，这也给了学者们通过这个方法彻底解决“直和-直积”猜想的信心。但是，关于问题 9.1 的最好的压缩是 $O(\sqrt{C\cdot I})$，相应得到关于随机双向通信复杂性的最好的直积结果是

$$R(f^k,1-2^{-\Omega(k)})\geqslant\widetilde{\Omega}(\sqrt{k}\cdot\mathrm{IC}(f,\varepsilon))$$[53]

在2015年，Raz等人证明了对于问题9.1，存在一个函数f和输入变量XY，以及计算这个函数的协议π满足$\mathrm{IC}(\pi)=I$，但是任何计算f的协议的通信复杂性至少为$2^{\Omega(I)}$。因此证明了不存在最优压缩，也就否定了对于特定分布的随机双向通信复杂性的直和猜想[38]。

2. 信息复杂性与量子通信复杂性的“直和-直积”问题

自量子通信复杂性这个模型被提出时，学者们就开始研究量子通信复杂性的“直和-直积”问题。在信息论被引入研究通信复杂性之前，这方面的研究主要集中于具体函数的量子通信复杂性的“直和-直积”问题。2004年，Klauck、Spalek和de Wolf[54]证明了集合不交问题的量子通信复杂性的直积定理，即

$$Q(\mathrm{DISJ}^k,1-2^{-\Omega(k)})\geqslant\Omega(k\cdot\sqrt{n})$$

2010年，Sherstov证明了近似γ_2-范数的直积定理[55]。因此，所有通过近似γ_2范数证明的量子通信复杂性下界的问题的直积猜想都成立，这里就包括集合不交问题、内积问题、相等问题等一系列常见问题。

之后，对于一般函数的量子通信复杂性的“直和-直积”问题，学者们借鉴经典通信复杂性的技术，试图利用量子信息论的方法来证明。2003年，Jain等人[47,48]发表了一系列工作，证明了单向量子通信复杂性与共享量子纠缠态的量子SMP模型的直和定理。他们发展了一系列量子信息压缩的重要技术，包括量子子态定理（quantum substate theorem）、量子拒绝采样（quantum rejection sampling），这些技术之后被广泛应用于量子复杂性理论中。2009年，Jain和Klauck[56]进一步证明了无共享量子纠缠态的量子SMP模型的直和定理。2014年，笔者与Anshu等人考虑如下这种通信任务。Alice和Bob分别拿到量子态ρ与σ的刻画，他们的任务是让Bob生成量子态ρ。这个任务的经典版本（即ρ与σ都是经典态）已经被Braverman与Rao研究过。笔者与合作者证明了存在一个通信复杂性为$O(S(\rho\|\sigma))$的量子协议。利用这个协议，笔者与合作者[57]给出了另一个单向量子通信复杂性的直和定理的证明。2021年，Jain和Kundu[37]证明了单向量子通信复杂性的直积定理[58]。

自从Touchette提出量子信息复杂性（QIC）之后，学者们就试图利用QIC来证明双向量子通信复杂性的“直和-直积”猜想。Touchette证明了QIC类似于经典信息复杂性，满足如下两个重要的基本性质[41]：

①量子信息复杂性满足直和性质，即

$$\mathrm{QIC}(f^k,\varepsilon)=k\cdot\mathrm{QIC}(f,\varepsilon)$$

②量子信息复杂性等于渐近量子通信复杂性，即

$$\mathrm{QIC}(f,\varepsilon)=\lim_{k\to\infty}\frac{Q(f^k,\varepsilon)}{k}$$

与随机通信复杂性一样，学者们可以通过回答下面这样一个问题来解决“直和-直积”猜想。

问题 9.2：给定一个量子通信协议 π 以及输入 XY，令 $I=\mathrm{QIC}(\pi,XY)$，并且 π 的通信复杂性为 C。如果 I 远小于 C，那么协议 π 是否可以压缩？

跟随机通信复杂性类似，对于这个问题，最理想的状况是有一个通用的方法实现对协议 π 的最优压缩，即把通信复杂性压缩至 I。这样就意味着

$$\mathrm{QIC}(f,\varepsilon)=Q(f,\varepsilon)$$

根据信息复杂性的直和性质，就可以解决通信复杂性的直和猜想。

学者们发现问题 9.2 远比问题 9.1 难。Touchette 在他的论文中利用 QIC 证明了常数轮量子通信复杂性的直和定理，后来发现证明并不完善。至今我们也没有任何一个针对超过一轮通信的量子通信复杂性的压缩算法。更进一步说，对于问题 9.2，即使 $C=n$，其中 n 是输入的长度，而 I 是一个绝对常数，我们甚至不知道能否将量子通信协议压缩到 $n-1$。2017 年，笔者和合作者证明了存在一个函数，它的量子通信复杂性与量子信息复杂性存在指数分离，因此，否证了量子通信复杂性的直和猜想[59]。

9.5 量子通信复杂性的其他领域

量子通信复杂性从提出至今已经有近 30 年的历史了，是一个相对成熟的领域。早期量子通信复杂性主要专注于研究这个模型上的量子优势以及发展量子通信复杂性的下界。在量子优势方面，学者发现越来越多具有量子优势的例子。在下界方面，学者们发展出了一系列证明下界的方法，而且也通过分析得到通信复杂性中的常见计算问题的确切的量子通信复杂性下界。后来学者们逐渐开始关注量子通信复杂性这个复杂性度量的性质，并开始研究“对数秩”“直和-直积”等问题。在本讲中，主要就是按照这个主

线来介绍量子通信复杂性的。但是量子通信复杂性还有许多有意思的课题，由于篇幅有限而无法涉及。本节将简要介绍一下量子通信复杂性的其他研究课题，有兴趣的读者如果想深入了解，可以阅读相应的参考文献。

9.5.1 多方量子通信复杂性

前面介绍的通信复杂性模型中，参与通信只有两方。通信复杂性研究中还有一个重要的领域是多方通信复杂性。顾名思义，在一个 k 方通信复杂性中，参与通信的一共有 k 个人，每个人各自拿到一个输入 x^i，其中上标 i 代表第 i 方拿到的输入。这 k 个人共同的目标是计算一个 k 元函数 $f:\{0,1\}^n\times\cdots\times\{0,1\}^n\to\{0,1\}$。多方通信复杂性有分为两个子模型，一个称为数字在手（number-in-hand，NIH）模型，另一个称为数字在额头（number-on-forehead，NOF）模型。在 NIH 模型中，每个人拿到自己的输入，然后通过通信计算函数。在 NOF 模型中，每个人的输入都在自己的额头上，因此每个人可以看到除自己以外的所有人的输入，然后通过通信计算函数。

很显然，NOF 模型要比 NIH 模型强得多，因此证明 NOF 模型的通信复杂性下界也要难得多。学者们发现 NOF 模型的通信复杂性下界与电路复杂性下界一些长期悬而未决的问题密切相关，因此有大量的关于 NOF 量子通信复杂性下界的研究。Sherstov 发明了范式矩阵方法之后，发表了一系列工作成果，将其推广到 NOF 量子通信复杂性，证明了 k 方集合不交问题的 NOF 量子通信复杂性下界为 $\Omega(\sqrt{n}2^k k)$，这也是该问题的 NOF 随机通信复杂性的最优下界[60]。

目前学者们对 NIH 量子通信复杂性的研究甚少。NIH 经典通信复杂性主要应用于分布式计算复杂性分析，NIH 模型与分布式计算有天然的联系。近几年，针对分布式量子计算的研究越来越多。我们相信，接下来关于 NIH 量子通信复杂性的研究也会越来越多。

9.5.2 分布式量子计算

最近几年，学者们开始关注量子计算在分布式计算中的应用，尤其是在通信上的优势。在计算理论中，分布式计算建模为在一个图上的多方通信，图上的每个点为一个计算机，两点之间可以通信（当它们有连边时）。在分布式计算中，复杂性度量主要考虑的是通信轮数。如果每一轮通信的比特数没有上限，则称之为 LOCAL 模型；如果每一轮最多只能通信 $O(\log n)$ 比特信息，则称之为 CONGEST 模型。

2009 年，Gavoille、Kosowski 和 Markiewicz[61] 提出研究 LOCAL 模型下的量子分布式计算，并且证明了对于一些分布式计算中的基础问题，例如图染色、极大独立集等，量子通信没有优势。Arfaoui 和 Fraigniaud[62] 证明了许多常见的证明 LOCAL 模型经典分布式计算复杂性下界的方法也适用于量子分布式计算[8]。最近 Le Gall、Nishimura 和 Rosmanis[63] 发现了一个计算例子，在 LOCAL 模型下进行经典分布式计算需要 $\Omega(n)$ 轮，进行量子分布式计算只需要 2 轮。

Elkin 等人[64] 首次提出研究 CONGEST 模型下的量子分布式计算。与 LOCAL 模型类似，对于许多基础问题，例如最小生成树、最小割等，量子通信没有优势。Le Gall 与 Magniez 发现图直径问题，量子通信需要 $\widetilde{O}(\sqrt{nD})$ 轮，其中 D 是图的直径，而经典通信需要 $\Omega(n)$ 轮，即使图的直径为常数。因此，当图的直径远小于点数的时候，量子通信存在多项式优势。关于这个问题的下界，Le Gall 与 Magniez[65] 通过将该问题规约到集合不交问题，得到下界 $\Omega(\sqrt{n})$。之后 Magniez 和 Nayak[66] 当通信双方在一条线上通信时计算集合不交问题的量子通信复杂性，从而将图直径问题的量子分布式计算复杂性下界提高到 $\widetilde{\Omega}(\sqrt[3]{nD^2}+\sqrt{n})$。

9.5.3 嘈杂量子通信复杂性

在通信复杂性模型中如何实现抗噪一直是通信复杂性的热门课题。经典交互通信的抗噪编码由加州理工学院教授 Leonard Schulman 于 1992 年提出[67]。互通信中，后面的消息依赖于前面的消息，因此传统的纠错码并不适合交互通信。Leonard Schulman 在他的原始论文中提出首个针对经典交互通信的抗噪编码——树码（Tree Codes），实现了常数码率的抗噪编码。但是这个编码有两个缺点：一是码率低，而且当噪声趋近于零的时候，码率并不趋近于 1；二是编码与解码不存在多项式时间算法。在过去 30 余年，有一系列工作试图解决这两个缺点。直到 2022 年，MIT 和微软的学者 Gupta 与 Zhang 才彻底解决了常数码率的经典交互通信抗噪编码能容忍的最大噪声。

在交互量子通信中如何实现抗噪也是一个有理论挑战的问题。由于量子信息的不可克隆性，以及测量会导致量子态坍缩，因此错误检测和错误纠正都是很困难的。Touchette 等人研究了一类特殊的量子交互通信模型，在这个模型中，通信双方共享无穷多 EPR 态并且利用量子隐态传输交换经典消息。通信双方利用经典交互通信的树码实现了量子交互通信的抗噪编码[68]。但是树码的编码与解码不存在多项式时间算法，而且码率低。笔者与其他学者合作进一步研究一般量子交互通信的抗噪编码，结合了量子 Vernam 编码、量子哈希等一系列技术，提出了新的解决量子交互通信抗噪的框架，给出了时间复杂性为 $O(n^2)$ 的抗噪编码，其码率 $1-O(\sqrt{\varepsilon})$ 接近理论最优[69]。但是，目前关于量子交互通信的抗噪还有大量未解决的问题，比如常数码率的量子抗噪编码的能容忍的最大噪声率是多大。这几年针对经典多方通信的抗噪编码也有大量的研究进展。但是关于量子多方通信的抗噪的研究还是一片空白。

9.6 本讲小结

通信复杂性模型一方面有强大的表达能力，另一方面有着强有力的证明复杂性下界的方法，因此成为不少计算模型中证明复杂性下界的工具。量子通信复杂性表达能力更强，同时学者们发现了一系列证明量子通信复杂性下界的方法。因此随着量子计算的发展，我们将面对越来越多量子计算模型的能力边界问题，量子通信复杂性在未来量子计算理论的发展中将越发重要。

参考文献

[1] YAO A C-C. Some complexity questions related to distributive computing (Preliminary Report) [C]//STOC'79: Proceedings of the 11st annual ACM symposium on Theory of Computing. Atlanta: ACM, 1979: 209-213.

[2] AMBAINIS A. Communication complexity in a 3-computer model [J]. Algorithmica, 1996, 16 (3): 298-301.

[3] BABAI L, KIMMEL P G. Randomized simultaneous messages: solution of a problem of Yao in communication complexity [C]//CCC'97: Proceedings of the 12th Computational Complexity Conference. Piscataway: IEEE, 1997.

[4] NEWMAN I. Private vs. common random bits in communication complexity [J]. Information Processing Letters, 1991, 39(2): 67-71.

[5] YAO A C-C. Quantum circuit complexity [C]//FOCS'93: Proceedings of the 34th annual symposium on Foundations of Computer Science. Piscataway: IEEE, 1993: 352-361.

[6] CLEVE R, BUHRMAN H. Substituting quantum entanglement for communication [J]. Physical Review A, 1997, 56(2): 1201-1204.

[7] AARONSON S S, AMBAINIS A. Quantum search of spatial regions [C]//FOCS'03: Proceedings of the 44th annual IEEE symposium on Foundations of Computer Science. Piscataway: IEEE, 2003.

[8] RAZBOROV A A. Quantum communication complexity of symmetric predicates [J]. Izvestiya: Mathematics, 2003, 67(1): 145-159.

[9] RAZBOROV A A. On the distributional complexity of disjointness [J]. Theoretical Computer Science, 1992, 106(2): 385-390.

[10] RAZ R. Exponential separation of quantum and classical communication complexity [C]// STOC'99: Proceedings of the 31st annual ACM symposium on Theory of Computing. Atlanta: ACM, 1999: 358-367.

[11] BAR-YOSSEF Z, JAYRAM T S, KERENIDIS I. Exponential separation of quantum and classical one-way communication complexity [C]//STOC'04: Proceedings of the 36th annual ACM symposium on Theory of computing. Chicago: ACM, 2004: 128-137.

[12] GAVINSKY D, et al. Exponential separations for one-way quantum communication complexity, with applications to cryptography [C]//STOC'07: Proceedings of the 39th annual ACM symposium on Theory of computing. San Diego: ACM, 2007: 516-525.

[13] REGEV O, KLARTAG B. Quantum one-way communication can be exponentially stronger than classical communication [C]//STOC'11: Proceedings of the 43rd annual ACM symposium on Theory of Computing. San Jose: ACM, 2011: 31-40.

[14] GAVINSKY D. Bare quantum simultaneity versus classical interactivity in communication complexity [C]//STOC'20: Proceedings of the 52nd annual ACM SIGACT symposium on Theory of Computing. Chicago: ACM, 2020: 401-411.

[15] AARONSON S S, DAVID B, KOTHARI R. Separations in query complexity using cheat sheets [C]//STOC'16: Proceedings of the 48th annual ACM symposium on Theory of Computing. Cambridge: ACM, 2016: 863-876.

[16] ANSHU A, et al. Separations in communication complexity using cheat sheets and information complexity [C]//FOCS'16: 2016 IEEE 57th annual symposium on Foundations of Computer Science. Piscataway: IEEE, 2016.

[17] GÖÖS M, PITASSI T, WATSON T. Query-to-Communication Lifting for BPP [C]//FOCS'17: Proceedings of the 58th annual symposium on Foundations of Computer Science. Piscataway: IEEE, 2017.

[18] TAL A. Towards optimal separations between quantum and randomized query complexities [C]// FOCS'20: Proceedings of the 61st annual symposium on Foundations of Computer Science. 2020.

[19] NEWMAN I, SZEGEDY M. Public vs. private coin flips in one round communication games (extended abstract) [C]//STOC'96: Proceedings of the twenty-eighth annual ACM symposium on

Theory of Computing. Philadelphia: ACM, 1996: 561-570.

[20] BUHRMAN H, et al. Quantum fingerprinting [J]. Physical Review Letters, 2001. 87(16).

[21] XU F, et al. Experimental quantum fingerprinting with weak coherent pulses [J]. Nature Communications, 2015. 6(1): 8735.

[22] ZHONG X, et al. Efficient experimental quantum fingerprinting with channel multiplexing and simultaneous detection [J]. Nature Communications, 2021, 12(1): 4464.

[23] KUSHILEVITZ E, NISAN N. Communication complexity [M]. Cambridge: Cambridge University Press, 1997[2022-10-10].

[24] KREMER I. Quantum communication [D]. Mount Scopus: Hebrew University of Jerusalem, 1995 [2022-10-10].

[25] BUHRMAN H, DE WOLF R. Communication complexity lower bounds by polynomials [C]// CCC'01: Proceedings of the 16th annual IEEE Conference on Computational Complexity. Piscataway: IEEE, 2001.

[26] LINIAL N, SHRAIBMAN A. Lower bounds in communication complexity based on factorization norms [J]. Random Structures & Algorithms, 2009. 34(3): p. 368-394.

[27] BUHRMAN H, CLEVE R, WIGDERSON A. Quantum vs. classical communication and Computation [C]//STOC'98: Proceedings of the thirtieth annual ACM symposium on Theory of computing. Dallas: ACM, 1998: 63-68.

[28] SHERSTOV A A. The Pattern Matrix Method [J]. SIAM Journal on Computing, 2011. 40 (6): 1969-2000.

[29] JAIN R, KLAUCK H. The partition bound for classical communication complexity and query complexity [C]//CCC'10: Proceedings of the 25th annual Conference on Computational Complexity Conference. Piscataway: IEEE, 2010.

[30] LOVASZ L, SAKS M. Lattices, mobius functions and communications complexity [C]//SFCS'88: Proceedings of the 29th annual symposium on Foundations of Computer Science. Piscataway: IEEE, 1988.

[31] CHATTOPADHYAY A, MANDE N S, SHERIF S. The log-approximate-rank conjecture is false [C]//STOC'18: Proceedings of the 51st annual ACM symposium on Theory of Computing, 2018, 176.

[32] ANSHU A, BODDU N G, TOUCHETTE D. Quantum log-approximate-rank conjecture is also false [C]//FOCS'19: 2019 IEEE 60th annual symposium on Foundations of Computer Science. Piscataway: IEEE, 2019.

[33] SINHA M, DE WOLF R. Exponential Separation between Quantum Communication and Logarithm of Approximate Rank [C]//FOCS'19: Proceedings of the 60th annual symposium on Foundations of Computer Science, 2019.

[34] CHAKRABARTI A, et al. Informational complexity and the direct sum problem for simultaneous message complexity [C]//CLUSTER'01: Proceedings of the 2001 IEEE International Conference on Cluster Computing. Piscataway: IEEE, 2001.

[35] BAR-YOSSEF Z, et al. An Information Statistics Approach to Data Stream and Communication Complexity [C]//Proceedings of the 43rd symposium on Foundations of Computer Science. Piscataway: IEEE, 2002: 209-218.

[36] BRAVERMAN M. Interactive information complexity [C]//STOC'12: Proceedings of the 44th annual ACM symposium on Theory of computing. 2012, New York: ACM, 2012: 505-524.

[37] Kerenidis I, et al. Lower Bounds on Information Complexity via Zero-Communication Protocols and Applications [C]//FOCS'12: Proceedings of 53rd annual symposium on Foundations of Computer Science. Piscataway: IEEE, 2012.

[38] GANOR A, KOL G, RAZ R. Exponential separation of information and communication for boolean functions [C]//STOC'15: Proceedings of the 47th annual ACM symposium on Theory of computing. Portland: ACM, 2015: 557-566.

[39] RAO A, SINHA M. Simplified separation of information and communication [J]. Theory of Computing, 2018, 14(20): 1-29.

[40] Jain R, Radhakrishnan J, Sen P. A lower bound for the bounded round quantum communication complexity of set disjointness [C]//FOCS'03: Proceedings of 44th annual IEEE symposium on Foundations of Computer Science. Piscataway: IEEE, 2003.

[41] TOUCHETTE D. Quantum information complexity [C]//STOC'15: Proceedings of the 47th annual ACM symposium on Theory of Computing. New York: ACM, 2015: 317-326.

[42] DEVETAK I, YARD J. Exact cost of redistributing multipartite quantum states [J]. Physical Review Letters, 2008, 100(23).

[43] BRAVERMAN M, et al. Near-optimal bounds on bounded-round quantum communication complexity of disjointness [C]//FOCS'15: Proceedings of the IEEE 56th annual symposium on Foundations of Computer Science. Piscataway: IEEE, 2015.

[44] FAWZI O, RENNER R. Quantum Conditional Mutual Information and Approximate Markov Chains [J]. Communications in Mathematical Physics, 2015, 340(2): p. 575-611.

[45] NAYAK A, TOUCHETTE D. Augmented index and quantum streaming algorithms for DYCK [C]//CCC'17: Proceedings of the 32nd Computational Complexity Conference. Piscataway: IEEE, 2017: 1-21.

[46] LAURIÈRE M, TOUCHETTE D. The flow of information in interactive quantum protocols: the cost of forgetting [C]//ITCS'17: Proceedings of the 8th Innovations in Theoretical Computer Science Conference. Piscataway: IEEE, 2017.

[47] JAIN R, RADHAKRISHNAN J, SEN P. A Direct sum theorem in communication complexity via message compression [M]. Berlin: Springer, 2003.

[48] JAIN R, RADHAKRISHNAN J, SEN P. Prior entanglement, message compression and privacy in quantum communication [C]//CCC'05: Proceedings of the 20th annual IEEE Conference on Computational Complexity. Piscataway: IEEE, 2005.

[49] BRAVERMAN M, RAO A. Information Equals Amortized Communication [J]. IEEE Transactions on Information Theory, 2014, 60(10): 6058-6069.

[50] JAIN R. New strong direct product results in communication complexity [J]. Journal of the ACM, 2015, 62(3).

[51] JAIN R, PERESZLÉNYI A, YAO P. A Direct product theorem for the two-party bounded-round public-coin communication complexity [C]//STOC'12: Proceedings of the 53rd annual symposium on Foundations of Computer Science. New York: ACM, 2012.

[52] BRAVERMAN M, WEINSTEIN O. An interactive information odometer and applications [C]//STOC'15: Proceedings of the 47th annual ACM symposium on Theory of Computing. Portland: ACM, 2015: 341-350.

[53] BRAVERMAN M, et al. Direct products in communication complexity [C]//FOCS'13: Proceedings of the 2013 IEEE 54th annual symposium on Foundations of Computer Science. Piscataway: IEEE, 2013: 746-755.

[54] KLAUCK H, ŠPALEK R, DE WOLF R. Quantum and Classical Strong Direct Product Theorems and Optimal Time-Space Tradeoffs [J]. SIAM Journal on Computing, 2007, 36(5): 1472-1493.

[55] SHERSTOV A A. Strong direct product theorems for quantum communication and query complexity [C]//STOC'11: Proceedings of the 43rd annual ACM symposium on Theory of Computing. San Jose: ACM, 2011: 41-50.

[56] JAIN R, KLAUCK H. New Results in the Simultaneous Message Passing Model via Information Theoretic Techniques [C]//CCC'09: Proceedings of the 24th annual IEEE Conference on Computational Complexity. Piscataway: IEEE, 2009.

[57] ANSHU A, et al. New one shot quantum protocols with application to communication complexity [J]. IEEE Trans. Information Theory, 2016, 62(12): p. 7566-7577.

[58] JAIN R, KUNDU S. A Direct product theorem for one-way quantum communication [C]//CCC'21: Proceedings of the 36th Computational Complexity Conference. Piscataway: IEEE, 2021.

[59] ANSHU A, et al. Exponential separation of quantum communication and classical information [C]//STOC'17: Proceedings of the 49th annual ACM SIGACT symposium on Theory of Computing. : Montreal: ACM, 2017: 277-288.

[60] SHERSTOV A A. Communication Lower Bounds Using Directional Derivatives [J]. Journal of the ACM, 2014, 61(6).

[61] GAVOILLE C, KOSOWSKI A, MARKIEWICZ M. What Can be Observed Locally? [J]. Round-based Models for Quantum Distributed Computing. 2009.

[62] ARFAOUI H, FRAIGNIAUD P. What can be computed without communications? [J]. SIGACT News, 2014, 45(3): 82-104.

[63] GALL F L, NISHIMURA H, ROSMANIS A. Quantum advantage for the local model in distributed computing [C]//STACS'19: Proceedings of the 36th International symposium on Theoretical Aspects of Computer Science. 2019: 49: 1-49: 14.

[64] ELKIN M, et al. Can quantum communication speed up distributed computation? [C]//PODC'14: Proceedings of the 2014 ACM symposium on Principles of Distributed Computing. : Paris: ACM, 2014: 166-175.

[65] GALL F L, MAGNIEZ F. Sublinear-time quantum computation of the diameter in congest networks [C]//PODC'18: Proceedings of the 2018 ACM symposium on Principles of Distributed Computing. Egham: ACM, 2018: 337-346.

[66] MAGNIEZ F, NAYAK A. Quantum distributed complexity of set disjointness on a line [J]. The ACM Transactions on Computation Theory, 2022, 14(1).

[67] SCHULMAN L J. Communication on noisy channels: a coding theorem for computation [C]// SFCS'92: Proceedings of the 33rd annual symposium on Foundations of Computer Science. 1992: 724-733.

[68] BRASSARD G, et al. Noisy Interactive Quantum Communication [J]. SIAM Journal on Computing, 2019, 48(4): 1147-1195.

[69] LEUNG D, et al. Capacity approaching coding for low noise interactive quantum communication [C]//Proceedings of the 50th annual ACM SIGACT symposium on Theory of Computing. Los Angeles: ACM, 2018: 339-352.

第10讲 量子纠错

10.1 量子纠错的困难和挑战

Shor算法的发现让量子计算的发展取得了极大的成功，也使这个新兴领域立即获得了广泛的关注，人们也自然地开始考虑“量子计算机建造”这个重要的议题。然而，在Shor算法刚被提出的一段时间里，人们很快意识到一个很大的困难，这导致许多人对量子计算机能否被成功建造持怀疑态度。具体来说，为了可靠地给出计算结果，大规模的量子计算跟经典计算一样需要纠错机制来对抗计算中的噪声，以纠正可能出现的错误。然而，量子信息的特性虽然让量子计算获得宝贵的加速，但同时也导致量子计算的纠错变得十分困难，真可谓“成也萧何，败也萧何”。为了解释这件事情，首先回顾一下经典计算中的纠错。

10.1.1 经典计算纠错的基本原理

大致来说，经典计算纠错的关键思路是为需要保护的信息提供冗余备份。我们可以举一个生活中的例子来帮助理解这个十分明确的思路，假如你和一位朋友在很吵的环境中交谈，彼此不容易听清对方的话。此时，当你没听清一个关键部分时，常采用的做法是要求对方将这个部分重复一遍甚至几遍。只要你能将对方想表达的所有信息从对话的不同备份中都抽取出来，就可以完全理解对方的意思。经典计算的纠错就是应用了类似的原理。

举例来说，如果想在噪声干扰下保护一个经典比特 a，那么可以将其用如下三比特重复码进行编码：

$$a \to aaa$$

并且之后关于该信息的所有计算都将基于这个编码完成，其间编码可能会遭受噪声的影响。在计算完成后，可以对计算结果应用少数服从多数的原则进行解码。比方说，按照这种编码方式，单比特信息1在计算开始之前将被编码为111。如果计算得到的结果是000，则解码的结果将是0；同理，如果计算结果是100，那么根据解码原则，结果依然是0。

这背后的道理是不难理解的。假设编码后的 aaa 中的 3 个比特独立地被噪声影响，每一位有 p 的概率被翻位成为 $1-a$，以 $1-p$ 的概率保持不变。则不难看出，整个过程有多于一个比特被翻位的概率是 $P\equiv 3p^2-2p^3$，这也是三比特重复码不能正确解码的情形，因为三比特中的多数比特被翻转，解码得到的逻辑状态将不再正确。也就是说，只要不超过一个比特被翻转，三比特编码均可以正确表示被保护信息。可以验证，当 $p<1/2$ 时，有 $P<p$，编码可以将发生错误的概率严格降低，也就是说三比特重复码可以起到保护信息的作用。

如果将编码长度从 3 增加到更大的 k，编码方式不变，则可以更进一步地提升纠错效果，但上述三比特的情形足以解释经典编码的基本原理，也就是通过冗余来保护信息，使得局部信息被污染时，整体的冗余信息可以帮助我们将被保护的信息正确恢复出来。

经典计算机的纠错效果极好，上述简单方案可以将计算机的错误率降低到平时在使用计算机时几乎感受不到错误发生的程度。这种简单方案的空前成功，自然会让我们想到在量子计算机的建造中应用类似的思想。

10.1.2　量子特性给量子纠错带来的困难

现在开始考虑如何在量子计算机中利用增加信息冗余度的原则来保护量子信息，比如说一个单量子比特 $|\varphi\rangle$。但是，需要说明的是，由于量子信息的特性，我们将不得不面对一系列严重的困难。

首先，如果直接照搬上面经典计算的方案，我们将需要类似下面的操作：

$$|\varphi\rangle\rightarrow|\varphi\rangle|\varphi\rangle|\varphi\rangle$$

由于我们希望能一视同仁地保护所有可能的 $|\varphi\rangle$，因此 $|\varphi\rangle$ 对我们来说是未知的。所以，上述操作实际上是在克隆未知的量子信息。但我们已经知道，关于量子信息的一个极其奇特的性质就是未知量子信息不能被精确克隆。因此，如果想实现量子纠错，就需要寻找全新的方式增加信息冗余度。

其次，与经典计算机处理的离散信息不同，量子信息是连续的。依然以单量子比特 $|\varphi\rangle$ 为例，它可以表示为

$$|\varphi\rangle=\alpha|0\rangle+\beta|1\rangle$$

这里 α 和 β 在满足 $|\varphi\rangle$ 模长为 1 的前提下可以是任意连续的复数。相应地，能影响 $|\varphi\rangle$ 的量子噪声也不是只有翻位操作 X，原则上它可能是一个任意的量子操作

$$\mathcal{E}(|\varphi\rangle\langle\varphi|)=\sum_k E_k|\varphi\rangle\langle\varphi|E_k^\dagger$$

同时，一个后面会用到的事实是，这里的 E_k 总可以表示为 Pauli 算子的线性组合（这里系数为复数）：

$$\boldsymbol{E}_k=e_{k0}\boldsymbol{I}+e_{k1}\boldsymbol{X}+e_{k2}\boldsymbol{Y}+e_{k3}\boldsymbol{Z}$$

这就意味着需要处理的量子噪声具有比经典噪声大得多的自由度，或者说它的数学结构比经典噪声复杂得多。因此，处理量子噪声也自然会变得困难许多，之前在经典纠错中积累的许多经验将不再适用。

最后，量子信息的另一个本质特征也是在量子计算中直接借鉴经典纠错机制的根本性障碍。回顾上述对经典纠错的介绍，在对被噪声污染的信息进行纠错时，需要对 3 个比特中的多数比特进行判断。这就意味着需要对待解码的信息进行探测。对量子信息而言，对未知信息进行探测必须借助量子测量才能完成。但我们知道，对未知的待解码量子信息进行测量大概率会破坏甚至彻底抹掉该信息，这就与保护该信息的初衷背道而驰。因此，经典纠错的机制在量子信息上无法直接实现。

除此之外，量子纠缠的存在也为量子纠错的实现增加另一个维度的困难。我们知道，量子纠缠可能会让彼此远离的两个子系统之间产生比经典情形更强的关联，如此一来，局部量子噪声导致的错误很容易被快速传播开，进而影响到量子计算机中更多子系统的状态。因此，在量子纠错中，如何控制计算中错误的过快传播也是一个重要的议题。

综上所述，量子的诸多特性都会给量子纠错造成很大的困难，让我们难以直接借鉴在经典计算中积累的技术和经验。为了实现量子纠错，必须发展出全新的创造性的技术绕开上述诸多困难。可以想见，面对这些明显的障碍，能完成这个任务的新技术一定是非常巧妙的。

10.2 量子纠错的基本原理

如前所述，Shor 算法刚提出时，人们很快认识到量子计算的建造可能将面临纠错困

难的麻烦，许多悲观的学者甚至认为量子计算虽然神奇，但它的大规模物理实现将无法完成。非常幸运的是，Peter Shor[1] 在1995年再一次做出对于量子计算领域具有里程碑意义的重大贡献，他通过一个巧妙而具体的量子编码方案，展示了实现量子纠错的可能性，再一次开启了量子计算的新篇章。为方便起见，我们称之为Shor编码。

Shor编码方案所蕴含的思想也为后来的人们系统地发展量子纠错的理论和工具指明了方向。基于量子纠错理论在过去20多年的发展，时至今日，一般认为量子计算的大规模物理实现已不存在科学原理上的障碍，虽然在工程层面上彻底实现这一目标依然有待人们的进一步努力。

本节的主要任务是展示量子纠错的基本原理，特别是让初次接触量子纠错的读者理解新技术是如何克服之前提到的诸多困难的。为此，我们首先介绍Shor编码的工作原理，接着介绍由此发展出来的关于量子纠错码的一般性理论。

10.2.1 Shor编码介绍

1. X错误的情形

从现在开始，将从简单的结构出发一步一步地构造出Shor的纠错编码。这需要我们有足够的耐心，因为开始阶段的简单结构是平淡无奇的，但后面将峰回路转，让我们感受到Shor编码构造中的精妙巧思和惊人洞见。

假设有一个简单的量子世界，在这里，干扰量子信息的噪声只有一种，那就是$\boldsymbol{X}$噪声。具体来说，对于一个任意的量子比特，假设它将以概率p被作用一个$\boldsymbol{X}$操作，也就是将$|0\rangle$和$|1\rangle$互换的翻位操作，并以剩余概率保持不变。注意这一点跟经典信息中的情形很相似，唯一的不同就是现在有叠加态。选择这种情形作为讨论起点的目的十分明确，那就是希望从最简单、最像经典信息的情形出发，思考如何构造合格的量子纠错编码。

之前提到，构造量子编码需要引入信息冗余，但未知量子信息难以像经典信息那样被统一地克隆。不过，在这个简单世界中，可以考虑用下面的方式增加冗余，而且不违背量子信息的不可克隆原理。假设受保护的量子信息是$|\varphi\rangle=a|0\rangle+b|1\rangle$，那么可以将$|\varphi\rangle$编码成

$$|\varphi\rangle\to a|000\rangle+b|111\rangle$$

也就是说，编码方案可以表示为

$$|0\rangle \rightarrow |0_L\rangle \equiv |000\rangle$$

$$|1\rangle \rightarrow |1_L\rangle \equiv |111\rangle$$

不难构造出可以实现此编码方案的量子电路，它利用量子信息的线性性可以对任意的 $|\varphi\rangle$ 进行编码。

接着，假设上述编码中的 3 个量子比特分别独立地以概率 p 遭受 $\boldsymbol{X}$ 噪声的影响。跟经典情形很类似，如果 p 比较小，超过一个量子比特被翻位的概率将比 p 更小，所以现在假设没有或者至多有一个量子比特被翻位。如前所述，如果希望借鉴经典纠错的经验，那么一个关键的问题是如何用量子测量识别出有几个位置被翻位，而且引入的量子测量在整个过程中不破坏信息。如果能做到这一点，就可以实现这种简单情形下的量子纠错。

实际上这是可能的，先考虑下面的可观测量：

$$\boldsymbol{Z}_1\boldsymbol{Z}_2=(|00\rangle\langle 00|+|11\rangle\langle 11|)\otimes\boldsymbol{I}-(|01\rangle\langle 01|+|10\rangle\langle 10|)\otimes\boldsymbol{I}$$

在这里，$\boldsymbol{Z}_1$ 的下标 1 表示这个 $\boldsymbol{Z}$ 操作是作用在第一个量子比特上的，类似的表示在本讲中将反复使用。不难看出，对前两个量子比特测量上述可观测量，如果它们均未被噪声影响，则测量结果将是 1；如果其中有且只有一位被 $\boldsymbol{X}$ 噪声影响，则测量的结果将是-1。这里有一个极为关键的事实是，一旦噪声发生的状况确定（注意：我们假设了最多只有一个量子比特被影响），则量子测量的结果是确定的，此时量子测量并不改变状态。换句话说，该测量结果无论是 1 还是-1，都不揭示被保护量子比特中振幅 a 和 b 的任何信息，因此完全不破坏该量子态，这也是量子纠错中将被反复遵守的原则。

因为测量后状态不变，就可以接着测量可观测量 $\boldsymbol{Z}_2\boldsymbol{Z}_3$，情况将与测量 $\boldsymbol{Z}_1\boldsymbol{Z}_2$ 时类似。如果后两位均未被噪声影响，则测量结果是 1；如果有一位被影响，则测量结果是-1，且测量不改变量子态。值得注意的是，如果将两次测量的结果结合起来，就可以找出是否存在量子比特被噪声影响，如果只有一个，则它的位置可以被确定。例如，如果只有第一个量子比特被影响，则 $\boldsymbol{Z}_1\boldsymbol{Z}_2$ 和 $\boldsymbol{Z}_2\boldsymbol{Z}_3$ 的测量将分别给出 -1 和 1 的结果。一旦错误发生的位置被确定，则可以通过在该位置上再一次作用 $\boldsymbol{X}$ 门来纠正这个错误，之后就可以顺利解码得到正确的受保护信息。

综上所述，如果 3 个量子比特中最多只有一位被 $\boldsymbol{X}$ 噪声影响，就可以非常顺利地利用上面的方案将信息恢复出来。虽然没有讨论更糟糕的情况是什么，但我们已经指出，当 p 比较小时，更糟糕情形发生的概率将比 p 更小。换言之，我们本质上已经将错误的影响减小，这个简单的量子编码起到了正面的效果。

2. Z 错误的情形

不得不承认，上面的量子纠错方案考虑的噪声情形实在太过简单，很难具有代表性。但是，一个给予我们鼓舞的事实是，我们已经注意到，如果设计合理，量子测量是有可能在探测量子噪声影响的同时不破坏我们希望保护的量子信息的。但我们现在设法扩大战果。

现在假设另一个简单的量子世界，在那里，所有的信息只受到 $\boldsymbol{Z}$ 错误的影响。我们知道这是一种没有经典对应的量子错误，它会改变量子比特的相对相位，将 $a|0\rangle+b|1\rangle$ 变成 $a|0\rangle-b|1\rangle$，反之亦然。

针对 $\boldsymbol{Z}$ 错误，一个值得注意的事情是，如果取 $|+\rangle=\frac{1}{\sqrt{2}}(|0\rangle+|1\rangle)$ 以及 $|-\rangle=\frac{1}{\sqrt{2}}(|0\rangle-|1\rangle)$，则有 $\boldsymbol{Z}|+\rangle=|-\rangle$ 以及 $\boldsymbol{Z}|-\rangle=|+\rangle$。也就是说，在 $\{|+\rangle,|-\rangle\}$ 这组基下，$\boldsymbol{Z}$ 错误的效果跟在基矢态 $\{|0\rangle,|1\rangle\}$ 下的 $\boldsymbol{X}$ 错误效果类似，这启发我们用如下方式进行纠错编码：

$$|0\rangle\rightarrow|0_L\rangle\equiv|+++\rangle$$

$$|1\rangle\rightarrow|1_L\rangle\equiv|---\rangle$$

这样一来，一个量子比特上的 $\boldsymbol{Z}$ 错误，就如同更换基矢后的 $\boldsymbol{X}$ 错误，因此就可以用之前针对 $\boldsymbol{X}$ 错误的思路去处理，进而取得相同的纠错效果。具体地，为了探测编码后的3个量子比特是否被噪声影响，我们对前两个量子比特测量如下可观测量

$$\boldsymbol{X}_1\boldsymbol{X}_2=\boldsymbol{H}^{\otimes 3}\boldsymbol{Z}_1\boldsymbol{Z}_2\boldsymbol{H}^{\otimes 3}$$

实际上，需要注意到

$$\boldsymbol{X}_1\boldsymbol{X}_2=(|++\rangle\langle++|+|--\rangle\langle--|)\otimes\boldsymbol{I}-(|+-\rangle\langle+-|+|-+\rangle\langle-+|)\otimes\boldsymbol{I}$$

因此，与前面类似，如果噪声只影响最多一个量子比特，测量结果将有效探测到噪声的影响是否作用在前两个量子比特上。再结合测量 $\boldsymbol{X}_2\boldsymbol{X}_3$ 的结果，就可以像之前那样准确定位错误影响的位置，进而再执行一个 $\boldsymbol{Z}$ 操作来纠正这个 $\boldsymbol{Z}$ 错误。

3. Z 错误和 X 错误同时发生的情形

前面讨论了两种极度简化的量子世界，现在稍微增加一点复杂性。如果一个量子世界同时存在 $\boldsymbol{Z}$ 错误和 $\boldsymbol{X}$ 错误两种噪声，除此之外无其他量子噪声，该如何纠错？一个自然的想法是，既然已经有了能分别纠正 $\boldsymbol{Z}$ 错误和 $\boldsymbol{X}$ 错误的编码结构，那可否将两种结构结合起来以起到同时纠正两种错误的效果？

这是可能的，下面将给出说明。实际上，Shor[1] 指出，可以使用嵌套纠错编码的方法构造新编码，这种在经典编码中已经大量采用的技术也称编码级联（Concatenation）。假设依然需要在新量子世界里保护单量子比特信息 $|\varphi\rangle=a|0\rangle+b|1\rangle$，则采用如下编码：

$$|0\rangle\rightarrow|0_L\rangle\equiv\frac{(|000\rangle+|111\rangle)(|000\rangle+|111\rangle)(|000\rangle+|111\rangle)}{2\sqrt{2}}$$

$$|1\rangle\rightarrow|1_L\rangle\equiv\frac{(|000\rangle-|111\rangle)(|000\rangle-|111\rangle)(|000\rangle-|111\rangle)}{2\sqrt{2}}$$

这种编码方法，就是之前提到的 Shor 编码。不难看出，新的编码有两层结构，下层（或者外层）是之前用来纠正 $\boldsymbol{Z}$ 错误的结构，上层（或者内层）则负责纠正 $\boldsymbol{X}$ 错误，也是之前讨论的对应结构。为了方便讨论，分别将连续的 3 个量子比特称为一个区块。注意由于下层并不直接编码到物理量子比特上，因此在探测错误发生时，选取需要的量子测量时需要将上层的编码也考虑进来。

现在举例来描述这种复合编码是如何同时纠正单量子比特上的 $\boldsymbol{Z}$ 错误、$\boldsymbol{X}$ 错误或者 $\boldsymbol{XZ}$ 错误（等价于两种错误同时发生）的。假设可能的错误发生在上述 9 个量子比特中的第一个上。如果错误是 $\boldsymbol{X}$ 错误，则对内层编码会通过测量 $\boldsymbol{Z}_1\boldsymbol{Z}_2$ 和 $\boldsymbol{Z}_2\boldsymbol{Z}_3$ 来定位出这个错误进而将其纠正。如果这个错误是 $\boldsymbol{Z}$ 错误，则对外层编码会通过测量 $\boldsymbol{X}_1\boldsymbol{X}_2\boldsymbol{X}_3\boldsymbol{X}_4\boldsymbol{X}_5\boldsymbol{X}_6$ 和 $\boldsymbol{X}_4\boldsymbol{X}_5\boldsymbol{X}_6\boldsymbol{X}_7\boldsymbol{X}_8\boldsymbol{X}_9$ 来定位和纠正这个错误，这里利用了内层第一区块 $\boldsymbol{X}$ 逻辑操作 $\boldsymbol{X}_L=\boldsymbol{X}_1\boldsymbol{X}_2\boldsymbol{X}_3$ 的结论。类似地，如果 $\boldsymbol{XZ}$ 错误发生，则可以将其理解为两种错误同时发生，然后依次利用上述两种纠错程序对其分别进行纠正。可以验证，这两个过程彼此互不干扰。

4. 一般性错误的情形

坦白说，上面的级联构造表面上看似平淡无奇，因为它仅仅是借鉴了经典编码中常见的概念。但是，下面我们将揭示一个惊人的事实：Shor编码其实可以纠正单量子比特上的任意量子错误！需要强调的是，下面的论述将涉及量子纠错理论最精彩的核心要义，因为它将为量子纠错的后续发展开辟道路。

现在离开简化的量子世界，回到现实中的量子世界，即单量子比特信息 $|\varphi\rangle = a|0\rangle + b|1\rangle$ 可以被任意的量子噪声干扰。也就是说，现在的量子噪声可以被描述为任意的量子操作：

$$\mathcal{E}(|\varphi\rangle\langle\varphi|) = \sum_k \boldsymbol{E}_k|\varphi\rangle\langle\varphi|\boldsymbol{E}_k^\dagger$$

其中 $\boldsymbol{E}_k = e_{k0}\boldsymbol{I} + e_{k1}\boldsymbol{X} + e_{k2}\boldsymbol{Y} + e_{k3}\boldsymbol{Z}$

为了保护 $|\varphi\rangle$，将其用Shor编码的设置进行编码，得到状态 $|\varphi_L\rangle = a|0_L\rangle + b|1_L\rangle$。下面将说明这种编码可以纠正发生在其中一个量子比特上的任意错误。为了方便讨论，假设上面的量子操作只包含一个Kraus算子，即噪声是一个任意的未知酉操作。我们将这个唯一的Kraus算子写作 $\boldsymbol{E} = e_0\boldsymbol{I} + e_1\boldsymbol{X} + e_2\boldsymbol{Z} + e_3\boldsymbol{XZ}$，后面也不难发现这种简化并不失去一般性。

根据量子信息的线性性，噪声作用在 $|\varphi_L\rangle$ 上的效果可以写作（假设噪声实际上只发生在第 i 个量子比特上，但纠错者事先不知道）

$$\mathcal{E}(|\varphi_L\rangle\langle\varphi_L|) = \boldsymbol{E}|\varphi_L\rangle = e_0|\varphi_L\rangle + e_1\boldsymbol{X}_i|\varphi_L\rangle + e_2\boldsymbol{Z}_i|\varphi_L\rangle + e_3\boldsymbol{X}_i\boldsymbol{Z}_i|\varphi_L\rangle$$

接着，用 $\boldsymbol{Z}$ 错误和 $\boldsymbol{X}$ 错误同时发生的情形中相同的方式进行量子测量（即测量可观测量 $\boldsymbol{Z}_1\boldsymbol{Z}_2$、$\boldsymbol{Z}_2\boldsymbol{Z}_3$、$\boldsymbol{X}_1\boldsymbol{X}_2\boldsymbol{X}_3\boldsymbol{X}_4\boldsymbol{X}_5\boldsymbol{X}_6$、$\boldsymbol{X}_4\boldsymbol{X}_5\boldsymbol{X}_6\boldsymbol{X}_7\boldsymbol{X}_8\boldsymbol{X}_9$ 等）。注意此时不知道噪声发生在何处，因此之前简化方案中涉及的所有可观测量此时都需要测量。我们将抽取两种关键信息。

首先，如果错误影响的量子比特只有一个，那么就能确定位置。比如，只有第七个量子比特被影响，无论 $\boldsymbol{E}$ 是什么，可观测量 $\boldsymbol{Z}_1\boldsymbol{Z}_2$、$\boldsymbol{Z}_2\boldsymbol{Z}_3$、$\boldsymbol{X}_1\boldsymbol{X}_2\boldsymbol{X}_3\boldsymbol{X}_4\boldsymbol{X}_5\boldsymbol{X}_6$ 的测量结果都将是1，但有一些测量的结果将出现异常（变成−1）。如此一来，根据测量结果的所有异常，就可以推测出这个唯一的位置。

其次，值得注意的是，与之前的简化量子世界不同，此时的 $\boldsymbol{E}|\varphi_L\rangle$ 一般来说不再是某些Pauli矩阵的特征向量，因此上面的一些测量（涉及被污染量子比特的）会改变状态 $|\varphi_L\rangle$。也就是说，上述的某些测量结果将不再是具有确定性的，因此测量也会让

被观测状态坍缩。这听起来是个可怕的事情，因为坍缩似乎会抹掉我们希望保护的信息。但是，一个最关键的也最能体现 Shor 惊人洞察力的事实是，这个塌缩其实正是我们希望发生的！

具体来说，如果根据这一系列测量已经可以确定噪声发生在第一个量子比特上，则 $\boldsymbol{Z}_1\boldsymbol{Z}_2$、$\boldsymbol{Z}_2\boldsymbol{Z}_3$、$\boldsymbol{X}_1\boldsymbol{X}_2\boldsymbol{X}_3\boldsymbol{X}_4\boldsymbol{X}_5\boldsymbol{X}_6$、$\boldsymbol{X}_4\boldsymbol{X}_5\boldsymbol{X}_6\boldsymbol{X}_7\boldsymbol{X}_8\boldsymbol{X}_9$ 这 4 个可观测量的测量结果将十分重要。例如，如果它们分别是 1、1、-1、1，就可以知道被污染后的状态 $\boldsymbol{E}|\varphi_L\rangle$ 将坍缩成 $\boldsymbol{Z}_1|\varphi_L\rangle$（未归一化）。原因是，只有这个成分在上述 4 个测量的结果所共同选择的子空间里。至于其他成分，如 $\boldsymbol{X}_1|\varphi_L\rangle$，由于对第一个量子比特进行了翻位，$\boldsymbol{Z}_1\boldsymbol{Z}_2$ 的测量结果将是-1，与观测到的结果不符，因此将彻底不出现在坍缩后的状态中。同理，$\boldsymbol{E}|\varphi_L\rangle$ 中其他两项 $e_0|\varphi_L\rangle$ 和 $e_3\boldsymbol{X}_1\boldsymbol{Z}_1|\varphi_L\rangle$ 也不会出现在坍缩后的状态中。类似地，如果上述 4 个测量的结果是-1、1、1、1，就可以知道坍缩后的状态是 $\boldsymbol{X}_1|\varphi_L\rangle$（未归一化），以此类推。

所以，Shor 编码的巧妙设计导致了神奇的效果，测量造成的坍缩不但没有抹掉我们希望保护的信息 $|\varphi_L\rangle$（虽然被扭曲了一些），反而抛弃了未知又复杂的 $\boldsymbol{E}$ 的信息。而且，测量的结果也表明了这个扭曲 $|\varphi_L\rangle$ 的操作是什么，它们仅仅是 Pauli 矩阵，因此只需用再做一次相同的操作就可以恢复出 $|\varphi_L\rangle$。

量子测量导致量子态坍缩，这个量子信息特有的性质曾经被我们认为是设计量子纠错机制的巨大麻烦，但现在我们知道了，它非但不是障碍，竟然还起到了将连续的噪声离散化后分而治之的决定性作用。

10.2.2 量子纠错的一般性理论

Shor 编码是第一个真正的量子纠错码，它的历史性贡献是展示了量子纠错的可能性。之前困扰我们的量子特性，例如未知信息不可克隆、测量改变量子态等，并不是纠错的本质障碍。我们自然地希望推广它的核心思想，寻找更多能力更强（比如能同时纠正多个量子比特上的错误）的量子纠错码，甚至建立量子纠错的一般理论。

受 Shor 编码核心思想的启发，我们希望一个合格的一般性量子纠错码具有如下两个特性。第一，将被保护的信息用目标纠错码进行编码，一般来说编码后的量子系统会大若干倍。第二，由于量子噪声的干扰，编码后的量子态的局部将被改变，如果这种改变涉及的部分比较有限，那么就在纠错码的处理范围之内，通过精心挑选的量子测量将噪声的影响离散化。这些量子测量应当具有如下三个性质：首先，它们不揭示被保护信息的本质部分，否则会破坏该信息；其次，不同的测量结果导致整个状态塌缩到不同的子空间，这些子空间彼此不相交；最后，每个测量结果对应的塌缩后子空间是刚性的，隐含了被保护信息的完整内容，且与原来的编码信息有简单关系，该关系容易被识别，方便最终恢复出原信息。如果顺利实现了这些前提，就可以在量子信息原理允许的范围内，通过增加冗余来实现一般性的量子纠错。上述的大概思想可以用图 10-1 描述。

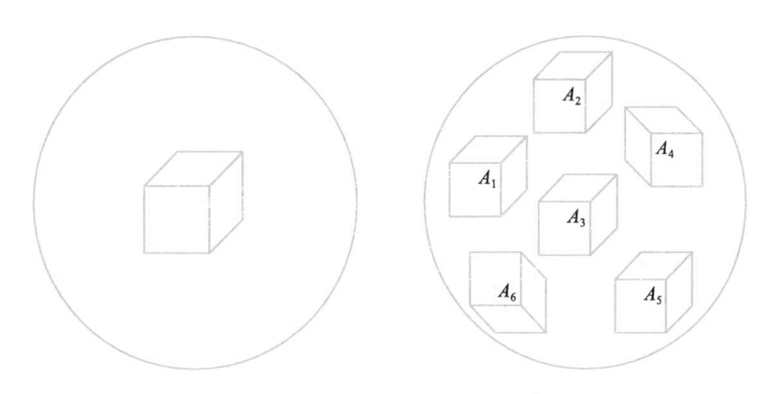

图 10-1 量子纠错原理示意图[2]

根据经典计算的经验，针对具有不同特征的量子噪声，有必要设计不同的量子纠错码以提升性能。于是，一个非常现实的需求是，找到判断一个给定的量子纠错码能否纠正一种特定的量子噪声的方法。毫无疑问，这种判断条件将在量子纠错理论中具有基本的重要性，理论和实用价值很高。实际上，这样的结果已经被人们找到，被称为量子纠错条件。这个结果是如此地重要，我们甚至可以将其称作量子纠错基本定理。【注：本讲涉及的几个定理的证明请见 Nielsen 和 Chuang 的专著[2]】

定理 10.1（量子纠错条件） 假设一个量子编码对应的子空间是 $\boldsymbol{C}$，而到这个子空间的投影是 $\boldsymbol{P}$。假设一种量子噪声对应的量子操作可以由一组算子 $\{\boldsymbol{E}_i\}$ 描述。则该量子编码可以纠正这种量子噪声的充分必要条件为

$$\boldsymbol{P}\boldsymbol{E}_i^{\dagger}\boldsymbol{E}_j\boldsymbol{P}=\alpha_{ij}\boldsymbol{P}$$

其中，α_{ij} 必须是一个厄密矩阵的对应元素。

虽然定理 10.1 表明了如何验证一个纠错编码对抗一种特定噪声的有效性，但可以

想象，至少在下面两个非常现实的场景中，直接应用定理 10.1 十分不方便，甚至无法应用。首先，在现实中经常并不知道噪声的精确数学结构，这样就无法得到与它对应的算子 $\{\boldsymbol{E}_i\}$，此时就不能直接应用定理 10.1。此外，我们之前成功证明了 Shor 编码可以纠正单个量子比特上的任意噪声，如果想用定理 10.1 来验证这个结论的话，肯定无法把所有可能的噪声算子 $\{\boldsymbol{E}_i\}$ 穷举出来。那么该如何处理?

非常幸运的是，我们有如定理 10.2 所示的非常有用的结论。有了它，就能证明一个具体的纠错码和给定的纠错方案，还可以有效纠正一大类噪声，而不仅仅是具体的一种。

定理 10.2（线性相关量子噪声的统一纠错）　C 是一个量子编码，$\mathcal{E}$ 是一种可以用算子 $\{\boldsymbol{E}_i\}$ 描述的量子噪声，同时 $\mathcal{F}$ 是算子 $\{\boldsymbol{F}_j\}$ 描述的另外一种量子噪声，且有 $\boldsymbol{F}_j=\sum_i m_{ji}\boldsymbol{E}_i$，其中 m_{ji} 是一系列复数。那么，如果基于 C 的纠错方案 $\mathcal{R}$ 可以纠正噪声 $\mathcal{E}$，则 $\mathcal{R}$ 也可以纠正噪声 $\mathcal{F}$。

现在来看定理 10.2 的一个直接应用。首先，根据定理 10.1，不难证明 Shor 编码可以纠正算子 $\{c_0\boldsymbol{I},c_1\boldsymbol{X},c_2\boldsymbol{Y},c_3\boldsymbol{Z}\}$ 描述的某种作用在 9 个量子比特中第一个位置上的具体噪声（非零系数 c_i 确保这是一个合法的量子操作）。那么，根据定理 10.2，Shor 编码显然可以纠正作用在第一个量子比特上的任意噪声，因为任意噪声算子 $\boldsymbol{E}_i$ 都可以被 Pauli 矩阵以线性方式表示。

定理 10.2 也解释了一个非常有趣的现象，那就是很多研究量子纠错的学者都对解极噪声有明显的偏好。对于量子态 $\boldsymbol{\rho}$，解极噪声的作用可以表示为

$$\mathcal{E}(\rho)=(1-p)\rho+\frac{p}{3}(\boldsymbol{X}\rho\boldsymbol{X}+\boldsymbol{Y}\rho\boldsymbol{Y}+\boldsymbol{Z}\rho\boldsymbol{Z})$$

这里 $0\leqslant p\leqslant 1$。显然，根据定理 10.2，如果一个纠错方案能纠正解极噪声，它就可以纠正单量子比特上的任意噪声。所以，能否对抗解极噪声成为一个纠错方案的纠错能力的试金石，于是这种偏好也就不难理解了。

10.3 量子纠错码的构造

现在，我们对量子纠错理论的关键部分已经有了一个很好的理解。但稍加留意，会

发现其实我们还没有看到太多具体的量子纠错码。因此，如何系统地构造合格的量子纠错码以及如何评估它们的性能，是接下来的两个重要议题。

为此，将重点介绍一种十分“漂亮”而强大的理论工具，名叫**稳定子理论**，它可以系统地构造和分析量子纠错码，进而直接给出物理实现方案。稳定子理论由 Daniel Gottesman[3] 于20世纪90年代后期提出。

10.3.1 稳定子编码理论

1. 基本思想

考虑两个量子比特组成的 EPR 态

$$|\varphi\rangle=\frac{|00\rangle+|11\rangle}{\sqrt{2}}$$

不难验证，$|\varphi\rangle$ 满足如下关系：

$$\boldsymbol{X}_1\boldsymbol{X}_2|\varphi\rangle=|\varphi\rangle$$

$$\boldsymbol{Z}_1\boldsymbol{Z}_2|\varphi\rangle=|\varphi\rangle$$

由此，称状态 $|\varphi\rangle$ 被算子 $\boldsymbol{X}_1\boldsymbol{X}_2$ 和 $\boldsymbol{Z}_1\boldsymbol{Z}_2$ **稳定**。一个有趣的事情是，可以证明 $|\varphi\rangle$ 是唯一被这两个算子稳定的二量子比特态（不考虑全局相位）。实际上，可以考虑一个最一般的二量子比特量子态

$$a|00\rangle+b|01\rangle+c|10\rangle+d|11\rangle$$

如果这个状态被 $\boldsymbol{X}_1\boldsymbol{X}_2$ 稳定，则不难看出一定有 $a=d$ 以及 $b=c$；类似地，如果这个状态被 $\boldsymbol{Z}_1\boldsymbol{Z}_2$ 稳定，则有 $b=c=0$。将这两个关系结合起来，可以看出这个状态一定等价于 $|\varphi\rangle$，至多相差一个无关紧要的全局相位。

从这个例子可以看出，当需要刻画一个量子态时，除了使用常见的标准做法，给出它在一组正交基下的所有系数（即状态向量）之外，还可以通过给出一组稳定它的算子来将它确定下来（除了不重要的全局系数），这就是稳定子理论的初步思想。

很快会看到，这种理论在量子纠错码研究中起到关键作用。具体来说，将从稳定子理论的角度来刻画那些基于量子纠错码的量子态，即编码之后的量子态。将会看到，无论是合法操作对于编码状态的效果，还是噪声对这些编码状态的影响，用稳定子理论来进行刻画都将十分方便。并且，可以非常容易地基于稳定子理论来构造各种不同的纠错

码，并评估它们的效果。

与此同时，从计算复杂性的角度看，稳定子理论也具有极高的理论价值。有证据表明，使用稳定子理论来刻画量子态及其演化经常比直接基于状态向量的方式完成要高效得多。毫不夸张地说，该理论的发明也让我们对量子计算超强计算能力的根源有了更深刻的认识。

2. 一般情形的定义

首先介绍 Pauli 群的概念。单量子比特上的 Pauli 群由四个 Pauli 矩阵结合系数±1、±i 构成：

$$G_1=\{\pm\boldsymbol{I},\pm i\boldsymbol{I},\pm\boldsymbol{X},\pm i\boldsymbol{X},\pm\boldsymbol{Y},\pm i\boldsymbol{Y},\pm\boldsymbol{Z},\pm i\boldsymbol{Z}\}$$

不难验证，上述集合在普通的矩阵乘法下封闭，而且构成一个群（有单位元，所有元素有逆，且对矩阵乘封闭）。而 n 量子比特上的 Pauli 群，则定义为 4 个 Pauli 矩阵的所有 n 重张量乘积再结合系数±1、±i 构成的集合，将其记为 G_n。

假设 S 是 G_n 的一个子群，如果一个 n 量子比特状态 $|\varphi\rangle$ 使得对于 S 中任意一个元素 s 都有 $s|\varphi\rangle=|\varphi\rangle$，则称 $|\varphi\rangle$ 被 S 稳定。同时，将所有被 S 稳定的量子态的集合记作 V_S。不难验证，对于任意 S，V_S 都是一个线性空间。此时，称 S 是 V_S 的一个**稳定子**。

例如，$S=\{\boldsymbol{I},\boldsymbol{Z}_1\boldsymbol{Z}_2,\boldsymbol{Z}_2\boldsymbol{Z}_3,\boldsymbol{Z}_1\boldsymbol{Z}_3\}$ 是 G_3 的一个子群。不难验证，$\boldsymbol{Z}_1\boldsymbol{Z}_2$ 稳定的子空间是 $|000\rangle$、$|001\rangle$、$|110\rangle$、$|111\rangle$ 张成的空间，$\boldsymbol{Z}_2\boldsymbol{Z}_3$ 和 $\boldsymbol{Z}_1\boldsymbol{Z}_3$ 也有类似的结构。最终，被 S 稳定的子空间由 $|000\rangle$、$|111\rangle$ 张成。

有的时候 G_n 的一些子群的势很大，不容易通过列出所有元素的办法刻画。此时，可以有一个更有效率的替代办法。假设 S 是 G_n 的子群，如果 S 的所有元素都可以表示成 $\boldsymbol{g}_1,\boldsymbol{g}_2,\cdots,\boldsymbol{g}_l\in S$ 中某些元素的乘积，则称 S 可以被 $\boldsymbol{g}_1,\boldsymbol{g}_2,\cdots,\boldsymbol{g}_l$ 生成，而 $\boldsymbol{g}_1,\boldsymbol{g}_2,\cdots,\boldsymbol{g}_l$ 被称为 S 的生成子，记作 $S=\langle\boldsymbol{g}_1,\boldsymbol{g}_2,\cdots,\boldsymbol{g}_l\rangle$。

例如，上面例子中的子群可以写作 $\{\boldsymbol{I},\boldsymbol{Z}_1\boldsymbol{Z}_2,\boldsymbol{Z}_2\boldsymbol{Z}_3,\boldsymbol{Z}_1\boldsymbol{Z}_3\}=\langle\boldsymbol{Z}_1\boldsymbol{Z}_2,\boldsymbol{Z}_2\boldsymbol{Z}_3\rangle$。生成子表示法给子群的表示提供了很大的便利，在越大的子群中这个效果越明显。比方说，如果想验证一个量子态被一个子群稳定，则只需验证这个量子态被子群的任何一个生成子稳定即可。

稳定子理论的思路现在清楚了，但如果稍加思考，一个非常自然的问题就出现了：是不是 G_n 所有的非平凡子群 S 都稳定一个非平凡的子空间 V_S？这个问题的答案是否定的。可以验证，S稳定一个非平凡 V_S 的必要条件是 S 的所有元素都是交换的，而且满足$-\boldsymbol{I} \notin S$。

为了说明这个结论，假设 $\boldsymbol{g}_1, \boldsymbol{g}_2 \in S$ 且 $\boldsymbol{g}_1\boldsymbol{g}_2 = -\boldsymbol{g}_2\boldsymbol{g}_1$。如果一个量子态 $|\varphi\rangle$ 被 S 稳定，则有 $\boldsymbol{g}_1\boldsymbol{g}_2|\varphi\rangle = |\varphi\rangle = -\boldsymbol{g}_2\boldsymbol{g}_1|\varphi\rangle = -|\varphi\rangle$，于是有 $|\varphi\rangle = 0$，但这与 $|\varphi\rangle$ 是一个量子态矛盾。类似的证明可以看出$-\boldsymbol{I} \notin S$ 也必须被满足。有趣的是，之后会发现上述必要条件也是充分的。

下面展示一个非平凡的例子。可以验证，下面的 6 个算子 $\boldsymbol{g}_1$ 到 $\boldsymbol{g}_6$ 是互相交换的，而且$-\boldsymbol{I}$ 不在它们生成的子群中（注意这里省略了标识 Pauli 算子作用位置的下标）。

$$\boldsymbol{g}_1 = \boldsymbol{IIIXXXX}$$

$$\boldsymbol{g}_2 = \boldsymbol{IXXIIXX}$$

$$\boldsymbol{g}_3 = \boldsymbol{XIXIXIX}$$

$$\boldsymbol{g}_4 = \boldsymbol{IIIZZZZ}$$

$$\boldsymbol{g}_5 = \boldsymbol{IZZIIZZ}$$

$$\boldsymbol{g}_6 = \boldsymbol{ZIZIZIZ}$$

也可以验证，$\langle \boldsymbol{g}_1, \boldsymbol{g}_2, \cdots, \boldsymbol{g}_6 \rangle$ 所稳定的线性空间是两维的，而且正好由七量子比特 Steane 纠错码的 $|0_L\rangle$ 和 $|1_L\rangle$ 所张成，即

$$|0_L\rangle = \frac{1}{\sqrt{8}}[|0000000\rangle + |1010101\rangle + |0110011\rangle + |1100110\rangle + |0001111\rangle + |1011010\rangle + |0111100\rangle + |1101001\rangle]$$

$$|1_L\rangle = \frac{1}{\sqrt{8}}[|1111111\rangle + |0101010\rangle + |1001100\rangle + |0011001\rangle + |1110000\rangle + |0100101\rangle + |1000011\rangle + |0010110\rangle]$$

也就是说，Steane 纠错码在稳定子理论中可以被这 6 个算子优雅、简洁地刻画出来。

可以看到，当用一组生成子 $\boldsymbol{g}_1, \boldsymbol{g}_2, \cdots, \boldsymbol{g}_l$ 来研究 G_n 的一个子群 S 时，为了让对应的稳定子空间 V_S 是非平凡的，我们希望这些元素是互相交换的，且不包含$-\boldsymbol{I}$。同时，为了让生成子的集合最简洁，我们希望它们也是独立的，也就是任何一个元素 $\boldsymbol{g}_i$ 都不能表示成生成子其他元素的乘积。但是，当 S 很复杂，尤其是涉及很多个量子比特时，它

的一个生成子集合 $g_1,g_2,\cdots,g_l$ 是否独立又互相交换是不容易判断的。为此，人们发展出一套基于线性代数的工具来完成这个任务。由于篇幅限制，请感兴趣的读者参考 Nielsen 和 Chuang 的专著[2]。

3. 稳定子空间的数学结构

现在知道了何时 G_n 的子群 S 稳定一个非平凡的子空间 V_S，但是这个空间有多大、有什么样的结构，我们依然不知道。关于这些重要问题，下面介绍一个非常重要的定理。

定理 10.3 假设 $S=\langle \boldsymbol{g}_1,\boldsymbol{g}_2,\cdots,\boldsymbol{g}_{n-k}\rangle$，其中 $1\leqslant n-k\leqslant n$，$\boldsymbol{g}_1,\boldsymbol{g}_2,\cdots,\boldsymbol{g}_{n-k}$ 互相交换且独立，$-\boldsymbol{I}\notin S$。则被 S 稳定的子空间 $\boldsymbol{V}_S$ 是 2^k 维的。

为了理解 $\boldsymbol{V}_S$ 的结构，设 $\boldsymbol{x}=(x_1,x_2,\cdots,x_{n-k})$ 是一个元素在 $\boldsymbol{Z}_2$ 中的 $n-k$ 维的向量。定义

$$\boldsymbol{P}_S^{\boldsymbol{x}}=\frac{\prod_{j=1}^{n-k}(\boldsymbol{I}+(-1)^{x_j}\boldsymbol{g}_j)}{2^{n-k}}$$

由于 $\boldsymbol{g}_i$ 是特征值为±1 的 Pauli 矩阵，而且互相交换，因此 $\boldsymbol{P}_S^{\boldsymbol{x}}$ 实际上是一个投影算子。同时，可以验证有

$$\boldsymbol{P}_S^{(0,0,\cdots,0)}=\boldsymbol{V}_S,\quad \sum_{x}\boldsymbol{P}_S^{\boldsymbol{x}}=\boldsymbol{I}$$

并且，当 $\boldsymbol{x}\neq\boldsymbol{x}'$时，有

$$\boldsymbol{P}_S^{\boldsymbol{x}}\cdot\boldsymbol{P}_S^{\boldsymbol{x}'}=0$$

更进一步可以证明，对于任意 $\boldsymbol{x}$，都能找到 G_n 的一个元素 $\boldsymbol{g}_x$ 满足

$$\boldsymbol{g}_x\boldsymbol{P}_S^{(0,0,\cdots,0)}(\boldsymbol{g}_x)^{\dagger}=\boldsymbol{P}_S^{\boldsymbol{x}}$$

所以，可以总结如下：每一个 $\boldsymbol{P}_S^{\boldsymbol{x}}$ 是一个投影算子，且当 $\boldsymbol{x}=(0,0,\cdots,0)$ 时，对应的投影空间正好是 $\boldsymbol{V}_S$。更重要的是，不同的 $\boldsymbol{x}$ 所定义的投影空间彼此正交，且有与 $\boldsymbol{V}_S$ 相同的结构（因为仅相差一个酉矩阵）。并且，如果把这些投影空间全部合并起来，正好是全空间。

上述这一“漂亮”的数学结构是稳定子理论可以用来发展量子纠错方案的重要理论基础。如果还记得 Shor 编码的关键思想，上述整齐、正交、具有类似数学结构的一系列子空间，正是我们在设计合适的量子测量以实现噪声离散化时所希望看到的。下面

将一步步介绍具体的做法。

4. 用稳定子理论描述量子操作

正如之前提到的，稳定子理论也可以用来描述相关量子态的演化。在讨论量子态的演化时，需要考虑酉变换和量子测量两种不同情况。首先考虑酉变换。假设子群 S 稳定子空间 V_S，$\boldsymbol{U}$ 是一个酉变换，那么对于 V_S 中的任意量子态 $|\varphi\rangle$ 和 S 中的元素 $\boldsymbol{g}$，有

$$\boldsymbol{U}|\varphi\rangle=\boldsymbol{Ug}|\varphi\rangle=\boldsymbol{UgU}^{\dagger}\boldsymbol{U}|\varphi\rangle$$

也就是说，状态 $\boldsymbol{U}|\varphi\rangle$ 被算子 $\boldsymbol{UgU}^{\dagger}$ 所稳定，或者说子空间 $\boldsymbol{U}V_S\equiv\{\boldsymbol{U}|\varphi\rangle \mid |\varphi\rangle\in V_S\}$ 被新的子群 $\boldsymbol{USU}^{\dagger}\equiv\{\boldsymbol{UgU}^{\dagger} \mid \boldsymbol{g}\in S\}$ 所稳定。

由此可见，稳定子理论可以追踪状态在酉变换下的演化。但在量子纠错中我们偏好这个新的子群也是 Pauli 群的情形，也就是说，对任意 $\boldsymbol{g}\in G_n$，酉矩阵 $\boldsymbol{U}$ 都满足 $\boldsymbol{UgU}^{\dagger}\in G_n$。这样的酉矩阵被称为 Clifford 门，例如 Hadamard 门就是一个 Clifford 门，因为

$$\boldsymbol{HXH}^{\dagger}=\boldsymbol{Z},\quad \boldsymbol{HYH}^{\dagger}=-\boldsymbol{Y},\quad \boldsymbol{HZH}^{\dagger}=\boldsymbol{X}$$

类似地，可以验证控制非门 C-NOT 也是 Clifford 门。

现在考虑稳定子理论对量子测量的描述。依然假设子群 $S=\langle\boldsymbol{g}_1,\boldsymbol{g}_2,\cdots,\boldsymbol{g}_l\rangle$ 稳定量子态 $|\varphi\rangle$。假设对 $|\varphi\rangle$ 进行可观测量 $\boldsymbol{g}\in G_n$ 的测量。此时分为如下两种情况。

1）$\boldsymbol{g}$ 与 $\boldsymbol{g}_1,\boldsymbol{g}_2,\cdots,\boldsymbol{g}_l$ 均可交换，则有对任意 $i\in\{1,2,\cdots,l\}$，$\boldsymbol{gg}_i|\varphi\rangle=\boldsymbol{g}_i\boldsymbol{g}|\varphi\rangle=\boldsymbol{g}|\varphi\rangle$。因此，$S$ 也能稳定量子态 $\boldsymbol{g}|\varphi\rangle$，这意味着 $\boldsymbol{g}|\varphi\rangle$ 和 $|\varphi\rangle$ 只相差一个系数。注意到 $\boldsymbol{g}^2=\boldsymbol{I}$，于是只能有 $\boldsymbol{g}|\varphi\rangle=\pm|\varphi\rangle$。所以，对可观测量 $\boldsymbol{g}$ 的测量将会给出确定性的结果，测量过程不改变状态 $|\varphi\rangle$。

2）$\boldsymbol{g}$ 与 $\boldsymbol{g}_1,\boldsymbol{g}_2,\cdots,\boldsymbol{g}_l$ 不全交换，例如假设 $\boldsymbol{g}$ 只与 $\boldsymbol{g}_1$ 不交换。在这种情况下，可以证明测量结果可能是 1，也可能是−1，且概率相同。当结果是 1 时，新的状态将是 $|\varphi^+\rangle\equiv(\boldsymbol{I}+\boldsymbol{g})|\varphi\rangle/\sqrt{2}$。不难验证，$|\varphi^+\rangle$ 可以被 $\langle\boldsymbol{g},\boldsymbol{g}_2,\cdots,\boldsymbol{g}_l\rangle$ 稳定；类似的，当结果是−1 时，新的状态 $|\varphi^-\rangle\equiv(\boldsymbol{I}-\boldsymbol{g})|\varphi\rangle/\sqrt{2}$ 可以被 $\langle-\boldsymbol{g},\boldsymbol{g}_2,\cdots,\boldsymbol{g}_l\rangle$ 稳定。

由此可见，稳定子理论的表示能力十分强大。将上述系列结论或者观察结合起来，可以得出一个惊人的结论。如下定理是 Gottesman 和 Knill 发现的，它对量子计算超强能力的根源进行了深刻的思考。

定理 10.4（Gottesman-Knill 定理）　假设一台量子计算机只能进行如下操作：计算

基矢下的量子态制备，Hadamard 门、相位门、C-NOT 门、Pauli 门、Pauli 群元素所对应可观测量的量子测量，以及利用中间量子测量得到的结果对计算过程进行控制，那么该量子计算机所完成的任何计算过程都可以被经典计算机快速模拟。

注意，如果一个量子算法可以被经典计算机快速模拟，那么它就不具备明显的理论和应用价值。基于稳定子理论，很容易确认定理 10.4 的结论是正确的，因为上面允许的所有操作都可以用稳定子理论方便地表示。于是，当用经典计算机模拟上述量子计算时，没有必要去耗费庞大资源追踪量子态的演化，而只需用追踪稳定子的演化过程，这个代价是很低的，因为一个 n 量子比特的状态，生成子只需用 n 个算子描述，而每个算子只涉及 n 个 Pauli 算子。相反，直接记录量子态的信息则需要指数代价。特别值得强调的是，上述量子计算的过程虽然可以被经典计算机快速模拟，但依然可能会涉及高度纠缠的量子态，例如用 C-NOT 门和 H 门很容易制备出多体的 GHZ 量子态。由此可见，大量的量子纠缠远远不能保证量子计算的优越性。

从另一个角度思考，为了让量子计算获得相对经典计算的优势，必须让计算过程跳出稳定子理论（在 Pauli 群框架下）能描述的范围之外，比如说引入非 Clifford 量子逻辑门。

10.3.2 稳定子编码的构造和分析

1. 编码空间和编码基矢态的确定

有了上面的理论准备，现在就可以介绍使用稳定子理论系统地构造量子纠错码的方法。首先，找到一个 G_n 的子群 S，它的一组生成子是 $\boldsymbol{g}_1,\boldsymbol{g}_2,\cdots,\boldsymbol{g}_{n-k}$，要求这些算子互相独立且交换，$-\boldsymbol{I}\notin S=\langle\boldsymbol{g}_1,\boldsymbol{g}_2,\cdots,\boldsymbol{g}_{n-k}\rangle$。根据定理 10.3，有一个 2^k 维的子空间 V_S 被 S 所稳定，选择这个子空间作为编码空间。也就是说，用 n 个物理量子比特去编码 k 个逻辑量子比特。

其次，确定这些逻辑量子比特的基矢态，即 $|i_1i_1\cdots i_k\rangle_L$。为此，先思考一个容易验证的事实：在 k 个不涉及任何编码的物理量子比特上，量子态的基矢态 $|i_1i_1\cdots i_k\rangle$ 可以被算子 $(-1)^{i_1}\boldsymbol{Z}_1,(-1)^{i_2}\boldsymbol{Z}_2,\cdots,(-1)^{i_k}\boldsymbol{Z}_k$ 所稳定。受此启发，在 G_n 中再选择 k 个算子 $\overline{\boldsymbol{Z}}_1,\overline{\boldsymbol{Z}}_2,\cdots,\overline{\boldsymbol{Z}}_k$，并且要求它们与 $\boldsymbol{g}_1,\boldsymbol{g}_2,\cdots,\boldsymbol{g}_{n-k}$ 一起构成的算子集合依然互相独立、交

换，且不能生成$-\boldsymbol{I}$。接着，将逻辑量子比特的基矢态$|i_1 i_1 \cdots i_k\rangle_L$定义为被下列子群所稳定的唯一量子态：

$$\langle \boldsymbol{g}_1, \boldsymbol{g}_2, \cdots, \boldsymbol{g}_{n-k}, (-1)^{i_1}\overline{\boldsymbol{Z}}_1, (-1)^{i_2}\overline{\boldsymbol{Z}}_2, \cdots, (-1)^{i_k}\overline{\boldsymbol{Z}}_k \rangle$$

同时，也需要定义逻辑量子比特上的翻位算子$\overline{\boldsymbol{X}}_j$，$1 \leqslant j \leqslant k$。依然类比熟悉的无编码情形，选择一个$G_n$的元素，使得它与$\overline{\boldsymbol{Z}}_j$反交换，与$\boldsymbol{g}_1, \boldsymbol{g}_2, \cdots, \boldsymbol{g}_{n-k}, \overline{\boldsymbol{Z}}_1, \cdots, \overline{\boldsymbol{Z}}_{j-1}, \overline{\boldsymbol{Z}}_{j+1}, \cdots, \overline{\boldsymbol{Z}}_k$均交换即可。这样，就可以将逻辑量子比特的所有基矢态定义出来，从而确定编码方案。同时，对应的逻辑 Pauli 算子也已经被找到，而且具有与无编码情形 Pauli 算子类似的性质。为了方便后面讨论，将上面定义的量子编码记作$C(S)$。

2. 对量子纠错码能力的评估

到现在为止，虽然已经介绍了一种系统构造量子纠错码的方法，但是还不知道这样构造出来的纠错码是否合格，如果合格，那么它的效果是好是坏？接下来，继续基于稳定子理论，分析上述量子编码在噪声作用下的表现，以及如果它们确实是合格的纠错码，具体的纠错方案该如何制定？

假设噪声是一个酉操作$\boldsymbol{e} \in G_n$。再次强调，根据定理 10.2 可知这种假设是合理的，因为任意量子操作的 Kraus 算子都可以用一系列这样的$\boldsymbol{e}$线性表示，即使作用在多个量子比特上也是如此。因此，只要研究量子编码在G_n中元素所描述的噪声下的表现，即可了解它的整体性能。假设选择的量子编码$C(S)$由$S = \langle \boldsymbol{g}_1, \boldsymbol{g}_2, \cdots, \boldsymbol{g}_{n-k} \rangle$给定，则下面可以用分类讨论的方式研究噪声$\boldsymbol{e}$对编码后量子态的影响。

首先，假设$\boldsymbol{e}$与$\boldsymbol{g}_1, \boldsymbol{g}_2, \cdots, \boldsymbol{g}_{n-k}$中的某个算子反对易，比如$\boldsymbol{g}_1$，则$\boldsymbol{e}$对量子编码态的影响很容易被量子测量探测。实际上，假设$|\varphi\rangle$是一个合法的量子编码态，则有$\boldsymbol{g}_1|\varphi\rangle = |\varphi\rangle$。同时，有$\boldsymbol{g}_1\boldsymbol{e}|\varphi\rangle = -\boldsymbol{e}\boldsymbol{g}_1|\varphi\rangle = -\boldsymbol{e}|\varphi\rangle$。因此，$\boldsymbol{e}|\varphi\rangle$不再位于合法编码空间之中，对它做$\boldsymbol{g}_1$测量将确定性地发现这一事实，也就是错误$\boldsymbol{e}$很容易被探测到。

其次，如果$\boldsymbol{e} \in S$，则噪声$\boldsymbol{e}$对量子编码态$|\varphi\rangle$没有任何影响，因为对于任意算子$\boldsymbol{g} \in S$我们都有$\boldsymbol{g}|\varphi\rangle = |\varphi\rangle$，即$\boldsymbol{e}|\varphi\rangle = |\varphi\rangle$。这种噪声是我们最希望看到的，因为它完全不破坏我们希望保护的信息。

最后，结合以上两种情况我们可以看出最难缠、最危险的噪声$\boldsymbol{e}$将是下面这种情况：$\boldsymbol{e}$与$\boldsymbol{g}_1, \boldsymbol{g}_2, \cdots, \boldsymbol{g}_{n-k}$中所有的算子都对易，且$\boldsymbol{e} \notin S$。为了方便讨论，定义

$$N(S)=\{\boldsymbol{g}\in G_n \mid \boldsymbol{g}\boldsymbol{g}_i=\boldsymbol{g}_i\boldsymbol{g}, i=1,\cdots,n-k\}$$

显然，$\boldsymbol{e}\in N(S)$。然后我们有如下重要的定理。

定理 10.5（稳定子量子编码纠错条件） 假设 S 是 G_n 的一个子群，并且以稳定子的形式定义了量子编码 $C(S)$。假设 $\{\boldsymbol{E}_j\in G_n\}$ 是一组算子，并且满足对于任意的 j 和 k 都有 $\boldsymbol{E}_j^{\dagger}\boldsymbol{E}_k\notin N(S)-S$，那么 $\{\boldsymbol{E}_j\}$ 是一组可以被量子编码 $C(S)$ 所纠正的量子噪声。

对于上述用稳定子理论构造的量子编码，定理 10.5 为我们评估它的性能提供了重要依据。为了说明这一点，类似于经典编码的方法，首先将 $N(S)-S$ 中所有算子的最小海明权重（一个 G_n 算子的海明权重是它被非 $\boldsymbol{I}$ Pauli 算子作用的位置的总数）定义为编码 $C(S)$ 的距离，记为 d。相应地，称 $C(S)$ 为一个指标为 $[n,k,d]$ 的稳定子编码。

根据定理 10.5，如果对于任意的 j，$\boldsymbol{E}_j$ 的海明权重都小于 $d/2$，则自然有 $\boldsymbol{E}_j^{\dagger}\boldsymbol{E}_k$ 的海明权重小于 d，于是有 $\boldsymbol{E}_j^{\dagger}\boldsymbol{E}_k\notin N(S)-S$，那么这些错误可以纠正。由此可见，指标 d 决定性地给出了编码 $C(S)$ 的纠错能力：能纠正略少于 $d/2$ 个量子比特上的任何错误。

与此同时，关于定理 10.5 的正确性，可以用量子纠错条件来证明，即定理 10.1。跟之前一样，将编码空间对应的投影算子定义为 P，即

$$\boldsymbol{P}=\frac{\prod_{l=1}^{n-k}(\boldsymbol{I}+\boldsymbol{g}_l)}{2^{n-k}}$$

假设 $\boldsymbol{E}_j^{\dagger}\boldsymbol{E}_k\notin N(S)-S$，则要么 $\boldsymbol{E}_j^{\dagger}\boldsymbol{E}_k\in S$，要么 $\boldsymbol{E}_j^{\dagger}\boldsymbol{E}_k\in G_n-N(S)$。不难证明，在 $\boldsymbol{E}_j^{\dagger}\boldsymbol{E}_k\in S$ 的情况下，有 $\boldsymbol{P}\boldsymbol{E}_j^{\dagger}\boldsymbol{E}_k\boldsymbol{P}=\boldsymbol{P}$，在 $\boldsymbol{E}_j^{\dagger}\boldsymbol{E}_k\in G_n-N(S)$ 的情况下，有 $\boldsymbol{P}\boldsymbol{E}_j^{\dagger}\boldsymbol{E}_k\boldsymbol{P}=0$。也就是定理 10.1 中的量子纠错条件成立，因此 $\{\boldsymbol{E}_j\}$ 是一组可纠正错误。

下面用一个例子来帮助理解上述分析方法确实是行之有效的。可以验证，Shor 编码的两个逻辑基矢态 $|0_L\rangle$ 和 $|1_L\rangle$ 可以被下面的 $\boldsymbol{g}_1,\boldsymbol{g}_2,\cdots,\boldsymbol{g}_8$ 所生成的子群稳定。

$$\boldsymbol{g}_1=\boldsymbol{ZZIIIIIII}$$

$$\boldsymbol{g}_2=\boldsymbol{IZZIIIIII}$$

$$\boldsymbol{g}_3=\boldsymbol{IIIZZIIII}$$

$$\boldsymbol{g}_4=\boldsymbol{IIIIZZIII}$$

$$\boldsymbol{g}_5=\boldsymbol{IIIIIIZZI}$$

$$\boldsymbol{g}_6=\boldsymbol{IIIIIIIZZ}$$

$$\boldsymbol{g}_7=\boldsymbol{XXXXXXIII}$$

$$\boldsymbol{g}_8=\boldsymbol{IIIXXXXXX}$$

$$\overline{\boldsymbol{Z}}=\boldsymbol{XXXXXXXXX}$$

$$\overline{\boldsymbol{X}}=\boldsymbol{ZZZZZZZZZ}$$

实际上，不难验证 $\boldsymbol{g}_1,\boldsymbol{g}_2,\cdots,\boldsymbol{g}_8$ 互相对易且独立，$-\boldsymbol{I}\notin S=\langle\boldsymbol{g}_1,\boldsymbol{g}_2,\cdots,\boldsymbol{g}_8\rangle$。那么根据定理 10.3，$S$ 将稳定一个两维子空间，自然地可知它只能是 Shor 编码 $|0_L\rangle$ 和 $|1_L\rangle$ 所张成的空间。逻辑操作 $\overline{\boldsymbol{Z}}$ 和 $\overline{\boldsymbol{X}}$ 我们也可以如上选取，即 $\overline{\boldsymbol{Z}}$ 和 $\overline{\boldsymbol{X}}$ 需要与 $\boldsymbol{g}_1,\boldsymbol{g}_2,\cdots,\boldsymbol{g}_8$ 对易且互相独立，同时 $\overline{\boldsymbol{X}}$ 与 $\overline{\boldsymbol{Z}}$ 反对易。给定了 $\overline{\boldsymbol{Z}}$，就确定了编码空间的基矢态，正好就是 Shor 编码的 $|0_L\rangle$ 和 $|1_L\rangle$。

之前证明了 Shor 编码可以纠正一个量子比特上的任意错误，我们现在用定理 10.5 来再次证明这个结论。也就是说，根据定理 10.5，需要证明以 Pauli 阵形式出现的任意单量子比特错误 $\boldsymbol{E}_j$ 和 $\boldsymbol{E}_k$ 满足 $\boldsymbol{E}_j^\dagger\boldsymbol{E}_k\notin N(S)-S$。明显的，对于这个关系是否成立，可以通过一一列举验证。例如，假设 $\boldsymbol{E}_j=\boldsymbol{X}_1,\boldsymbol{E}_k=\boldsymbol{Y}_4$，则不难看出 $\boldsymbol{X}_1\boldsymbol{Y}_4$ 与 $\boldsymbol{g}_1$ 反交换，于是有 $\boldsymbol{E}_j^\dagger\boldsymbol{E}_k\notin N(S)$，进而有 $\boldsymbol{E}_j^\dagger\boldsymbol{E}_k\notin N(S)-S$。

3. 量子纠错的电路实现

至此，已经正式确认了稳定子理论构造和分析量子纠错码的有效性。但是，到现在为止还遗留了一个重要的问题，即如何用实际的量子电路实现这些量子编码所涉及的逻辑操作？特别是参考 Shor 编码所启发的思考，该如何通过设计恰当的量子测量来将复杂的量子噪声离散化？又该如何根据对应的测量结果纠正噪声导致的错误？一个非常了不起的事实是，稳定子理论再一次为解决这些关键问题提供了完美方案！

首先考虑图 10-2 所示的量子电路：

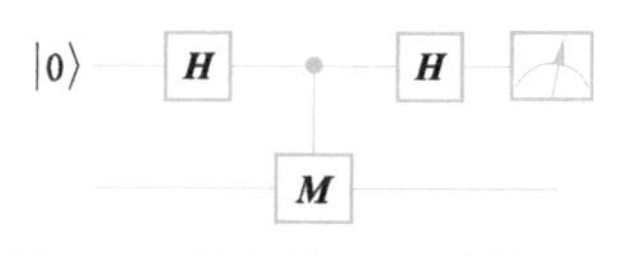

图 10-2 特征值为±1 的算子 M 对应的投影测量

其中，$\boldsymbol{M}$ 是一个特征值为±1 的算子，作用在初态为 $|\varphi\rangle$ 的任意有限维度量子系统上，并被位于上方的单量子比特控制。不难验证，当最终第一个量子比特上的测量结果为 1 时，第二个子系统上的末态为 $\frac{\boldsymbol{I}+\boldsymbol{M}}{2}|\varphi\rangle$；当测量结果为 -1 时，第二个子系统上的末态为 $\frac{\boldsymbol{I}-\boldsymbol{M}}{2}|\varphi\rangle$。也就是说，这个简单量子电路的整体作用是根据测

量的不同结果，将第二个子系统的状态 $|\varphi\rangle$ 投影到 $\boldsymbol{M}$ 对应的特征子空间上。这个电路将在下面量子纠错的物理实现中扮演重要角色。

实际上，纠错方案的物理实现就是结合如图 10-2 所示的量子电路和基于稳定子理论的编码完成的。例如，考虑一个由下列 6 个算子定义的量子纠错码：

$$\boldsymbol{g}_1=\boldsymbol{XIIIXXX}$$

$$\boldsymbol{g}_2=\boldsymbol{IXIXIXX}$$

$$\boldsymbol{g}_3=\boldsymbol{IIXXXXI}$$

$$\boldsymbol{g}_4=\boldsymbol{ZIZZIIZ}$$

$$\boldsymbol{g}_5=\boldsymbol{IZZIZIZ}$$

$$\boldsymbol{g}_6=\boldsymbol{ZZZIIZI}$$

实际上，子群 $\langle \boldsymbol{g}_1,\boldsymbol{g}_2,\cdots,\boldsymbol{g}_6\rangle$ 所稳定的子空间，正好是七量子比特的 Steane 编码对应的子空间。基于上述 6 个算子，考虑如图 10-3 所示的量子电路。

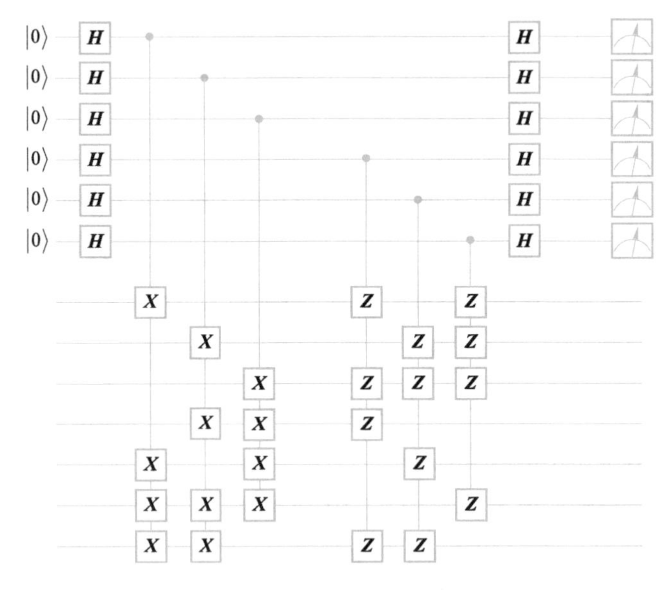

图 10-3　基于 Steane 纠错码的错误症状测量

不难看出，此量子电路实际上就是在反复使用之前介绍的具备投影功能的量子电路，其中第一个区块的六个量子比特是辅助部分，最终被一一测量，第二个区块的 7 个量子比特是编码后量子态。可以看到，电路中间部分的六列正好对应 6 个不同的算子

$g_1,g_2,\cdots,g_6$。根据之前的讨论可知，前 6 个量子比特最终的测量结果将非常关键，它们对应着将编码量子态投影到 $g_1,g_2,\cdots,g_6$ 不同特征子空间的交（如定理 10.3 所示，它依然是个投影子空间）上。这些重要的测量结果，称之为噪声症状。

举例来说，如果编码量子态未被噪声污染，那么它应该在 $g_1,g_2,\cdots,g_6$ 中所有算子对应特征值为 1 的特征子空间上，因此 6 个量子测量结果应该是全 1。相应地，如果编码态被噪声污染，使得合法编码空间之外的成分出现，那么测量结果有可能就不全是 1。例如，如果将上述 6 个测量结果记为 $\beta_1,\beta_2,\cdots,\beta_6$，而噪声依然记为 $e\in G_n$，则如果存在某个 i 使得 $eg_i=-g_ie$，那么有 $\beta_i=-1$。这就是为什么噪声症状可以反映出噪声对编码量子态的影响。

同时，根据定理 10.3，一个重要的事实是不同的噪声症状对应的投影子空间是互相正交的，这就为我们提供了噪声离散化机制。根据噪声症状这一关键信息，有机会确定被噪声影响后的编码量子态被投影到哪个子空间，进而使通过引入恰当的逆操作来纠正噪声带来的错误成为可能。

接下来，讨论如何根据噪声症状来选择合适的逆操作。假设我们通过测量得到了 $\beta_1,\beta_2,\cdots,\beta_6$。首先，注意到对于一个可纠正的 $e\in G_n$，它的可能形式是有限多的。如果其中只有一个形式的 Pauli 噪声能给出当前的 $\beta_1,\beta_2,\cdots,\beta_6$，那么可以知道 e 一定就是这个形式。确定了 e 之后，只需用再做一次 e 就能纠正错误，因为 $e^2=I$。

但是，如果存在两种不同形式的 Pauli 噪声能给出当前的 $\beta_1,\beta_2,\cdots,\beta_6$，那该怎么办，比如 e_1 和 e_2？此时，有一个非常有趣的事实是，不需要知道 e 到底是 e_1 还是 e_2，只需任选一个再做一次操作即可纠正错误。这是因为，既然 e_1 和 e_2 能给出相同的噪声症状，则对于任何的 i，都有 $e_1g_ie_1^\dagger=e_2g_ie_2^\dagger$，这意味着

$$e_1Pe_1^\dagger=e_2Pe_2^\dagger$$

这里跟之前一样，P 是编码空间对应的投影算子，即

$$P=\frac{\prod_{l=1}^{6}(I+g_l)}{2^6}$$

于是，有 $e_2^\dagger e_1Pe_1^\dagger e_2=P$，根据 P 的定义，这意味着 $e_2^\dagger e_1$ 与所有的 g_i 对易，也就是说 $e_2^\dagger e_1\in N(S)$。

与此同时，根据定理10.5可知，如果$\boldsymbol{e}_1$和$\boldsymbol{e}_2$是可纠正的错误，则有$\boldsymbol{e}_2^{\dagger}\boldsymbol{e}_1 \notin N(S)-S$。结合上面两个事实，只能有$\boldsymbol{e}_2^{\dagger}\boldsymbol{e}_1 \in S$以及$\boldsymbol{e}_1^{\dagger}\boldsymbol{e}_2 \in S$，也就是说，无论噪声$\boldsymbol{e}$是$\boldsymbol{e}_1$还是$\boldsymbol{e}_2$，只需再选择其中任何一个作用一次就可以纠正噪声$\boldsymbol{e}$带来的错误！

上述对纠错方式的“漂亮”分析，充分体现了用稳定子理论设计量子纠错码的精妙之处。

10.4 容错量子计算介绍

至此，我们用很多精力大致理解了量子纠错的基本原理。这些精妙的想法使我们在不违背量子信息特性的前提下，找到了通过引入冗余来保护量子信息不受较弱量子噪声干扰的办法。但是，如果跳出这诸多细节，盘点一下已经取得的进展，会发现我们还远没有把如何在噪声干扰下实现量子计算的这个故事讲完。可以举两个例子来说明这件事情。

假如有一个能纠正任意单量子比特错误的纠错码，比方说Shor编码。当9个量子比特中的一个发生错误时，我们已经知道如何通过精心设置的量子测量来将这个错误离散化，然后根据不同的离散化结果完成对被污染信息的恢复。但是，上述机制的成功实现其实隐含了一个假设，那就是纠错涉及的量子测量和恢复操作都是完美的。一个非常现实、必须面对的问题是，如果这些纠错涉及的部分也发生错误怎么办？不仅如此，在基于稳定子理论来构建量子纠错码时，我们只是勉强给出了逻辑量子比特的Pauli阵构造方法，并未涉及一般量子逻辑门的构造。众所周知，想要完成任意的量子计算，至少需要一组通用的量子逻辑门，这意味着我们还需要以容易被物理实现的方式补全欠缺的量子逻辑门。综上所述，设计出量子纠错码并证明其有效，离真正实现抗噪量子计算还有一段明显的距离。

10.4.1 基本思想

非常幸运的是，正如在本讲开始已经提到的，人们已经找到了基于量子纠错码实现容错量子计算的一般性方法，使我们在较弱量子噪声的影响下能够实现任意的大规模量子计算。为了解释如何实现这一目标，我们需要引入一系列技术和分析方法。由于篇幅所限，本小节只是以高视角介绍大致的想法。

可以说，之前介绍的用量子纠错码保护量子信息的过程，比较接近一个抗噪量子存储器的功能，它基本是一个静态的装置。但量子计算是一个动态过程，涉及量子态制备、量子逻辑门、量子测量等各种类型的量子操作，并且不停地重复执行。所以将量子纠错引入量子计算过程的自然想法是，首先将需要的量子逻辑门和量子测量等逻辑操作在编码空间中的物理实现方法确定，然后逐个实现这些逻辑操作；同时，在计算的全过程中周期性不停地测量错误症状并纠正遇到的错误，直至整个计算过程完成。这个想法虽然很自然，但在分析它是否有效时会面临一个困难的问题：错误会不会不停地往后面传播，并且越积越多，以至于极其微弱的噪声也会在计算执行若干步骤后超出量子纠错码的能力范围？实际上，抗噪量子计算的一个关键就是有效压制噪声的传播和积累，使得它的强度一直在量子纠错码的能力范围内。

再次以七量子比特的 Steane 编码为例，跟 Shor 编码一样，它可以纠正单量子比特上的任意噪声。于是，当选择 Steane 编码来实现抗噪量子计算时，总是希望每个逻辑量子比特中的 7 个物理量子比特（我们也称之为一个区块）中至多有一个发生错误，因为这样的错误可以被纠错码直接纠正。因此，我们希望基于此纠错码的所有逻辑操作，包括编码后的逻辑门和编码后的量子测量等，都具有如下的特性：任何一个物理位置发生的错误，只能导致任何一个区块（包括自身所在区块和附近的其他区块）发生至多一个错误。具备这种特性的逻辑操作实现，称为**容错实现**。可以将这个诉求理解为，假设噪声独立地以概率 p 影响一个给定区块的每一个物理量子比特，则如果能做到每一个位置的错误只能导致其他区块的至多一个物理量子比特出错，那么超出纠错码能力范围的情况只能是这个区块同时出现不止一个位置的错误，而这种情况发生的概率是 $O(p^2)$ 量级的，一般来说比 p 要小。相反，如果一个位置的错误能传播到另一个区块的两个位置上，那么纠错码就无法纠正这种错误，这种情况出现的概率是 $O(p)$ 量级的。可见，在量子操作都以容错的方式实现时，纠错码可以让错误的影响减小，起到了正面的纠错效果。

但是，要做到这一点是不容易的。例如，考虑基于纠错码的一个逻辑 C-NOT 门，它由两个区块组成，第一个是控制位的逻辑量子比特，第二个是数据位的逻辑量子比特。可以想象，当控制位区块的某个物理量子比特发生错误时，如果它能影响到数据位区块的多个物理量子比特，那容错逻辑 C-NOT 操作就很难实现，这样的设计会非常危险。

实际上，一个实现容错操作的简洁而有效的办法就是横向性（Transversality）设计。大致地说，这种设计就是让一个基于逻辑量子比特的量子操作，正好由一系列大致相同的动作，以逐位作用在物理量子比特上的方式实现。举例来说，基于 Steane 编码的逻辑 C-NOT 操作，正好可以用 7 个 C-NOT 门，以逐位作用在控制位区块和数据位区块的 7 个物理量子比特上来实现，如图 10-4 所示。这种设计可以有效地控制错误的过快传播。比如说，如果控制位区块的第一个量子比特出错，虽然这个错误有可能使数据位区块的某些部分出错，但最多只能影响到该区块对应的第一个量子比特，而单量子比特的错误是可以用 Steane 编码来纠正的。

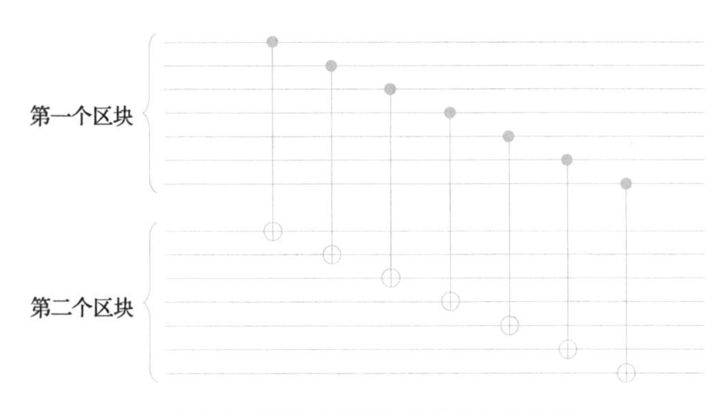

图 10-4 编码 C-NOT 门的横向性实现

由此可见，横向性设计是实现容错量子操作的理想选择。特别是对 Steane 编码而言，以横向性原则设计量子逻辑操作非常便利。不只上述编码后的 C-NOT 操作，基于 Steane 纠错码的编码后 Pauli-$\boldsymbol{X}$、Pauli-$\boldsymbol{Z}$、编码后 Hadamard 门以及编码后相位门都可以以此原则实现，这给基于此编码来实现的容错量子计算带来了很大的便利。

但是，曾蓓[4] 和她的合作者证明了一个非常有趣的结论：对于任意的稳定子纠错码，任选一组通用的量子逻辑门，则其中至少有一个逻辑门是无法通过横向性的原则来实现。在一定程度上这是一个坏消息，但幸运的是，除了横向性原则，还有其他方式来完成容错量子操作的实现。还以 Steane 编码为例，除了上述提及的量子操作，只需再增

加 π/8 逻辑门以及量子测量的容错实现，即可构成一组通用量子逻辑门以实现任意量子计算，它们可以通过引入辅助量子系统并对其反复加以验证的方式来实现容错设计。由于篇幅限制，对 π/8 逻辑门和量子测量的容错实现感兴趣的读者可以参见 Nielsen 和 Chuang 的专著[2]。

10.4.2 量子计算的阈值定理

有了上面各种逻辑操作的容错设计，就可以来评估基于 Steane 纠错码来实现容错量子计算的效果。为了简单起见，依然以 C-NOT 为例。首先思考编码后的 C-NOT 是如何配合纠错机制来提升电路的可靠性的。解决此问题的措施大概是，首先基于 Steane 编码以容错方式构造逻辑 C-NOT 门并执行它，然后紧接着对每个区块（总共两个，对应两个逻辑量子比特）进行错误症状的容错测量，并根据得到的症状对每一个区块进行纠错处理。不难理解，在这个过程中，如果每一个区块只有一个错误，Steane 纠错码可以做纠错处理，但如果任何一个区块同时出现两个错误那就无法处理。所以，为了评估编码 C-NOT 操作的整体效果，需要将任何一个区块出现两处错误的所有可能性列举出来。对 Steane 编码而言，这种可能性的数目大概是 $c=10000$ 量级。因此，如果每个最基本的物理量子操作独立出错的概率是 p，那经过 Steane 编码后 C-NOT 操作成功的概率大概是 $1-cp^2$ 量级。所以，如果 $p<10^{-4}$，那么该编码就可以提升 C-NOT 操作的整体可靠性。应该强调的是，虽然在这里以 C-NOT 操作为例，但其他量子操作也有大致类似的结果。

从 $1-p$ 到 $1-cp^2$，对这种通过引入一层量子纠错码所获得的精度提升，我们很可能是不满意的。在这种情况下，可以用在之前介绍 Shor 编码时所提到的级联的方法进一步提升量子操作的成功率。依然以 Steane 纠错码为例，首先用 7 个物理量子比特来编码一个逻辑量子比特，称之为第一层编码，接着继续使用该纠错码对 7 个物理量子比特中的每一个进一步编码，获得第二层，以此类推，如图 10-5 所示。

基于之前的分析不难得到，如果对一个量子电路的所有量子逻辑操作进行纠错码的两级编码，则它们的成功率将提升到 $1-c(cp^2)^2$；如果实现 k 级编码，则成功率可以提升到 $1-(cp)^{2^k}/c$。此时，量子电路的大小将增长到原电路的 d^k 倍，这里 d 是一个跟选择的纠错码方案相关的常数。

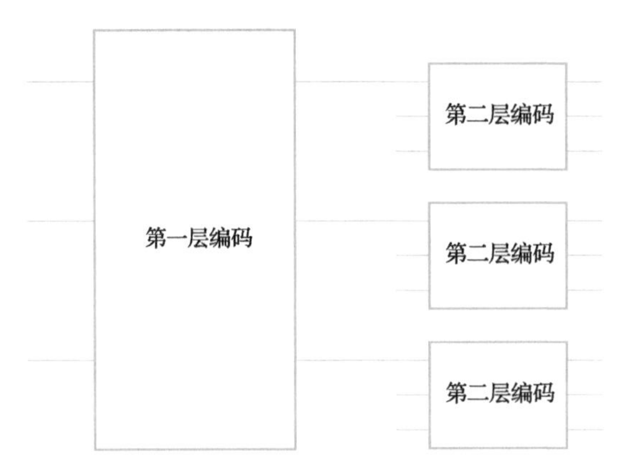

图 10-5　量子纠错码级联示意图

现在估算对于一个给定的量子计算任务，到底需要多少层编码才能实现给定的精度。假定待实现的（编码前）目标量子电路的逻辑门数量为 $p(n)$，这里 n 是问题的规模，同时假定要求整个量子计算至少以精度 ε 完成。如果我们选择的层数是 k，则它应该是使得每一个量子逻辑门的精度至少是 $\varepsilon/p(n)$，于是有

$$\frac{(cp)^{2^k}}{c} \leqslant \frac{\varepsilon}{p(n)}$$

可以看出，如果有 $p \leqslant 1/c$，这样的 k 总能找到，这个关键的指标 $p \leqslant 1/c$ 称为量子纠错的**阈值**。此时，可以验证 k 层编码后量子电路的整体大小为

$$O\left(\mathrm{poly}\left(\log\left(\frac{p(n)}{\varepsilon}\right)\right)p(n)\right)$$

注意，由于对数的存在，这并没有将原量子电路的规模增加太多。也就是说，如果原量子电路是多项式时间的，充分编码之后的量子电路的规模依然是多项式时间的。这个重要的结论被称为量子计算的阈值定理。

定理 10.6（量子计算的阈值定理）　假如一个量子电路包含 $p(n)$ 个量子门，ε 是一个任意的小正数，则只要所有量子操作的失败概率 p 低于某个阈值 p_{th}，那么该量子计算可以通过引入量子纠错码的方式以失败率不高于 ε 的精度完成，编码后量子电路的大小为

$$O\left(\mathrm{poly}\left(\log\left(\frac{p(n)}{\varepsilon}\right)\right)p(n)\right)$$

对于量子纠错码的不同选择，阈值 p_{th} 都各不相同。如前所述，对于 Steane 纠错码而言，之前比较粗略的分析显示相应的阈值 p_{th} 大概是 10^{-4} 量级。

至此，我们已经大致得出了本章开始提及的主要结论，那就是，虽然量子信息的特性给量子纠错的有效实现带来诸多困难，但通过巧妙的设计，我们还是可以设计出合格的量子纠错码，并基于它们实现任意规模的容错量子计算。虽然工程上这是一个迄今尚未最终实现的难题，但至少没有理论上的障碍阻止我们实现这个宏大目标。

10.5 量子纠错的研究现状

本节的主要目的是希望能把量子纠错和容错量子计算的基本思想介绍清楚。经过二十多年的发展，这个领域还有许多其他重要的进展，无法一一详尽介绍。下面列举一些有代表性的重要研究课题，感兴趣的读者可以阅读相关文献做深入了解。

10.5.1 非可加性量子编码

我们花很多篇幅介绍了稳定子理论，因为这实在是一种“漂亮”而且强大的理论。但是，值得指出的是，并不是所有的量子纠错码都是稳定子编码，除它之外的编码称为非可加性量子编码。非可加性量子编码可以拥有比稳定子编码更高的编码效率[5,6]。

10.5.2 表面码

虽然量子计算的阈值定理告诉我们，只要所有量子操作的精度达到一定程度，任意的量子计算就可以以容错的方式被实现。但是，到现在为止，整体而言人们在实验中所取得的精度依然达不到阈值定理的要求。此外，一般来说量子纠错码的应用需要大量的量子比特，但当前量子计算的规模依然太小，所以还未实现任何真正被量子纠错码保护的量子算法。可以说，虽然人们已经知道应用量子纠错码对抗噪声是最终实现大规模量子计算的必由之路，但目前的量子计算实验演示几乎都不涉及量子纠错。

在这种背景下，如何选择最利于未来大规模量子计算的物理实现的量子纠错码就是一个重要课题。如今，一般认为量子纠错码的终极选择是表面码[7]。表面码本质上是一种稳定子纠错码，它有两个核心优点：一是它对应的阈值比较高，大概是1%量级；二是它的物理实现只涉及近邻量子比特之间的相互作用，这与现实中量子系统的特性十分相符，因此有利于物理实现。但是，表面码也存在一个明显的缺点，那就是它的每一个逻辑量子比特需要数百甚至更多的物理量子比特来编码。显然，这种高要求在当前的实验条件下完全无法满足。

10.5.3 定制纠错码

时至今日，大规模量子计算机的建造依然是一个尚未实现的艰难任务。人们至今尚无法确定最终的量子计算机将基于什么样的物理系统来建造，虽然有离子阱系统和超导系统两种人们寄予厚望的候选物理平台，但包括它们在内的各种物理平台都各有优劣。因此，现阶段有必要在各种不同的平台上研究容错量子计算的可能。在这种背景下，一个非常值得注意的事情就是，在不同的物理平台上占据主导地位的量子噪声有不同的特征。因此，一个很有现实意义的研究课题是，如何能基于不同平台的特征，开发更有针对性、性能更好的定制纠错码。

例如，参考文献［8，9］找到了一些为主要量子噪声是振幅阻尼（Amplitude Damping）噪声的量子系统定制的量子纠错码，在对抗振幅阻尼噪声时，它们的性能明显超过针对一般性噪声的普适量子纠错码。

10.5.4 量子噪声压制

在前面已经提到，就目前的量子实验条件而言，量子纠错码的物理实现所需要的资源十分庞大，难以在当前的实验条件下展示。所以，当前涉及量子信息处理任务的实验并未引入量子纠错。不仅如此，一般认为在接下来的相当长时间将依然如此，例如十年到十五年，这就是所谓的 NISQ 时代（Noisy Intermediate-Scale Quantum Era），即中等规模、带噪声的量子计算。

虽然 NISQ 时代的量子计算规模比较有限，不足以实现基于量子纠错码的抗噪量子计算，但是在这种背景下，人们依然可以借助于一些更简单、更经济的协议尽量减小噪声的影响，以改善量子信息处理任务完成的精度。这种协议称为**噪音压制协议**。

例如，当人们需要在一个量子系统上测量一个可观测量的平均值时，可以用如下方式消除噪声的负面影响。首先，人们在可操作的范围内，通过修改实验参数测得目标平均值在一系列不同噪声水平下的数据。虽然噪声在实验中无法彻底消除，但是基于这些数据，人们可以通过拟合的方法反推出目标平均值在噪声水平为零时的数值[10,11]。这只是噪声压制协议中的一种，但足以说明在实验条件有限时，可以用比引入量子纠错码更经济的方式对抗量子噪声的影响。

10.6 本讲小结

众所周知，量子计算的物理实现十分困难，量子纠错是实现大规模量子计算的必由之路。然而，由于量子信息的特性，量子纠错的机制比较复杂，呈现出比经典计算纠错困难得多的面貌，充分理解其精妙的工作原理是不容易的。为此，本讲首先着重介绍量子纠错的最基本原理，包括量子特性为何导致困难，如何巧妙设计量子测量获得错误信息而不破坏有用量子信息等等。接着，我们将上述原理推广开来，得到了量子纠错的一般性结论。以此为基础，我们继续介绍了可以为量子纠错码的设计、分析、物理实现提供全套解决方案的稳定子编码理论。可以说，通过本章学习，读者可以对量子纠错的概貌和核心思想有一个相当深入的了解，这为后续相关课题的学术研究打下很好的基础。

参考文献

[1] SHOR P W. Scheme for reducing decoherence in quantum computer memory [J]. Physical Review A, 1995, 52(4).

[2] NIELSEN M A, CHUANG I L. Quantum Computation and Quantum Information [M]. Cambridge: Cambridge University Press, 2010.

[3] GOTTESMAN D. Stabilizer codes and quantum error correction [D]. California: California Institute of Technology, 1997.

[4] ZENG B, CROSS A, CHUANG I L. Transversality versus universality for additive quantum codes [J]. arXiv preprint arXiv: 0706. 1382, 2007.

[5] RAINS E M, HARDIN R H, SHOR P W, et al. A nonadditive quantum code [J]. Physical Review Letters, 1997, 79(5).

[6] YU S, CHEN Q, LAI C H, et al. Nonadditive quantum error-correcting code [J]. Physical Review Letters, 2008, 101(9).

[7] FOWLER A G, MARIANTONI M, MARTINIS J M, et al. Surface codes: Towards practical

large-scale quantum computation [J]. Physical Review A, 2012, 86(3).

[8] SHOR P W, SMITH G, SMOLIN J A, et al. High performance single-error-correcting quantum codes for amplitude damping [J]. IEEE Transactions on Information Theory, 2011, 57 (10): 7180-7188.

[9] GRASSL M, KONG L, WEI Z, et al. Quantum error-correcting codes for qudit amplitude damping [J]. IEEE Transactions on Information Theory, 2018, 64(6): 4674-4685.

[10] TEMME K, BRAVYI S, GAMBETTA J M. Error mitigation for short-depth quantum circuits [J]. Physical Review Letters, 2017, 119(18).

[11] LI Y, BENJAMIN S C. Efficient variational quantum simulator incorporating active error minimization [J]. Physical Review X, 2017, 7(2).